建设监理从业人员教育培训系列教材

建设工程精细化监理

主　编　朱万荣　刘景辉
副主编　王建宁　蔡新领　李文彪

中国建筑工业出版社

图书在版编目（CIP）数据

建设工程精细化监理／朱万荣，刘景辉主编．—北京：中国建筑工业出版社，2021.6
建设监理从业人员教育培训系列教材
ISBN 978-7-112-26260-1

Ⅰ．①建…　Ⅱ．①朱…②刘…　Ⅲ．①建筑工程—监理工作—岗位培训—教材　Ⅳ．① TU712.2

中国版本图书馆 CIP 数据核字（2021）第 126146 号

本教材依据《建筑法》《建设工程监理规范》以及《建筑工程施工质量验收统一标准》等法律规范及标准，结合相关精细化管理理论和建设工程精细化监理实践而编写。教材主要内容包括建设工程监理与精细化监理； 监理企业和项目监理机构精细化管理； 建筑工程质量、造价、进度控制精细化监理；建设工程安全文明施工、建设工程合同精细化监理； 建设工程信息、组织协调精细化监理等十章。

本教材的特点是体系完整、结构合理、内容全面、格式规范、实用性强。本教材可作为监理从业人员工作指导用书及监理企业内部管理、监理工程师继续教育、监理行业协会培训学习用书； 可作为施工企业、建设单位、项目咨询管理单位、中介服务机构等人员工作参考用书； 还可作为大中专院校师生教学参考用书。

责任编辑： 张　晶　牟琳琳
责任校对： 姜小莲

建设监理从业人员教育培训系列教材

建设工程精细化监理

主　编　朱万荣　刘景辉
副主编　王建宁　蔡新领　李文彪
*
中国建筑工业出版社出版、发行（北京海淀三里河路9号）
各地新华书店、建筑书店经销
北京雅盈中佳图文设计公司制版
北京建筑工业印刷厂印刷
*
开本：787毫米×1092毫米　1/16　印张：28¼　字数：597千字
2021 年 8 月第一版　2021 年 8 月第一次印刷
定价：**68.00**元
ISBN 978-7-112-26260-1
（37677）

版权所有　翻印必究
如有印装质量问题，可寄本社图书出版中心退换
（邮政编码 100037）

前言

实行建设工程监理制度是我国建设领域的一项重大改革，对提高工程项目管理水平、保证工程建设质量和安全、充分发挥投资效益、维护建设市场的良好秩序等，发挥了重要作用。随着我国经济建设的不断发展和社会的进步，工程建设标准进一步的提高，传统监理服务模式已不能很好地满足监理市场的需求。为了适应建设市场的变化，提升监理服务质量，根据《建筑法》《建设工程监理规范》及其他法律、法规、规范、标准等，结合精细化管理理论及相关建设工程精细化监理实践，特别是借鉴近年来有关监理企业推行精细化监理的成功经验，组织有关专家、学者和专业技术人员共同编写此书。

本教材共十章。内容包括：建设工程监理与精细化监理；监理企业精细化管理；项目监理机构精细化管理；建筑工程质量控制精细化监理；建设工程造价控制精细化监理；建设工程进度控制精细化监理；建设工程安全文明施工精细化监理；建设工程合同精细化监理；建设工程信息精细化监理；建设工程组织协调精细化监理。

本教材编写过程中，主要遵循体系完整、结构合理、内容全面、格式规范的编写原则，力求体现合法性、合规性、实用性、可读性、系统性、前瞻性、科学性等的编写特点，做到理论与实践相结合。本教材可作为监理企业从业人员、施工企业技术管理人员等工作指导用书和培训教材，又可作为建设单位、项目咨询管理公司、中介服务机构和大中专院校师生教学参考用书。

本教材由朱万荣（宁夏巨正建设监理咨询有限公司，注册监理工程师、高级工程师）和刘景辉（宁夏建设职业技术学院，副教授、高级工程师）共同主编，并负责全书的策划、统稿及审核等工作，并编写部分章节。参编人员主要为宁夏巨正建设监理咨询有限公司的专业技术人员，编写分工见后附表。主审是杨文伟（宁夏大学，教授、博导）和李晓棠（宁夏建设工程质量安全监督总站，副站长、正高级工程师）。本教材在编写过程中得到了宁夏建筑业联合会王振君（副会长兼秘书长、高级经济师）、宁夏建设投资集团有限公司安少荣（副总经理、正高级工程师）、上海建设工程监理咨询有限公司杨胜强（硕士研究生导师、注册监理工程师、高级工程师）、宁夏建设投资集团有限公司高宁泉（注册监理工程师、注册安全工程师、正高级工程师）的指导，特此表示感谢。

编写人员分工表 附表

章别	编写人		职业资格	职称
第一章	黄开东		注册监理工程师、注册一级建造师	正高级工程师
	朱万荣		注册监理工程师	高级工程师
第二章	蔡新领		注册监理工程师	高级工程师
	朱万荣		注册监理工程师	高级工程师
第三章	朱自林		地方监理工程师	工程师
第四章	第一节 第二节	付斌	注册监理工程师、注册安全工程师	高级工程师
		刘景辉	地方监理工程师、副教授	高级工程师
	张彦强（第三节）		注册监理工程师	工程师
	桑庆军（第四节）		注册监理工程师、注册安全工程师	高级工程师
	第五节	高政	注册监理工程师、注册造价师	高级工程师
		刘景辉	地方监理工程师、副教授	高级工程师
	王亚林（第六节）		注册监理工程师	高级工程师
	马宗明（第七、八节）		地方监理工程师	工程师
	崔丽（第九~十一节）		宁夏建设职业技术学院副教授、注册监理工程师、注册电气工程师	高级工程师
第五章	张文强		注册监理工程师、注册安全工程师	工程师
第六章	陈磊		注册监理工程师	工程师
第七章	李文彪		注册监理工程师	高级工程师
第八章 第九章	赵恒		注册监理工程师	工程师
第十章	王建宁		注册监理工程师	高级工程师

由于编者理论水平和实践经验有限，在编写中如有疏漏不妥之处，敬请广大读者批评指正。

本教材在编写过程中参考了有关专家学者的文献资料，一并表示感谢。

《建设工程精细化监理》编写组
2021 年 3 月

目录

第一章 建设工程监理与精细化监理

1988 年 11 月，建设部印发《关于开展建设监理试点工作的若干意见》的通知后，工程建设监理制度在我国工程建设领域开始试点推行。1997 年，《中华人民共和国建筑法》明确"国家推行建筑工程监理制度"，工程建设实行工程监理制、项目法人责任制、招标投标制、合同管理制等基本管理机制。上述机制共同构成了我国工程建设管理改革的重要制度。30 多年来，建设工程监理制度的实施，对于提高工程建设管理水平，保证工程建设质量和安全，提高投资效益，促进我国工程建设管理方式向社会化、专业化方向发展等发挥了重要作用。

第一节 建设工程监理概述

一、建设工程监理的内涵

"监理"一词顾名思义：一是监督，二是管理。根据我国工程建设监理的有关法律法规对监理的定位，结合监理工作实践，监理一词可理解为，监督是监理的首要职能，也是监理的主要行为方式；管理是组织协调参建各方关系，为业主提供有价值的服务。我国的工程建设监理，是为适应改革开放和经济建设需要，参照国际惯例，结合中国国情，建立的具有中国特色的建设监理制度。

我国的建设工程监理是指受建设单位的委托，根据法律法规、工程建设标准、工程项目建设批准文件、勘察设计文件以及委托监理合同，在施工准备阶段、施工阶段、交工及缺陷责任期阶段，对建设工程质量、造价、进度进行控制，对合同、信息进行管理，对工程建设相关方的关系进行协调，并履行建设工程安全生产管理法律法规所赋予职责的服务活动。

建设工程监理实施的依据是国家法律法规、工程建设标准、勘察设计文件及合同；实施的范围是监理合同确定的内容；实施的主体是工程监理单位；实施的前提是必须接受业主方的委托；履行的基本职责是"三控两管一协调"，并履行建设工程安全生产管理法律法规赋予的法定职责。这五个方面的基本要素，构成工程监理的基本含义，也是实施工程监理的前提条件。

我国的工程建设监理是接受业主委托，行使法定的和业主授予的监理职权，履行各项监理义务，应全心全意为业主提供服务。在工程监理实践中，有部分职责是政府监管职责的延伸，体现了社会责任和法律责任。但是，工程建设监理的监督管理，不同于政府主管部门的监督管理。后者属于行政性监督管理，前者的行为主体是企业，属于服务型的监督管理，不具有强制性的监督管理效力。

国家政策鼓励工程监理服务多元化，服务模式有效创新，逐步形成以市场化为基础、各类工程监理企业专业市场分工合理、竞争有序、协调发展的行业布局，提供全过程工程咨询服务。使得监理行业核心竞争力显著增强，培育一批智力密集型、技术复合型、管理集约型的大型工程建设咨询服务企业；也培育一批走差异化、专业化路线的专业化监理企业。

监理行业的转型升级，并非放弃监理，而是回归咨询的本质，工程监理与转型升级并不矛盾。实际上，监理工作和全过程工程咨询的终极目标完全一致，都是为了促进建筑业的高质量发展。

二、建设工程监理的性质

建设工程监理是一项特殊的工程建设技术服务活动，其性质主要概括为以下四个方面：

1. 服务性

服务性是建设工程监理的根本属性。监理工程师开展的监理活动，本质上是为业主提供项目管理服务。建设工程监理是一种咨询服务性行业，咨询服务是以信息为基础，依靠专家的知识、经验和技能对委托客户的问题进行分析、研究，提出建议、方案和措施，并在需要时协助实施的一种高层次、智力密集型的服务，其目的是改善资源的配置和提高资源的效率。监理单位的业主是其顾客，"顾客是上帝"是服务行业的箴言，监理单位应该按照委托监理合同提供让业主满意的服务。只有以顾客为中心，发现、引导甚至是创造顾客需求、满足顾客需求，提供最大的增值服务，才是企业持续发展的基础与保障。在激烈的市场竞争形势下，监理企业必须依靠自己的优质服务才能赢得客户的青睐，在激烈的市场竞争中立于不败之地，客户才愿意和监理企业合作下去。因此，顾客在监理企业制定的战略中处于中心地位。

2. 公正性

公正，是指坚持原则，按照一定的标准实事求是处理问题。公正性是指监理工程师在处理监理事务过程中，不受他方非正常因素的干扰，依据与工程相关的合同、法规、规范、设计文件等，基于事实，维护和保障业主的合法权益，但不能建立在损害或侵犯承包商的合法权益基础上。当业主和承包商产生争端时，监理工程师应公正地协调处理争端。

公正性是咨询行业的国际惯例，在很多工程项目管理合同条例中都强调了公正的重要性。国际咨询工程师联合会（FIDIC）有关合同范本体现的基本原则之一就是工程师在管理合同时应公正无私。《建筑法》第三十四条对其做了规范："工程监理单位应当根据建设单位的委托，客观、公正地执行监理任务。"

3. 独立性

独立，是指不依赖外力，不受外界束缚。建设工程监理的独立性首先是指监理公司应作为一个独立的法人机构，与项目业主和承包商没有任何隶属关系。监理公司不属于业主和承包商签订的合同中的任何一方，它不能参与承包商、制造商和供应商的任何经营活动或在这些公司拥有股份，也不能从承包商或供应商处收取任何费用、回扣或利润分成。监理工程师和业主之间的关系是通过委托监理合同来确定的，监理工程师代表业主行使委托监理合同中业主赋予的工程项目监理权，但不能代表业主依据项目法人负责制的原则在项目管理中行使应负有的业主管理职责，业主也不能限制监理单位行使建设监理制度有关规定所赋予的职责；监理工程师和承包商之间的关系是由有关法律、法规赋予的，以业主和承包商之间签订的施工合同为纽带的监理和被监理关系，他们之间没有也不允许有任何合同关系。

建设工程监理的独立性还指监理工程师独立开展监理工作，即按照建设工程监理的依据开展监理工作。只有保持独立性，才能正确、公正地思考问题，进行判断，做出决定。

对监理工程师独立性的要求也是国际惯例。国际上用于评判一个咨询（监理）工程师是否适合于承担某个特定项目最重要的标准之一，就是其职业的独立性。《FIDIC 白皮书》明确指出，咨询（监理）机构是作为一个独立的专业公司受雇于业主去履行服务的一方，咨询（监理）工程师是作为一名独立的专业人员进行工作。同时，FIDIC 要求其成员相对于承包商、制造商、供应商，必须保持其行为的绝对独立性，不得与任何可能妨碍他作为一个独立的咨询（监理）工程师工作的商业活动有关。

我国《建筑法》第三十四条也做出了类似的规定："工程监理单位与被监理工程的承包单位以及建筑材料、建筑构配件和设备供应单位不得有隶属关系或者其他利害关系"。《建设工程监理规范》1.0.8 条明确指出："工程监理单位应公平、独立、诚信、科学地开展建设工程监理与相关服务活动。"

建设工程监理的独立性是公正性的基础和前提。监理单位如果没有独立性，根本就谈不上公正性。只有真正成为独立的第三方，才能起到协调、约束作用，公正地处理问题。

4. 科学性

建设工程监理是为项目业主提供的一种高智能的技术服务，这就决定了它应当遵循科学的准则。技术和科学是密不可分的，"高智能"的主要体现之一就是科学技术水平。各国从事咨询监理的人员，绝大部分都是工程建设方面专业人员和专家，具有深厚的科学理论基础和丰富的工程方面的经验。业主所需要的正是这些以科学理论和丰富经验为基础的"高智能"服务。

建设工程监理的科学性是由其任务所决定的。监理的主要任务是协助业主在预定的造价、进度和质量目标内实现工程项目建设。而当今工程规模日趋庞大，标准越来越高，新技术、新工艺和新材料不断涌现，参加组织和建设的单位越来越多，市场竞争日益激烈，风险日渐增高。监理工程师只有采用科学的思想、理论、方法、手段，才能完成监理任务。

建设工程监理的科学性是由被监理单位的社会化、专业化特点决定的。承担设计、施工、材料和设备供应的都是社会化、专业化的单位，他们在各自的领域长期进行承包活动，在技术和管理上都达到了相当的水平。监理工程师要对他们进行有效的监督管理，必须具有相应的甚至更高的技术水平。同时，监理工作与一般的管理有所不同，它是以专业技术为基础的管理工作，专业技术是沟通监理工程师和承包商的桥梁，强调监理的科学性，有利于进行管理和组织协调。

建设工程监理的科学性是由它的技术服务性质决定的。它是专门通过对科学知识的应用来实现其价值的。因此，要求监理单位和监理工程师在开展监理服务时能够提供科技含量高的服务，以创造更大的价值。

建设工程监理的科学性还是其公正性的要求。科学本身就有公正性的特点，建设工程监理公正性最充分的体现就是监理工程师用科学的态度处理问题，监理实践中的"用数据说话"，既反映了科学性，又反映了公正性。

建设工程监理组织的科学性，要求监理单位应当有足够数量的、业务素质合格的监理工程师；有一套科学的管理制度；要掌握先进的监理理论、方法；要有现代化的监理手段。

建设工程监理运作的科学性，即监理人员按客观规律，以科学的依据、科学的监理程序、科学的监理方法和手段开展监理工作。其中，对监理人员高素质的要求是科学性最根本的体现，最首要的条件。我国目前在建设工程监理工作中，通过监理工程师培训、考试、注册等措施提高了监理人员的素质，培养了大批优秀的专业人才，但是距离全过程咨询服务的高智能要求有一定差距。目前，我国建设工程监理事业的发展必须在提高科学性上进一步努力。

建设工程监理的特殊性质，决定了建设工程监理技术服务活动与其他工程建设活动有着明显的区别，并成为我国工程建设领域中一种特殊的技术服务行业。

三、建设工程监理的现状

监理行业经过 30 多年的发展，对我国工程建设、经济发展和社会进步做出了巨大的贡献，推进了我国工程建设组织实施方式的改革；加强了建设工程质量和安全生产管理；保证了建设工程投资收益；促进了工程建设管理的专业化、社会化发展；推进了我国工程管理和国际接轨。

根据中国建设监理协会 2019 年建设工程监理统计公报，截至 2019 年年底，全国工程监理企业有 8469 家，与 2018 年相比增长 0.91%。其中，综合资质企业 210 个，增长 9.95%；甲级资质企业 3760 个，增长 2.26%；乙级资质企业 3564 个，增长 1.77%；丙级资质企业 933 个，减少 7.9%；事务所资质企业 2 个，减少 80%。企业从业人员近 130 万人，承揽合同额 8500.94 亿元，全年营业收入 5994.48 亿元。甲级企业和乙级企业共计 7324 家，占 86.48%；以房建和市政为主营业务的共计 7355 家，占 86.85%，居于主导地位。

虽然监理行业的总人数少于勘察设计行业（约 463 万）和施工行业（约 5000 万人）的总人数，但却是一支不可替代的重要队伍，是保证工程质量安全的关键少数。

随着近几年国家改革开放力度加大，转变政府职能、简化行政审批、改善营商环境、发挥市场在资源配置中的决定性作用、房地产市场的宏观调控政策、推动建筑市场统一开放，产业结构调整及转型升级，经济增长方式的新常态，新基建项目实施等措施，监理行业的职能定位、市场环境、履职要求等不断发生巨大变化。

但是，监理行业发展中的一些问题日益凸显，比如市场分割、行业保护、人为肢解、业务碎片化、大多数企业规模小、竞争力不强、工作方式落后导致的监理服务质量不高，业主单位缺乏对监理的认知，恶意压价等，对监理企业的生存，转型和发展提出了严峻挑战。

四、监理行业目前存在的主要问题

经过多年的高速发展，监理行业供需双方的地位严重失衡，随意压价的恶性竞争使监理企业的监理取费比例严重偏低，利润相对更加稀薄。在利润相对偏低的情况下，监理企业为了生存，就不得不想方设法地减少各种经营管理费用和相关单位成本，于是监理服务的实际质量必然有所降低。而各个监理企业便在这种"压价—降低服务质量—压价"的恶性竞争中循环不止，各个监理企业的生存空间被一次次压缩。整个监理行业的发展与国家要求转变发展方式、优化经济结构、转入高质量发展阶段的要求不相适应，与企业希望发展壮大的愿望也渐行渐远。监理行业存在的主要问题表现在：

1. 企业规模较小

根据中国建设监理协会 2019 年建设工程监理统计公报，监理企业平均人数约 150 人。相关资料显示千人以上规模的监理企业仅有 53 家。而全国设计单位平均人数 200 人左右，高于监理企业；设计单位中千人以上员工规模的企业有 615 家，是监理企业的十几倍。监理行业的人均收入，与勘察、设计、造价咨询、招标代理等其他建筑工程服务行业相比也有较大差距。监理企业普遍规模偏小，企业产值、人均产值偏低。

2. 企业竞争力较弱

监理企业注册人员不足，人员综合素质、现场技术服务水平较低，技术装备落后，检测手段较简单，信息化应用水平较低，影响尽责履职。由于收入低导致招人和留人困难，更难以吸引高素质的人才，将从根本上制约监理企业的发展。在打破原有的行业分割的局面以后，市场竞争不仅来自于监理行业内部，还来自于"外部"的设计、投资咨询、造价咨询等其他建筑工程服务行业。在当前全过程工程咨询对能力要求更高的情况下，企业竞争力弱的问题更加突出。

3. 企业业务功能短缺

由于多种主客观因素的制约和影响，施工阶段现场监理活动主要停留在质量和安全两方面，导致现有监理企业在结构、模块、业态等方面有缺陷、有缺项、有短板。在向全过程咨询转型中，监理企业在前期咨询、招标代理、造价咨询、设计咨询等方面功能缺失。监理的当务之急是把自己监理业务做好的同时，积极向上游和前端拓展业务，补齐功能的缺失。

4. 企业服务水平较低

我国的工程监理服务还在较低的水平上徘徊，上不去，下不来。监理的服务水平越高，取得的监理收入越高，人均收入也越高。监理资质等级越高的企业，监理人均产值也越高。乙级、丙级监理企业不仅监理业务量少，且人均产值远低于行业平均水平。由于监理企业功能模块的缺失和人员素质不高，造成服务水平较低，企业利润低。监理行业在层层重压之下既无法吸引高层次的人才流入，也造成经过培养、有实践经验和管理能力的高水平人才流失，反过来制约了监理服务水平的提高。

5. 企业技术装备较差

监理企业受资金所限，相应的现代化技术设备配备不足，工作效率不高。为控制成本支出，监理服务工作不完全到位，影响了监理队伍的素质和工作质量。企业的现代化技术装备较差，反过来又影响了企业的现代化服务水平。

五、监理行业目前面临的主要矛盾

由于工程建设监理行业面临的诸多问题，导致在监理行业发展中存在以下五个方面主要矛盾：

1. 国家政策形势的快速变革与地方配套管理办法滞后之间的矛盾

2017年，国务院办公厅印发《国务院办公厅关于促进建筑业持续健康发展的意见》（国办发〔2017〕19号）；2017年，住房和城乡建设部印发《住房城乡建设部关于开展全过程工程咨询试点工作的通知》（建市〔2017〕101号）和《住房城乡建设部关于促进工程监理行业转型升级创新发展的意见》（建市〔2017〕145号）；2019年，国家发展改革委、住房和城乡建设部联合印发《关于推进全过程工程咨询服务发展的指导意见》（发改投资规〔2019〕515号）。监理的重要性不容怀疑，应当进一步明确监理的定位和职责。随着政府的"放管服"和营商环境的改革，大力清理资质类别，进一步放宽市场准入，监理企业的资质要求将逐步弱化，全过程咨询的开展势在必行。在现有法律框架体系下，监理单位受建设单位委托实施监理服务，有合约义务，又受法律法规责任约束，同时还要承担一定的社会责任，责权利不对等。各地方的配套管理办法也没有同步跟上，监理的定位和职责不相匹配。虽然监理的定位在逐步回归咨询的本质，但地方行业管理部门对监理职责的各种强化加压，却使监理面临的生存和法律风险加大。

2. 国内建设投资规模逐步减少与监理业务需求竞争日益激烈之间的矛盾

我国经济已经由高速增长转入高质量发展阶段，建筑业已经进入平稳发展期。房地产政策"房住不炒"的正确定位，使多年过热的建筑行业进入平稳发展阶段，监理业务量供给下降，僧多粥少的局面造成监理行业的竞争非常激烈。监理行业存在低水平恶性竞争，已经影响到了监理行业的长远发展。

3. 不断扩大的监理职责范围与监理人员能力较低之间的矛盾

国家推行监理制度的初衷，是为了培育一支既懂工程技术、又懂经济管理的工程咨询人才队伍，构建一批专业化、社会化、国际化的工程咨询服务机构，实施包括建设项目前期投资决策阶段和建设项目实施阶段（含勘察、设计、招标、施工）在内的全过程、全方位的工程咨询服务。过去对工程建设监理工作基本职责的定位是"三控两管一协调"。但是实际上，多年来在监理工作实践中主要以质量监理和安全监督为主。由于监理工作局限于施工阶段的监理服务，"三控"权力行使较不完整，造成监理工作范围受限、监理人员的业务能力拓展提高也有限的尴尬处境。近年来，由于国家政策的不断调整，给监理企业额外增加了安全监督、环境治理、监督施工单位农民工工资实名制等事项，尤其是将更多体现社会利益的安全责任，硬性"捆绑"在监理身上，使监理职责范围无限扩大。

监理行业的职业风险不断增加，监理人员地位较低，得不到与咨询等行业同水平的回报，在现场监理工作中也得不到与职责对等的权利和尊重。监理企业普遍存在人员能力较低和人才缺乏的现状，不能全面适应监理职责范围的不断扩大，形成小马拉大车、以弱胜强的突出现实矛盾。

4. 监理企业维系运营的高成本与监理取费越来越低之间的矛盾

自国家发改委《关于放开部分建设项目服务收费标准有关问题的通知》（发改价格〔2014〕1573号）以及《关于进一步放开建设项目专业服务价格的通知》（发改价格〔2015〕299号）对全面放开建设监理费为市场价做出明确规定。取费放开后，监理企业面对市场的萎缩、业主方压低服务价格、市场恶性竞争、自身市场化应对不足等困境，监理取费水平大幅降低。监理企业是智力密集型的企业，但同时监理行业又是一个微利行业，其企业成本构成中的绝大部分是人员工资，因此监理企业的直接运营成本很高。现阶段，建筑市场是明显的买方市场，监理单位与业主的监理取费谈判之中，处于明显的弱势和被动地位。

监理企业要想高质量发展，加快监理人才的培养和储备便显得至关重要、迫在眉睫。在做好人才培养的前提下，更加要为优秀的监理人才创造一个好的用人留人环境。要切实地提高监理人员的福利待遇，为他们提供一份有相当竞争力的薪酬，只有这样才能吸引优秀的人才进入监理行业，监理行业的人才培养和储备才能够走上良性发展之路，监理行业也才能走上良性发展之路。企业的发展需要合理利润的支持，人才的培养和储备也需要企业合理利润的支持。目前监理企业维系运营的高成本与监理费取费越来越低的矛盾无疑会影响行业的长远发展。

5. 业主对监理工作的要求与监理提供的服务质量之间的矛盾

随着我国经济的快速发展，人们对生活水平、质量的要求越来越高。同样，在工程建设领域，业主对工程建设要求也越来越高，尤其房地产开发业主，为了满足住户的需求，要求提供品质优良的建筑产品。这就要求起主导监督作用的监理人员综合业务能力、现场技术服务水平、技术装备、检测手段、信息化、数字化应用都应得到大幅提升。多年来，由于市场不断地变化，监理"定位"不准、现场监理职责受限等多种主客观因素的制约和影响，造成大多监理企业的人才难留、技术和检测手段得不到及时更新，仍然停留在传统的现场质量和安全监理上，在很大程度上无法满足业主的服务要求。

总之，我国监理行业的主要矛盾是放与管、管与服、供给与需求、要求和现实等因素之间的矛盾。

六、建设工程监理的发展趋势

近几年，《国务院办公厅关于促进建筑业持续健康发展的意见》（国办发〔2017〕19号）和《住房城乡建设部关于促进工程监理行业转型升级创新发展的意见》（建市〔2017〕145号）等一系列文件都强调了工程监理的重要性，说明了国家对监理行业的重视，监理行业责任重大，发展前景广阔。

1. 全过程咨询服务

推进监理行业转型升级，回归咨询的本质，开展全过程咨询是大势所趋。全过程咨询是监理企业转型升级，科学发展的方向。有条件的监理企业在做好施工阶段监理的基础上，要积极向上下游拓展服务领域，为业主提供覆盖工程建设全过程的项目管理服务以及包括前期咨询、招标代理、造价咨询、现场监督等多元化的"菜单式"工程咨询服务。

全过程咨询的发展打破了过去行业分割的局面，建筑工程建设其他服务行业也在提升能力抢占市场。市场竞争不讲情面，高付出才得高回报，没有全过程业务能力搞不了全过程咨询。设计去做全过程咨询是顺流而下，而监理去做全过程工程咨询则是逆流而上，不进则退，我们需要比设计行业付出更多的努力。

监理企业开展全过程工程咨询，从长远来看，最好有设计资质；如果没有设计资质，那要有设计能力；如果没有设计能力，那也要有设计管理能力，否则就谈不上全过程咨询。为弥补设计方面的短板，有的监理企业与设计企业建立战略合作；有的与设计企业组合为一体；有的与设计企业共同出资，组建一个新的企业。这些都是非常有益的探索，都值得鼓励。

2. 信息化和数字化的智能服务

科学技术已经进入信息化、智能化、网络化时代，实现监理企业发展信息化、智能化、网络化是建筑现代化发展的重要内容之一。监理企业要加大科技投入，采用先进检测工具和信息化手段，创新工程监理技术、管理、组织和流程，提升工程监理服务能力和水平。推进建筑信息模型（BIM）在工程监理服务中的应用，不断提升工程监理服务能力的信息化、数字化、智能化水平。

3. 特色化和精细化的专业服务

在做大做强的同时，监理企业也应该深耕细做，根据市场和业主要求提供专业化、特色化服务。做大做强与做专做精不但不矛盾，实际上还可以相互促进。中小监理企业、监理事务所进一步提高技术水平和服务水平，为市场提供特色化、专业化的监理服务，也可以通过聚焦缝隙市场，细分的专业市场，从而形成自己的特色优势，进行转型升级。

第二节　建设工程精细化监理概述

精细化是一种意识、一种观念、一种态度、一种文化，是科学化管理的一项内容。精细化管理最初是针对企业管理的一种管理理念，源于发达国家，是社会分工的精细化，也是质量服务的精细化和对现代管理的必然要求。精细化管理是建立在常规管理基础上，并将常规管理引向深入的基本思想和管理模式；精细化管理是管理者用来调整产品、服务和运营过程的技术方法。它以规范化为前提，系统化为保证，数据化为标准，信息化为手段，把服务者的焦点专注到满足被服务者的需求上，以获得更高效率、更多效益和更强竞争力。

一、建设工程精细化监理的内涵

建设工程精细化监理，就是将精细化管理的一般理论，结合监理企业的特点，以科学的精神，精细化的思想，辩证的灵魂，采用"精、准、细、严"的管理，使监理企业从粗放管理逐步走向精细化管理与和谐管理，极大地提高企业的效率、质量与管理水平，提高监理企业竞争力，同时也为业主提供更好、更优质的监理咨询服务。

1. 现代企业精细化管理

精细化管理最早主要出现在大规模工业制造业，如汽车、家用电器等产业中。企业通过精细化管理，致力于实现"零缺陷""准时化生产""零库存"，如日本丰田公司的精细化生产过程和美国戴尔公司的零库存管理等。现代企业精细化管理在企业生产、营销和运营管理实践中应用已经十分广泛，并发挥了卓越的管理效力。

现代企业精细化管理的定义是"五精四细"，即精华，包括文化、技术、智慧等方面；精髓，包括管理的精髓、掌握管理精髓的管理者；精品，包括质量、品牌；精通，包括专家型管理者和员工；精密，包括各种管理考核及相互关系链接有序精准；以及细分对象、细分职能和岗位、细化分解每一项具体工作、细化管理制度的各个落实环节。

现代企业精细化管理是社会分工的精细化、是服务质量的精细化、是产品标准的精细化、是现代管理的必然要求。未来企业的竞争就是细节的竞争，细微之处见功夫。细节的宝贵价值在于，它是创造性的、独一无二的，无法重复的。细节影响品质，细节体现品位，细节显示差异，细节决定成败。细节已经成为企业竞争中最主要表现形式，精细化管理是决定未来企业竞争成败的关键。

党的十九大报告提出弘扬"工匠精神"。在新时代大力弘扬"工匠精神"，对实现经济转型升级，推动经济高质量发展具有重要意义。"工匠精神"是一种严谨认真、精益求精、追求完美、勇于创新的精神，也是现代企业精细化管理的主要理念和具体体现。

2. 建设工程精细化监理

建设工程精细化监理是根据建设工程监理有关法律法规等，业主的授权委托，监理职责范围，结合工程建设和监理工作的特点，将精细化管理的理念、方法、手段等运用到监理过程中，提高监理服务能力和服务水平，创造比传统监理更加增值的监理服务。

建设工程精细化监理的实施，监理企业要创新工程监理技术、管理、组织和流程；监理企业的决策、计划要更加周密，准确无误地实施；提高执行力和效率，解决监理企业中执行力薄弱和不到位的问题；提高整体结构功能，密切各环节衔接能力，为业主提供优质服务，提高监理企业核心竞争力。

建设工程精细化管理的内容是：员工精确定位；质量目标细化到人；员工工作量化考核；质量控制标准化；安全控制标准化；监理资料管理规范化；员工工作态度精益求精；创建学习型企业文化；充分利用信息化手段科学管理；提高企业效益，打造企业品牌。

精确定位是指对每个单位、部门和岗位的职能职责都要规范清晰、有机衔接。

细化目标是指以任务进行层层分解，指标落实到人。

量化考核是指考核时，做到定量准确，考核及时，奖惩兑现。

精益求精是要求对待工作标准高、要求严，做到尽善尽美。

安全质量标准化是按照安全质量控制手册的质量要求进行标准化验收和控制，用数据说话。

信息化是采用先进的网络信息化手段，利用"互联网+"和网络信息平台将企业管理流程化、系统化、标准化；对企业的管理数据及时处理，对现场的管理及时监控，提升工作效率，增强行业竞争力。

二、建设工程精细化监理的意义

在现代项目管理过程中对于项目的基础管理要求越来越重要，而在此过程中进行必要的细节化管理就成为必须要面对的问题。"细节是立身之本"，管理的原理千篇一律，而每个企业的管理细节各不相同，因而管理的结果也就不同。要想真正做好监理工作，就有必要将监理工作精细化，在传统监理工作的基础上实施精细化管理已势在必行。开展工程精细化监理的意义如下：

1. 有利于适应激烈的市场竞争

中国建设工程监理面临升级转型，竞争处于白热化状态，企业处于微利状态。在激烈的市场竞争形势下，企业必须靠自己的管理和技术实力，靠自己的优质服务才能赢得客户的认可。监理企业只有不断提高自己的监理精细化管理水平，才能体现自己的专业技术和管理优势，才能赢得客户的青睐，在激烈的市场竞争中立于不败之地。如何提升企业的技术水平和管理水平，精细化监理将是监理企业的必由之路。

2. 有利于培养监理人员的专业素质

如今，我国的工程监理服务还处在较低的水平，上不去，下不来。之所以如此，一个重要原因就是目前的监理行业中还缺乏一支真正高素质的监理队伍。如何以人为本，对从业的监理人员进行系统培训和科学管理，不断提高监理从业人员的综合素质，是各监理单位应面对和重视的任务。精细化监理是一个系统化的过程，对监理人员实行分类管理，分类培训，梯级培训，系统培训，建立学习型企业，注重知识经验的传承和积累，建立专业人员的逐级培养上升通道，能够较快地提高和培养监理人员的专业素养，为监理企业培养高水平的监理人才队伍。

3. 有利于提供高质量监理服务

精细化管理的目的就是要在保证现有工作质量不下降的基础上不断提升团队和员工个人的工作质量，达到持续改善的目的。对于精细化管理和持续改善之间的逻辑关系，我们可以这样看待：精细化管理是实现持续改善的手段。从字面理解精细化管理的含义就是管理不断精细化，不断精细化的目的是不断提高监理服务质量，其实质就是持续改善提高监理服务水平和质量。日本丰田公司的精益管理，就是以减少浪费为切入点，持之以恒地优化公司的每一个细节管理，不断追求精益求精的品质，减少浪费，最终使丰田汽车名扬世界、深入人心。

建筑可以说是一件艺术品，表现在从构思、设计及建造过程的每一个细节，只有注重细节的建筑，才能是精品。监理作为建筑作品的监造者，更需要深刻理解和加强精细化管理的水平，才能使最终的建筑作品成为精品。监理工作的细节，表现在监理工作的日常、项目管理的把控、监理数据的客观完整、实体工程的实测实量、文明标化工地的管理等方方面面。注重管理的细节，才能让管理由"细"到"精"。精细化监理，是提高监理服务质量重要途径。

4. 有利于促进企业的转型升级

按照国务院《关于促进建筑业持续健康发展的实施意见》（国办发〔2017〕19号），监理行业向全过程咨询升级转型的路径已经非常清晰。全过程咨询要求企业急速提升全过程咨询的能力，没有较高的管理水平和能力就无法给顾客提供满意的服务。精细化管理是以规范化为前提，系统化为保证，数据化为标准，信息化为手段，把服务者的焦点专注到满足被服务者的需求上，以获得更高效率、更高效益和更强竞争力。通过精细化监理提升专业人员素养，提升服务品质，加强企业的技术实力，提高企业管理水平，能够有效促进监理企业向现代化的咨询企业转型升级。

第三节 建设工程精细化监理与传统监理的联系和区别

一、建设工程精细化监理与传统监理的联系

建设工程精细化监理与传统监理有密切的联系，主要表现为：

精细化监理就是以传统监理为基础，按照企业的实际情况和管理目标进行系统化、科学化、标准化的现代项目管理活动。精细化监理是在传统监理基础上的升级，可以用"精、准、细、严"四个字来概括。精：做精，精益求精，追求最好，不仅把产品做精，也把服务和管理工作做到极致，挑战极限。准：准确的信息与决策，准确的数据与计量，准确的时间衔接和正确的工作方法。细：工作细化、管理细化特别是执行细化。严：严格控制偏差，严格执行标准和制度。

传统监理是精细化监理的基础和前提。精细化监理是传统监理发展的更高阶段，是传统监理工作方式的创新和服务水平的升级，是建设工程监理发展的必然趋势。

二、建设工程精细化监理与传统监理的区别

精细化监理，是企业为适应科学化、标准化和信息化的管理方式，需要建立目标细分、任务细分、标准细分、流程细分。实施精确计划、精确决策、精确控制、精确考核、用数据说话的一种科学管理模式。

传统监理的工作内容简单，主要停留在现场的质量和安全的监理上；方式方法简单，日常监理工作一般采用现场巡视检查的方式，对于工程过程监督、控制、协调等方面中的

难点事前控制方式单一，往往没有很好的预见性；工作手段简单，监理检测设备较少，技术装备投入不足，信息化程度低。精细化监理相比传统监理区别如下：

1. 精细化监理与传统监理的思想理念不同

精细化监理是倡导一种精益求精的企业文化和理念。精细化是一种意识、一种观念、一种认真的态度、一种精益求精的文化。重视细节，实质上是提倡一种认真的态度和科学的精神，做好细节，重要的就是用心工作。精者，去粗也，不断提炼，精心筛选，从而找到解决问题的最佳方案；细者，入微也，究其根由，由粗及细，从而找到事物内在的联系和规律。细节体现在管理上，就是常说的"细节决定成败"。

精细化管理不是一劳永逸，而是不断深化，持续改进的长期过程。精细化管理不仅是工作过程的质量控制和改善的管理技术，还是一种管理思考方式，其中一个重要的思考方式就是把管理看成一种发展过程。如果我们把精细化管理当作一种管理改善的过程来看的话，会发现任何出色的工作都有改进的空间，而工作改进的过程就是精细化的过程，这种看法就是精细化管理的过程思维。在实现精细化管理的过程当中，人们容易在认识上步入误区，他们会将最后的结果作为衡量精细化的标准，或者把某种状态称为精细化管理，而精细化其实是一种正在进行的改善过程。

传统监理工作过程中往往出现粗疏化的倾向，对工作的完成缺乏精益求精的挖掘，缺乏持续深化改进的理念，缺乏与时俱进的思考，而仅仅是一项工作的完成终结，因此二者从思想理念上有较大的区别。

2. 精细化监理与传统监理的精度不同

精细化监理强调"精、准、细、严"，一切以数据为准，从数据的采集到数据的汇总、评价均要求精准正确。因此，精细化监理更注重监理的精度和细节。精细化监理更注重利用信息化技术，提升数据的精准性和监理的工作效率。

传统监理在管理过程中采取的方法粗放，多是文字定性描述，缺乏有效的数字化监管手段，数据的采集获取不能准确、及时、客观。例如，在管理构成中采用"基本、可能"等词汇，造成了模糊化的管理倾向，不适应现代管理要求。精细化管理不能省略管理的各个环节全面量化的阶段，管理依赖规则，规则需要具体化、标准化、数据化。因此精细化监理的精度要求要高于传统监理。

3. 精细化监理与传统监理的方法侧重点不同

传统的监理工作，在一定程度上说并不是通过有效的数据化与细节化来实现的，其对于技术手段的应用多是一种间接应用的方式。例如在对工程质量的检验过程中采用相关技术工具对工程质量进行实际测量，而之后由监理人员进行记录，但是在此过程中监理人员的个人特殊性就成为与监理工作有效性及客观性息息相关的重要保证，如果监理人员不能有效并且符合规范的对数据进行记录，就会出现记录失实的状况。在此过程中现代技术手段的应用就成了关键，在现代管理中复杂而有效的互联互通式的高级信息管理系统是监督管理的必要工具，现代信息技术的应用将极大地改变了数据采集和评判的客观性、时效性、准确性。

精细化监理更注重现代技术手段的应用。未来工程咨询将更多地应用于建筑信息模型技术（BIM）、大数据、物联网、地理信息系统（GIS）、AR 仿真模拟、人工智能辅助查询与分析系统等，也迫切要求工程咨询业能够尽快改变传统咨询技术手段，必须针对新技术、新产业进行调整，建立完善的数据分析与知识管理方法。精细化监理更注重现代信息技术手段的应用。

4. 精细化监理与传统监理的介入时间不同

传统监理是施工阶段的监理，往往是事后监理，而精细化监理强调全过程监理，即从可行性研究阶段开始，到勘察设计阶段，施工阶段至竣工阶段的监理，更看重事前事中的预控监理研判分析，因此精细化监理的介入时间比较超前。

5. 精细化监理与传统监理的人员素质要求不同

针对现实与未来的监理咨询服务特点，精细化监理更加强调优质技术管理人员的投入，高级优秀人才是监理咨询服务的核心，体现高智能的咨询服务。传统监理对人员综合素质要求偏低，而精细化监理对人员综合素质要求较高，要求有较强的专业知识和较丰富的实践经验，特别是对新技术和信息化数据处理能力、BIM 技术的应用能力等要求较高，因此二者对监理人员的素质要求不同。

第二章 监理企业精细化管理

第一节 监理企业的经营管理理念

监理企业的经营管理理念是监理企业系统的、根本的管理思想，经营理念决定监理企业的经营方向，是监理企业发展的基石。

面对机遇和挑战，监理企业唯有转型升级，创新发展，立足精细化监理，树立切实可行的精细化的经营管理理念，深入开展精细化监理活动，才能在激烈的市场竞争中赢得一席之地。

一、面向客户与客户满意

客户是监理企业最重要的目标群体，是监理企业的服务对象，也是监理企业最主要的资源。

监理企业发展的过程，其实质是一个不断开发客户、发现客户、稳定客户的过程。企业的实力很大程度上取决于其所掌握的客户资源。

因此，监理企业的精细化经营理念，首先是要面向客户，研究客户，熟悉和掌握客户需求的内容和要求，其次是针对不同的目标客户，制订出符合客户需求的监理服务产品，并努力向客户提供高质量、高智能、特色化的监理服务。

监理企业要倡导强化服务意识，主动了解并最大程度地满足客户的需求，不断提高监理服务质量，从而达到让客户满意的水平。

二、诚信经营与铸造品牌

中国自古以来就有讲诚信的优良传统，儒家提倡"仁义礼智信"，这里的信，就有诚信的含义。

为了加强监理企业的诚信意识，政府有关主管部门和建设监理协会建立了监理企业信用管理办法，对监理企业的履约行为、质量行为、安全管理行为等分别赋予一定的分值，诚信行为加分，非诚信行为扣分，并进行差异化跟踪管理。诚信累积分值的高低对监理企业承揽项目、经营管理以及现场管理均产生直接而重大的影响。

因此，对现代人和现代企业来说，诚信不仅仅是一种美德，更是一种行为规范，监理企业有必要也必须讲诚信。

品牌是一种境界，也是一种企业文化，可口可乐、丰田、花旗银行等世界级百年品牌企业的发展史告诉我们，品牌效应的形成需要长时间的锤炼、打造和传承。

毋庸置疑，任何监理企业品牌效应的形成，也必然经过一个长期的、坚持不懈的过程。

三、以人为本与追求卓越

精细化监理条件下，监理人才的竞争将更加激烈，监理企业必须树立以人为本的理念。

以人为本，具体体现在关心人才、重视人才、尊重人才、信任人才。关心人才体现在领导者经常深入工作现场，进行现场巡视，与员工进行面对面非正式的口头交流，了解人才的工作和生活状况。重视人才体现在领导者经常关注人才的工作，为人才的成长和发展创造条件，使之感觉到工作成绩得到认可，自身发展受到重视。尊重人才体现在企业领导多倾听人才的意见，了解他们的需求，帮助解决他们的困难。信任人才就是大胆任用人才，给他们一个平台，放手让他们去工作。

追求卓越是一种态度，是指企业不同于其他企业的做法。包括善待员工，鼓励他们最大限度发挥主观能动性，高质量地工作；不采取极端管制成本的做法，而更在意工作质量是否提高；要求员工遵章守纪，主动奉献一份力量。

四、创新服务与持续改进

创新精神是人类思维中最积极、最活跃、最具有创造性的因素，也是精细化监理条件下，监理企业保持长盛不衰的重要因素。因此，监理企业和监理人员应当具有创新精神。

从本质上说，监理工作是一项具有综合性、复杂性、高智能特征的建设工程技术服务活动。在精细化监理过程中，监理企业和监理人员应当强化服务意识，不断创新服务模式，从而不断提高监理服务质量。

监理企业应当具有持续改进的理念。近年来，在工程建设领域，新材料、新设备、新技术、新工艺发展迅猛，客户需求也呈现出个性化、多元化的发展趋势。因此，监理服务也必须走创新发展、持续改进之路，才能跟上时代前进的步伐。

五、企业发展与员工满意

监理企业是全体员工的利益共同体、事业共同体和命运共同体。监理企业应树立长远的发展目标，建立健全科学的企业运行机制和激励机制，开拓创新，努力拼搏，不断创造良好的经济效益和社会效益，不断实现新的发展。

员工是监理企业创新发展的源泉，也是企业赖以生存的根本。因此，尊重员工，关心员工，善待员工，满足员工的合理需求，是创造监理企业员工满意的前提。

员工要积极响应企业的发展理念。首先是注重学习，了解企业，不断提高思想素质、技术素质和业务能力。其次，个人愿景要与企业发展有机结合，监理企业与员工风雨同舟，荣辱与共。三是要立足本职岗位，恪守监理职业道德，为客户提供优质的监理服务，为社会奉献优质工程。

六、质量精细化与安全标准化

精细化监理将更加注重对质量细节的把控和传统监理模式的创新发展。这里所说的质量，包括建设工程质量和监理服务质量两个方面。建设工程质量是监理单位实施控制的主要目标之一，是影响监理工作成效好坏和建设单位满意与否的关键因素，是监理企业的生存之本，发展之基。随着我国工程质量水平的不断提高，新技术新理念的不断涌现，创新监理服务模式，提高监理服务质量，已逐渐成为行业发展的共识。近年来，一些房地产开发企业，利用自身的人力和资源优势，在国标的基础上，制定更加细化的的企业标准，并通过委托监理合同的方式转嫁由监理单位监控落实，实现了房地产产品质量和价值的大幅提升。这种模式目前已成为建设单位和监理单位合作共赢的新模式。

安全生产管理的监理工作是监理企业的重要职责，也是政府有关主管部门管控的重点和红线。监理单位应依法建立健全安全生产责任制，建立公司和项目两级安全生产保证体系，严格履行监理单位的法定职责和义务，大力推行安全生产标准化管理，确保施工现场的各项安全管理措施得到贯彻落实，减少甚至杜绝各类安全事故的发生。

七、倡导精细化监理与打造专业化团队

精细化监理是一种理念，来源于西方发达国家的精细化管理理念。

精细化监理体现的是工程监理人员对工程管理的完美追求，倡导的是严谨、认真的工作态度和精益求精思想在监理服务工作中的贯彻落实。实施精细化监理的目的是使监理企业获得更高效率、更多效益和更强的市场竞争力。

当今社会是一个信息高度发达，知识"爆炸"的社会，专业分工越来越细，新技术、新材料、新结构层出不穷。作为监理企业，如果对这些情况缺乏足够的了解，对相关专业知识没有及时掌握或者掌握的深度不够，那么在面对相关专业工程的监理业务时必然束手无策，无从下手。因此，监理企业应密切关注相关专业领域的发展前沿，适时跟进，与时俱进，打造企业自身的专业化团队，方能在瞬息万变的市场中抓住商机，游刃有余，有所发展。

第二节　监理企业精细化监理制度建设

为了夯实监理企业的管理基础，规范各项管理工作流程，监理企业应当制订和完善企业经营方针目标管理制度、技术管理制度、人力资源管理制度、巡视检查管理制度、信息档案管理制度等各项规章制度，明确相关人员的岗位分工和岗位职责，确保监理企业各项管理工作高效、有序、顺利进行。

一、经营方针目标管理制度

经营方针目标管理是现代化企业管理的一种手段，监理企业为了达到预期的工作效果，实现阶段或年度的经营目标，应根据企业制订的经营方针和经营目标，逐级分解，自上而下地建立起一套完整的目标体系，经过一定的组织和审批程序后予以实施。

目标值的设定应纵向到底，横向到边，纵横连续，层层确保。年终根据实际经营情况，对经营目标值逐条进行考核评价，评价可分为优良、一般、差三级。

优良：按目标要求完成，实施效果较好；

一般：基本按目标要求完成，实施效果一般；

差：没有达到目标要求，实施效果较差，且主要由于主观努力不够所致。

对于达到优良目标要求的，视其难易程度，效果好坏给予表彰、奖励，列入年终评先评优的重要条件；对于仅达到一般及以下目标要求的要追究责任，认真分析原因，帮助纠正，并根据实际情况给予经济惩罚。

二、技术管理制度

为了规范监理工作过程中的技术管理活动，使项目监理人员有章可循，有法可依，促进项目监理技术管理工作制度化、规范化、标准化，提高监理技术管理水平和精细化管理水平，监理企业应制定技术管理制度，包括开工前期技术准备、施工阶段技术管理、工程验收技术管理、保修及回访制度，以及监理规划、监理实施细则等监理文件的编写要求等各项管理制度，确保优质、高效、安全、如期完成各项监理工作目标。

三、投标管理制度

为了提高精细化管理水平，规范监理企业的投标活动，调动投标人员的积极性和责任心，监理企业应在公司相关负责人的统一领导下，制订和完善监理投标管理制度，对监理企业投标工作的组织领导，投标组织机构设置，投标信息的收集与应用，投标标书的编制和审核以及对编标人员的奖罚措施等各方面进行明确规定。集中力量，整合资源，明确职责，落实责任，使公司各部门团结协作，有组织、有计划地开展工程投标工作，完成公司年度投标任务，提高项目中标率，增强企业的市场竞争力。

四、人力资源管理制度

监理企业竞争的实质就是监理人才的竞争，监理企业应当正确认识自身人力资源状况和监理人才市场的特点，研究制订适合本监理企业的人力资源管理制度。

人力资源管理制度内容包括《员工手册》；人员聘用、人员调配管理；休假、请假及考勤；人员晋升；人员考核和积分制管理；奖惩；劳动关系解除等七个模块，涉及人力资源管理工作的各个方面，为企业正常运营发展保驾护航。

《员工手册》内容应涵盖企业工作时间、工作纪律、培训学习、任职聘用、考核晋升、薪酬福利等方面，并制订融入企业发展战略、经营理念和企业文化的相关内容。

合理完善的《员工手册》，既是监理企业有效的管理工具，也是企业员工必要的工作和行为规范，同时也是员工了解认同企业文化理念的重要渠道。它不仅能树立监理企业良好的公众形象，传播企业先进的文化理念，还可以满足监理企业个性化的经营发展需求。

监理人员调配管理是监理企业人员管理的一个重要方面。项目监理机构及监理人员应由监理企业有关职能部门根据工程特点、工程规模和《委托监理合同》相关规定，综合考虑监理人员的年龄结构、知识结构、能力业绩等，按照动态平衡、公平高效的原则，统筹安排，合理配置，确保现场监理工作正常有序开展，保证各项监理工作目标顺利实现，从而树立监理企业重合同守信用的良好形象。

监理人员的考核是人力资源管理的重点和难点，积分制是针对监理人员考核所建立的一项卓有成效的管理措施。所谓积分制管理是指用加分和扣分的方法对员工各方面能力和综合表现进行量化赋分，并建立每个员工的积分档案，以此对员工进行考核的方法。积分制管理很好地解决了监理工作和监理人员量化考核的难题，充分调动了监理企业员工的工作积极性和主动性，提高了项目监理机构的整体执行力。

五、监理成本管理制度

成本管理制度是监理企业重要的经营管理制度。监理企业为了加强成本控制，在项目监理过程中实行成本管理制度。

成本管理制度规定，项目合同签订以后，公司有关部门根据项目特点、项目规模以及人员情况，确定总监理工程师人选。由总监理工程师对项目监理工作负总责。

总监理工程师应根据项目实际需求拟定项目监理机构人员名单，拟派人员名单应经企业技术总工或主管副总审核同意。

总监理工程师根据核准后的人员名单填写项目成本核算表。项目成本核算表应报经营副总审核，并经公司总经理批准后执行。

在监理服务实施过程中，公司经营副总和主管副总应协助总监理工程师做好项目成本管理的相关工作。

六、监理预控管理制度

监理预控就是针对工程建设各道工序存在的质量通病，结合现场经验，事前分析可能发生的问题和存在的隐患，并针对产生的原因和影响因素提出相应的预防措施，从而实现对工程的主动控制。

（一）监理预控的目标

通过监理预控，增强质量和安全意识，使参建人员熟悉各环节的控制要点，提高各环节的符合性，防止系统性影响因素的质量变异，达到规范操作，消除隐患，规避风险，避免出现质量和安全事故，实现工程的质量、进度、造价等计划目标。

（二）监理预控的原则

1. 前瞻性原则

对可能产生的问题以及影响因素进行事前分析判断，体现事前控制和主动控制。

2. 针对性原则

对影响因素提出针对性的控制措施，做到有效、可行的预控。

3. 规范性原则

预控的内容必须符合设计和规范的要求，预控的程序、方法、措施应规范化，具有足够的深度和力度。

（三）监理预控的方法

1. 审核法

工程准备阶段，应当对施工单位所报验的前期资料和施工方案进行审核，对工程原材料、构配件及设备在使用前进行抽检或复试。

2. 随诊法

施工阶段，设置质量控制点，并对各工序质量控制要点采用检查、量测、试验等方法进行过程控制。

3. 预控法

对可能发生的问题及影响因素以监理预控提示单的形式下发给施工单位，并督促施工单位落实相应的预防措施，见表2-1。

监理预控提示单　　　　　　　　　　　　　　　表 2-1

工程名称：　　　　　　　　　　　　　　　　　编号：

致：
事由： 　　内容： 　　　　一、可能产生的问题 　　　　二、应注意的事项
接收人： 　　单位： 　　负责人： 　　日期：

七、监理企业巡视检查管理制度

为了加强企业对监理项目的管理，监理企业总工办、工程管理部门应会同项目监理人员组成项目巡视检查小组，对公司所承接的监理项目每月进行全面检查，并填写巡视检查记录，一般一至两个月对公司所有在监项目巡视检查一次。巡视检查小组对建设工程的合法性、质量控制、进度控制、投资控制、安全文明施工的监理工作、现场资料管理，项目监理部对设计变更和经济技术签证的管理工作、监理人员考勤以及廉洁自律等情况进行检查。

巡视检查记录应用表格，见表 2-2。

工程部巡视检查记录表　　　　　　　　　　　表 2-2

序号	项目	巡视检查内容	检查结果	
			有（是）	无（否）
1	工程合法性	是否办理工程施工许可证		
2		专业工程是否办理施工许可证		
3		是否办理质量和安全监督手续		
4		施工单位是否具备相应的施工资质		
5		施工人员是否具备相应的上岗资格		
6	质量控制	是否有样板引路监理实施细则		
7		是否实施样板引路监理实施细则		
8		是否有旁站监理细则（方案）		
9		是否审批施工组织设计（方案）		
10		是否组织图纸会审		
11		是否熟悉图纸及变更		
12		旁站是否按方案执行，记录是否真实、齐全、及时填写		
13		监理人员的巡视（旁站日志）检查记录每天一份		

续表

序号	项目	巡视检查内容	检查结果	
			有（是）	无（否）
14	质量控制	主要材料（成品、半成品、设备）进场报验是否符合规范要求，是否按规定见证送检		
15		是否及时制止使用禁用的建筑材料		
16		隐蔽验收是否及时，签认资料是否规范齐全		
17		隐蔽及分部分项工程验收时是否核查相关的施工技术资料		
18		是否对施工标高、轴线、垂直度、沉降观测的测量成果进行复核和检查记录		
19		是否督促检查承建商执行强制性标准		
20		存在重大质量隐患，项目总监是否及时下达停工令		
21		质量事故是否如实、及时上报		
22		各项工程验收是否按规范进行		
23		专业监理工程师对有关部门提出的整改要求是否签认		
24	安全管理	安全专项施工方案是否审批、并督促实施 危险性较大的分部分项工程专项施工方案是否论证		
25		安全专项检查是否组织，检查记录是否齐全		
26		是否检查现场安全警示牌及"三宝""四口"		
27		安全事故是否及时处理		
28		现场是否督促封闭管理		
29		对重点部位、关键环节是否实施旁站		
30		对安全防护用品是否进行检查、不合格的是否禁用		
31		是否根据检查情况，分阶段签付安全文明施工措施费		
32		是否督促承包商办理安全竣工评价手续		
33	进度控制	是否有月、周进度计划		
34		工程计划进度与实际进度是否相符		
35		工期发生偏离有无原因分析和采取纠偏措施		
36		工程停工和半停工，项目总监是否及时上报工程部和公司		
37		工程进度款是否按合同约定审批		
38		进度款是否在一周内审批		
39	造价控制	是否有节约工程造价合理化建议		
40		是否对工程变更、经济签证进行严格审批		
41	监理函件	是否向施工单位发出质量预控函件		
42		是否发出安全方面的预控函件		
43		是否发出业主进度方面的预控函件		
44		是否发出施工单位进度方面的预控函件		
45		是否发出投资方面的预控函件		

续表

序号	项目	巡视检查内容	检查结果	
			有（是）	无（否）
46	监理函件	是否发出文明施工、防火、防爆、防暑、防毒等方面的预控函件		
47		是否发出协调及其他方面的预控函件		
48		是否发出已签和未签的签证说明函件		
49		是否发出有关合同管理方面的函件		
50		是否发出工程验收的预控函件		
51		是否发出质量问题整改通知单		
52		是否发出安全问题的整改通知单		
53	考勤	监管多项目的监理人员是否在上班的工地考勤		
54		考勤是否有失实		
55		请假是否有批准的假条		
56		总监外出培训、学习等一天以上，是否请示工程部		
57		考勤表是否当天记录		
58	廉洁	有无接受施工单位或材料供应商不适当的宴请		
59		有无推荐施工单位或材料供应商		
60		有无在施工单位或材料供应商中兼职		
61		有无擅自接受业主的额外津贴		
62		有无接受施工单位或材料供应商的馈赠		
63		有无索、拿、卡、要		
64		是否安排亲属朋友在承建商中任职		
65	现场办公及工作纪律	工程会议纪要是否在一个工作日内发出		
66		晨会是否准时召开，检查晨会记录		
67		是否挂工作牌上岗		
68		是否有监理规划		
69		办公室是否整洁、卫生		
70		是否有穿拖鞋、短裤上班，打电脑游戏、打电话聊天、上网等不良行为		
71		上工地是否戴安全帽，女同志有无穿高跟鞋		
72		监理细则是否按要求编写		
73		项目监理机构人员分工是否明确		

项目监理机构：　　　　工程部：　　　　项目总监：　　　　年　　月　　日
检查：　　　　记录：

八、项目监理机构管理制度

为了规范现场监理工作，提高项目监理机构工作效率，树立监理单位和监理人员良好的社会形象，监理企业应从项目监理机构人员配置、人员分工、人员考勤、现场工作纪律，现场监理工器具配置、员工个人形象和工作形象等各个方面进行严格管理，监理企业应制订项目监理机构管理制度并严格执行，其主要内容如下：

（1）项目监理机构人员配置、人员分工及人员考勤的有关规定。

（2）现场监理工器具配置的有关规定。

（3）项目监理机构人员个人形象、工作形象及工作纪律。

（4）项目监理机构标准规范与专业书籍配置。

（5）执行该制度的相关考核。

九、监理企业信息档案管理制度

为了加强监理企业的信息档案管理，提高信息资源的运作成效，结合监理企业的具体情况，制订监理信息档案管理制度。

所谓信息，指监理企业在运营过程中产生的企业管理信息和项目管理信息，包括监理企业信息和监理资料档案信息。

监理企业信息管理指对企业的信息获取渠道、信息分类、信息储存、信息分析、信息利用、信息查阅等行为制订的管理规定。

监理资料档案管理是建设工程信息管理的重要内容，是监理人员进行建设工程质量、造价、进度、安全等目标控制的客观依据，也是监理人员必须进行的日常工作。

监理企业信息管理应以提高管理效率、增加企业效益为目标，以服务企业总体为宗旨，严格遵守信息管理制度相关规定和保密纪律，精细准确，快速到位，坚持原则，照章办事，为监理企业经营决策和行政管理提供全面而有力的信息支撑。

十、监理人员绩效考核制度

为了加强监理企业员工绩效考核管理工作，客观、准确地评价员工绩效，充分激发员工的积极性和创造性，不断提高员工的工作绩效和效益，促进企业持续健康发展，监理企业应制定监理人员绩效考核制度。

（一）绩效管理的目的

（1）建立和完善员工绩效考核办法，通过绩效考核推行目标管理，引导员工行为与公司目标保持一致，保证公司整体目标的实现，提高公司在市场竞争环境中的运作能力与竞争实力。

（2）通过绩效管理帮助每个员工提高工作绩效与工作能力，建立适应公司发展战略的人力资源队伍。

（3）绩效管理是人力资源管理体系的基础，绩效考核结果是确定员工晋升、岗位轮换、薪酬、福利、奖惩等人力资源决策的客观依据，同时也是员工职业生涯发展规划和教育培训的客观依据。

（4）在绩效管理的过程中，促进管理者与员工之间的沟通与交流，形成积极参与、主动沟通、公正公平的企业文化，增强公司的凝聚力。

（二）绩效管理的原则

绩效管理应当遵循以下原则：

1. 公开性原则

绩效考核的标准、程序、方法、时间等事宜要向全体员工公布，以增加绩效考核的透明度。

2. 客观性原则

绩效考核要以事实为依据，绩效考核工作小组对员工的考核评估都要有事实根据，避免主观臆断和个人感情色彩。

3. 开放沟通原则

在整个绩效考核过程中，考核者和被考核者要开诚布公地进行沟通与交流，考核结果要及时反馈给被考核者，既肯定成绩，又指出不足，并提出今后应努力和改进的方向。发现问题或有不同意见，更应及时进行有效沟通。

4. 常规性原则

绩效考核是各级管理者的日常工作职责，对员工做出正确的考核评估是管理者重要的管理工作内容，绩效的实施与管理工作是管理者常规性的管理工作。

5. 发展性原则

绩效考核通过激励、约束与竞争，促进公司及员工共同发展，管理者和员工都应以绩效管理为手段，以促进公司持续发展、提高公司效益和员工绩效为首要目标。

第三节　监理企业的培训学习

加强监理人员的培训学习是监理企业内部非常重要的管理工作，是监理人员提高业务素质和业务能力的重要渠道，是创建学习型监理企业的有效措施，同时也是监理企业提高监理服务水平，实现精细化监理的必由之路。

监理企业应建立公司和项目两级培训管理机构，建立健全员工培训学习的长效机制，研究制订培训学习相关制度，不断提高员工培训学习的成效。

一、员工培训学习管理的原则

监理企业员工培训学习管理应遵循以下原则：

1. 企业发展战略规划与人才队伍建设相结合的原则

监理企业必须将员工的培训与学习放在发展战略的高度来认识。员工培训学习有的能立竿见影，很快反映到工作绩效上；有的可能在若干年后才能收到明显的效果。因此，监理企业必须树立战略观念，使培训学习与企业的长远发展紧密结合。

2. 理论联系实际与学以致用原则

监理企业员工培训应从实际工作的需要出发，通过培训让员工掌握必要的技能，而最终目的是为提高企业的服务水平和经济效益服务。

3. 业务技能培训与企业文化培训兼顾的原则

培训学习除了专业知识、专业技能的内容以外，还应包括理想、信念、价值观、道德观等方面的内容。而后者又要与企业方针、企业目标、企业制度、企业文化等相结合，使员工在各方面都能够符合企业的要求。

4. 全员培训与重点提高相结合的原则

全员培训就是有计划、有步骤地对在职的所有员工进行培训，这是提高全体员工素质的必由之路。为了提高培训的效果，培训必须有重点，对企业的兴衰有着重大影响的管理和技术骨干、中高层管理人员和有培养前途的业务梯队人员，更应该有计划地进行培训。

二、员工培训学习管理工作流程

监理企业应研究制订培训学习管理工作流程，确定各项培训学习工作内容和工作标准，规范培训学习各项工作（表2-3）。

公司培训学习管理工作流程　　　　　　　表2-3

培训流程	主要内容	执行部门
制订培训计划	根据公司人才队伍建设和项目监理工作的要求，找出员工能力素质与人才队伍建设的缺口，制订有针对性和操作性的培训计划	总工办
确定培训对象	公司各部门管理人员和项目监理人员	工程部
优化培训师资	公司内部建立专家库并与外部专家保持联系，注意内部人才的培养与选拔	人力资源部
建设培训设施	配置培训场地、设备、设施，投入相关经费	人力资源部
选择培训方式	采取集中讲授、个人自学、经验交流、现场观摩、微信平台、"互联网＋"等方式	总工办
培训效果评价	采取考核、调查等方式，对培训效果进行评价，评价结果计入员工个人档案	工程部
培训结果应用	评价结果纳入项目绩效考核体系，并记入员工的个人档案，与员工职业发展直接挂钩	工程部

三、建立培训学习长效管理机制

1. 创建学习型监理企业，打造专业化管理团队

监理企业应大力创建学习型企业，倡导创新学习之风，立足定位于精细化监理，制

订切实可行的培训学习计划，明确培训学习的目的、内容、授课人员和各部门职责，完善培训方案、培训设施、培训教材，在监理企业内部形成浓厚的学习氛围，形成招工即招生、入企即入校的培训学习机制，教育培养员工提升自身专业素质和职业道德素质的积极性，持续打造高素质的专业化管理团队。

2. 建立健全组织机构，制定长效管理机制

监理企业应当建立健全培训学习组织机构，明确相关的职能部门和岗位职责，并通过相关制度的设计完善，制订培训学习长效管理机制。如在绩效考核制度中，设定对专业技术规范熟悉运用程度的考核，考核结果与绩效工资挂钩；在新聘员工转正答辩制度中，设定转正答辩环节，答辩的结果与转正工资定级挂钩；在工程部对项目的巡视检查制度中，设定对员工现场提问考核内容，考核结果与员工当月的绩效工资挂钩等。

四、建立培训学习结果的评价及应用机制

监理企业应建立健全培训学习结果评价及应用机制。通过该机制的建立，使员工的职务晋升、职称评定、转岗定岗、评先评优等管理活动与培训学习评价结果充分挂钩，让员工从学习中获益，在学习和工作中成长，增强员工的获得感，从而激发监理企业员工学习的积极性和主动性。

监理企业还应当定期或不定期地对培训管理和培训计划进行总结分析，及时发现问题并制订改进措施，不断提高培训成效。

第四节　精细化监理的考核

为了充分发挥广大监理人员的积极性和主动性，提高监理工作成效，确保精细化监理工作有序推进，监理企业应建立健全精细化监理工作的考核评价体系，围绕考核评价主体、考核评价方法、考核评价内容、考核结果的应用四个方面进行制度设计，并通过考核制度体系的有效运行，推进项目精细化监理的 PDCA 循环，从而推动精细化监理考核工作不断得到改进提高。

一、考核评价主体

精细化监理属于企业发展战略的范畴，必须纳入监理企业的总体发展规划，因此，精细化监理的考核，应当按照企业发展战略管理要求和实施计划，由企业法人统筹组织实施。

（1）项目监理机构总监或总代对其成员进行考核。

（2）公司工程部对项目监理机构进行考核。

（3）公司主管副总对公司工程部和项目监理机构的考核管理工作进行抽查，并将抽查情况反馈工程部，工程部应进行整改。

二、考核评价方法

监理企业应由工程部牵头建立员工考核档案，对监理人员实行月度考核和年度总考核的办法，全面考核评价每个员工的业绩，作为选拔、聘任、奖励、晋升及处罚的依据。

1. 月度考核

由项目监理机构每月对监理人员进行自评，公司工程部对项目监理机构自评结果进行抽查，并将抽查结果作为公司对项目监理机构进行考核管理的依据。

2. 年终总考核

各项目监理部应于每年12月31日前上报自评材料，由工程部负责对监理人员进行年终总考核。

三、考核评价内容

（一）精细化监理月度考核

精细化监理月度考核分为总监理工程师、总监代表、专业监理工程师、监理员四个岗位进行。

1. 项目总监的月度考核内容（表2-4）

总监理工程师岗位月度考核　　　　　　　　表2-4

项目名称：　　　　　　　　　　　　　　　　　被考核人姓名：　　　　年　月

序号	考核内容	考核标准	标准分数	自评得分	考核得分
1	监理人员守则	不准向施工单位索取钱物，不准向施工单位报销个人消费票据	违反本条之一，按公司有关规章制度进行处罚		
		不参与或接受影响监理公正、公平地开展工作的活动、礼品、礼金、宴请			
		不准泄露与本工程有关的技术和商务秘密			
		不准为亲友和个人谋取私利			
		发生职业道德投诉，损害企业形象			
		发生不良行为记录，损害企业形象			
2	监理工作纪律	工作期间不得酗酒，损害监理形象	3		
		不准无理拒绝或拖延监理工作	3		
		工作期间不得无故离岗，不得迟到、早退，外出或因事必须请假，轮休人员考勤不真实、弄虚作假、未及时上报	3		
		服从公司的工作安排，工作中出现问题及时向公司汇报	3		
		能实事求是，公正地对监理人员严格考核打分	3		

续表

序号	考核内容	考核标准	标准分数	自评得分	考核得分
2	监理工作纪律	对其他监理人员违反职业道德，应及时向公司反映	3		
		能真实、公正、公开地逐日考勤，考勤表不得涂改，按时上报考勤	3		
		每日组织晨会，及时上报晨会小视频，督导各级监理人员认真、高效工作	3		
		组织监理人员学习建设工程法律、法规及规范标准、图集和公司的规章制度等，每月不少于4次。且不得占用工作时间进行各类注册考试学习	5		
		认真审核监理人员的监理日志	3		
3	质量控制	组建项目监理部，确定项目监理部人员分工和岗位职责	1		
		引导项目监理机构人员贯彻执行相关的国家法律、法规、技术标准及公司的有关规章制度	2		
		主持编写监理规划，审批项目监理实施细则，并负责管理项目监理机构的日常工作	2		
		检查监督监理人员的工作，根据工程项目的进展情况进行人员调配，对不称职的监理人员以书面形式上报公司进行调换	2		
		督促检查专业监理工程师编写的监理实施细则、旁站方案、见证取样计划等监理资料	2		
		熟悉设计文件，做好设计交底和图纸会审准备工作	2		
		熟悉施工合同和委托监理合同，明确本工程主要控制目标，按照合同约定时间节点及时申请回收监理费，发生合同延期事件应及时汇报并协调处理	3		
		审定施工单位提交的开工报告、施工组织设计、专项技术方案等	2		
		主持监理工作会议，签发项目监理机构文件和指令	2		
		主持或参与工程质量事故的调查	2		
		审核签认分部工程和单位工程的质量评定资料，审查承包单位的竣工申请，参与工程项目的竣工验收	2		
		及时填写总监巡视记录，每周至少一次，妥善处理工程中出现的质量问题	2		
		建立完善参建各方及政府建设主管部门的沟通渠道	2		
		组织检查施工单位质量、安全管理保证体系的运行和职业健康和环境保护措施的落实情况，提出整改意见并督促完善	2		
4	进度控制	审定施工进度计划，审批工程延期申请	2		
		施工进度实际与计划不符时，应分析原因，并提出相应的控制措施	2		
5	造价控制	调解建设单位与承包单位的合同争议，处理索赔	1		
		审查和处理工程变更及签证，审核施工单位的支付申请和竣工决算	2		
6	安全管理	参加施工单位组织的安全方案专家论证会	3		
		施工过程出现重大安全隐患时，及时采取措施签发停工令。必要时书面报告建设工程主管部门	3		
		审定各专项安全施工方案	3		

续表

序号	考核内容	考核标准	标准分数	自评得分	考核得分
6	安全管理	组织或参与安全大检查，并对检查出的安全问题落实整改	3		
7	资料管理	主持整理监理档案资料，审核签署施工单位的申请	2		
		按照公司关于资料管理的相关要求及时检查各专业监理人员工程资料的收集、整理、签字、归档情况	2		
8	其他	监理过程中出现的问题及时向公司反映，不得隐瞒情况	3		
		办公室布置符合公司要求，办公环境卫生整洁	3		
		严格落实监理报告制度	3		
		按时参加公司各项会议，并认真及时落实各项会议精神	5		
9	信息化管理	严格落实公司《信息化管理管理办法》，严格落实智慧工程、微信群等信息化管理措施	3		
合　　计			100分		

被考核人（签字）：　　　　　　　　　　　　　　　考核人（签字）：

说明：本考核办法与当月考核工资挂钩，每月由公司依照本考核表的考核内容及标准对总监理工程师的工作表现进行考核打分，满分为100分发考核工资100%，每扣一分扣当月考核工资的3%，与次月2日连同当月考勤表一并上报公司进行基本工资和考核工资的计算，无考核打分表者不计发当月考核工资。

2. 总监代表的月度考核内容（表2-5）

总监理工程师代表岗位月度考核　　　　　　表2-5

项目名称：　　　　　　　　　　　　　　　　被考核人姓名：　　　年　月

序号	考核内容	考核标准	考核分数	自评得分	考核得分
1	监理人员守则	不准向施工单位索取钱物，不准向施工单位报销个人消费票据	违反本条之一，按公司有关规章制度进行处罚		
		不参与或接受影响监理公正、公平地开展工作的活动、礼品、礼金、宴请			
		不准泄露与本工程有关的技术和商务秘密			
		不准为亲友和个人谋取私利			
		发生职业道德投诉，损害企业形象			
		发生不良行为记录，损害企业形象			
2	监理工作纪律	服从总监理工程师的领导，认真完成总监理工程师安排的各项工作，及时向总监理工程师汇报	3		
		积极配合公司和上级主管部门的检查并及时向总监理工程师汇报	3		
		能实事求是，公正地对监理人员严格考核打分	3		
		不准无理拒绝或拖延监理工作	3		
		工作期间不得旷工、无故离岗，不得迟到、早退，非工作原因外出必须请假	3		

续表

序号	考核内容	考核标准	考核分数	自评得分	考核得分
2	监理工作纪律	上岗期间规范佩戴安全帽与胸牌，工作期间不得穿拖鞋、短裤、酗酒、损害监理形象	3		
		公正、公开逐日考勤，考勤表不得涂改，并确保考勤真实，不得弄虚作假	3		
		每日组织晨会，及时上报晨会小视频，督导各级监理人员认真、高效开展工作	3		
		每日认真审核监理工程师的监理日志	3		
		对其他监理人员违反职业道德，应及时向公司反映	2		
		组织监理内部人员学习建设工程法律、法规及技术标准、图集、规范和公司的规章制度等，每月不少于4次。且工作期间不得进行各类注册考试学习	5		
3	质量控制	在总监授权范围内负责项目监理机构的日常工作，传达和实施总监的各项指令，并定期向总监汇报	2		
		协助总监组建监理项目部，确定监理部的人员分工和岗位职责	1		
		协助总监完成监理规划的编制	2		
		督促检查专业监理工程师编写的监理实施细则、旁站方案、见证取样计划等监理资料	2		
		熟悉设计文件，做好设计交底和图纸会审准备工作	2		
		熟悉施工合同和委托监理合同，明确本工程主要控制目标，按合同约定及时回收监理费，如合同延期应及时向公司汇报协调处理	2		
		协助总监审核承包单位提交的开工报告，施工组织设计、进度计划、专项方案等报审资料	2		
		复查总包单位的资质，审查分包单位的资质	2		
		组织检查落实施工单位质量、安全管理与保证体系，职业健康和环境保护措施提出意见并督促完善	2		
		审查落实重点部位、关键工序、薄弱环节实施前的预控工作	2		
		审核阶段性的安全、质量评价报告	1		
		检查落实分部工程的核验准备工作，组织各专业监理对已完单位工程进行预验收，并对验收中存在的问题督促整改	2		
		加强巡检工作并做好巡视检查记录，及时处理工程中出现的质量问题并汇报总监	2		
		在总监授权下主持召开监理工作会议，签发监理会议文件	2		
		审核竣工结算的相关资料并及时通知总监签字确认	2		
		及时编制评估报告和监理工作总结，内容应符合监理规范的要求	2		
4	安全方面	审核施工单位上报的各专项安全施工方案，并检查、督促、落实	2		
		及时处理现场出现的安全问题	2		
		发现重大安全隐患及时报告总监理工程师下达停工指令	2		
5	进度方面	审定施工进度计划	1		
		进行工程进度监控，并对进度偏差进行分析，采取监理措施	1		

序号	考核内容	考核标准	考核分数	自评得分	考核得分
6	造价方面	审核工程进度款的支付申请，及时上报总监审批	1		
		审核工程变更及经济签证，数据准确、真实	1		
7	资料方面	主持整理监理档案资料，审核签署施工单位的申请	2		
		按照公司关于资料管理的相关要求及时检查各专业监理人员工程资料的收集签字归档、台账登记情况。月度评议表、考核表按时交回公司存档	2		
8	其他	监理过程中出现的问题要及时向总监理工程师反映，不得隐瞒情况	2		
		办公室布置符合公司要求，办公环境卫生整洁	3		
		落实 2018 年精细化管理新增表格、PPT 影像资料	3		
		每月及时做好监理报告，在公司工程部留档	3		
		不参加公司月度总监 / 总代会议	5		
9	智慧工程	严格落实《公司智慧工程管理办法》相关要求	3		
10	微信实施	依据《公司微信实施管理办法》及时上报考勤、监理日志、视频及重点部位、关键工序旁站情况等内容	3		
		合　计	100 分		

总代（签字）：　　　　　　　　　　　　　　　　　　总监（签字）：

说明：本考核办法与当月考核工资挂钩，每月由总监或公司依照本考核表的考核内容及标准，对总监理工程师代表当月的工作进行考核打分，满分为 100 分发考核工资 100%，每扣一分扣当月考核工资的 3%，与次月 2 日前连同当月考勤表一并上报公司进行基本工资和考核工资的计算，无考核打分表者不计发当月考核工资。

3. 专业监理工程师月度考核内容（表2-6）

专业监理工程师岗位月度考核表　　　　　　　　表2-6

项目名称：　　　　　　　　　　　　　　　　被考核人姓名：　　　年　月

序号	考核内容	考核标准	标准分数	扣分	得分
1	监理人员守则	不准向施工单位索取钱物，不准向施工单位报销个人消费票据	违反本条之一，按公司有关规章制度进行处罚		
		不能参与或接受影响监理公正、公平地开展工作的活动、礼品、礼金、宴请			
		不准泄露与本工程有关的技术和商务秘密			
		不准为亲友和个人谋取私利			
		发生职业道德投诉，损害企业形象			
2	监理工作纪律	服从总监理工程师（总代）的领导，及时认真完成总监理工程师（总代）安排的各项工作，及时向总监（总代）汇报	3		
		工作期间不得酗酒，损害监理形象	3		
		不准无理拒绝或拖延监理工作	3		
		工作期间不得旷工、无故离岗，不得迟到、早退	3		

续表

序号	考核内容	考核标准	标准分数	扣分	得分
2	监理工作纪律	注意着装、言语，不得损害监理形象，不得进行与监理工作无关的事宜	3		
		工作期间不得进行各类注册考试学习	5		
3	监理资料	认真编制本专业的监理细则及各专项监理方案，内容应符合规范和技术标准及强制性条文的要求	3		
		建立、健全重大危险源台账并根据施工进展做好安全巡视检查记录，做好公司要求的各项台账登记	2		
		质量安全控制资料要与工程实体同步，签字真实及时准确并整理归档	2		
		及时编写监理月报，内容全面、格式规范、与实体进度相符	2		
		监理日志逐日填写，内容齐全、真实、清晰、可追溯	2		
		及时下发监理通知单、工作联系单，内容清楚并有回复	2		
		见证取样记录及时汇总，并与见证取样计划比对完善	2		
		公司内部检验批填写应真实、及时、规范、准确	2		
		监理安全评价报告内容应真实、准确、及时	2		
4	质量控制	认真审核施工组织设计及各专项施工方案，审核内容应符合规范及强制性条文的规定，留存书面审查记录	2		
		审查施工单位前期资料应及时、认真。发现问题及时要求整改完善	2		
		应掌握监理控制程序、工程质量控制标准，了解工程现场实际情况及有关数据	2		
		材料进场验收手续齐全，质量证明资料完整并与实物核验相符且符合设计及规范要求，及时建立台账	2		
		认真监督施工单位按批准的方案施工，发现问题应及时解决并记录清晰	2		
		施工中存在质量问题或安全隐患，能及时发现并按有关规定进行处理，不得隐瞒擅自处理	2		
		隐蔽工程质量验收时，要认真全面，按规定进行实测实量。经验收合格的工程，不得有质量问题	2		
		按职责做好见证取样、监理抽检	2		
		对监理员的技术交底要全面及时并监督实施旁站工作，审核旁站记录	2		
		加强施工过程中的巡视检查，能够及时发现问题并要求施工单位整改，避免返工	2		
		关键工序重点部位加强事前预控，实施样板引路	2		
5	进度控制	督促施工单位及时编报施工进度计划并认真审核	2		
		施工进度实际与计划不符时，分析原因，提出相应的控制措施	2		
6	造价控制	按合同及有关规定及时准确的审核工程量，不得违反有关规定	2		
		认真审核施工单位提交的变更及签证，做到内容真实、准确	2		
7	安全管理	认真审查施工单位编报的各安全施工专项方案，内容符合标准规范及工程强制性条文要求	3		

续表

序号	考核内容	考核标准	标准分数	扣分	得分
7	安全管理	认真审查施工单位安全管理体系及保证体系是否健全，安全责任制是否落实，是否按已批准的施工方案进行施工	3		
		认真进行安全巡检，及时发现安全隐患，并书面通知施工方进行整改，并落实到位	3		
		做好安全监理工作，对存在的重大安全隐患要及时向总监理工程师汇报	3		
		发现"三违"作业时及时制止，并督促施工方加强安全教育工作	3		
		积极参加现场安全文明施工检查，认真做好检查记录	3		
		检查施工现场塔吊、人货电梯、物料提升机、施工吊篮等主要施工机械和检测、验收、备案、告知、准用等手续，未完善时及时采取措施	3		
8	其他	按公司、项目负责人要求做好微信群工作情况上报	2		
		监理过程中出现的问题要及时与项目负责人沟通协调处理，并向总监理工程师（总代）汇报，不得隐瞒情况	2		
		工作交接要全面、完善，责任划分清楚，落实到位	2		
		积极参加监理公司、项目部组织的各项活动，完成布置的各项工作	2		
		主动学习掌握建筑行业新规范、新标准等，认真落实政府建设主管部门下达的各项要求等，积极参与监理内部组织学习	2		
合　计			100分		

被考核人专监（签字）：　　　　考核人总代（签字）：　　　　审核人总监（签字）：

说明：本考核办法与当月考核工资挂钩，每月由总监或总监代表依照本考核表的考核内容及标准，对专业监理工程师当月的工作进行考核打分，满分为100分发考核工资100%，每扣一分扣当月考核工资的3%，与次月2日前连同当月考勤表一并上报公司进行基本工资和考核工资的计算，无考核打分表者不计发当月考核工资。

4. 监理员的月度考核内容（表2-7）

监理员岗位月度考核　　　　　　　　　　表2-7

项目名称：　　　　　　　　　　　　　　　被考核人姓名：　　　年　月

序号	考核内容	考核标准	标准分数	扣分	得分
1	监理人员守则	不准向施工单位索取钱物，不准向施工单位报销个人消费票据	违反本条之一，按公司有关规章制度进行处罚		
		不参与或接受影响监理公正、公平地开展工作的活动、礼品、礼金、宴请			
		不准泄露与本工程有关的技术和商务秘密			
		不准为亲友和个人谋取私利			
		发生职业道德投诉，损害企业形象			
2	工作纪律	工作期间不得酗酒，损害监理形象	4		
		不准无理拒绝或拖延监理工作	4		
		工作期间不得无故旷工、离岗、迟到、早退	4		

续表

序号	考核内容	考核标准	标准分数	扣分	得分
2	工作纪律	服从总监（总代）及监理工程师的领导，工作中出现问题及时向总监（总代）及专业监理工程师汇报	4		
		工作期间不得进行各类注册考试学习	4		
3	监理资料	在监理工程师的指导下，协助完成监理月报的编制	4		
		协助专业监理工程师做好监理台账登记	4		
		做好资料文件的收发文工作，协助收集整理监理资料	4		
4	质量控制	应清楚监理控制程序、工程质量控制标准，了解工程现场情况及有关数据	4		
		协助监理工程师核验材料进场质量证明资料，核实进场试验报告单	4		
		检查施工单位进场材料及机械使用情况，确保所使用材料及构配件与已报验材料、构配件相符	4		
		在日常工作中发现存在的质量问题，应及时向监理工程或总监（总代）汇报，不得隐瞒质量问题	5		
		工程质量验收时，协助监理工程师对工程实体进行实测实量，并做好记录	5		
		在监理工程师的指导下，对施工方案执行情况进行检查	5		
		按职责做好旁站工作，旁站记录填写及时，内容具体、真实	5		
		复核或从施工现场直接获取工程计量的有关数据并签署原始凭证	4		
		协助监理工程师检查施工单位质量保证体系落实情况；检查关键岗位人员持证上岗情况	4		
5	安全管理	检查施工安全和环保措施的落实情况，发现问题及时向监理工程师汇报	5		
		检查安全员及特殊工种作业人员的上岗证，无证人员不得上岗。发现问题及时向监理工程师汇报	5		
		在监理工程师指导下，依据监理细则和批准的施工方案，监督检查施工安全生产情况	5		
		协助监理工程师做好安全监理工作	4		
6	其他	按公司及项目负责人要求做好微信群工作情况上报	4		
		监理项目部出现的问题要及时向总监（总代）反映，不得隐瞒情况	5		
合　　计			100分		

被考核人监理员（签字）：　　　　考核人专监（签字）：　　　　审核人总监/总代（签字）：

说明：本考核办法与当月考核工资挂钩，每月由总监（总监代表）或专业监理工程师依照本考核表的考核内容及标准，对监理员的当月工作进行考核打分，满分为100分发考核工资100%，每扣一分扣当月考核工资的3%，与次月2日前连同当月考勤表一并上报公司进行基本工资和考核工资的计算，无考核打分表者不计发当月考核工资。

（二）精细化监理年终考核

为了规范监理企业对监理人员的考核评价行为，充分调动员工的工作积极性，最大限度地发挥监理人员工作潜能，确保监理工作顺利开展，实现监理企业正常稳定健康发展。监理企业可采用积分制管理的办法，建立科学有效的年终考核评价机制。

所谓积分制管理，就是用加分和扣分的办法对人的能力和综合表现进行量化考核，并且用 APP 软件自动记录、汇总、排名次，然后再与评先进、发奖金等各种精神和物质激励挂钩，使用时不清零、不作废，以求最大限度地调动人的积极性，解决监理工作难以量化、难以考核的难题。

监理企业可从工作面貌、工作能力、工作业绩、所监理项目的获奖情况、公司及主管部门检查等方面，设定人员各项年终考核指标并赋予一定分值，建立监理人员年终考核体系，对监理人员进行科学严格的考核（表 2-8）。

监理人员年终考核评价

表 2-8

年　月　日

序号	考核内容	考　核　标　准	当年考核标准分值	考核得分
1	监理人员工作面貌（30）	1. 坚决拥护中国共产党的领导，有较强的政治觉悟，自觉遵守国家法律、法规和规章制度，无违法乱纪行为	4	
		完全符合上述要求，得 4 分		
		无违法乱纪行为，但时常以言论等抨击共产党的领导，得 0 分		
		有违法乱纪行为，不得分		
		2. 品行端正、廉洁自律、不以岗谋私	4	
		完全符合上述要求，得 4 分		
		基本符合上述要求，无"吃、拿、卡、要"现象，得 2 分		
		品行不端，有"吃、拿、卡、要"事实，不得分		
		3. 维护公司的信誉，把公司、项目监理机构利益放在首位，未泄露公司和工程秘密	4	
		完全符合上述要求，得 4 分		
		基本符合上述要求，未泄露公司和工程秘密，得 2 分		
		有泄露公司和工程秘密，并造成相关损失，不得分		
		4. 团结友爱，互帮互助，共同进退	4	
		完全符合上述要求，得 4 分		
		基本符合上述要求，同事间相处基本融洽、配合较好，偶有矛盾，但不影响工作，得 2 分		
		难以相处，时常有矛盾，一年内与同事吵架达 2 次及以上，影响工作开展，不得分		
		5. 服从公司安排和指导，积极配合项目总监、总监代表工作安排	4	
		完全符合上述要求或对不合理安排提出个人意见，并能得到首肯，得 4 分		
		能基本服从，少有牢骚，得 2 分		
		多有牢骚，少有服从，不得分		
		6. 遵守公司颁布的各项劳动纪律及规章制度	4	
		全遵守，并能主动加班加点，工作刻苦努力，爱岗敬业，得 4 分		

续表

序号	考核内容	考核标准	当年考核标准分值	考核得分
1	监理人员工作面貌（30）	基本遵守，上班时间很少处理私事或离岗，但不影响工作正常进行，得2分		
		上班时间私事或离岗情况较多，不能遵守劳动纪律，不得分		
		7. 工作状态	3	
		勤巡视、勤检查，每天巡视不少于3h，能掌握工程施工状态，得3分		
		每天巡视大于1h、少于3h，但能确保正常验收工作，得2分		
		未做到正常巡视检查工作，不得分		
		8. 主动学习	3	
		为更好地开展监理工作，工作闲暇时经常主动学习规范等技术书籍，能起到表率作用，得3分		
		平时偶尔学习或遇到问题才翻看学习，主动性不强，得2分		
		极少学习或未见其学习过，不得分		
2	监理人员工作能力（30）	1. 施工图纸审核能力	4	
		事前能及时审核图纸、发现问题，积极参加图纸（设计）交底会议、参与探讨和协调解决，现场施工发现与图纸（设计）不符时，能及时督促施工单位办好技术变更手续，得4分		
		图纸审核或消化图纸能力一般，现场监理中偶尔被动翻看图纸，但不影响监理工作，得2分		
		很少翻看图纸或对图纸掌握一般，现场施工情况不了解，不得分		
		2. 施工方案审查能力	4	
		事前能督促施工单位及时报审专项方案，并及时审查、发现问题和督促解决，协助总监或总监代表进行相关交底，得4分		
		审查施工方案能力一般，但对重要工序、环节能提出相关建议，得2分		
		不了解方案或从未审查方案，不得分		
		3. 现场监理工作运用监理指令能力	4	
		能及时发现现场施工的问题，坚持原则，书面正确运用监理指令，得4分		
		基本能发现现场施工的问题，书面运用监理指令能力一般，但重大问题控制基本符合要求，得2分		
		不能及时发现现场施工的问题或口头指令较多，不得分		
		4. 监理资料审批及对资料掌握能力	4	
		监理资料审批及时，能发现资料中存在的缺陷并及时改正；能较好地独立完成本岗位中各项资料收集工作，得4分		
		监理资料审批略有拖延，不能及时发现资料中存在的问题；被动收集本岗位资料，缺漏情况一般，得2分		
		对资料不甚了解或重要部位、工序资料缺漏严重或不清楚，不得分		
		5. 承担责任能力	4	

序号	考核内容	考核标准	当年考核标准分值	考核得分
2	监理人员工作能力（30）	能勇于承担责任和整改，积极配合总监或总监代表处理各类突发事故，得4分		
		总监及总监代表勇于承担责任的同时，能从项目监理机构和成员的利益出发，适时规避监理责任，得2分		
		相互推卸岗位责任，团结意识差，不得分		
		6. 沟通能力	5	
		能使业主提出的要求得到解决与答复，能通过与参建方沟通达到及时妥善处理问题，得5分		
		沟通能力一般，时有被动与参建方沟通解决问题，得3分		
		语言表达和沟通能力差，有时影响监理工作，不得分		
		7. 建设单位满意度	5	
		在坚持监理原则的同时，能被建设单位认可。监理指令能获得建设单位积极支持。为建设单位提出富有建设性的建议和意见，得5分		
		基本被建设单位认可，得3分		
		不被建设单位认可，不得分		
3	监理人员工作业绩（20）	1. 为公司发展积极献言献策	6	
		为公司发展提出实质性意见，并被采纳和受到领导褒奖，得6分		
		多次提出，未被采纳，得3分		
		安心上班，与己无关，从未提出，不得分		
		2. 积极参加公司组织的各项活动	6	
		积极参加，得6分		
		经常找各种理由不参加，得3分		
		从未被安排或从不参加，不参加		
		3. 政府职能部门对项目综合执法大检查的处理情况	8	
		监理单位被通报嘉奖，得8分		
		监理单位未被通报嘉奖，但所在项目被通报嘉奖，得6分		
		项目未被通报嘉奖或通报批评，得4分		
		项目被给予书面整改单，但监理无问题或无原则性问题，得2分		
		项目一年内两次被给予书面整改单，且监理有问题，得1分		
		监理单位被给予通报批评或所在项目发生重大质量、安全事故，不得分		
4	监理项目获奖情况（10）	市级及以上优质工程奖项（奖项不累加，以最高奖项为准），得10分	10	
		优质工程结构杯，得8分		
		安全文明标化观摩工地，得8分		
		安全文明标化工地及其他奖项，得6分		
		无奖项，不得分		

续表

序号	考核内容	考 核 标 准	当年考核标准分值	考核得分
5	监理企业及上级主管部门检查的情况（10）	在多次检查中，能完成或被认可，得10分	10	
		施工单位问题较少，监理自身没有问题，监理当事人监理行为到位，得8分		
		施工单位问题一般，监理自身没有原则性问题，监理当事人监理行为不到位，对施工单位督促能力一般，得6分		
		检查中，多次被查出同类问题反复出现，认知意识差，得4分		
	说明	本项考核每年12月31日之前由项目总监或总监代表对项目部成员当年的表现及相关业绩进行考核打分，考核打分完成后，上报公司工程部初审、汇总、排名次、记录，报人力资源部备案，经公司主管副总审批后，可与当年评先进、发奖金等各种精神和物质激励挂钩，并作为人员升职、加薪、调岗换岗的依据。本项考核分值逐年累加，不清零，不作废，记入员工的发展档案		
	当年分值合计			
	累计分值合计			

工程部审核意见	人力资源部审核意见	总经理审批意见
签字： 年 月 日	签字： 年 月 日	签字： 年 月 日

四、考核结果的应用

监理企业的考核结果可以为员工的合理使用、岗位调整、薪酬管理、职务晋升和奖惩等管理活动提供客观依据，在企业内部建立完善的竞争、激励、淘汰机制，促使员工与企业联系紧密，共同成长、共促发展，从而规范企业人力资源管理，调动员工工作的积极性，进而实现企业的整体发展目标。具体可应用于以下方面：

1. 人事决策

监理企业的考核结果可为人才使用、岗位调整、薪酬管理等企业人事管理活动提供客观、合理的决策依据。

2. 员工开发

监理企业的考核结果可以为企业发现人才、管理人才、合理使用人才提供大量可靠的基础性信息，从而提高员工开发活动的成效，为企业运营和发展提供充足的人力资源。

3. 绩效改进

作为企业绩效考核的目的，监理企业的考核结果可以作为确定评估员工薪酬、奖惩、职务晋升、岗位调整的参考标准，并通过实施评先评优、奖优罚劣的一系列管理活动，促使企业员工能力不断提高，绩效持续改进。

4. 员工培训

通过对监理企业考核结果全面的分析总结，找出企业的整体不足，明确改善的方向和重点，确定企业培训的方向和主题。

总之，精细化监理的考核是一项系统工程，在考核过程中，不仅要坚持实事求是，客观评价员工的付出与所得、进步与不足，还要建立长效机制，长期坚持，持续发力，久久为功，更要兼顾考核和薪酬的动态平衡，才能引起企业上下的高度重视和积极参与，收到管理层预期的效果。

第三章　项目监理机构精细化管理

项目监理机构是工程监理单位实施监理时，派驻工地负责履行建设工程监理合同的组织机构。

项目监理机构在施工阶段根据法律、法规、工程建设标准、勘察设计文件及合同，对建设工程质量、造价、进度实行控制，对合同、信息实行管理，对工程建设参建各方的关系进行协调，并履行建设工程安全生产管理的法定职责。项目监理机构的工作开展对工程质量控制、安全生产管理起到保障性作用，有利于工程造价和施工进度控制目标的实现。

项目监理机构精细化管理是监理单位的内部管理标准，也是监理单位发展理念、管理方针的体现，是监理单位树立良好的社会声誉和企业形象，促进监理单位规范化经营，实现可持续发展的重要举措。

第一节　监理工作目标控制

一、监理工作目标控制的分类

（一）质量目标的控制

监理单位应按工程承包合同签订的工程质量等级为目标控制，督促检查承包单位严格按国家工程技术标准、施工验收规范以及经批准的设计文件施工，依据《建筑工程施工质量验收统一标准》，将单位工程划分为分部工程、子分部工程、分项工程、检验批，并按规定程序进行验收，确保所有分部工程、分项工程全部合格。

（二）造价目标的控制

监理单位应以签订的项目承包合同中的工程造价为基本目标，以合同为依据，严格遵守工程技术经济签证程序，严控合同外费用支出，以事前控制为主，减少索赔事件的发生，合理处理索赔，确保建设单位制订的工程造价目标控制的实现。

（三）进度目标的控制

根据招标文件和施工合同的约定，与参建各方协调配合，在确保质量和安全的前提下，以项目承包合同确定的工期为进度目标控制，督促承包单位按经批准的施工进度计划组织施工，确保整个工程在计划工期内完成，满足建设单位的要求。

（四）安全文明施工目标的控制

监理单位必须强化安全意识，重视和加强安全文明施工管理。严格执行国家法律法规及有关安全文明施工的各项规定，督促承包单位建立安全保证体系，完善各项工作制度，使安全文明施工规范化、标准化和制度化，现场安全文明施工满足相关要求；确保现场人员安全，减少环境污染和噪声扰民，确保工程在施工和验收期间不发生重大伤亡事故和其他安全事故。

（五）合同管理目标的控制

通过分解各个阶段的合同管理目标，建立适当的合同管理评估制度，使合同管理达到预期结果和最终目的，确保不发生仲裁或诉讼的合同纠纷。

（六）信息管理目标的控制

运用现代管理模式，建立监理信息计算机辅助系统，有组织地收集、整理、储存和传递工程信息，确保沟通渠道畅通，使参建各方能够及时、准确地获得所需的信息。

（七）监理内部管理工作目标的控制

除了完成监理项目的质量、造价、进度、安全等方面的目标之外，项目监理机构内部管理也应有明确的工作目标。按照"守法、诚信、公正、科学"的原则，坚持服务第一，信誉至上，持续改进，为顾客提供优质的监理服务。

任何建设工程都有质量、造价、进度三大目标，这三大目标构成了建设工程主要的目标系统。工程监理单位受建设单位委托，需要协调处理三大目标之间的关系，确定与分解三大目标，并采取有效措施控制三大目标。

从建设单位角度出发，往往希望建设工程的质量好、造价低、工期短（进度快），但在工程实践中，几乎不可能同时实现上述目标。监理单位控制建设工程的三大目标，需要统筹兼顾三大目标之间的辩证联系，防止发生因追求单一目标而冲击或干扰其他目标实现的情况。

三大目标之间的对立关系：在通常情况下，如果工程质量标准较高，往往需要投入较多的资金和花费较长的建设时间；如果建设工程工期较短或需要加快施工进度，则往往需要增加造价或使工程质量标准降低；如果需要减少造价、节约费用，则势必会降低工程项目的功能要求和质量标准，甚至会影响工程的合理工期。这些方面的事实表明，建设工程三大目标之间存在着相互矛盾和对立的关系。

三大目标之间的统一关系：在通常情况下，为了加快施工进度，可采取增加造价的措施，为项目建设注入充足的资金，提供更好的经济条件，从而促使施工单位加班加点，缩短正常工期；提高建设工程功能要求和质量标准，虽然有可能造成一次性投资的增加或建设工期的延长，但是还可能降低项目动用后的运行费和维修费，从而获得更好的全寿命投资效益；科学合理地制定建设工程施工进度计划，可以指导施工单位连续均衡地组织施工，不仅可以缩短建设工期，而且有助于获得更好的工程质量和更低的工程造价。这些方面的事实表明，建设工程三大目标之间也存在着统一关系。

二、监理工作目标控制的任务和措施

目标体系确定以后，建设工程监理工作的关键在于对目标实施动态控制。为此，需要在建设工程实施过程中监测实施成效，并将实施成效与计划目标进行比较，及时采取有效措施纠正偏差，从而确保预定目标顺利实现。

（一）监理工作目标控制的任务

1. 建设工程质量控制任务

建设工程质量控制，就是通过采取有效措施，在满足工程造价和进度要求的前提下，实现预定的工程质量目标。

项目监理机构在建设工程施工阶段质量控制的主要任务是通过对施工投入、施工和安装过程、施工产出品（分项工程、分部工程、单位工程、单项工程等）进行全过程控制，以及对施工单位及其人员的资格、材料和设备、施工机械和机具、施工方案和方法、施工环境实施全面控制，以期按标准实现预定的施工质量目标。

2. 建设工程进度控制任务

建设工程进度控制，就是通过采取有效措施，在满足工程质量和造价要求的前提下，使工程实际工期不超过计划工期。

项目监理机构在建设工程施工阶段进度控制的主要任务是通过完善建设工程控制性进度计划、审查施工单位提交的施工进度计划、做好施工进度动态控制工作、协调各相关单位之间的关系、预防并处理好工期索赔，力求实际施工进度满足计划施工进度的要求。

3. 建设工程造价控制任务

建设工程造价控制，在满足工程质量和进度要求的前提下，力求使工程实际造价不超过计划投资目标。

项目监理机构在建设工程施工阶段造价控制的主要任务是通过工程计量、工程付款控制、工程变更费用控制、预防并处理好费用索赔等措施，使实际费用支出不超过计划投资。

（二）监理工作目标控制的措施

为了有效地控制建设工程项目目标，应从组织、技术、经济、合同等多方面采取措施。

1. 组织措施

组织措施是其他各类措施的前提和保障，包括：建立健全实施动态控制的组织机构、规章制度和人员，明确各级目标控制人员的任务和职责分工，改善建设工程目标控制的工作流程；建立建设工程目标控制工作考评机制，加强各单位（部门）之间的沟通协作；加强动态控制过程中的激励措施，调动和发挥员工实现建设工程目标的积极性和创造性等。

2. 技术措施

为了对建设工程目标实施有效控制，需要对多个可能的建设方案、施工方案等进行技术可行性分析。为此，需要对各种技术数据进行审核、比较，需要对施工组织设计、施工方案等进行审查、论证等。此外，在整个建设工程实施过程中，还需要采用工程网络计划技术、信息化技术等实施动态控制。

3. 经济措施

无论是对建设工程造价目标实施控制，还是对建设工程质量、进度目标实施控制，都离不开经济措施。经济措施不仅仅是审核工程量、工程款支付申请及工程结算报告，还需要编制和实施资金使用计划，对工程变更方案进行技术经济分析等。而且通过造价偏差分析和未完工程造价预测，可发现一些可能引起未完工程造价增加的潜在问题，从而便于以主动控制为出发点，采取有效措施加以预防。

4. 合同措施

加强合同管理是控制建设工程目标的重要措施。建设工程总目标及分目标将反映在建设单位与工程参建主体所签订的合同之中。由此可见，通过选择合理的承发包模式和合同计价方式，选定满意的施工单位及材料设备供应单位，拟订完善的合同条款，并动态跟踪合同执行情况及处理好工程索赔等，是控制建设工程目标的重要合同措施。

第二节　项目监理机构的精细化建立

一、项目监理机构建立的作用

项目监理机构的建立必须符合法律、法规及有关规范的要求，符合监理投标文件委托监理合同的约定。

监理单位在组建项目监理机构时应遵循监理机构组织模式与监理单位自身管理体系相结合，与工程项目特点相适应，做到项目监理机构人员配备精简、工作开展高效的原则。项目监理机构的建立要有利于建设工程监理的科学决策与信息沟通；有利于工程合同管理；有利于监理职责的划分和明确监理人员的分工协作；有利于监理目标控制；有利于决策指挥；有利于沟通。项目监理机构的建立、组织结构层次设计要使组织结构能高效运行，必须确定合理的管理跨度，确保统一指挥；制定相应的岗位职责与考核标准，实行权责利对应一致。

二、项目监理机构组织模式

项目监理机构组织模式是指项目监理机构开展现场监理业务所具体采用的管理组织结构。根据建设工程特点、建设工程项目组织管理模式及工程监理单位自身特点，确定项目监理机构组织模式。一般常见的项目监理机构组织模式有：直线制、职能制、直线职能制、矩阵制等。

（一）直线制监理机构组织模式

直线制组织模式的特征是项目监理机构中各种职位是按垂直系统直线排列的，下级仅接受唯一上级的管理。在实际运用中，直线制组织模式有三种具体形式。

1. 按子项目分解的直线制监理组织模式

本组织模式适用于被监理项目能划分为若干相对独立的子项目的大、中型工程项目，如图 3-1 所示。

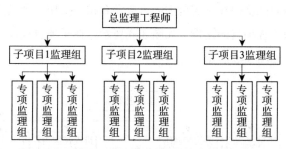

图 3-1　按子项目分解的直线制监理机构组织模式

2. 按建设阶段分解的直线制监理组织模式

工程监理单位对建设工程实施全过程监理，项目监理机构可采用此种组织模式，如图 3-2 所示。

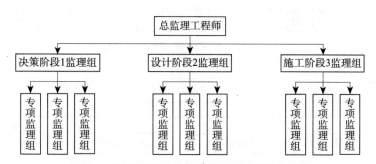

图 3-2　按建设阶段分解的直线制监理机构组织模式

3. 按专业内容分解的直线制监理组织模式

本组织模式适于小型建设工程，如图 3-3 所示。

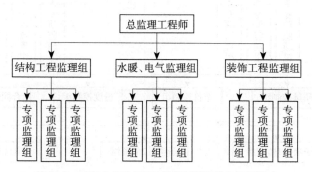

图 3-3　按专业内容分解的直线制监理机构组织模式

　　直线制组织模式的主要优点是组织结构简单，权力较为集中，工作指令统一，职责划分明确，决策迅速，隶属关系明确。缺点是不涉及职能部门管理，以"个人管理"为核心，需要总监理工程师要熟知相关业务和各专业技能知识，成为"全能"人物。直线制监理组织机构一般适用于能划分为若干个相对独立的子项目的大、中型建设项目。

（二）职能制监理机构组织模式

　　职能制组织模式是在项目监理机构内设立一些职能部门，项目总监理工程师将部分职权分给职能部门，各职能部门在一定范围内有权发布相应工作指令指挥下级。职能制组织模式多适用于大中型工程项目的建设，如图3-4所示。在子项目规模较大时，可以在子项目层设置职能部门，如图3-5所示。

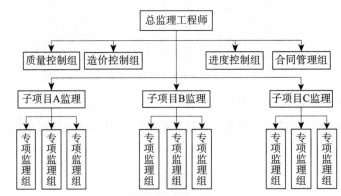

图3-4　职能制监理机构组织模式

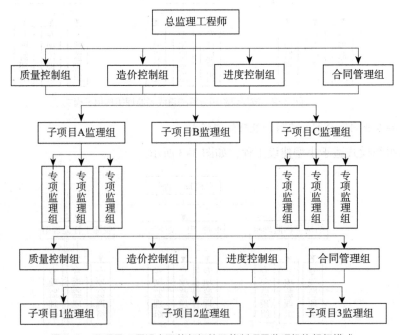

图3-5　子项目一层设立职能部门的职能制项目监理机构组织模式

采用职能制组织模式，其主要优点是对项目监理目标控制的职能化分工进行了加强，使职能机构的专业管理作用得以充分发挥，促进管理效率的提高，并减轻了总监理工程师负担。但是因下级人员受多头指挥，各指令间如果存在相互矛盾现象，会造成下级在具体监理工作中不能正确判断，产生工作错误。职能制组织模式一般适用于大中型工程项目。

（三）直线职能制监理机构组织模式

直线职能制组织模式是对直线制组织模式和职能制组织模式的结合，吸收了直线制组织模式和职能制组织模式的优点，构成的一种监理机构组织模式，如图3-6所示。

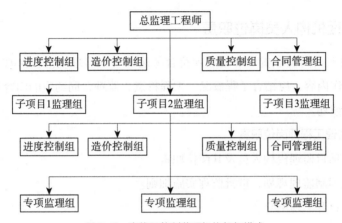

图3-6　直线职能制监理机构组织模式

直线职能制组织模式将管理部门和人员划分成两类：一类是直线指挥部门的人员，他们对下级工作进行指挥并发布命令，同时全面负责该部门的工作；另一类是职能部门的人员，他们作为是直线指挥部门人员的参谋，对下级部门进行业务指导，却不能对下级部门直接指挥和命令发布。

直线职能制组织模式具有直线制组织的直线领导、工作指令统一、职责划分明确的优点，同时保持了职能制组织目标管理专业化的优点。缺点是指挥部门与职能部门相互之间容易产生矛盾，信息传递流程路线长，不利于信息互通。直线职能制组织模式一般适用于大型工程项目。

（四）矩阵制监理机构组织模式

矩阵制组织模式是由纵向与横向两套管理系统组成的矩阵式组织结构模式，一套是纵向的职能管理系统，另一套是横向的子项目系统，矩阵制组织模式的纵向与横向之间管理系统在监理工作中的相互融合，两者协同以共同解决问题，如图3-7所示。

矩阵制组织模式的优点是各职能部门之间的横向联系得到了加强，具有较强的适应性和机动性，对上下左右集权与分权进行了最优结合，对解决复杂问题较为有利，并有利于促进监理人员业务能力的培养。缺点是纵向与横向之间协调工作量增加，处理不当会造成扯皮现象，两者之间产生矛盾。矩阵制组织模式一般适用于较大型工程项目。

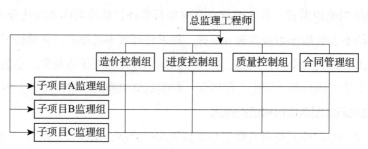

图 3-7　矩阵制监理机构组织模式

三、项目监理机构人员岗位职责

项目监理人员岗位职责的确定必须符合《建设工程监理规范》GB/T 50319—2013 的规定，具体工作内容，应结合工程概况、工程特点、监理合同约定的内容和监理单位自身管理要求进行细划。

（一）总监理工程师岗位职责

（1）确定项目监理机构人员及其岗位职责。

（2）组织编制监理规划，审批监理实施细则。

（3）组织召开监理例会。

（4）组织审核分包单位资格。

（5）组织审查施工组织设计、（专项）施工方案。

（6）审查工程开复工报审表，签发工程开工令、暂停令和复工令。

（7）组织检查施工单位现场质量、安全生产管理体系的建立及运行情况。

（8）根据工程进展及监理工作情况调配监理人员。

（9）组织审核施工单位的付款申请，签发工程款支付证书，组织审核竣工结算。

（10）组织审查和处理工程变更。

（11）调解建设单位与施工单位的合同争议，处理工程索赔。

（12）组织验收分部工程，组织审查单位工程质量检验资料。

（13）审查施工单位的竣工申请，组织工程竣工预验收，组织编写工程质量评估报告，参与工程竣工验收。

（14）参与或配合工程质量安全事故的调查和处理。

（15）组织编写监理月报、监理工作总结，组织整理监理文件资料。

（二）总监理工程师代表岗位职责

按总监理工程师的授权，负责总监理工程师指定或交办的监理工作，行使总监理工程师的部分职责和权力。总监理工程师不得将涉及的工程质量、安全生产管理及工程索赔等重要职责委托给总监理工程师代表。

（1）组织编制监理规划，审批监理实施细则。

（2）根据工程进展及监理工作情况调配监理人员。

（3）组织审查施工组织设计、（专项）施工方案。

（4）签发工程开工令、暂停令和复工令。

（5）签发工程款支付证书，组织审核竣工结算。

（6）调节建设单位与施工单位的合同争议，处理工程索赔。

（7）审查施工单位的竣工申请，组织工程竣工预验收，组织编写工程质量评估报告，参与工程竣工验收。

（8）参与或配合工程质量安全事故的调查和处理。

（三）专业监理工程师岗位职责

（1）参与编写监理规划，负责编制监理实施细则。

（2）审查施工单位提交的涉及本专业的报审文件，并向总监理工程师报告。

（3）参与审核分包单位资格。

（4）指导、检查监理员工作，定期向总监理工程师报告本专业监理工作实施情况。

（5）检查进场的工程材料、构配件、设备的质量。

（6）验收检验批、隐蔽工程、分项工程，参与验收分部工程。

（7）处置发现的质量问题和安全事故隐患。

（8）进行工程计量。

（9）参与工程变更的审查和处理。

（10）组织编写监理日志，参与编写监理月报。

（11）收集、汇总、参与整理监理文件资料。

（12）参与工程竣工预验收和竣工验收。

（四）监理员岗位职责

（1）检查施工单位投入工程的人力、主要设备的使用及运行状况。

（2）进行见证取样。

（3）复核工程计量有关数据。

（4）检查工序施工结果。

（5）发现施工作业中的问题，及时指出并向专业监理工程师报告。

四、房屋建筑工程项目监理机构人员配置

项目监理人员的配置应与监理投标文件和监理合同约定一致，在施工阶段项目监理工程开展过程中，结合建设工程项目的建设规模、造价、进度、结构类型及特点和不同施工阶段监理工作强度，进行科学合理的调配。

（一）住宅工程

住宅工程的监理人员配置一般情况下应按照工程建设规模、建筑结构类型、施工进度控制节点、施工难易程度等特点和情况确定，同时应符合属地建设行政主管部门对住宅工程监理人员配置的有关要求规定。

《建设工程质量管理条例》对建筑工程质量强制监理范围进行了明确规定，其中成片开发建设的住宅小区工程，建筑面积在 5 万 m² 以上的住宅建设工程必须实行监理，参考此条款住宅工程监理人员配置可以 5 万 m² 为参考基数，见表 3-1。

住宅工程项目监理机构常驻人员配置   表 3-1

层数	面积	总监理工程师（总监理工程师代表）（人）	专业监理工程师（人）	监理员（人）
六层至十二层	< 50000m²	1	1~2	2
	50000~120000m²	1	2~3	3
	120000~200000m²	1	3~4	4
	200000~300000m²	1	5	5~6
	300000~500000m²	1	6~7	7~8
	500000~800000m²	1	8~12	9~11
十二层以上	人员安排参照以上人员优化配置			
备注	1. 水暖电专业监理工程师根据工程类别、规模、结构类型等特点优化安排。 2. 此表内容只做一般性参考			

（二）一般公共建筑工程（Ⅰ）

一般公共建筑工程（Ⅰ）是指具备公共开放性、功能多样性、人流密集交通大量性、建筑结构较为复杂、建筑风格时代性等特点的单体或群体建筑。按建筑规模划分为建筑层数 14 层以下、单栋建筑面积 1 万 m² 以下；建筑层数 14~28 层、单栋建筑面积 1 万 ~ 3 万 m²；建筑层数 28 层以上、单栋建筑面积 3 万 m² 以上的如办公楼、酒店、教学实验楼、体育场馆、博物馆、图书馆、科技馆、艺术馆、会展中心、医疗建筑及大中型商业综合体等建筑。

工程监理单位在按照工程概算投资额配置项目监理机构人员数量时，应充分考虑一般公共建筑工程（Ⅰ）建设标准高、专业种类多、建设周期长等特点，见表 3-2。

（三）一般公共建筑工程（Ⅱ）

一般公共建筑工程（Ⅱ）是指单层和多层工业厂房建筑以及仓储类建筑。单层工业厂房建筑一般指机械、冶金、纺织、化工等行业厂房；多层工业厂房建筑一般是指为轻工、电子、仪表、通信、医药等生产和配套的服务项目。

一般公共建筑工程（Ⅰ）项目监理机构常驻人员配置　　表 3-2

名称	工程概算投资额（万元）	总监理工程师（总监理工程师代表）（人）	专业监理工程师（人）	监理员（人）
钢筋混凝土结构	≤ 3000	（1）	1	0~1
	3000~5000	（1）	1	1~2
	5000~10000	（1）	1~2	2~3
	10000~30000	（1）	2~3	3~4
	30000~60000	1	3~5	4~5
	60000~100000	1	5~6	5~9
钢结构装配式建筑	人员安排参照以上人员优化配置			
备注	1. 水暖电专业监理工程师根据工程类别、规模、结构类型等特点优化安排。 2. 此表内容只做一般性参考			

一般公共建筑工程（Ⅱ）包括：轻工、电子、仪表、通信、医药等生产和配套服务项目。可分为跨度小于 24m、24~36m、36m 以上的单层工业厂房、多层工业建筑和仓储类建筑工程。不包含爆炸和火灾危险性生产厂房、处于恶劣环境下（如多尘、潮湿、高温或有蒸汽、震动、烟雾、酸碱腐蚀性气体、有辐射性物质）生产厂房等，一般公共建筑工程（Ⅱ）人员配置见表 3-3。

一般公共建筑工程（Ⅱ）项目监理机构常驻人员配置　　表 3-3

名称	工程概算投资额（万元）	总监理工程师（总监理工程师代表）（人）	专业监理工程师（人）	监理员（人）
钢筋混凝土结构	≤ 3000	（1）	1	0~1
	3000~5000	（1）	1	1~2
	5000~10000	（1）	1~2	2~3
	10000~30000	（1）	2~3	3
	30000~60000	1	3~4	3~5
	60000~100000	1	4~6	5~8
钢结构装配式建筑	人员安排参照以上人员优化配置			
备注	1. 水暖电专业监理工程师根据工程类别、规模、结构类型等特点优化安排。 2. 此表内容只做一般性参考			

五、项目监理机构技术标准与文件资料配备

项目监理机构书籍和文献资料的配备应根据工程项目特点、施工阶段、监理工作需要、设计文件、企业管理要求、法律法规、招标投标文件及合同约定配备。

（一）配备的书籍及文件资料

项目监理机构日常工作配备所使用的书籍和文件资料一般包括：监理规范、施工质量验收规范、强制性标准、与施工图对应的标准图集、建筑工程施工技术规程、政府下发的有关管理文件，监理业务操作手册、建设工程精细化监理培训教材、部分企业管理文件等。

（二）文件获取方式

（1）纸质书本和资料文献。

（2）利用网络程序下载传送电子版资料文献。

（3）利用电子产品拷贝储存资料文献。

（三）管理要求

（1）项目监理机构应制定书籍文献资料管理制度。

（2）建立书籍文献资料借出借入详细台账记录。

（3）安排专人负责对书籍文献资料配备和保管工作。

（4）依据项目监理机构工程进展需要配置书籍和文献资料。

（5）书籍和文件资料应按建设工程类别及专业分类。

（6）涉密文献资料应建立严格的申领审批手续。

（7）确保项目监理机构配置书籍文献资料的时效性、真实性等。

六、项目监理机构工器具配置

工程监理单位在其经营范围内开展监理业务，购置必要的检测工器具，确保项目监理机构检测工作的开展。项目监理机构检测工器具的使用和保管应符合工程监理单位制定的管理制度规定。项目监理机构在使用检测工器具前，应检查检测工器具完好情况及"计量检定"等合格证件。

（一）房屋建筑工程监理工器具配置

房屋建筑工程监理单位常用工器具配置及项目监理机构各阶段使用的工器具，见表3-4。

项目监理机构工器具使用一览表　　　　　　　表3-4

名称（工程）	所需工具	使用人	保管人	监督人
基础	钢卷尺、水准仪、经纬仪、全站仪	土建监理工程师	专人保管	总监理工程师
主体	钢卷尺、水准仪、经纬仪、楼板厚度测定仪、裂缝观测仪、钢筋位置测定仪、钢筋保护层厚度测定仪、混凝土强度回弹仪、扭矩扳手、螺纹通规、止规、环规、焊接检测尺	土建监理工程师	专人保管	总监理工程师

名称（工程）	所需工具	使用人	保管人	监督人
装饰	直角尺、检测尺、钢卷尺、涂层厚度仪、激光测距仪、温湿度仪、敲击锤、镜子、楔形塞尺	装饰专业监理工程师	专人保管	总监理工程师
水电（设备）安装	游标卡尺、千分尺、万用表、电阻测试仪	电气、暖通、设备专业监理工程师	专人保管	总监理工程师

（二）市政公用工程监理工器具配置

市政工程监理单位常用工器具配置及项目监理机构各施工部位所使用的工器具，见表 3-5。

市政项目监理机构工器具使用一览表　　　　表 3-5

名称（工程）	所需工具	使用人	保管人	监督人
测量放线	GPS（或 BDS）测量仪、钢卷尺、水准仪、经纬仪、全站仪	市政监理工程师	专人保管	总监理工程师
地下管道质量检测	钢卷尺、水准仪、经纬仪、钢筋位置测定仪、钢筋保护层厚度测定仪、混凝土强度回弹仪、扭矩扳手、螺纹通规、止规、环规、焊接检测尺、有害有毒气体检测仪、坡度尺、游标卡尺、千分尺	暖通监理工程师	专人保管	总监理工程师
路基质量检测	GPS（或 BDS）测量仪、钢卷尺、水准仪、全站仪、涂层厚度仪轮式测距仪、裂缝观测仪、平整度检测尺	市政监理工程师	专人保管	总监理工程师
电气检测	万用表、电阻测试仪	电气监理工程师	专人保管	总监理工程师

（三）工器具管理及使用要求

工器具是协助项目监理机构及监理人员完成监理工作的工具及器具。制定工器具严格的管理要求是保障测量成果的关键、保证监理工作的前提。

1. 工器具的管理要求

（1）建立工器具申购、发放、领用、存储、使用、维护保养、报废管理制度。

（2）设置工器具管理人员及职责。

（3）所使用的工器具均应定置存放，标示醒目。

（4）使用完成后应进行整理，按名称编号定置存放，并摆放整齐。

（5）建立详细的工器具管理和使用台账。

2. 工器具的使用要求及注意事项

（1）监理单位应对使用监理工器具的进行专项培训。

（2）项目监理机构在领取和使用工器具前应对工器具的完好性、有效性进行检查。

（3）项目监理机构使用工器具进行抽检时，应有抽检记录。

（4）项目监理机构应进行工器具日常使用的检修和保养工作。

（5）监理单位及项目监理机构对工器具设专人管理和建立工器具台账。台账一：检定仪器台账见表3-6；台账二：监理工器具使用登记台账见表3-7；台账三：日常检修保养台账见表3-8。

检定仪器台账　　　　　　　　　　　表3-6

仪器自编号	仪器名称	规格型号	出厂编号	国别厂家	适用范围	检定日期	截止有效期	检定部门	检定结论	备注
1										
2										
⋮										
n										

监理工器具使用登记台账　　　　　　　　表3-7

工器具编号	工器具名称	型号规格	生产厂家	出厂编号	精准度	检定日期	截止有效期	领用人	领用日期	收回日期	完好情况	备注
1												
2												
⋮												
n												

日常检修保养记录　　　　　　　　　　表3-8

工器具名称		规格型号	
项目监理机构		检修保养日期	
检修保养记录负责人：		检修保养结论及其他处置意见：	

七、项目监理机构办公用房布置

（一）办公室位置的选址

（1）项目监理机构应结合工程具体情况，合理选定项目监理机构办公室地址。

（2）项目监理机构办公室应尽可能集中设在一处，设有监理小组的，监理小组的选址应当一并考虑。

（3）具备便利的交通条件，并尽可能靠近施工现场，处于所辖各施工标段的中间地段。

（4）为了智慧工程监理工作需要，办公室应通水、通电及网络一体的三通。

（二）办公区、生活区及车辆停放区设置要求

（1）应按不同使用功能合理设置。

（2）办公区和生活区应当相对分开，若办公室与宿舍为同一房间的，办公室与宿舍之间应当有明显分隔标志。

（3）项目监理机构办公室用房应满足以下要求：

1）具备独立办公条件。

2）房屋应坚固、安全、防火，其面积应满足监理工作需要。

3）办公用房应设总监办公室、各专业组办公室、档案室、会议室，各室门口应粘贴门牌。

4）生活用房一般应设宿舍、食堂、厨房、浴室，并满足以下要求：

①每间宿舍安排的监理人员一般不超过三人。

②食堂应整洁卫生，配置消毒设施、冰箱。

③浴室配备热水器，应常年供应热水。

④条件允许的，设置职工活动中心并配备电视及必要的文体设备。

（4）办公区和生活区均应建立安全、卫生管理制度，配置消防安全器具、简易污水处理装置和卫生设施，落实人员维护和保洁。办公和生活垃圾的堆放、处置要符合环保要求。

第三节　项目监理机构内部管理的精细化

一、项目监理机构企业文化形象精细化管理

（一）管理的目的

监理单位对各项目监理机构实行标准化、制度化管理的目的是，体现监理单位文化形象和提高监理服务质量。

（二）范围

包括办公设施、监理用房、企业标识、劳动防护用品配备等。

（三）管理职责

项目监理单位负责现场项目监理机构形象检查的归口管理。其工作内容：项目监机构依据监理单位要求，在项目总监理工程师的指导下完成现场办公室标准化、制度化和办公室形象的布置建设。

（四）企业文化形象的精细化管理要求

（1）遵守上下班作息制度，工作时间不得擅离工作岗位。

（2）自觉遵守建设单位和施工单位的各项现场管理制度。

（3）工作时间应着装整洁，佩戴好监理胸卡，进入工地戴好安全帽。

（4）项目办公室布置应整洁，保持办公室的清洁卫生，在办公室门口显眼处悬挂项目部标牌。

（5）项目办公设施、设备和规范书籍的配置应能满足工程监理的需要。

（6）爱护项目办公设施、设备以及各种书籍，不得随意损坏，禁止用于与工程项目无关的事宜。

（7）办公室墙上应张贴以下文件及公司宣传展示牌。

监理人员职责；监理公司员工守则；项目组织机构及人员名单；施工总平面布置图；工程项目总平面图及项目立面图效果图；工程形象进度图；工程总进度计划；天气预报统计表及其他需要的图表。

（8）办公室悬挂禁饮酒及赌博制度牌。

二、项目监理机构的考勤管理

项目监理机构的劳动纪律管理是保证监理工作正常开展的必要措施，项目总监理工程师或总监理工程师代表依据劳动管理制度负责项目监理机构劳动纪律的管理和考勤。

（一）考勤方式

项目监理机构通过智慧管理软件和考勤表这两类方式进行对项目监理机构日常劳动纪律管理。总监理工程师（代表）根据监理单位管理要求，可按日上报项目监理机构劳动纪律情况，并按月上报工作考勤表。

（二）考勤要求

（1）监理单位工程管理部门设劳动纪律监督管理员，由监督管理员对总监理工程师或总监理工程师代表上报的考勤情况做专项记录。

（2）智慧管理软件和考勤表由项目总监理工程师或总监理工程师代表负责，不得安排他人代替。因考勤负责人有特殊情况可上报监理单位申请一定时间段内指定他人代管。

（3）考勤应准确及时，能真实反映项目监理人员日常工作、休假、请假、旷工、迟到、加班、脱岗等情况。

（4）考勤时间不得无故推迟，不可擅自涂改考勤表。

（5）监理单位对项目监理机构的劳动纪律管理实施考核及激励管理措施，依据公司考核管理制度对项目监理机构进行奖罚措施。

（6）严格遵守监理单位制定的各项劳动管理制度。

（三）考勤管理要点

（1）项目总监理工程师（代表）上班期间需短时离岗的，应告知建设单位代表、本项目监理人员及监理单位。

（2）项目总监理工程师或总监理工程师代表巡视检查工地每天不少于一次，且不少于 3h。

（3）项目监理人员应服从总监理工程师（代表）对工作及作息的时间安排，不得擅离岗位。

（4）项目监理机构人员因特殊情况需离开工地，应经项目监理机构负责人批准。

（5）专业监理工程师巡视检查工地每半天不少于一次，且不少于 4h。

（6）监理员巡视检查工地不少于 6h（一般上午 8：30—11：30，下午 2：30—5：30 具体可根据各地作息时间而定）。

（7）监理人员旁站时，除必要的休息外，不得离开旁站现场。

（8）上班时间不允许喝酒、打牌、炒股、网上闲聊等做与工作无关事宜。

（9）项目监理机构在节假日期间应就值班安排情况，上报监理单位审核备案。

三、工程项目勘察设计文件管理

施工图纸是项目监理机构开展监理工作的主要依据，监理人员应重视施工图纸及设计变更的使用、保管及管理工作。

（一）勘察设计文件的接收与管理

一般情况下建设单位向监理单位提供一套完整有效的勘察设计文件。项目监理机构在接收建设单位发放勘察设计文件时应注意以下事项：

（1）依据施工许可证核查图纸项目名称。

（2）准确核对勘察设计文件的份数和目录是否内容完整。

（3）核查勘察设计文件的有效性。

（4）检查勘察设计文件深度是否影响使用。

（5）勘察设计文件接收不全，需要与提供人沟通确认。

（6）做好项目监理机构勘察设计文件的收、发及保管工作。

（二）施工图纸的管理与保存

（1）有效的勘察设计文件应作为监理机构原始资料妥善保存，为保证勘察设计文件的完整，监理人员应采取电子版本拷贝或纸制复印使用。

（2）为防止勘察设计文件使用过程中出现丢失、损坏等现象，监理人员应对勘察设计文件进行折叠装订等措施保护。

（3）加注勘察设计文件标示，防止与建设单位、施工单位交叉使用造成勘察设计文件丢失，影响监理工作的开展。

（4）建立专人保管和台账制度。

（5）在施工过程中下发的设计变更，监理人员将设计变更标注于勘察设计文件相应部位。

（6）不得随意借阅勘察设计文件，如发生勘察设计文件借阅应填写《勘察设计文件借阅申请单》，经项目总监理工程师（代表）审批后借阅，且限于复印、扫描、摘抄，不得将勘察设计文件资料带出施工现场。

（7）应勘察设计文件使用保管不当需要补充时，发生的费用由责任人承担。

（8）监理人员因工作调动，需要按规定办理勘察设计文件交接手续。

（9）工程项目竣工后，项目监理机构将勘察设计文件与资料一并移交监理企业统一保管，并销毁处置。

四、项目监理机构印章管理

项目监理机构印章是监理单位授权项目监理机构对外行使监理工作权利的工具，因此项目监理企业及项目监理机构要重视项目印章的管理。项目监理机构印章使用授权书见表3-9。

项目监理机构印章使用授权书　　　　　　　　　　　　表3-9

单位（子单位）工程名称	

_____（建设单位）：

_____（承包单位项目经理部）：

一、现授权总监理工程师_____同志在_____工程中使用"_____"印章（如下图）。

二、授权期限：从贵单位收到本授权书之日起至监理合同及监理业务完成终止之日止。

三、印章使用范围：所有应由监理审核签认的工程资料和来往文件。

1. 监理合同履行期间，授权人更换项目总监理工程师的，被授权人在本授权书上的授权行为在贵单位收到授权人更换项目总监理工程师通知之日起自行终止，由新任项目总监理工程师自动履行本授权书的权利和义务，本公司不再另行通知。

2. 在递交贵单位的需加盖本授权书印章的文件，还应有（总）监理工程师签字方可生效；仅加盖印章无（总）监理工程师签字的无效。

3. 总监理工程师代表、专业监理工程师在监理合同履行过程中使用该印章，必须有总监理工程师的授权，且不得超越授权书规定的使用范围，超越授权书的规定范围使用无效。

4. 除《开工报告》《设计图纸会审记录》《专项工程验收记录》系列表、《分部（子分部）质量验收记录》系列表、《工程验收及备案资料》系列表、由企业法人出具的文件资料及现行法律法规规定需盖"企业法人章"，其他均加盖"项目章"也为有效文函。

项目印章模板	

监理单位（法人章）

法 人 代 表：

日　期：　　年　月　日

（一）管理目的

管理的目的是规范印章的刻制、保管、使用、收回、销毁等行为，杜绝因项目印章因使用、保管不当引起的经济和法律纠纷。

（二）管理办法及注意事项

（1）制定印章的刻制、保管、使用、收回、销毁制度。

（2）印章刻制由项目监理机构负责人向企建设单位管部门提出申请，不得私自刻制和启用印章。

（3）领用人应在《项目监理机构印章使用承诺书》上签字。

（4）印章由总监理工程师保管，总监理工程师不能到场，印章由授权的专人进行保管使用。

（5）工程技术资料报验申请表印章使用，由总监理工程师代表或专业监理工程师签字后方可加盖印章。

（6）涉及工程质量安全联系单、监理工程师通知单均由专业监理工程师根据工程的质量安全的具体内容签字盖章。重大事项经总监理工程师审批后签字盖章。

（7）印章使用应建立台账和履行登记手续，填写内容要详细具体。如：时间、印章类别、使用单位、事由、经手人、批准人。

（8）由于项目监理机构印章管理不善，造成的法律后果和经济损失，其责任应由印章保管人和使用人全权负责。未经总监理工程师知情，而擅自使用印章造成不良后果，由相关责任人负责。

（9）项目结束，项目监理机构将印章及印章使用登记一并上交监理企业封存保管。

五、项目监理机构内部沟通

（一）黑白板的使用

黑白板是指项目监理机构在日常工作中所使用的一种监理工作形式，可作为项目监理机构日常工作计划与落实的记录公示板，是一种方便灵活、广泛使用、简便易行的信息交流工具。

1. 作用及内容

（1）利用黑白板进行技术交底、问题讨论。

（2）明确并公示阶段性监理工作目标，促进工作开展。

（3）利用黑白板进行项目监理工作的管理、工作计划安排、监理工作计划的检查督导。

（4）进行特殊（或重要）事项标记，如：监理费回收、注意事项及大事记等。

2. 使用与管理

（1）项目总监理工程师（代表）指定专人进行黑白板的管理，根据内容信息的重要性进行登记或清除。

（2）项目总监理工程师（代表）督促工作的开展，并检查黑白板使用的情况。

（3）监理单位对项目监理机构的黑白板开展工作情况，定期或不定期实施考核管理。

（二）项目监理机构内部碰头会

项目监理机构内部早晚碰头会是指监理机构内部各成员之间工作沟通会议，也是监理内部工作的总结、沟通的会议。

1. 组织形式

（1）由项目监理机构总监理工程师或总监理工程师代表组织并主持。

（2）会议地点选择为项目监理机构办公室或会议室内。

（3）每日早晚上下班时间召开，会议时长宜为 10~20 分钟。

（4）各专业监理工程师及监理员参加，必要时可要求项目监理机构辅助人员参加。

2. 会议内容

（1）分析当日监理工作重点，讨论、确定当日工作部署。

（2）查找、总结当日工作不足，为次日工作做好准备。

（3）进行项目监理机构内部工作的信息传递。

（4）协调各专业之间的工作衔接。

（5）项目监理机构内部各成员之间工作、思想上的沟通交流。

（6）选择和优化项目监理机构工作的方法。

六、旁站监理工作交底

旁站监理是指项目监理机构对建设工程的关键部位、关键工序实施全方位、全过程旁站监理。依据相关的规范、标准及管理制度，并结合工程项目实体结构类型及特点，编制详细、具有可操作性的旁站实施细则指导旁站监理工作具体实施。其目的是保证主体工程质量。

（一）旁站监理交底工作方法

（1）由项目总监理工程师或工作经验丰富的其他专业监理人员对旁站人员进行旁站监理工作交底。

（2）交底时间控制在旁站监理实施前 10~15 分钟内。

（3）旁站监理交底工作在项目监理机构内部进行。

（4）旁站人员应做好交底记录。

（5）监理人员将旁站交底记录详细填写于监理日志和月报中。

（二）旁站交底内容

（1）旁站监理工作内容。

（2）旁站监理的实施程序。

（3）旁站监理的主要方法。

（4）旁站监理过程中质量问题的处理。

（5）旁站监理过程中安全问题的处理。

（6）旁站监理记录填写。

（三）旁站监理交底监督

（1）检查旁站人员是否存在脱岗位现象，是否按照交底内容履行旁站职责。

（2）检查旁站监理成效，施工作业是否按程序进行，工程质量、安全生产是否处在受控状态。

七、推行师徒帮带做法

（一）师徒帮带目的

师徒帮带是指对工作业务不熟、专业能力欠缺的监理人员，以结对帮扶的形式进行工作及专业技术指导，是监理单位老员工与新员工建立一对一结对帮扶的一种关系。

师徒帮带是一种比较直接、有效、高速的人才培养方式，结对一方（师傅）帮助另一方（徒弟）促进专业技能与工作方法的提高，对自己的业务能力也有一定的促进作用，在一定程度和层次上提升监理单位及监理人员的综合业务水平。

（二）师徒帮带内容

（1）确定师徒帮带对象及确定双方关系。

（2）确定师徒帮带专业内容。

（3）确定师徒帮带时间阶段。

（4）确定师徒帮带考核办法和要求。

（5）确定师徒帮带协议。

（6）分阶段考核师徒帮带工作目标完成情况。

（7）实行奖罚机制。

（三）师傅资格标准要求

（1）师傅的级别要求必须具有中级及以上职称，从事专业监理工作10年以上。

（2）师傅必须具有良好的职业道德，热心传授理论知识和实际操作技能，明确自己所承担的责任，具有强烈的责任感。

（3）师傅要有自己每月的带徒计划和目标，并落到实处。

（4）从思想、工作、生活上关心、爱护和帮助徒弟，树立高度责任感、荣辱感，为人处事要起到榜样、带头模范作用。

（5）负责指导和解答技术上的有关问题，把自己所掌握的技能认真传授予徒弟，及时发现和纠正存在的隐患。

（6）鼓励、支持徒弟自主学习各种安全知识和岗位操作技能，并对徒弟不理解的地方进行详细解答。

（7）抱着积极、认真、负责的态度带好徒弟，正确对待徒弟的合理化建议，使其真正掌握和运用所学技能。

（8）对徒弟的德、能、勤、绩应做好全面考核记录，保证徒弟学徒期满考核合格，独立上岗。

（四）徒弟的相关要求

（1）尊重公司的各项规章制度、安心本职工作、虚心学习、能吃苦耐劳及团结同事。

（2）在生活工作中尊重关心师傅，服从师傅的安排。

（3）严格按有关技术规范和操作程序作业，虚心请教技术上的疑难问题。

（4）学会用脑工作，多对岗位工作进行思考，并利用所学知识，从小方面改进工作技能，提高工作效率。

（五）考核办法及奖罚机制

1. 师徒帮带目标考核办法

（1）师徒帮带有效期限一般情况下为10个月，特殊情况下可根据实际需要提前结束或延长期限。

（2）考核小组逐月进行目标考核落实，按月计数按年兑现奖惩。

（3）师傅根据考核要求每月制定出详细的带徒计划、教学内容及目标，理论要与实践相结合，使徒弟学有所用、独立操作。

（4）在月度考核中，师傅要出具月帮带计划、教学内容、教学记录。

（5）徒弟根据师傅制定的帮带传授计划、内容，要虚心学习，自我加压，刻苦钻研业务知识，力争在帮带期限内全面掌握运用所学技能。

2. 师徒帮带奖罚机制

师徒帮带有下列情形之一的，根据情节轻重，按照相关规定给予师徒经济处罚或其他处分。

（1）师傅在帮带期限未制定教学计划、目标管理。

（2）在月目标考核中达不到带徒效果的，师傅责任心不强的、有应付思想的。

（3）徒弟对师傅的帮带不积极主动的，不尊重师傅意见，不求上进的。

（4）在月目标考核中达不到学徒效果、没有进步的。

八、影像资料的应用管理

制作影像资料是建设工程开展精细化监理工作的需要和体现，同时能够促进监理工作有计划地开展，树立良好的监理企业形象。项目监理机构根据监理单位精细化监理管理要求进行影像资料的推广和利用。

（一）制作影像资料的目的

宣传企业文化、体现工程建设的真实情况、作为工程建设原始信息的储存，进行监理工作经验的总结，制定并明确统一的工序作业标准，确定与借鉴工序样板技术要点及质量标准，进一步提升监理工作服务水平。

（二）影像资料的形成阶段

影像资料的形成可分为三个阶段，即施工准备阶段、施工实施阶段、竣工验收阶段。

（三）影像资料的内容及用途

1. 影像资料的内容

（1）企业文化展示。

（2）工作汇报。

（3）专项工序作业指导。

（4）项目竞争监理能力考察。

2. 影像资料的用途

影像资料可以直观、形象地表现工程建设全过程监理工作实施情况，同时更能对工程技术监理资料进行原始信息的储备、查询及追溯。

（四）影像资料形成与管理

（1）由项目总监理工程师（总代）组织各专业监理工程师编制《影像资料实施细则》，由监理企业技术负责人审批。

（2）由各专业监理工程师提供影像施工现场原始资料，由总监理工程师（总代）指定专人负责编辑。

（3）影像资料的制作要确保内容真实、完整。

（4）《影像资料专项工序施工作业指导》需要拍摄视频，应用各种智能软件。多方位体现监理工作专业化、可视化、标准化、制度化。

（5）使用手机或照相机机拍图、录视频，电脑编辑内容，U盘、硬盘或上传网络储存空间储存。

（6）项目竣工后影像资料复制一份交监理单位长期保存。

九、项目监理机构管理底线

项目监理单位针对监理机构人员日常工作中因主观故意行为或因不尽职违反法律、法规规定出现的职业道德等问题，导致工程项目质量安全隐患、事故的发生和影响监理企业形象的行为在管理上所采取的一种管控措施。

（一）管理底线内容

（1）有打架斗殴、赌博等违法乱纪行为。

（2）参与非法组织活动，并在监理单位内部开展非法宣传活动或行为。

（3）利用工作便利谋取个人私利。

（4）未按规定及要求履行岗位职责，发生较大、重大、特重大质量安全事故。

（5）因违反法律法规出现犯罪记录或刑事处罚的。

（二）管理底线内容的判定

（1）在项目监理机构设定管理底线公示，接受投诉、举报。

（2）对信息的真实性进行调查，判定事件的性质。

（3）明确事件调查结果、处理决定，进行监理单位内部公示与通报。

（三）管理底线处置办法

（1）对利用工作便利谋取私利经调查核实的，由监理单位职能管理部门监督全数退还。

（2）对发生管理底线内容的个人及项目监理机构，取消监理企业内部年度评选先进资格。

（3）对发生管理底线内容的个人，经核实属实的予以辞退，解除劳动聘用关系。

十、项目监理人员调配的工作交接

因监理工作需要及工程进度变化等因素，项目监理机构需要及时进行监理人员的增补、调配或对现有监理人员进行工作内容的调整，以保证监理工作正常的进行。在进行监理人员增补、调配或对现在有监理人员进行工作内容调整时，项目监理机构需要做好相应监理工作的交接与对接工作。

监理工作交接必须明确交接内容、时限，划分交接界限及责任，办理交接手续，严禁因工作交接不严禁、不全面而产生责任划分上的推诿与扯皮现象。

（一）工作交接流程

明确交接主体（移交人、接收人和监管领导）→工程进度介绍与检查→工程质量介绍与检查→安全生产状况介绍与检查→项目资料介绍与核对→签署监理工作交接单。

（二）交接内容

监理人员的工作交接应在总监理工程师（总代）的监督下进行。交接的内容要详细，交接程序要符合企业内容管理规定，交接内容一般包括以下项目：

1. 工程质量

现场存在质量管理方面的问题，实体质量缺陷、隐患及处理措施等。

2. 安全生产管理

施工现场参建各方安全生产管理意识、体系、措施；现场存在的安全生产问题及隐患，具体的处理措施等。

3. 相关资料

包括：建设单位提供的资料、施工单位报送的资料、监理单位形成的资料，相关文件等。

4. 工程进度

施工进度计划（总、年、季、月、周）目标与工程实际进度对比分析；影响进度的因素，计划采取的措施等。

5. 现场管理及协调

施工现场参建各方的质量安全管理体系、管理措施、技术要求、各类会议的规定、文件的传递等。

6. 办公用品及工器具

建设单位或监理单位提供的办公用品、设备、工具、仪器、专业书集等。

7. 生活设施

宿舍床位、水壶、扫帚、簸箕、房门钥匙、网络、交通工具等。

（三）管理要求

（1）建立责任制，根据交接工作履行情况进行追责，项目总监理工程师（总代）负领导管理责任，交接人负直接责任。

（2）监理工作交接完成质量对监理工作产生不良影响的，造成监理单位损失的，根据影响程度、企业文件管理办法进行考核或由责任人承担经济补偿。

（3）《监理工作交接单》一式三份，经双方签字确认后送主管领导审核签字，项目监理机构、移交人和接收人各一份。用于工作物品交接的《监理工作物品交接单》见表 3-10；用于监理工作交接的《监理工作交接单》见表 3-11。

监理工作物品交接单 表 3-10

工程名称					
监理范围					
交接清单	名称	件数	名称	件数	
	1. 建设单位提供		2. 监理企业提供		
	3. 施工单位上报		4. 项目监理机构		
交接签字	交接人		日期		
	接收人		日期		
	主管领导		日期		

监理工作交接单 表 3-11

工程名称	
监理范围	
工程概况：	
需要处理的问题：	

续表

<table>
<tr><td colspan="5">下一步主要监理工作内容：</td></tr>
<tr><td rowspan="3">交接签字</td><td>交接人</td><td></td><td>日期</td><td></td></tr>
<tr><td>接收人</td><td></td><td>日期</td><td></td></tr>
<tr><td>主管领导</td><td></td><td>日期</td><td></td></tr>
</table>

十一、监理工作汇报的编制

（一）目的及方式

（1）监理工作汇报目的是指监理单位及时全面掌控各项目监理机构工作开展情况，并提出整改意见和合理化建议。

（2）监理工作汇报的方式以书面形式和影像资料两种方式，在月度项目总结大会上汇报。

（二）监理工作月度会议汇报内容

（1）工程概况。

（2）工程进度。

（3）工程质量问题及措施。

（4）安全生产隐患及措施。

（5）监理费回收情况及对比。

（6）监理工作月度大事记。

（7）需要监理单位协调配合事项。

（8）工程管理部门月度工作开展情况通报。

（9）其他各职能部门有关配合事项汇报。

（三）监理工作月度汇报（表 3-12）

项目监理情况月度汇报　　表 3-12

项目监理负责人（总监 / 总代）：　　填报日期：　年　月　日

<table>
<tr><td>项目名称</td><td></td><td>房建 / 市政
总建筑面积</td><td>共　栋　m²</td></tr>
<tr><td>合同工期</td><td>至　，共计　个月</td><td>实际开工日期</td><td>年　月　日，累计　个月</td></tr>
<tr><td>实际开工日期</td><td colspan="3">共计　万元，本月完成　万元，累计完成　万元</td></tr>
<tr><td>监理费
回收</td><td colspan="3">共计　万元，本月完成　万元，累计完成　万元。
累计回收　万元，剩余　万元。本月申请支付监理费　万元，实际支付监理费　万元</td></tr>
<tr><td>项目监理
人员情况</td><td colspan="3">总监 / 总代　人，专业监理工程师　人，监理员　人，共　人</td></tr>
</table>

续表

本月形象进度完成	主要项目内容		完成日期	完成效果（好、一般、不好）
	1.			
	2.			
存在主要安全、质量问题进度	主要事项内容			措施和意见
	1.			
	2.			
	3.			
监理资料情况	主要事项内容			措施和意见
	1.			
	2.			
管理内部人员情况	劳动纪律		业务学习	工作状态
需要公司协调解决的问题				

第四章 建筑工程质量控制精细化监理

第一节 质量控制精细化监理概要

监理工作的精细化管理应遵照国家在工程建设方面的具体法律法规、施工规范、行业标准及强制性条文等，将"精、准、细、严"作为监理工作的基本原则，切实有效地加强对于工程在事前、事中、事后等方面的控制努力达到零风险管理的目标，协调好质量与进度之间的关系，最终实现复杂工程能够系统简单化，工序之间可以流程化，而流程化的任务做到定量化，并且定量化的事情得以信息化。

一、质量控制精细化监理的内容

工程质量控制是指为保证和提高工程质量，运用一整套质量管理体系、手段和方法所进行的系统管理活动。其主要工作内容包括：

（1）协助建设单位做好项目规划、优化技术方案。

（2）建立健全监理组织，完善职责分工及有关监理质量监督制度，落实质量控制的责任。

（3）检查施工承包单位的管理体系、质量保证体系是否健全并持续有效运行；检查施工承包单位管理人员、质检人员、特种作业人员的资质和持证上岗情况。

（4）审核施工承包单位报送的施工组织设计及各项技术方案，并随机检查施工单位执行方案的状况，监督施工承包单位严格按照施工图纸、施工规范要求施工，严格执行施工合同及强制性技术标准条文。

（5）严格执行事前、事中和事后的质量控制方法。

（6）严格质量检验和验收，不符合合同规定质量要求的拒付工程款。

（7）结合工程特点，会同业主确定工程项目的质量要求和标准。

（8）组织各专业监理工程师认真核对工程项目的设计文件是否符合相应的质量要求和标准，其内容是否完整，是否满足施工和材料设计订货要求，并根据需要提出监理审核意见，督促设计单位解决，并上报业主。

（9）检查确认运到现场的工程材料、构配件、设备质量，查验试验、化验报告单、出厂合格证是否齐全、合格，有权禁止不合格的材料、设备进入工地和投入使用。

（10）检查施工机械设备、测量、检验、计量设备的技术状况；对施工承包单位的试验室进行考核认定。

（11）实施巡视、平行检查、旁站监理，对隐蔽工程、关键部位、关键工序的施工质量进行监督检查。

（12）负责组织重要工序及部位的隐检，核查分项、分部工程质量。

（13）对施工单位提交的"隐蔽工程验收单"和"工序报验单"签署监理意见，与相关部门共同验收合格后方可进行下道工序的施工。

（14）对施工承包单位报送的检验批、分项工程、分部工程、单位工程的工程质量验评资料进行现场检查、审核签认。

（15）参加工程质量事故的调查及处理，监督整改方案的实施。

（16）组织各专业监理工程师对单项工程进行竣工预验收，签署相应的质量报告和预验收监理意见，上报业主。

（17）协助业主会同设计、施工单位和质监部门对工程进行正式竣工验收，验收合格后办理移交手续审核竣工图和其他工程技术文件资料。

二、质量控制精细化监理的方法

加强工程施工过程的质量控制精细化监理，应以动态控制为主，事前预防为辅的管理方法，重点抓好事前指导、事中检查、事后验收三个环节，做好提前预控，从预控角度主动发现问题，对重点部位、关键工序进行动态控制，抓重点部位的质量控制，对工程施工做到全过程、全方位的质量监控，从而有效地实现工程项目施工的全面质量控制。

1. 事前指导法

事前指导法又叫预先强制法或前馈控制法。监理工作的施工阶段事前质量指导要做到预防和指导相结合，监理人员要负责现场的质量监督和管理工作，在相关的法律法规和相应的质量验收标准的指导下进行监理，并根据工程建设的实际情况以及监理的实践经验，设置相应的建设目标和方案，明确质量管理的责任归属，有计划有组织地进行工程事前的监理工作。

（1）加强对施工监理过程中质量控制规章制度的完善

为了保证建筑施工监理过程中质量控制过程的顺利进行，监理单位必须加强对相关规章制度的完善，使得施工中各个环节监理工作能够在统一规章制度的基础上进行，这对于相关矛盾的减少有着极为重要的意义。此外在对规章制度完善的过程中，应对每一个监理人员的职责进行明确，这对于建筑施工精细化监理质量控制有效性的保证有着极大的意义。

（2）加强对相关人员的教育培训

监理单位应当组织监理人员进行法律法规和专业技能培训，使得他们的业务素质得以提升。对施工操作规范进行学习，强化工程质量意识，确保项目工程的高质量建设。监理人员开展培训时要对培训内容进行细化，根据相关人员的岗位不同而提供不同的培训内容，使他们工作中急需的专业知识、操作技能、规范意识得到迅速提高，进而在实际施工和技术管理中，做好本职工作，实现监理过程中质量的有效控制。

（3）核查施工单位的质量保证和质量管理体系。

核查施工单位的机构设置、人员配备、职责分工的落实，督促配齐各级专职质量检查人员，查验各级管理人员及专业操作人员持证上岗情况，检查质量管理制度是否健全，审查分包单位的营业执照、企业资质证书、专业许可证、岗位证书等。

（4）严格对施工方案进行审查

在施工以前要先认真核查施工方案，对施工方案查缺补漏、进行调整，将一些问题细化并明确相关责任。对于施工方案中不够明确之处监理人员要及时提出并进行修订，让施工方案更符合施工建设要求。对于监理过程中出现的问题，要及时进行方案的调整和修改，提高施工方案的可行性和操作性。

（5）做好图纸会审的工作

图纸会审是施工前期的主要技术工作之一，因此项目施工前监理项目部应组织参加该工程建设的技术人员和相关部门认真看图、熟悉施工图，了解工程情况和图纸设计中的错误、矛盾、交代不清楚、设计不合理等问题，尽可能把这些问题及时提出来，把问题解决在施工作业之前。项目部应以谦虚、配合、学习、和谐的态度参加图纸会审会议。图纸会审记录是施工文件的组成部分，与施工图具有同等效力，所以图纸会审工作要认真实施。

（6）对建筑材料质量严格控制

材料（包括原材料、半成品、成品、构配件等）是工程项目施工的物质条件，没有材料就无法施工；材料质量是工程项目质量的基础，材料质量不符合要求，工程项目质量就不可能符合标准。监理人员应当对施工单位采购的水泥、钢材等主要建筑材料进行细致的检查和检验，确保材料具有出厂证、合格证，并按照规定对其进行抽样检查，对涉及结构安全、使用功能及节能等方面要求的材料还需进行见证取样送试验室复检。建筑材料通过以上流程合格后方可在施工中进行使用。监理人员应当制订相应的材料质量控制规范，对哪些材料应该进行检验、应该进行什么种类的检验、检验结果应当符合哪些要求进行细致、严格的规定。同时对材料质量的控制不仅应当做到细致化，还应做到流程化，对相应的建材检验设立责任人制度，将具体任务落实到人，使建筑材料控制过程成为体系化的流程，提高控制管理效率。

（7）对建筑机械设备质量进行严格控制

施工机械设备是实现施工机械化的重要物质基础，是现代化工程建设中必不可少的设施。机械设备的选型、主要性能参数和使用操作要求对工程项目的施工进度和质量均有直接影响。对建筑机械设备质量进行严格控制包括核查进场机械设备厂家的资质证明及产品合格证、进口设备商检证明；检查进场主要施工设备的规格、型号是否符合施工组织设计的要求；施工单位对进场的机械设备进行检验、测试判断合格后填写《构配件 / 设备报验单》报项目监理部核验，验收合格后方可投入使用。

（8）落实样板引路制度

在项目正式开工之前，要求施工单位做好质量策划，制定工序建议书，制作主要分项工程的样板展示区，在施工前对各专业班组在展示区进行技术交底；在每一道工序施工前，在作业面制作实体样板，监理从中指出实体样板中的质量缺陷，并予以讲解和纠正。在具体施工之前参与班组的技术交底并提出意见和要求，避免在大面积施工中出现错误，杜绝返工，最大程度保证施工质量和加快施工进度。

（9）建立材料样品的封存制度

每个原材料进场之前，施工单位必须上报样品，经建设单位、监理单位及施工单位三方共同认可后，方可在工程中使用。同时，对样品材料张贴样品封样单见表 4-1，注明材料的名称、规格、型号、产地、使用部位、货物编号、验收单位、验收人及验收意见等，并附合格证及质量证明书等封存在工地现场专设的样品室，后期进场的相同材料以此样品质量作为验收依据。

样品封样单　　　　　　　　　表 4-1

项目名称	×××××××××× 工程				
材料名称		材料规格		材料型号	
产地					
使用部位					
物料编号					
验收单位	名称		意见		签字
建设单位	××××				
监理单位	××××				
施工单位	××××				

2. 事中检查法

事中检查法是指在施工生产过程中，对参与活动的人和事进行指导和监督，以便纠正偏差，也被称为过程控制或现场控制法。

（1）完善施工质量检查制度

建筑工程监理人员要对施工单位质量制度的落实情况进行检查；至少每周进行一次施工质量检查，每月组织一次施工质量全方位检查总结，对检查中发现的影响施工质量的问题进行分析和处理。同时还应设立质量评级体系，以增强相关人员的质量意识。监理人员对相关工程进行质量检查后，再由上级主管进行复检，作出最终判断。在质量检查中，实现精细化管理就是要对质量检查结果进行信息化处理。这要求监理人员要及时通报质量检查结果，让相关人员了解质量信息，形成质量意识。同时还要针对检查信息做出相应反应，立刻排除和解决存在的问题。

（2）严格落实施工操作规范

对于施工中技术性较强的操作，相关人员必须严格依照规范进行操作，才能保障施工质量。这就要求监理人员在监理中要严格落实相关施工操作规范，操作人员必须遵守操作流程和操作方法。监理人员应当在工作中加强对相关人员操作的监督，并设立奖惩制度，以加强操作人员的规范操作意识。同时，要严格按照要求检查上岗人员资质，不符合条件者，一律不予任用。监理人员还应当不断强化施工人员的"三检制"，即自检、互检和交接检，从各个环节入手进行质量控制。

（3）重视旁站监理及巡视检查

通过旁站能及时检查和督促工程施工，及时发现问题、解决问题，保障工程处于受控状态。旁站监理人员要具备现场质量控制的相应素质，加强合同意识，及时果断地处理工程质量问题。对于重要工序及重要部位要坚持旁站监理。在施工过程中，监理人员还要定期或不定期地对施工作业范围进行现场巡视检查，尽可能地发现问题，现场解决处理，达不到设计及规范要求绝不放过，使施工人员养成规范施工的习惯。通过现场巡视，要有效掌握影响工程质量的各种因素的状态。如施工人员是否到位，机械设备是否完好和适用，材料质量、材料适用及供应是否及时到位，材料堆放是否合理有序，施工方法是否合理等。

（4）加强平行检验

平行检验是项目监理单位利用一定的检查或检测手段，按照一定的比例，对某些工程部位、试验、材料等进行检查或检测，进行质量判断的能力。它是监理质量控制的有效手段，在技术复核及复验工作中采用，是监理工程师对施工质量进行验收、做出独立判断的重要依据。监理单位在施工单位自检的基础上，针对某些工程部位、试验、材料等，通过采用先进的技术装备、检测手段，进行检测验证，达到以事实为依据，用数据说话，为质量控制提供有力依据，实现监理的客观性、科学性及公正性，保证监理工作的高水平、高效率。

（5）定期召开监理例会

对施工过程中发现的重大和较普遍存在的问题，应采取监理例会的形式解决。例会是施工过程中参建各方沟通情况，解决分歧达成共识，做出决定的主要渠道，也是监理工程师进行现场质量控制的重要场所。同时针对一些专门的质量问题还应组织专题会议，集中解决存在的质量问题。

3. 事后验收

事后验收也被称为反馈控制法。事后验收是施工质量控制的最后一个环节，在这一阶段可以进行质量补救。

（1）强化三检制度

在施工单位的自检，互检，交接检合格后，要求施工单位向监理单位报送《隐蔽工程检查记录》及《工程质量工序报验单》，并有相关作业班组负责人及专职质检员的验收意见及签字后，监理工程师方可到现场进行检测核查。合格的工程予以签认，并准予进行下一道工序；不合格的工程限期整改，完成后重新报验。

（2）坚持开展实测实量的工作

质量控制必须建立在有效的数据基础上，必须依靠能够确切反映客观实际的数字和资料，否则就谈不上科学管理。实测实量体系作为建筑市场质量控制的一种检查手段，对实测实量过程中发现的问题，有针对性地提出质量改进措施，为项目的施工质量打下坚实基础。

在很多情况下，工程质量的评定虽然也按规范标准进行检测计量，也有一些数据，但是这些数据往往不完整、不系统，没有按数理统计要求积累数据、抽样选点，所以难以汇总分析，有时只能统计加以估计，抓不住质量问题，不能表达工程的内在质量状态，也不能有针对性地进行质量教育，提高企业素质。而实测实量树立起"用数据说话"的意识，采取数据上墙、销项制度等方法从积累的大量数据中，找出控制质量的规律性，以保证工程项目的优质建设。

三、质量控制精细化监理的验收规范及标准

《建筑工程施工质量验收统一标准》GB 50300—2013

《建筑地基基础工程施工质量验收标准》GB 50202—2018

《建筑基坑支护技术规程》JGJ 120—2012

《混凝土结构工程施工质量验收规范》GB 50204—2011

《混凝土结构工程施工规范》GB 50666—2011

《钢筋焊接及验收规程》JGJ 18—2012

《钢筋机械连接技术规程》JGJ 107—2016

《建筑装饰装修工程质量验收标准》GB 50210—2018

《建筑地面工程施工质量验收规范》GB 50209—2010

《屋面工程质量验收规范》GB 50207—2012

《屋面工程技术规范》GB 50345—2012

《建筑节能工程施工质量验收标准》GB 50411—2019

《建筑给水排水及采暖工程施工质量验收规范》GB 50242—2002

《通风与空调工程施工质量验收规范》GB 50243—2016

《建筑电气工程施工质量验收规范》GB 50303—2015

《电梯工程施工质量验收规范》GB 50310—2002

《电梯安装验收规范》GB/T 10060—2011

《消防电梯制造与安装安全规范》GB 26465—2011

在实际监理工作中涉及的规范和标准较多，这里不便一一列出。

第二节　地基与基础工程的精细化监理

土方工程主要分为土方开挖和土方回填，土方开挖是施工开始的第一步，土方回填是保证地基基础是否稳固的重要环节。两者相辅相成，密不可分。保证土方开挖与回填的质量，是精细化监理的重要工作。

一、土方工程的精细化监理

（一）土方工程监理控制程序

1. 土方开挖监理控制程序

监理确定开挖的顺序和坡度→复测开挖边线及标高→旁站土方开挖→检查槽边修整→检查坑底平整及标高。

2. 土方回填监理控制程序

监理检查基坑（槽）底垃圾清理→检验土质→旁站分层铺土、压实→检验密实度→修整找平验收。

（二）土方工程监理控制要点及方法

1. 土方开挖监理控制要点及方法

（1）事前控制要点及方法

1）监理审核施工单位上报的企业及人员资质是否齐全、有效。

2）监理单位要求施工单位上报土方开挖方案，同时编制土方开挖监理实施细则，监督施工单位严格按批复的专项施工方案实施，按施工规范和设计图纸严格监理。

3）监理对进场的材料和机械设备进行检查验收。

4）专业监理工程师复测开挖线及标高；基坑周围不得任意堆放材料；根据现场实际测量的标高数据计算出开挖高度。

5）监理工程师要对方案中开挖的路线，开挖的机械设备，劳动力的布置，分层开挖的厚度等进行详细审查。

6）方案经过批准后监理参与对作业人员及管理人员的书面交底，做好技术交底和安全交底工作。

（2）事中控制要点及方法

1）基坑土体开挖要求分层开挖，每层厚度不宜大于 1.5m，必须遵循分层开挖、严禁超挖的原则。

2）机械挖土至设计标高后，监理要求施工单位立即进行人工修土和浇筑混凝土垫层，并必须在 6~8h 内完成；基坑内挖出的土方及时外运，基坑四周卸土范围内不得堆载，否则会使支护结构变形过大，危及基坑安全。

3）挖土过程中，监理全程跟踪测量，对开挖标高严格控制，严禁超挖。如出现较大位移，应立即停止挖土，分析原因，采取有效措施。

4）监理监督施工单位对基坑周围的地表水要及时排除，以防流入基坑内。

5）监理监督施工单位对夜间挖土施工时，配置足够的照明，电工应日夜值班。

6）监理监督装载机施工区域严禁站立其他人员。

7）开挖过程中，监理工程师随时用坡度尺检查边坡坡度是否正确无误，复测基坑底标高，避免超挖现象。

8）挖土之前做好坑外排水，坑内明沟集排水。

（3）事后控制要点及方法

1）挖土至设计标高，监理单位尽快会同业主、勘测、设计、施工等单位共同对基底进行验槽，办理验槽手续。

2）监理及时组织各单位配合监测单位对基坑土体水平位移和沉降数据分析研究。

3）监理派专人密切监测围护结构、土体的变形，根据这些变形的发展情况及时调整施工工艺，实行信息化施工。

4）基坑土体开挖施工及地下室施工期间，监理单位加强对基坑支护结构、工程桩、邻近建筑物，道路及地下管线的观察，如发现异常情况必须及时通知有关单位，以便及时采取有效措施，消除隐患，确保基坑内外的安全和工程顺利进行。

5）监理对各项监测的时间间隔可根据施工进程确定。当观测指标超过警戒值或场地条件变化较大时，应及时报警并加密观测次数。

2. 土方回填监理控制要点及方法

（1）事前控制要点及方法

1）施工前监理复测基底标高、边坡坡率，检查验收基础外墙防水层和保护层等。

2）监理检查回填料是否符合设计要求，并应确定回填料含水量控制范围、铺土厚度、压实遍数等施工参数。

3）土方回填前监理单位督促施工单位清除基底的垃圾、树根等杂物，抽除坑穴积水、淤泥。如在耕植土或松土上填方，应在基底压实后再进行。

4）对填方土料监理单位应按设计要求验收后方可填入。

（2）事中控制要点及方法

1）回填施工的压实系数应满足设计要求。当采用分层回填时，监理监督施工单位在下层的压实系数试验合格后再进行上层施工。填筑厚度及压实遍数应根据土质、压实系数及压实机具确定。

2）试验报告要注明土料种类、试验日期、试验结论及试验人员签字。未达到设计要求部位，监理要求施工单位应有处理方法和复验结果。

3）防止因虚铺土超过规定厚度或冬季施工时有较大的冻土块，或夯实不够遍数，甚至漏夯，坑（槽）底有有机杂物或落土清理不干净，以及冬期做散水，施工用水渗入垫层中，受冻膨胀等隐患。这些问题监理单位均应在施工中认真执行规范的有关规定，并要严格检查，发现问题及时纠正。

4）监理检查监督管道下部按标准要求填夯回填土，如果漏夯不实会造成管道下方空虚，造成管道折断而渗漏。

5）监理要求在夯压时对干土适当洒水加以润湿；如回填土太湿同样夯不密实呈"橡皮土"现象，这时应将"橡皮土"挖出，重新换好土再予夯实。

6）监理要求填方应按设计要求预留沉降量，如设计无要求时，可根据工程性质、填方高度、填料种类、密实要求和地基情况等确定（沉降量一般不超过填方高度的3%）。

7）监理要求路基、室内地台等填土后应有一段自然沉实的时间，测定沉降变化，稳定后才能进行下一工序的施工。

8）监理要求回填土应分层铺摊。每层铺土厚度应根据土质、密实度要求和机具性能确定。一般蛙式打夯机每层铺土厚度为200~250mm；人工打夯不大于200mm。每层铺摊后，随之耙平。

9）监理要求回填土每层至少夯打三遍。打夯应一夯压半夯，夯夯相接，行行相连，纵横交叉。严禁采用水浇使土下沉的所谓"水夯"法。

10）监理对深浅两基坑（槽）相连时的回填要求：

A. 先填夯深基础，填至浅基坑相同的标高时，再与浅基础一起填夯。

B. 如必须分段填夯时，交接处应填成阶梯形，梯形的高宽比一般为1：2。

C. 上下层错缝距离不小于1.0m。

11）监理对回填房心及管沟的要求：

①为防止管道中心线位移或损坏管道，应用人工先在管道两侧填土夯实。

②应由管道两侧同时进行，直至管顶0.5m以上时，在不损坏管道的情况下，方可采用蛙式打夯机夯实。

③在抹带接口处，防腐绝缘层或电缆周围，应回填细粒料。

（3）事后控制要点及方法

1）施工结束后，监理工程师应对标高及压实系数进行检验。

2）填土全部完成后，监理工程师应对表面拉线找平进行检查，凡超过标准高程的地方，及时依线铲平；凡低于标准高程的地方，应补土夯实。

3）监理工程师检验回填土的质量有无杂物，粒径是否符合规定，以及回填土的含水量是否在控制的范围内。

（三）检测试验内容和要点

土方回填检测试验内容和要点：

（1）土方回填的施工质量检测应分层进行，应在每层压实系数符合设计要求后方可铺填上层土。

（2）应通过土料控制干密度和最大干密度的比值确定压实系数。土料的最大干密度应通过击实试验确定，分层压实后，每单位工程不应少于3点，1000m² 以上工程，每100m² 至少应有1点，300m² 以上（含300m²）工程至少应有1点。每一独立基础下至少应有1点，基槽每20延米应有1点。采用环刀法、灌砂法、灌水法或其他方法检验。

（3）采用轻型击实试验时，压实系数宜取高值，采用重型击实试验时，压实系数可取低值。

（4）基坑和室内土方回填，每层按100~500m² 取样1组，且不少于1组。柱基回填，每层抽样柱基总数的10%，且不少于5组。基槽和管沟回填，每层按20~50m取1组，且不少于1组。场地平整填方，每层按400~900m² 取样1组，且不少于1组。

二、基坑支护的精细化监理

基坑支护施工作为建筑工程施工的一个重要组成部分，其基坑支护施工技术的推广与应用至关重要，它对建筑的耐久性与安全性有着直接关系，也是确保主体施工顺利进行的一项非常重要的内容。从整个建筑施工的角度来看，基础施工的作用是非常重要的，而作为监理单位，需要做好相关的技术措施，应该根据实际的工程情况，对基础工程当中所出现的各种问题作出认真分析。

基坑支护的形式有灌注桩排桩围护墙，重力式挡土墙，板桩围护墙，型钢水泥土搅拌墙，土钉墙与复合土钉墙，地下连续墙，咬合桩围护墙，沉井与沉箱，钢或混凝土支撑，锚杆（索），与主体结构相结合的基坑支护，降水与排水。

本节主要介绍常见土钉墙的施工方法及精细化监理要点。

（一）基坑支护监理控制程序

监理复核开挖工作面的边线尺寸→检查坡面修整→旁站喷射第一层混凝土→检查成孔及设置土钉→旁站注浆→检查验收钢筋网片绑扎→旁站喷射混凝土面层→监督检查养护混凝土。

（二）基坑支护监理控制要点及方法

主要以土钉墙为主，介绍基坑支护监理控制要点及方法。土钉墙剖面示意图如图4-1所示。

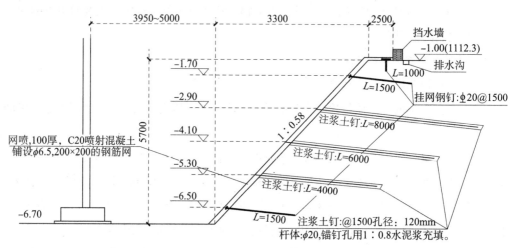

图4-1　土钉墙剖面示意图

1. 事前控制要点及方法

（1）监理审核施工单位上报的企业及人员资质是否齐全、有效。

（2）监理单位要求施工单位上报专项方案，同时组织编制基坑支护监理实施细则，监督施工单位严格按批复的专项施工方案实施，按施工规范和设计图纸严格监理。

（3）监理检查确认施工现场地质资料是否齐全，周围环境（包括地下管线，附近房屋结构等）是否已调查清楚。施工前已按经审批的围护设计图纸和监测方案是否已布置好监测点。

（4）在施工前组织设计图纸会审，监理单位及时发现并解决施工图纸中的存在问题。

（5）监理单位按原材料、构配件进场验收制度，对进场的原材料、构配件进行核验并抽样送检，防止不合格的材料进入现场，以保证工程质量。

（6）监理单位督促承包商按批准的施工计划组织实施，协调好各相关单位（专业）之间的配合，及时解决施工过程中出现的问题。

（7）方案经过批准后监理参与对作业人员及管理人员的书面交底，做好技术交底和安全交底的工作。

2. 事中控制要点及方法

（1）监理要求在土钉墙施工前必须要有一个施工作业面，所以土钉墙实施前应预降水到每层作业面以下0.5m，并保证降水系统能正常工作。

（2）监理监督检查土钉墙作业面分层分段开挖，分层分段支护，开挖作业面应在24h内完成支护，不宜一次挖两层或全面开挖。

（3）土钉墙施工设备挖掘机、钻机、压浆泵、搅拌机应选型适当，运转正常。压浆泵流量经鉴定计算正确。

（4）钻孔前在孔口设置定位器，钻孔时使钻具与定位器垂直，钻出的孔与定位器垂直，钻孔的倾斜角度即能与设计相符。

（5）选用套管湿作业钻孔时，钻进后要复提插孔内钻杆，用水冲洗至出清水，再按下一节钻杆，遇有粗砂、砂卵石土层，钻杆钻到最后一节时，为防止砂石堵塞，孔深应比设计深100~200mm。

（6）监理监督施工单位在干作业钻孔或用冲击力打入锚杆或土钉时，在拔出杆后要立即注浆，水作业钻机拔出钻杆后，外套留在孔内不合坍孔，间隔时间不宜过长，防止砂土涌入管内而发生堵塞。

（7）监理检查钢筋、钢绞线、钢管不能沾有油污、锈烛、缺股断丝。

（8）监理要求灌浆压力，一般不得低于0.4MPa，宜采用封闭式压力灌浆或二次压浆。

（9）待土钉灌浆、土钉墙钢筋网与土钉端部连接牢固并通过隐蔽工程验收，可立即对土钉墙土体进行混凝土喷射施工，第一层与第二层土体细石混凝土喷浆间隔24h。当土墙浸透时应分层喷锚混凝土墙。

3. 事后控制要点及方法

（1）分层每段支护体施工完后，应检查坡顶或坡面移位，坡顶沉降及周围环境变化，如有异常情况应采取措施，放慢施工速度，待恢复正常后可继续施工。

（2）土钉或钻杆与土体间经灌浆产生的抗拔力，与养护时间有关，监理要求应有足够的强度时才准许开挖。根据现场环境条件，进行喷射混凝土的养护，如浇水、织物覆盖浇水等养护方法，养护时间视温度、湿度而定，一般宜为3~7d。

（3）隐蔽工程在隐蔽前必须经监理单位验收合格后方可隐蔽，并形成记录。

（三）土钉墙检测试验方法和要点

（1）注浆砂浆强度试块，采用70.7mm×70.7mm×70.7mm立方体，经标准养护后测定，每批至少3组（每组三块）试件，给出3~28d强度。

（2）混凝土强度应用100mm×100mm×100mm立方体试块进行测定，将试模底面紧贴边壁侧向喷入混凝土，每批留3组试块。

（3）按区间或小于区间断面结构每20延米抽查1处，且不得少于3处。

（4）土钉墙支护工程施工过程中应对放坡系数，土钉位置，土钉孔直径、深度及角度，土钉杆体长度，注浆配比、注浆压力及注浆量，喷射混凝土面层厚度、强度等进行检验。

（5）土钉应进行抗拔承载力检验，检验数量不宜少于土钉总数的1%，且同一土层中的土钉检验数量不应小于3根。

三、地基处理的精细化监理

建筑物由主体结构、基础与地基三部分组成。建筑物的全部荷载均由其下的地层来承担。受建筑物影响的那一部分地层称为地基。所以地基是指基础底面以下，承受基础传递过来的建筑物荷载而产生应力和应变的土壤层。建筑物向地基传递荷载的下部结构称为基础，是建筑物的墙或柱埋在地下的扩大部分，是建筑物的"脚"。作用是承受上部结构的全部荷载，把它传给地基。

根据地基处理方式的不同，又分为天然地基和人工地基。

自然状态下即可满足承担基础全部荷载要求，不需要人工处理的地基称为天然地基。天然地基的承载力不能承受基础传递的全部荷载，需经人工处理后作为地基的土体称为人工地基。处理的方法有：素土、灰土地基，砂和砂石地基，土工合成材料地基，粉煤灰地基，强夯地基，注浆加固地基，预压地基，振冲地基，高压喷射注浆地基，水泥土搅拌桩地基，土和灰土挤密桩地基，水泥粉煤灰碎石桩地基，夯实水泥土桩地基，砂桩地基。

本节简要介绍砂和砂石地基，水泥粉煤灰碎石桩地基这两种地基处理的施工方法及精细化监理要点。

（一）地基处理监理控制程序

1. 砂和砂石地基监理控制程序

监理检查基层清理→复测标高及标桩→监督混合料拌合→旁站分层摊铺与夯实→检查验收。

2. 水泥粉煤灰碎石桩地基监理控制程序

监理检查场地平整→复测CFG桩定位线→钻机就位→旁站钻进成孔→旁站浇筑混凝土及拔管→检查桩间土开挖→检查破除桩头→旁站褥垫层铺设及压实。

（二）地基处理监理控制要点及方法

1. 砂和砂石地基监理控制要点及方法

（1）事前控制要点及方法

1）监理审核施工单位上报的企业及人员资质是否齐全、有效。

2）监理严格对施工方案进行审查，同时编制监理实施细则。

3）监理对建筑材料质量进行严格验收。

4）监理对建筑机械设备质量进行严格控制。

5）监理在施工前参与对作业人员的技术交底。

6）在换填前，监理组织建设单位、施工单位，地勘单位、设计单位进行验槽。

（2）事中控制要点及方法

1）监理监督检查接茬位置是否按规范规定位置留设。

2）监理要求分段分层施工应作成台阶形，上下两层接缝应错开 0.5m 以上，每层虚铺应从接茬处往前延伸 0.5m，夯实时达到 0.3m 以上，接茬时再切齐，再铺下段夯实。

3）对于局部的换填垫层，由设计单位确定其检验方法。

4）监理检查垫层的施工方法、分层铺填厚度、每层压实遍数是否符合要求。除接触下卧软土层底部应根据施工机械设备及下卧层土质条件确定厚度外，其他垫层的分层铺填厚度宜为 200~300mm。为保证分层压实质量，监理应控制机械碾压速度。

（3）事后控制要点及方法

1）砂和砂石地基除应按要求做载荷试验检验外，尚应在施工过程中对每层的压实系数进行检验。

2）采用标准贯入试验或动力触探法检验垫层的施工质量时，每分层平面上检验点的间距不应大于 4m。

3）砂和砂石地基竣工验收应采用载荷试验检验其承载力，原则上每 $300m^2$ 一个检验点，每个单位工程检验点数量不宜少于 3 点。

2. 粉煤灰碎石桩（CFG）的质量监理控制要点

（1）CFG 桩事前控制要点及方法

1）监理审核专项施工方案，应有防止堵管、窜管等措施。

2）监理复查桩孔定位及标高。基桩轴线的控制点和水准基点应设在不受施工影响的地方，复核后妥善保护，施工中多次复测。

3）采用长螺旋钻管混合料灌注成桩时，设备型号选择应根据桩径、设计加固深度要求确定。

4）监理为检验 CFG 桩施工工艺、机械性能及质量控制，核对地质资料，在施工前应先做不少于 2 根试验桩，并在竖向全长钻取芯样，检查桩身混合料配合比、坍落度和桩身垂直度。根据发现的问题，施工单位修改施工工艺，重新确定工艺参数，报监理单位确认后方可进行施工。

5）施工开始后监理及时进行复合地基或单桩承载力试验，以确认设计参数。

6）所用的水泥和粗细骨料品种、规格及质量应符合设计要求。

7）监理要求施工单位按设计要求进行室内配合比试验，选定合适的配合比。

（2）事中控制要点及方法

1）监理在检查中，如发现成孔过程中钻杆摇晃或难钻时，应要求放慢进尺。

2）监理要求混合料应按设计配合比经搅拌机拌合，坍落度、拌合时间应按工艺性试验确定的参数进行控制，且不得少于 1min；搅拌的混合料必须保证混合料圆柱体能顺利通过刚性管、高强柔性管、弯管和变径管而到达钻杆芯管内。

3）监理监督 CFG 桩成孔到设计标高后，停止钻进，开始泵送混合料，当钻杆芯管充满混合料后开始拔管，严禁先提管后泵料。

4）监理要求钻杆应采用静止提拔，施工中应严格按工艺性试验确定并经监理工程师批准的参数控制钻杆提拔速度和混凝土泵的泵送量，并保证连续提拔，施工中严禁出现超速提拔。

5）监理监督在施工中应保证排气阀正常工作，施工中要求每工作班经常检查排气阀，防止排气阀被水泥浆堵塞。

6）CFG 桩直径一般为 500mm，呈正方形或三角形布置，桩长、桩间距按工点设计施工。施工时一般应进行跳桩法施工，避免造成相邻桩断桩。

7）桩基移机至下一桩位施工时，监理应根据轴线或周围桩的位置对需施工的桩位进行复核，保证桩位准确。

（3）事后控制要点及方法

1）CFG 桩混合料应符合设计要求。监理监督检查施工单位每台班做一组（3 块）试块，进行 28d 标准养护试件。

2）CFG 桩的数量、布桩形式应符合设计要求，每根桩的投料不得少于设计灌注量。

3）CFG 桩顶端浮浆应清除干净，直至露出新鲜混凝土面。清除浮浆后桩的有效长度应满足设计要求。监理检验方法：施工后清理浮浆，计算出桩的有效长度。

4）CFG 桩的桩身质量、完整性应满足设计要求。CFG 桩桩身的施工质量检测桩长时检验桩身无侧限抗压强度，监理抽检率为桩数的 0.2%，且不少于 3 根。

5）监理应抽取不少于总桩数 10% 的桩进行低应变动力试验，检测桩身完整性。

6）检测桩的具体桩位宜由设计会同监理共同决定，并宜在设计桩位图纸上标明，由检测方具体执行。为了保证检测质量，对同一工程中有异议的桩，宜采用多种方法检测，并进行综合分析。

（三）地基处理工程检测试验内容和要点

1. 砂和砂石地基检测试验内容及要点

（1）采用环刀法检验垫层施工质量时，取样点应位于每层厚度的 2/3 处。检验数量，对大基坑每 50~100m² 不应少于 1 个检验点，对基槽每 10~20m 不应少于 1 个检验点，每个独立柱基不应少于 1 个检验点。其他基础下垫层每 50~100m² 不应少于 1 个点。

（2）采用标准贯入试验或动力触探法检验垫层的施工质量时，每分层平面上检验点的间距不应大于 4m。

（3）换填垫层地基竣工验收应采用载荷试验检验其承载力，原则上每 300m² 一个检验点，每个单位工程检验点数量不宜少于 3 点。

2. 水泥粉煤灰碎石桩（CFG）检测试验方法和要点

（1）静载荷试验：对于单桩竖向抗压或抗拔静载荷试验，单位工程内同一条件下试桩数量不应小于总桩数的 1%，且不应小于 3 根。工程总桩数在 50 根以内时，不应小于 2 根。对单桩水平静载荷试验，试验数量应根据设计要求及工程地质条件确定，不应少于 2 根。

（2）低应变法：应抽取不少于总桩数的 10% 的桩进行低应变动力试验，检测桩身完整性。

（3）在施工中发现有疑问的桩必须进行检测，但其数量不应计入正常抽检的比例内。

（4）超声波透射法：当有需要时可检测直径不小于 600mm 桩身混凝土的缺陷并定位；可结合低应变、高应变、钻孔取芯检测等方法综合评定桩身质量。

四、混凝土基础的精细化监理

钢筋混凝土基础是目前施工现场中较为普遍的形式，它既可用在墙下做条形基础，又可用在柱子下成为独立基础，或用在大型建筑做板式、筏式基础及兼作地下室的箱形基础等。虽然它们形式各异，但其所用材料和主要的施工工艺如放线、支模板、绑钢筋、浇筑混凝土等基本上与上部钢筋混凝土主体结构是相同的。

（一）监理控制程序

监理复测基础定位轴线→检查验收钢筋制作及绑扎→检查验收模板安装（砖胎模砌筑）→旁站浇筑混凝土→监督混凝土养护。

（二）监理控制要点及方法

1. 事前控制要点及方法

（1）监理对施工单位拟使用的预拌混凝土企业进行考察，资质、人员及生产能力是否符合要求。

（2）施工单位必须制定详细的基础、柱和梁板的混凝土浇筑方案，报监理单位批准同意后实施。

（3）混凝土所用水泥、砂、石、外加剂等必须符合有关施工规范和技术标准规定，并与结构安全等级相适应，要尽可能使用同一生产厂家和同一产地。

（4）监理检查进场原材料，必须有出厂质量证明和进场检（试）验报告，合格方可同意使用。任何掺合料、外加剂都必须出具有资质的检测单位和检验报告与技术性能说明，然后确定是否使用，如何使用。

（5）工地久存的水泥，用前须检查，有无过期变质，失效的严禁使用。

（6）混凝土浇筑前，预拌混凝土生产企业与使用单位进行技术交底，应由施工单位填写《浇筑申请书》送交监理，经监理实地检查，核对浇筑部位、混凝土级别等，一切准备工作就绪，《浇筑申请书》经签署后，方可开始浇筑。

2.事中控制要点及方法

（1）监理按规范要求监督、旁站混凝土每层浇筑厚度、倾落自由高度等。如超过规定高度的柱、墙，应注意其浇捣方法。

（2）监理要求施工单位对施工缝处混凝土硬化前凿除水泥薄膜和架空石子以及软弱混凝土层，在浇筑混凝土前用水冲洗干净。

（3）浇捣混凝土期间，监理人员应旁站监督，按照施工方案确定的程序、线路进行浇捣，对难度较大的部位，如钢筋密集、深薄之外等，要密切注视或提示认真操作。

（4）监理随时检查坍落度、材料质量、称重、加水量和搅拌时间等，每班至少两次。不合格的水泥砂石严禁使用。如用商品混凝土，监理须会同施工单位去搅拌站察看质量情况，必要时抽查其原始投料记录。

（5）监理在混凝土浇筑时应督促值班木工，严密注意模板支撑，防止跑模、胀模以及漏浆情况。

（6）评定混凝土强度的试块，必须有监理在场，由施工单位按规定取样制作，并编号登记试块的浇筑楼层、部位、时间与强度等级。商品混凝土同样要在浇筑现场取样制作试块。

（7）对已经浇筑混凝土强度达 1.2N/mm² 后，才能在其上支模，但不能堆放材料和重击。

（8）后浇带是刚性接缝，必须认真按设计要求或规范处理，如采用补偿收缩混凝土浇筑；强度比两侧混凝土高一等级；预留的钢筋防锈除污，原混凝土面须认真处理，凿毛清洗，隔夜润湿，使新老混凝土结合良好。

（9）遇雨天、夏季、冬季必须采取相应施工技术措施，尤其冬季，要勤加检查，如混凝土入仓温度不低于 5℃；混凝土试块多留一组，与现浇混凝土同条件下养护；模板外以及混凝土面层要采取措施遮盖保温防冻等。要注意混凝土强度低于 5N/mm² 不能受冻。

3.事后控制要点及方法

（1）混凝土养护：混凝土浇筑完毕后，监理及时监督施工单位覆盖和浇水养护，养护方法和养护期限应符合规范要求，冰冻季节可不浇水。

（2）监理应按规范要求对混凝土进行外观检查，按分部、分项工程作出质量检验评定。对于蜂窝、孔洞露石、露筋等缺陷，施工单位不得擅自处理，必须经监理工程师检查认可后，方可按施工规范要求或批准的方案进行补修。

（3）现浇混凝土结构的允许偏差应符合规范要求。

（4）如发现混凝土裂缝，应由施工单位提出书面报告。测绘裂缝位置分布图，注明缝的长度、宽度、深度和日期，说明产品原因。必要时监理会同有关方面共同研究分析，找出根源，得出结论，再行研究修补办法。在监理监督下，由施工单位实施处理，监理做好记录和验收签证。

（5）如发现混凝土强度达不到设计要求，或强度离散、匀质性差，监理应立即责成施工单位进行复查，从材质、配比、投料以及施工工艺等找原因，并提出补救和整改措施。如影响结构性能，须请设计单位提出加固措施。

（三）检查试验方法和要点

1. 取样批量

在相同的生产工艺条件下，混凝土强度等级相同，原材料、配合比、成型工艺、养护条件基本一致且龄期相近的同类结构或构件。

2. 试样数量

按批进行检测的构件，抽检数量不得少于同批构件总数的30%且构件数量不得少于10件。单个构件检测适用于单独的结构或构件的检测。

3. 取样方法

应随机抽取并使所选构件具有代表性，每处结构或构件测区数都不应少于10个，对其一方向尺寸小于4.5m另一方向小于0.3m的构件，其测区数量可适当减少，但不应小于5个。当结构或构件所采用的材料及其龄期与制定测强曲线所采用的材料及其龄期有较大差异时，应用同条件试件或钻取混凝土芯样进行修正，试件或钻取芯样数量不宜少于6个。标准芯样（100mm×100mm）的试件数量不宜少于6个，小直径芯样（70mm×70mm、55mm×55mm）的试件数量不宜少于9个。

五、桩基础的精细化监理

桩基础分为先张法预应力管桩，钢筋混凝土预制桩，钢桩，泥浆护壁混凝土灌注桩，长螺旋钻孔压灌桩，沉管灌注桩，干作业成孔灌注桩，锚杆静压桩。本节简要介绍钢筋混凝土预制桩基础的施工方法及精细化监理要点。

（一）桩基础监理控制程序

钢筋混凝土预制桩监理控制程序如下：

监理复测预制桩的定位线→桩机就位→旁站打桩→检查验收。

（二）桩基础监理控制要点及方法

主要介绍钢筋混凝土预制桩监理控制要点及方法。

1. 事前监理要点及方法

（1）监理审查施工单位的营业执照和资质证书、工程业绩及项目施工人员名单，包括特殊工种人员上岗证书、质量保证体系是否健全，完善；审查施工单位采购合同、厂家的生产许可证书、产品说明书、桩承载力，施工工艺的试验参考资料及采购计划、数量，必要时应对厂家进行实地考察。

（2）监理审批方案，符合要求，签还报审表同意实施，否则提出意见。要求施工单位修改后，重新报审。如属分包，应提交分包单位有关资料并填报《分包单位资格报审表》，经总监理工程师审查后，合格签还《分包单位资格报审表》同意分包；不合格则退回《分包单位资格报审表》，要求总包单位重新选择合格分包单位，重新申报。

（3）监理检查施工机具的进场情况，性能、数量是否符合现场的施工技术要求和环境要求，合格签还《进场设备报验单》同意进场使用，不合格退回《进场设备报验单》，要求施工单位重新组织合格施工机械进场，重新报验。

（4）监理监督检查施工单位运抵现场的材料，必须符合设计要求及规定，应有合格证书及桩身质量有完整的材料检验报告书，施工单位自检合格后，填报《材料报审表》。

（5）监理熟悉合同文件、设计文件及有关技术资料，参与图纸会审和技术交底，填写设计图纸会审和技术交底情况记录。

（6）监理要求施工单位在开工前应进行试打桩，做好试打桩记录，与设计院、勘察单位、业主、承包商等有关单位共同确定收锤的具体指标。

（7）施工单位根据有资质测量单位的放样点，依据设计图纸进行桩位放样，施工单位自检合格后填报《施工测量放线报验单》。监理人员对桩位、高程控制点进行复核，符合要求签还《施工测量放线报验单》，否则退回《施工测量放线报验单》，要求施工单位重新放样，复核无误后重新报验。

2. 事中监理控制要点及方法

（1）监理监督打桩顺序，宜按中间向四周；中间向两端；先长后短；先高后低原则施工。

（2）监理要求桩架龙口必须挺直，应确保柱锤、桩帽、桩身在同一轴线上，桩架要坚固、稳定并有足够的刚度，锤击时不产生颤动位移。桩垫应有一定的弹性和韧性，有足够的厚度并经常检查，及时更换或补充。

（3）放样后监理认真复核，桩位的放样允许偏差为：群桩 20mm；单排桩 10mm。

（4）后动钻机旋转钻具进行成孔施工，成孔作业时，监理应随时检查钻具成孔时的垂直度，发现偏斜及时进行调整，以保证钻孔的垂直度。

（5）监理监督第一节管桩起吊就位插入地面时的垂直度用水准尺或两台经纬仪随时校正垂直度，偏差不得大于桩长的 0.5%，必要时拔出重插，每次接桩应用长水准尺测垂直度，偏差控制在 0.5% 内；在施打过程中，桩锤、桩帽、桩身的中心线应重合，当桩身倾斜率超过 0.8% 时，应找出原因并设法校正，当桩尖进入硬土层后，严禁用移动桩架等强行回扳的方法纠偏。

（6）监理监督检查管桩接头焊接：管桩入土部分桩头高出地面 0.5~1.0m 时接桩，接桩时，上节桩应对直，轴向错位不得大于 2mm。采用焊接接桩时，上下节桩之间的空隙应用铁片全部填实焊牢，结合面的间隙不得大于 2mm。焊接坡口表面用铁刷子刷干净，露出金属光泽。焊接时宜先在坡口圆周上对称点焊 6 点，待上下桩节固定后拆除导向箍再分层施焊。施焊宜由 2~3 名焊工对称进行，焊缝应连续饱满，焊接层数不少于三层，内层焊渣必须清理干净以后方能施焊外一层，焊好后的桩必须自然冷却 8 分钟方可施打，严禁用水冷却或焊后即打。

（7）监理监督检查送桩：送桩深度不宜大于 20m，当桩顶打至接近地面需要送桩时，应测出桩垂直度并检查桩顶质量，合格后立即送桩，收锤贯入度可按不送桩的小 5mm 来控制。

（8）监理监督检查贯入度控制：每根桩的总锤击数不宜超过 2500 击，最后 1m 沉桩锤击数不宜超过 300 击，最后贯入度以试验桩打完后以设计院提出的数值为准，但不宜小于 200 击，并且最后贯入度应在以下条件下测量：桩头完好无损、柴油锤跳动正常、桩锤、桩帽、送桩器及桩身的中心线重合、桩帽衬垫厚度等正常、打桩结束后立即测定。

（9）监理监督检查截桩头：桩头截除应采用锯桩器截割。严禁用大锤横向敲击或强行扳拉截桩，截桩后桩顶标高偏差不得大于 10cm。

（10）遇下列情况之一，应暂停施打，并及时与设计、监理等有关人员研究处理贯入度突变。桩头混凝土剥落破碎；桩身突然倾斜跑位；地面明显隆起；邻桩上浮或位移过大；桩的总锤击数超过 2500；桩身回弹曲线不规则。

（11）在打桩施工中，监理派专人进行工程的旁站监督对每根桩桩尖、焊接接头进行隐蔽验收，并监督施工单位如实填写每根桩施工记录表格。监理人员每日填写监理日记，对施工监理过程中发现的不合格项签发《监理工程师通知单》要求施工单位及时整改，施工单位整改后填报《监理工程师通知回复单》，监理人员确认整改后签还《监理工程师通知回复单》，对需存证且须向业主说明的事项以《监理工作联系单》通报有关单位。

3. 事后控制要点及方法

（1）监理检查验收：每根桩达到贯入度要求，桩尖标高进入持力层或接近设计标高时，或桩顶打至设计标高时进行验收。

（2）监理要求最后三次十锤的平均贯入度，不大于规定的数值或以桩尖打至设计标高来控制，符合设计要求后，填好施工记录。如发现桩值与要求相差较大时，要会同有关单位研究处理。施工结束后，做承载力检验及桩体质量检验。

（三）钢筋混凝土预制桩检测试验内容和要点

1. 静载荷试验

对于单桩竖向抗压或抗拔静载荷试验，单位工程内同一条件下试桩数量不应小于总桩数的 1%，且不应小于 3 根；工程总桩数在 50 根以内时，不应小于 2 根。对单桩水平静载荷试验，试验数量应根据设计要求及工程地质条件确定，不应少于 2 根。当有充分经验和相近条件下可靠的比对资料时，也可采用高应变法对上述范围内的工程桩进行补充验收性检测，并应以静载试验法为评定标准。

2. 高应变法

高应变检测桩应具有代表性。单位工程内同一条件下，试桩数量不宜少于总桩数的 5%，并不应少于 5 根，其中采用曲线似合法进行分析的试桩不应少于检测总桩数的 50%，并不应少于 5 根，工程地质条件复杂或对工程桩施工质量有疑问时，应增加试桩数；当采用高应变方法进行打桩过程监测时，在相同工艺和相近地质条件下，不应少于 2 根。

3. 低应变法

（1）抽样原则：随机、均匀并应有足够的代表性。

（2）检测数量：对有接头的多节混凝土预制桩，抽检数量不应少于总桩数的 30%，并不得少于 10 根；单节混凝土预制桩，抽检数量可适当减少，但不应少于总桩数的 10%；采用独立承台形式的桩基工程，应扩大抽检比例，每个独立承台抽检桩数不得少于 1 根；桥梁工程、一柱一桩结构形式的工程应进行普测；设计单位也可根据结构的重要性和可靠性，在此基础上增加检测比例；动测以后 Ⅲ、Ⅳ 类桩比例过高时（占抽检总数 5% 以上）应以相同的百分比扩大抽检，直至普测。

（3）在施工中发现有疑问的桩必须进行检测，但其数量不应计入正常抽检的比例内。

（4）检测桩的具体桩位宜由设计会同监理共同决定，并宜在设计桩位图纸上标明，由检测方具体执行。为了保证检测质量，对同一工程中有异议的桩，宜采用多种方法检测，并进行综合分析。

六、地下防水的精细化监理

随着城市建筑日益向地下空间纵深发展，地下防水工程质量问题越来越引起人们的关注，因此，为了保障工程的施工质量，做好地下防水工程监理工作就非常重要。

（一）地下防水工程监理控制程序

监理复测基坑开挖线→旁站基坑开挖→旁站浇筑混凝土垫层、底板导墙→旁站底板卷材防水层施工→监督防水保护层施工→检查验收绑扎底板钢筋绑扎→旁站浇筑底板混凝土→旁站地下外墙防水层施工→监督防水保护层施工→旁站回填土。

（二）地下防水工程监理控制要点及方法

1. 事前控制要点及方法

（1）重点审查施工防水单位的施工资质，其主要施工人员应有上岗证和其他有效证件。

（2）重点审查施工单位报送的防水施工方案。

（3）编制地下防水监理实施细则。

（4）审查材料的品种、规格、性能等是否符合国家产品标准和设计要求。

（5）审查所用防水材料的产品合格证和检验报告。

（6）防水工程中使用的材料必须采取见证取样、送样制度。

2. 事中质量控制要点

（1）加强对地下室外墙钢筋的排列控制，控制好钢筋的保护层厚度和间距，以提高混凝土的抗裂性能。

（2）加强对钢筋内预留套管的验收，确保位置准确以及止水钢板的尺寸和焊缝质量。

（3）加强对穿墙螺栓的验收，做到穿墙螺栓均有止水钢板，且止水钢板的焊缝质量均满足要求。

（4）加强防水混凝土浇筑时的旁站监理工作。

总监理工程师签署混凝土浇捣令后，监理单位就要做好检查、旁站的准备工作，要认真查验施工单位的施工准备情况。作为旁站监理，需做好以下工作：

1）混凝土到场验收，首先查验混凝土配合比、原材料合格证是否满足设计要求，其次检测混凝土的坍落度及坍落度损失是否满足规范要求。

2）混凝土浇筑过程中钢筋及预埋管、洞口保护情况跟踪检查，出现问题立即督促整改到位。

3）见证混凝土强度试块、抗渗试块的制作并监督保管，根据监理的平行检验方案，必要时进行监理的平行检验试块留置。

（5）加强对铺贴防水卷材的旁站监理工作。

1）施工资源投入情况：人员是否符合要求，器具是否运转良好，防火、安全措施是否到位等。

2）防水基层细部处理与验收情况：是否满足施工规范要求。

3）防水层细部节点处理情况：包括施工缝、沉降缝、阴阳角、预埋管等细部节点。

4）材料见证取样情况：材料见证取样，试验合格（结果）等。

（6）加强基坑回填土施工的旁站监理工作。

1）检查施工准备情况：土料准备充足，机械准备到位，作业环境安全可靠等。

2）检查土料质量情况：含水率、土质、灰土拌合情况等。

3）分层回填施工情况：人工回填分层厚度不超过250mm，灰土回填范围。

4）压实情况：压实方式、压实度、土样压实试验情况等。

5）防水层保护情况：保护层的施工质量等。

3. 事后质量控制要点

（1）监理对防水层施工基层验收

底板基层与防水层往往是不同单位施工的，为了防止相互之间扯皮，监理组织总包单位和防水分包单位进行专项验收，看基层还有什么缺陷需要修补，是否影响防水层施工等。

专项验收主要内容包括：

1）基层必须平整。

2）导墙阴阳角做成 45° 弧。

3）基层必须干燥。

4）基层必须干净、不起砂等。验收不合格不得同意防水施工。

（2）监理对底板防水层验收

1）附加层卷材是否按要求铺贴到位。

2）卷材接缝的搭接宽度必须达到要求，接缝必须粘贴密实。

3）两层卷材之间必须错缝施工，铺贴密实，中间不得有空鼓。

4）防水层要得到可靠的成品保护。

（三）检测试验方法和要点

1. 沥青、高聚物改性沥青、合成高分子防水卷材

（1）同一品种、牌号、规格的沥青、高聚物改性沥青、合成高分子防水卷材，抽验数量大于 1000 卷抽取 5 卷；500~1000 卷抽取 4 卷；100~499 卷抽取 3 卷；小于 100 卷抽取 2 卷。

（2）沥青防水卷材应对空洞、硌伤、露胎、涂盖不匀、折纹、皱折、裂纹、裂口、缺边，每卷卷材的接头进行外观质量检查；高聚物改性沥青应对孔洞、缺边、裂口、边缘不整齐、胎体露白、未浸透、撒布材料粒度、颜色、每卷卷材接头进行外观质量检查；合成高分子防水卷材应对折痕、杂质、胶块、凹痕、每卷卷材的接头进行外观质量检查，在外观质量检验合格的卷材中抽取样品。

（3）每卷裁取在距端部 500mm 处取 3m 长的卷材封扎，送检物理性能测定。

（4）胶结材料是防水卷材中不可缺少的配套材料，因此必须和卷材一并抽检。抽样方法按卷材配比取样。同一批出厂，同一规格标号的沥青以 20t 为一个取样单位，不足 20t 按一个取样单位。从每个取样单位的不同部位取五处洁净试样，每处所取数量大致相等，共 1kg 左右作为平均试样。

2. 高聚物改性沥青、合成高分子和无机防水涂料

（1）同一规格、品种、牌号的高聚物改性沥青、合成高分子和无机防水涂料，每 10t 为一批，不足 10t 按一批进行抽检。

（2）应对高聚物改性沥青防水涂料外观质量进行检查，查看外包装是否完好无损，是否标明涂料名称、生产日期、生产厂名、产品有效期，是否无沉淀、凝胶和分层；对合成高分子和无机防水涂料进行外观质量检查，查看外包装是否完好无损，是否标明涂料名称、生产日期、生产厂名、产品有效期在外观质量检验合格的防水涂料中抽取样品，取样数量为 2kg。

第三节　主体结构工程的精细化监理

本节主要从房屋建筑工程主体结构所包含的钢筋、模板、混凝土、钢结构及砌体结构工程等常见、常用的分项工程施工精细化监理控制展开。

一、钢筋工程的精细化监理

（一）监理控制程序

审查和检验钢筋原材料的质量（见证取样复检合格）→检查施工单位技术交底→监理现场交底→钢筋加工→钢筋连接→钢筋安装→监理检查巡视、平行检验及旁站监理→施工单位自检合格→施工单位上报验收检验批验收资料→监理验收（复验）合格→签署验收资料。

（二）监理控制要点及方法

1. 事前控制要点及方法

（1）钢筋在现场堆放，应在塔吊回转半径范围内选择堆放，场地应坚硬、平整，并采取一定措施，防止钢筋污染和变形。成型的钢筋，应根据直径、形式的不同分别堆放整齐、做好标志牌，现场应做到整洁清晰，便于查找和使用。

（2）钢筋应有出厂合格证和试验报告，性能应符合有关标准或规范的规定，钢筋的验收和加工，应按有关的规定进行。施工单位要向监理公司申报进场，钢筋经见证取样检验合格且经监理工程师审批同意后，方可进行施工。

（3）对有抗震设防要求的结构，其纵向受力钢筋的性能应满足设计要求；当设计无要求时，对一、二、三级抗震等级设计的框架和斜撑构件（含梯段）中的纵向受力钢筋应采用 HRB335E、HRB400E、HRB500E、HRBF335E、HRBF400E 或 HRBF500E 钢筋，其强度和最大力下总伸长率的实测值应符合下列规定：

1）钢筋的抗拉强度实测值与屈服强度实测值的比值不应小于 1.25。

2）钢筋的屈服强度实测值与强度标准值的比值不应大于 1.30。

3）钢筋最大力下总伸长率不应小于 9%。

4）当发现钢筋脆断，焊接性能不良或力学性能显著不正常等现象时，应对该批钢筋进行化学成分检验或其他专项检验。

（4）焊条、焊剂有出厂合格证；焊工必须有焊工上岗证件，并在规定的范围内进行焊接操作。

（5）钢筋直螺纹连接套筒的材料必须是经试验确认符合要求的钢材，直螺纹连接套筒的受拉承载力不应小于被连接钢筋的受拉承载力标准值的 1.10 倍。

（6）凡参与直螺纹接头施工的操作人员、技术管理人员和质量管理人员，均应参加技术规程培训；操作工人应经考试合格后持证上岗。

（7）所提供的直螺纹连接套筒应有产品合格证；套筒两端应有密封盖；套筒表面应有规格标记，进场时施工单位应进行复检，并报项目监理机构审核。

（8）钢筋直螺纹接头的型式检验应符合现行行业标准《钢筋机械连接技术规程》JGJ 107—2016 的各项规定。

（9）钢筋连接监理控制要点

1）钢筋焊接试件

要求施工单位在工程开工正式焊接之前，参与该项施焊的焊工应进行现场条件下的焊接工艺试验，并经见证取样试验合格后，方可正式焊接施工。试验结果应符合质量检验与验收时的要求。钢筋焊接试件的质量要求应符合《钢筋焊接及验收规程》JGJ 18—2012 的规定。钢筋焊接试件监理检查要点：

①外观检查：焊接方法、接头形式、外观质量等。

②复验（工艺检验）：抗拉强度、弯曲性能（弯曲性能检测仅限于钢筋闪光对焊接头、气压焊接头试件）。

③资料核查：复验报告。

2）钢筋机械连接试件

钢筋连接工程开始前，应对不同钢筋生产厂的进场钢筋进行接头工艺检验；施工过程中，更换钢筋生产厂时，应补充进行工艺检验。钢筋机械连接试件质量要求及检验结果应符合《钢筋机械连接技术规程》JGJ 107—2016 的规定。钢筋机械连接试件监理检查要点：

①外观检查：套筒类型、批号、规格、外观质量，钢筋生产厂家、牌号规格等。

②复验（工艺检验）：抗拉强度、残余变形。

③资料核查：复验报告。

3）钢筋绑扎连接

绑扎钢筋的品种、级别、规格和数量必须符合设计要求，监理工程师对照图纸全部检查。铁丝绑扎要牢固，架立筋应能保证钢筋骨架不变形。绑扎垫块和钢筋的铁丝头不得伸入保护层内，监理工程师全部检查。扎丝绑扎要牢固，架立筋应能保证钢筋骨架不变形，绑扎垫块和钢筋的铁丝头不得伸入保护层内。监理工程师全部检查。钢筋的绑扎接头应符合下列规定：

①搭接长度的末端距钢筋弯折处，不得小于钢筋直径的 10 倍，接头不宜位于构件弯矩最大处。

②受拉区域内，Ⅰ级钢筋绑扎接头的末端应做弯钩，Ⅱ级钢筋可不做弯钩。

③钢筋搭接处，应在中心和两端用铁丝扎牢。

④受拉钢筋绑扎接头的搭接长度，应符合结构设计要求。

⑤受力钢筋的混凝土保护层厚度，应符合结构设计要求。

⑥板筋绑扎前须先按设计图要求间距弹线，按线绑扎，控制质量。

⑦为了保证钢筋位置的正确，根据设计要求，板筋采用钢筋马凳纵横间距 600mm 予以支撑。

⑧当受拉钢筋直径大于 25mm，受压钢筋直径大于 28mm 时，不宜采用绑扎搭接接头。

2. 事中监理控制要点与方法

（1）要求施工单位熟悉图纸，实行挂牌制，焊工持证上岗；要求代换钢筋时，必须上报监理工程师，应征得设计单位同意，否则不得以其他钢筋代换。监理人员应经常到钢筋加工地检查成型钢筋的品种、规格、形状、尺寸和表面锈蚀、清洁情况，发现问题及时通知施工单位改正。钢筋加工尺寸的偏差限值满足设计要求和施工规范的规定。

（2）钢筋切断：监理巡视检查，要求钢筋的断口不能有马蹄形或起弯现象，钢筋长度应力求准确，其允许偏差为 ±10mm。

（3）弯曲成型：巡视检查钢筋在弯曲成型加工时，必须形状正确，平面无翘曲不平现象，刚进的弯折与弯钩应符合设计及规范要求。

（4）钢筋接头：接头时是整个钢筋工程中的一个重要环节，因此，对钢筋接头形式应认真选择，钢筋接头位置应满足设计要求和施工规范的规定，并进行见证取样。

（5）钢筋捆绑和安装钢筋绑扎前要求弹出位置线标记，分出双层钢筋位置线，必须准确，采取防止位移措施；底板钢筋位置线在找平层上划线；梁的箍筋在架力筋上划点。

（6）巡视检查纵向受力钢筋的连接形式、接头的位置和数量、机械连接和焊接的外观质量以及接头的百分率。

（7）梁柱节点核心区箍筋的绑扎前，监理人员检查施工单位技术交底，设置质量控制点，严格按照专项施工方案进行施工。

（8）钢筋加工监理检查控制要点

1）钢筋弯折的弯弧内直径应符合下列规定：

①光圆钢筋，不应小于钢筋直径的 2.5 倍。

②335MPa 级、400MPa 级带肋钢筋，不应小于钢筋直径的 4 倍。

③500MPa 级带肋钢筋，当直径为 28mm 以下时不应小于钢筋直径的 6 倍，当直径为 28mm 及以上时不应小于钢筋直径的 7 倍。

④箍筋弯折处尚不应小于纵向受力钢筋的直径。

⑤纵向受力钢筋的弯折后平直段长度应符合设计要求。光圆钢筋末端做 180° 弯钩时，弯钩的平直段长度不应小于钢筋直径的 3 倍。

2）箍筋、拉筋的末端应按设计要求做弯钩，并应符合下列规定：

①对一般结构构件，箍筋弯钩的弯折角度不应小于90°，弯折后平直段长度不应小于箍筋直径的5倍；对有抗震设防要求或设计有专门要求的结构构件，箍筋弯钩的弯折角度不应小于135°，弯折后平直段长度不应小于箍筋直径的10倍。

②圆形箍筋的搭接长度不应小于其受拉锚固长度，且两末端弯钩的弯折角度不应小于135°，弯折后平直段长度对一般结构构件不应小于箍筋直径的5倍，对有抗震设防要求的结构构件不应小于箍筋直径的10倍。

③梁、柱复合箍筋中的单肢箍筋两端弯钩的弯折角度均不应小于135°，弯折后平直段长度应符合有关规定。

④钢筋制作弯折构造如图4-2所示。

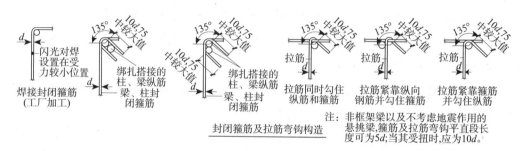

图4-2 钢筋加工弯折图

3）钢筋直螺纹连接加工如图4-3~图4-8所示。

（9）钢筋加工的形状、尺寸应符合设计要求，其偏差应符合设计及验收规范要求。

（10）纵向受力钢筋的连接方式应符合设计及规范要求。

（11）在施工现场，应按《钢筋机械连接技术规程》JGJ 107—2016、《钢筋焊接及验收规程》JGJ 18—2012的规定抽取钢筋机械连接接头、焊接接头试作力学性能检验，其质量应符合有关规程的规定。

图4-3 钢筋端部无齿锯切割

图4-4 直螺纹接头加工成型效果

图 4-5　钢筋丝扣端部采用保护帽保护

图 4-6　单边外露丝扣不大于 $2P$

图 4-7　直螺纹检查环止规

图 4-8　拧紧的接头做标记

（12）监理工程师对钢筋隐蔽工程验收要点

1）纵向受力钢筋的品种、规格、数量、位置。

2）钢筋的连接方式、接头位置、接头数量、接头面积百分率。

3）箍筋、横向钢筋的品种、规格、数量、间距；预埋件的规格、数量、位置。

4）设计变更和钢筋保护层厚度等。

5）预应力筋锚具和连接器的品种、规格、数量、位置及护套等。

6）预留孔道的规格、数量、位置形状及灌条孔、排气兼泌水管等。

7）锚固区局部加强构造等。

8）梁柱节点核心区箍筋的设置及绑扎。

3. 事后控制要点及方法

（1）监理检查验收要点

1）在施工单位自检合格的基础上，监理工程师根据施工图纸检查验收钢筋的品种规格、形状、尺寸、位置、数量、间距应符合设计要求，特别是负筋的位置应正确。

2）检查钢筋接头的位置及搭接长度、接头百分率应符合规范及设计要求，接头质量应符合规范及设计要求；箍筋加密范围、钢筋锚固长度、钢筋搭接长度应正确。

3）检查钢筋保护层应符合规范及设计要求。

4）检查钢筋应绑扎牢固，无松动变形现象。

5）钢筋的调直、平直、冷拉、切断、弯曲、焊接等半成品加工质量，应符合规范、规程、标准和设计要求，经检验合格的半成品，应按工程使用部位和规格、形状分类堆放，并用标识牌，注明钢筋编号、规格、尺寸和使用部位。

6）钢筋表面应洁净，不得有颗粒状、片状锈蚀和飞边、翘边、裂纹、损伤及泥浆油漆污损，如有均须进行处理。

7）剥肋滚轧直螺纹套筒连接接头质量应符合《钢筋机械连接技术规程》JGJ 107—2016。

8）钢筋工程有设计变更项目时，必须先办理设计变更单手续，并坚持自检、互检、专业检验制。

（2）成品保护

1）在运输和安装钢筋时，应轻装轻卸，不得随意抛掷和碰撞。

2）不得在已绑好的钢筋上行人或堆放物料。

3）楼板等的弯起钢筋，负弯矩钢筋绑扎好后，在浇筑混凝土前应进行检查整修，以保持钢筋位置不变。

4）绑扎钢筋时，不得碰动预埋件及预留洞口模板。

5）模板内表面涂刷隔离剂时，应避免污染钢筋。

6）安装暖卫、电气等管线以及浇筑混凝土过程中不得任意切断和碰动钢筋。

（三）检测试验内容和要点

1. 热轧钢筋取样方法数量见表4-2。

热轧钢筋取样方法、数量　　　　　　　　　　　表4-2

序号	检测项目	取样数量	取样方法
1	拉伸	2	任选2根钢筋切取，长度约450mm
2	冷弯	2	任选2根钢筋切取，长度约350mm
3	尺寸偏差	逐支	一般就用力学性能试件做
4	重量偏差	不少于5	从不同根钢筋上截取，长度不小于500mm

2. 钢筋接头的取样方法数量见表4-3。

钢筋接头的取样方法　　　　　　　　　　　表4-3

序号	检测项目	取样数量	取样方法
闪光对焊	冷弯	3个	每批随机抽取3个长约450mm接头做拉伸，抽取3个长约350mm

续表

序号	检测项目	取样数量	取样方法
电弧焊	拉伸	33个	电弧焊：每批随机抽取3个长约450mm的接头做拉伸
电渣压力焊	拉伸	3个	每批随机抽取3个长约450mm的接头做拉伸
气压焊	拉伸、冷弯	各3个	在柱、墙竖向钢筋连接及梁、板水平钢筋连接中，随机抽取3个接头做拉伸，在梁、板水平钢筋连接中，随机抽取3个接头做冷弯
机械连接	拉伸	工艺检验3个；现场检验3个	工艺检验：钢筋连接工程开始前及施工过程中，应对每批进场钢筋进行接头工艺检验。 现场检验：同一施工条件下采用同一批材料的同等级、同型式、同规格接头，以500个为一批

二、模板工程的精细化监理

（一）监理控制程序

检查施工单位上报的模板工程技术交底→组织召开监理工作交底→模板工程样板引路→工序施工→监理检查巡视、平行检验及旁站监理→施工单位自检合格→施工单位上报验收检验批验收资料→监理验收（复验）合格→签署验收资料→循环各层施工质量检查验收。

（二）监理控制要点及方法

1. 事前控制要点及方法

审核模板工程专项施工方案的结构体系、荷载大小、合同工期及模板的周转情况等，综合考虑承包单位所选择的模板和支撑系统是否合理，提出审核意见，应重点审定如下内容：

（1）能否保证工程结构和构件各部分形状尺寸和相关位置的正确，对结构节点及异型部位模板设计是够合理（是否采用专用模板）。

（2）是否具有足够的承载力、刚度和稳定性，能否可靠地承受新混凝土的自重和侧压力，以及在施工过程中所产生的荷载。

（3）模板接缝处理方案能否保证不漏浆。

（4）模板及支架系统构造是否简单、装拆方便，并便于钢筋的绑扎、安装清理和混凝土的浇筑、养护。

（5）要求承包单位绘制全套模板设计图（模板平面图、分块图、组装图、节点大样图以及零件加工图）。

（6）对进场模板规格、质量进行检查。目前施工中常用钢模板，木模板、胶合板模板等。监理工程师应对模板质量（包括重复使用条件下的模板），外型尺寸、平整度、板面的清洁程度以及相的附件（角模、连接附件），以及支承系统都应进行检查，并确定是否可用于工程，提出修改意见。重要部位应要求承包单位按要求预拼装。

（7）对承包单位采用的模板螺栓应在加工前提出预控意见，确保加工质量，确保模板连接后的牢固。

（8）隔离剂选用质地优良和价格适宜的隔离剂是提高混凝土结构、构件表面质量和降低模板工程费用的重要措施。各种隔离剂都有一定的应用范围和应用条件。

2. 事中控制要点及方法

监理工程师对支撑系统巡视检查要点：

（1）检查现浇混凝土模板的支撑系统必须进行设计计算。设计计算书应绘制细部构造的大样图，对材料规格尺寸、接头方法、间距及剪刀撑设置等均应详细注明。

（2）支撑系统必须符合施工方案要求，主要检查要点如下：

1）支撑模板的立柱材料、间距和剪刀撑、纵横向支撑设置应符合施工方案要求，立柱底部应有垫板。

2）立杆、水平杆间距、设置纵横水平支撑、支撑系统两端设置剪刀撑，必须符合施工方案要求。

（3）各种模板堆放整齐、安全，高度不得超过 2m，大模板存放要有防倾倒措施。

（4）巡视检查模板支撑立杆间距、横纵拉结、立杆底部垫板、扫地杆、水平横杆的数量、顶丝的外露长度、梁截面、板标高、平整度、模板接缝。

（5）安装现浇结构的上层模板及其支架时，下层模板应具有承受上层荷载的承载能力或加设支架；上、下层支架的立柱应对准，并铺设垫板。

3. 事后控制要点及方法

（1）监理工程师模板检查验收的主要内容：立杆基础、立杆间距与垂直度、水平杆步距、剪刀撑、构造措施、扣件扭力矩等，并有书面记录，符合模板支撑系统验收标准后，在模板支撑检查验收单上签字确认。

（2）监理单位应检查模板的制作和试拼装，合格后方可进入现场安装。

（3）每批模板拆除后应全数清理、保养并整修，经监理验收符合要求后，方可使用。

（4）每批模板安装完毕后，监理应及时对模板的几何尺寸、轴线、标高、垂直度、平整度、接缝、清扫口进行验收。

（5）对跨度不小于 4m 的现浇钢筋混凝土梁、板，其模板应按设计要求起拱；当设计无具体要求时，起拱高度宜为梁、板跨度的 1/1000~3/1000。监理工程师验收时对模板起拱进行验收，并对顶板极差进行实测验收。

（6）轴线及控制线弹设完毕后，必须及时通知监理工程师验收。

脚手架搭设完毕后、梁底铺设完毕后、板底模板铺设完毕后、柱、梁板模板加固完毕后必须及时通知监理工程师验收，经验收合格后方可进行下道工序，模板支撑系统经验收合格后，施工单位上报混凝土浇筑资料，经监理工程师签字确认后方可进行混凝土浇筑。

（7）模板安装成品保护控制要点

1）模板安装后，不得用重物冲击、碰撞已安装好的模板及支撑。

2）模板安装后，不准在吊模、桁架、水平拉杆上搭设跳板。

3）模板安装后，不得在模板平台上行车或超荷载堆放大量材料和重物。

4）严禁外墙脚手架与模板、支柱连接在一起。

5）大模板施工时，应保持大模板本身的整洁及配套设备零件的齐全。大模板堆放要合理，要保持板面不变形。

6）大模板吊运就位要平稳、准确，不得碰砸楼板及其他已施工完成的部位，不得兜挂钢筋。

7）应清除模板内的杂物，保持模板内清洁。

8）模板隔离剂不得污染钢筋和混凝土接茬处。

（8）模板拆除控制要点

1）模板拆除时要轻轻撬动，使模板脱离混凝土表面，禁止猛砸、狠敲。

2）拆除下来的模板应及时清理干净，涂刷隔离剂，暂时不用时应及时覆盖。

3）大模板与墙面粘接时，禁止用起重机吊拉模板。

4）冬期施工时，混凝土达到规范规定时的拆模强度后方可准许拆除。

5）模板拆除后应及时按规定对混凝土进行养护。

6）浇筑外墙混凝土时，在外墙外模板内侧，内板上部安装导墙木板。

7）模板拆除时，结构混凝土强度应符合设计要求或规范规定。侧模以混凝土强度能保证其表面及棱角不因拆模而受损坏时，即可拆除。模板拆模保证墙体混凝土强度不小于 $1.2N/mm^2$ 时方可进行此项工作。

8）梁、板模拆除，当设计无要求时，见表4-4所列出混凝土强度拆除底模板。

现浇结构拆模时所需混凝土强度　　　　　　　　　　　　　表4-4

结构类型	结构跨度（m）	按设计的混凝土强度标准值百分率计（%）
板	≤ 2	≥ 50
	> 2，≤ 8	≥ 75
	> 8	≥ 100
梁、拱、壳	≤ 8	≥ 75
	> 8	≥ 100
悬臂构件		≥ 100

（三）监理实测实量

1. 实测实量内容

（1）轴线尺寸偏差

《混凝土结构工程施工质量验收规范》GB 50204—2015 规定：

1）轴线位置偏差 [0，5]mm，在全部墙柱边 30cm 处弹下口双控制线，用以复核墙、柱模板下口位置。

2）模板上弹出墙、梁控制线，采用扫平仪或经纬仪投测，严禁直接从梁模引测放线，用以复核墙柱模板上口位置。模板放设上下口控制线，控制线距墙柱边 300mm。

（2）层高垂直度偏差

层高垂直度偏差 [0，6]mm。

（3）底模上表面标高

底模上表面标高偏差 [-5，+5]mm。

（4）表面平整度

表面平整度偏差 [0，5]mm。

板表面用靠尺或塞尺进行检查或板底用激光水平仪、钢卷尺、塔尺进行检查，检查 5 个点。

（5）梁底标高

梁底标高偏差 [-10，10]mm。

利用水平仪引测标高至梁底立杆上，在侧板固定前对梁底模标高进行检验、复核。利用水平尺检查梁侧板垂直度。

在距梁边 30cm 和中点三点检查，需要起拱的中点偏差根据起拱高度定。

2. 实测实量方法

在混凝土浇筑前检测模板体系，检查实测柱、墙、梁、楼板模板的安装及其支架系统。由施工单位实测人员实施检查，建设、监理按 25% 抽查，存在问题必须在混凝土浇筑前整改完成。复查未整改完不符合要求的不得签字浇筑混凝土。

（1）主要检测内容及允许偏差值

柱、墙模板层高垂直度：层高 ≤ 5m，允许偏差 6mm；> 5m，允许偏差 8mm。

柱、墙轴线及相对之间尺寸，应符合设计要求，轴线位移允许偏差 5mm。

楼板底模上表面水平度、平整度 ≤ 5mm，底模上表面标高 ±5mm，相邻两板表面高低差 ≤ 2mm。

柱、墙、梁截面尺寸应符合设计要求，允许偏差值 +4mm、-5mm。

柱、墙、梁、楼板模板及支架系统的强度、刚度及稳定性必须符合模板设计方案要求。

（2）主要检测方法

1）用重量适度的线锤吊墙、柱模侧边线的垂直度（柱两个方向共测四次、剪力墙每肢两个方向共测四次）；观察和钢尺量测柱、剪力墙的中心线与轴线位置时，沿纵横两个方向量测，并取其较大值，再用钢尺实量两柱或墙之间的净距离及柱、墙、梁的截面尺寸是否与设计图相符，允许偏差值不得超出规范规定；观测和钢尺量柱箍和柱墙对拉螺杆的间距要符合模板方案要求。

2）用红外扫平仪检查楼板模板水平情况，每块楼板四角、中间共测5个点，再用2m靠尺和楔形塞尺检查及观察检查模板上表面的平整度及高低差，不得超出规范规定，顶板平整度、室内净高测设点如图4-9、图4-10所示。

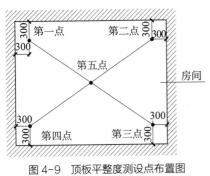

图4-9　顶板平整度测设点布置图

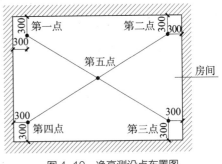

图4-10　净高测设点布置图

三、混凝土工程的精细化监理

（一）监理控制程序

检查施工单位混凝土工程技术交底→组织召开混凝土工程监理工作交底→混凝土进场检验（合格）→浇筑施工→监理旁站监理→施工单位自检合格→施工单位上报混凝土工程验收检验批验收资料→监理验收（复验）合格→签署验收资料→循环各层施工质量检查验收。

（二）监理控制要点及方法

1. 事前控制要点及方法

（1）确定商品混凝土质量要求

1）监理工程师应提前考察商品混凝土拌合站，考查内容包括：生产资质、工艺过程、试验室的等级以及计量装置近期经过国家计量部门检定的资料，水泥品种、强度等级、生产日期、生产厂名和生产许可证编号以及水泥生产厂提供有生产许可证的产品质量合格证或试验报告单，骨料规格、外加剂品种，混凝土生产能力与已签订供应合同的差值，以及拌合站到施工现场的交通状况。如发现对施工质量和进度存在隐患，应告知建设单位并要求施工单位更换商品混凝土供应商。

2）确定商品混凝土提供商后，监理工程师有义务代表建设单位根据设计要求和施工单位的实际生产情况向提供商提出具体质量要求。明确混凝土提供商与施工单位的责任划分和检测标准，减少扯皮。监理工程师还应认真与供应商沟通，确认供应商对施工措施的建议，以确保混凝土的施工质量。

3）在商品混凝土出厂前，监理人员还应按规范抽查出机取样检验情况和试样保存养护情况。

（2）浇筑前准备工作

1）监理人员应注意检查浇筑施工前承包商的施工准备，做好质量隐患的事前控制，减少准备不充分对施工质量和进度造成的影响。

2）采用商品混凝土浇筑时，施工荷载较大、浇筑面存在较大动荷载，应配合浇筑方案检查相应的模板和支撑体系，保证施工安全。同样，针对钢筋制安工作，应适当增加保护层垫块、负筋支座数量，配合浇筑方案设计好临时通道，避免布料过程中对钢筋的踩踏破坏。

3）检查浇筑设备尤其是泵送设备的完好情况，针对输送管道，应认真检查是否畅通，管壁是否光滑整洁。

4）此外，监理工程师应着重检查施工单位技术交底情况，有无针对商品混凝土施工的详细技术要求和施工措施，确保质量控制深入一线作业人员。

5）要求施工单位提前做好工序样板，样板经建设、监理、施工单位负责人现场确认后再进行大面积施工。

6）混凝土浇筑前，对钢筋采取措施进行保护，确保不被污染和踩踏变形。保护措施如图4-11、图4-12所示。

2. 事中控制要点及方法

开始浇筑后，监理人员需从运输、布料、振捣、抹压等几个方面加强质量控制。

图4-11 柱钢筋防污染措施（薄膜覆盖）

图4-12 板面钢筋成品保护措施

（1）混凝土的运输基本要求

1）混凝土运输、浇筑及间歇的全部时间不应超过混凝土的初凝时间。同一施工段的混凝土应连续浇筑，并应在底层混凝土初凝之前将上一层混凝土浇筑完毕。混凝土在运输过程中应保持均匀性，避免产生分层离析、水泥浆流失等现象，监理工程师应检查混凝土出库单的时间来控制运输时间，以确保混凝土质量。

2）保证混凝土具有设计配合比所规定的坍落度。

3）保证混凝土在初凝前浇入模板并捣实完毕。

4）保证混凝土浇筑能够连续完成。

（2）混凝土进场检验及振捣过程控制

1）混凝土入场后，监理人员检查混凝土出厂资料、检查配合比，对照出库单检查混凝土出厂时间，进场后施工单位及时报监理工程师进行交货检验，按照混凝土出厂资料及设计要求，现场抽查混凝土坍落度，经现场检测合格后方可进行浇筑。

2）混凝土浇筑前，监理人员检查施工单位质检员、实验员到岗管理情况，各班组人员跟班检查及问题应急处置情况。

3）混凝土振捣工作应按短振、快插、慢拔的原则进行控制，根据实际施工经验，振捣以10~15s/次为宜，针对商品混凝土易产生初期裂缝的特点，宜采用二次振捣，但监理应重点控制二次振捣的实施时间，避免二次振捣造成混凝土质量的缺陷。

4）检查振捣情况，不能漏振、过振、注视模板、钢筋的位置和牢固度，有跑模和钢筋位移情况时应及时要求施工单位处理，特别注意混凝土浇筑中施工缝、沉降缝、后浇带处混凝土的浇筑处理。

5）此外，监理人员应注重对混凝土初凝前二次抹压的控制，以消除混凝土干缩、沉降和塑性收缩产生的裂缝。

6）在混凝土浇筑即将完成前，监理工程师应注意督促施工单位检查计划供料与实际浇筑方量的差额，如有差距，应及时督促承包人联系提供商，保证浇筑工作连续性。

7）普通混凝土浇筑后应及时进行保湿养护，保湿养护可采用洒水、覆盖、喷涂养护剂等方式，不应少于7d；采用缓凝型外加剂、大掺量矿物掺合料配制的混凝土，不应少于14d，混凝土强度达到$1.2N/mm^2$前，不得在其上踩踏、堆放荷载、安装模板及支架。

8）大体积混凝土结构浇筑应符合相关规范要求。

3. 事后控制要点及方法

（1）监理工程师依据设计文件和相关标准、规范，对混凝土外观、几何尺寸、质量控制资料等方面进行检查、核实与确认。若其质量符合要求，则对其确认验收，若存在质量问题则指令承包单位对其进行限期整改，整改合格后再予以检查验收，否则不允许进入下道工序施工。

（2）在验收合格后，承包单位还要必须对已完成的混凝土工程采取妥善的保护措施，防止由于成品保护不当造成损坏，对整体工程质量造成影响。对此，监理工程师要经常对已完成的合格品的保护措施进行检查。例如，检查浇筑后混凝土的防护保温情况，避免混凝土边棱角等部位受碰受冻。

（3）现浇结构拆模后，应由监理（建设）单位、施工单位对外观质量和尺寸偏差进行检查，作出记录，并应及时按施工技术方案对缺陷进行处理。

（4）成品保护

1）混凝土振捣时，应避免振动或踩碰模板、钢筋、预埋件、水电管线。

2）混凝土浇筑时，应防止漏浆、掉灰污染墙面。

3）混凝土浇筑完后，强度未达到1.2MPa之前，不准在其上踩踏或安装模板及支架。

4）混凝土应按施工方案及规范规定进行养护。大体积混凝土、有抗渗要求的混凝土养护时间不得少于14d，当日平均气温低于5℃，不得浇水。

（三）检测试验内容和要点

1.混凝土试件的取样留置及制作

（1）现场搅拌混凝土根据《混凝土结构工程施工质量验收规范》GB 50204—2015和《混凝土强度检验评定标准》GB/T 50107—2010的规定，用于检查结构构件混凝土强度的试件，应在混凝土的浇筑地点随机抽取。取样与试件留置应符合以下规定：

1）每拌制100盘但不超过100m³的同配合比的混凝土，取样次数不得少于一次。

2）每工作班拌制的同一配合比的混凝土不足100盘时，其取样次数不得少于一次。

3）当一次连续浇筑超过1000m³时，同一配合比的混凝土每200m³取样不得少于一次。

4）同一楼层、同一配合比的混凝土，取样不得少于一次。

5）每次取样应至少留置一组标准养护试件，同条件养护试件的留置组数应根据实际需要确定。

（2）结构实体检验用同条件养护试件根据《混凝土结构工程施工质量验收规范》GB 50204—2015的规定，结构实体检验用同条件养护试件的留置方式和取样数量应符合以下规定：

1）对涉及混凝土结构安全的重要部位应进行结构实体检验，其内容包括混凝土强度、钢筋保护层厚度及工程合同约定的项目等。

2）同条件养护试件应由各方在混凝土浇筑入模处见证取样。

3）同一强度等级的同条件养护试件的留置不少于10组，留置数量不应少于3组。

4）当试件达到等效养护龄期时，方可对同条件养护试件进行强度试验。所谓等效养护龄期，就是逐日累计养护温度达到600℃·d，且龄期宜取14~60d。一般情况，温度取当天的平均温度。

（3）预拌混凝土，除应在预拌混凝土厂内按规定留置试块外，混凝土运到施工现场后，还应根据《预拌混凝土》GB/T 14902—2012 规定取样。

1）用于交货检验的混凝土试样应在交货地点采取。每 100m³ 相同配合比的混凝土取样不少于一次；一个工作班拌制的相同配合比的混凝土不足 100m³ 时，取样也不得少于一次；当在一个分项工程中连续供应相同配合比的混凝土量大于 1000m³ 时，其交货检验的试样为每 200m³ 混凝土取样不得少于一次。

2）用于出厂检验的混凝土试样应在搅拌地点采取，按每 100 盘相同配合比的混凝土取样不得少于一次；每一工作班组相同的配合比的混凝土不足 100 盘时，取样亦不得少于一次。

3）对于预拌混凝土拌合物的质量，每车应目测检查；混凝土坍落度检验的试样，每 100m³ 相同配合比的混凝土取样检验不得少于一次；当一个工作班相同配合比的混凝土不足 100m³ 时，也不得少于一次。

（4）混凝土抗渗试块根据《地下工程防水技术规范》GB 50108—2008，混凝土抗渗试块取样按下列规定：

1）连续浇筑混凝土量 500m³ 以下时，应留置两组（12 块）抗渗试块。

2）每增加 250~500m³ 混凝土，应增加留置两组（12 块）抗渗试块。

3）如果使用材料、配合比或施工方法有变化时，均应另行按上述规定留置。

4）抗渗试块应在浇筑地点制作，留置的两组试块其中一组（6 块）应在标准养护室养护，另一组（6 块）与现场相同条件下养护，养护期不得少于 28d。根据《混凝土结构工程施工质量验收规范》GB 50204—2015 的规定，混凝土抗渗试块取样按下列规定：对有抗渗要求的混凝土结构，其混凝土试件应在浇筑地点随机取样。同一工程、同一配合比的混凝土，取样不应少于一次，留置组数可根据实际需要确定。

（5）试件制作和养护根据《混凝土结构工程施工质量验收规范》GB 50204—2015 执行。

2. 结构实体检测

结构实体检测主要包括结构实体钢筋保护层厚度检验、结构实体混凝土同条件养护试件强度检验、结构实体混凝土回弹—取芯法强度检验及结构实体位置与尺寸偏差试验。

（1）钢筋保护层厚度检验的结构部位和构件数量，应符合下列要求：

1）钢筋保护层厚度检验的结构部位，应由监理（建设）、施工等各方根据结构构件的重要性共同选定。

2）对梁类、板类构件，应各抽取构件数量的 2% 且不少于 5 个构件进行检验；当有悬挑构件时，抽取的构件中悬挑梁类、板类构件所占比例均不宜小于 50%。

3）对选定的梁类构件，应对全部纵向受力钢筋的保护层厚度进行检验；对选定的板类构件，应抽取不少于6根纵向受力钢筋的保护层厚度进行检验。对每根钢筋，应在有代表性的部位测量1点。

4）钢筋保护层厚度的检验，可采用非破损或局部破损的方法，也可采用非破损方法并用局部破损方法进行校准。当采用非破损方法检验时，所使用的检测仪器应经过计量检验，检测操作应符合相应规程的规定。

5）钢筋保护层厚度检验的检测误差不应大于1mm。

6）钢筋保护层厚度检验时，纵向受力钢筋保护层厚度的允许偏差，对梁类构件为+10mm，−7mm；对板类构件为+8mm，−5mm。

7）对梁类、板类构件纵向受力钢筋的保护层厚度应分别进行验收。

（2）同条件养护试件的取样和留置应符合下列规定：

1）同条件养护试件所对应的结构构件或结构部位，应由施工、监理等各方共同选定，且同条件养护试件的取样宜均匀分布于工程施工周期内。

2）同条件养护试件应在混凝土浇筑入模处见证取样。

3）同条件养护试件应留置在靠近相应结构构件的适当位置，并应采取相同的养护方法。

4）同一强度等级的同条件养护试件不宜少于10组，且不应少于3组。每连续两层取样不应少于一组；每2000m³取样不得少于一组。

（3）结构实体混凝土回弹—取芯法强度检验

1）回弹构件的抽取应符合下列规定：

①同一混凝土强度等级的柱、梁、墙、板，抽取构件最小数量应符合《混凝土结构工程施工质量验收规范》GB 50204—2015附录D的规定，并应均匀分布。

②不宜抽取截面高度小于300mm的梁和边长小于300mm的柱。

2）每个构件应按现行行业标准《回弹法检测混凝土抗压强度技术规程》JGJ/T 23—2011对单个构件检测的有关规定选取不少于5个测区进行回弹，楼板构件的回弹应在板底进行。

3）对同一强度等级的构件，应按每个构件的最小测区平均回弹值进行排序，并选取最低的3个测区对应的部位各钻取1个芯样试件。芯样应采用带水冷却装置的薄壁空心钻钻取，其直径宜为100mm，且不宜小于混凝土骨料最大粒径的3倍。

4）芯样试件的端部宜采用环氧胶泥或聚合物水泥砂浆补平，也可采用硫磺胶泥修补。加工后芯样试件的尺寸偏差与外观质量应符合下列规定：

①芯样试件的高度与直径之比实测值不应小于0.98，也不应大于1.02；

②沿芯样高度的任一直径与其平均值之差不应大于2mm；

③芯样试件端面的不平整度在 100mm 长度内不应大于 0.1mm；

④芯样试件端面与轴线的不垂直度不应大于 1°；

⑤芯样不应有裂缝、缺陷及钢筋等其他杂物。

5）芯样试件尺寸的量测应符合下列规定：

①应采用游标卡尺在芯样试件中部相互垂直的两个位置测量直径，取其算术平均值作为芯样试件的直径，精确至 0.5mm；

②应采用钢板尺测量芯样试件的高度，精确至 1mm；

③垂直度应采用游标量角器测量芯样试件两个端线与轴线的夹角，精确至 0.1°；

④平整度应采用钢板尺或角尺紧靠在芯样试件端面上，一面转动钢板尺，一面用塞尺测量钢板尺与芯样试件端面之间的缝隙；也可采用其他专用设备测量。

6）芯样试件应按现行国家标准《混凝土物理力学性能试验方法标准》GB/T 50081—2019 中圆柱体试件的规定进行抗压强度试验。

7）对同一强度等级的构件，当符合下列规定时，结构实体混凝土强度可判为合格：

① 3 个芯样抗压强度算术平均值不小于设计要求的混凝土强度等级值的 88%；

② 3 个芯样抗压强度的最小值不小于设计要求的混凝土强度等级值的 80%。

（4）结构实体位置与尺寸偏差检验

1）结构实体位置与尺寸偏差检验构件的选取应均匀分布，并应符合下列规定：

①梁、柱应抽取构件数量的 1%，且不应少于 3 个构件；

②墙、板应按有代表性的自然间抽取 1%，且不应少于 3 间；

③层高应按有代表性的自然间抽查 1%，且不应少于 3 间。

2）对选定的构件，检验项目及检验方法，允许偏差及检验方法应符合《混凝土结构工程施工质量验收规范》GB 50204—2015 的相关规定。

3）墙厚、板厚、层高的检验可采用非破损或局部破损的方法，也可采用非破损方法并用局部破损方法进行校准。当采用非破损方法检验时，所使用的检测仪器应经过计量检验，检测操作应符合国家现行相关标准规定。

4）结构实体位置与尺寸偏差项目应分别进行验收，并应符合下列规定：

①当检验项目的合格率为 80% 及以上时，可判为合格；

②当检验项目的合格率小于 80% 但不小于 70% 时，可再抽取相同数量的构件进行检验，当按两次抽样总和计算的合格率为 80% 及以上时，仍可判为合格。

3. 监理实测实量

混凝土工程截面尺寸偏差、表面平整度、垂直度、顶板水平度极差、楼板厚度偏差实测实量等见表 4-5。

截面尺寸偏差、表面平整度、垂直度、顶板水平度极差、楼板厚度偏差　　表4-5

检测项目	测点分布	测量工具	合格标准	测量方法	数据记录
截面尺寸偏差	同一墙/柱面作为1个实测区，每个实测层要选取10个实测区，2个实测层累计20个实测区	5m钢卷尺	[-5, 8] mm	地面向上300mm和1500mm各测量截面尺寸1次，精确到毫米	选取其中与设计尺寸偏差最大的数，作为1个计算点
表面平整度	同上	2m靠尺、楔形塞尺	[0, 8] mm	墙长度小于3m时，同一面墙4个角中取左上及右下2个角。按45°角斜放靠尺，累计测2次表面平整度	这2个实测值分别作为的2个计算点
				墙长度大于3m时，除按45°角斜放靠尺测量两次表面平整度外，还需在墙长度中间水平放靠尺测量1次表面平整度	这3个实测值分别作为的3个计算点
垂直度	同上	2m靠尺	[0, 8] mm	墙长度小于3m时，同一面墙距两端头竖向阴阳角约30cm位置，分别实测2次	这2个实测值分别作为的2个计算点
				墙长度大于3m时，同一面墙距两端头竖向阴阳角约30cm和墙中间位置，分别实测3次	这3个实测值分别作为的3个计算点
				混凝土柱：任选混凝土柱四面中的两面，分别将靠尺顶端接触到上部混凝土顶板和下部地面位置时各测1次垂直度	这2个实测值分别作为的2个计算点
顶板水平度极差	同一功能房间混凝土顶板作为1个实测区，累计实测实量10个实测区	激光扫平仪、塔尺	[0, 15] mm	使用激光扫平仪，在实测板跨内打出一条水平基准线。同一实测区距顶板天花线约30cm处位置选取4个角点，以及板跨几何中心位，分别测量混凝土顶板与水平基准线之间的5个垂直距离	以最低点为基准点，计算另外四点与最低点之间的偏差
楼板厚度偏差	同一跨板作为1个实测区，累计10个实测区。每个实测区取1个样本点，取点位置为该板跨中区域	超声波楼板测厚仪（非破损）或卷尺（破损法）	[-5, 8] mm	当采用非破损法测量时将测厚仪发射探头与接收探头分别置于被测楼板的上下两侧，仪器上显示的值即为两探头之间的距离，移动接收探头，当仪器显示为最小值时，即为楼板的厚度；当采用破损法测量时，可用电钻在板中钻孔（需特别注意避开预埋电线管等），以卷尺测量孔眼厚度	1个实测值作为判断该实测指标合格率的1个计算点

检测方法图例如图4-13~图4-18所示。

四、钢结构工程的精细化监理

主要从钢结构工程单层、多层及高层钢结构、钢网架结构安装工程、钢结构防火涂料涂装工程等常见、常用的分项工程的施工精细化监理控制展开。

（一）监理控制程序

审查和检验单层、多层及高层钢结构、钢网架结构安装工程、钢结构防火涂料涂装工

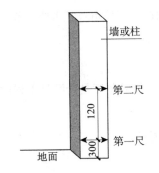

图 4-13　墙、柱截面尺寸测量示意图

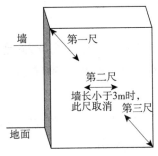

图 4-14　墙面平整度测量示意图

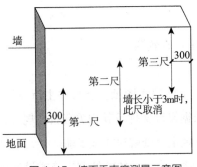

图 4-15　墙面垂直度测量示意图

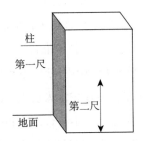

图 4-16　柱垂直度测量示意图

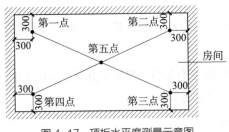

图 4-17　顶板水平度测量示意图

图 4-18　楼板厚度偏差测量示意图

程原材料的质量（见证取样复检合格）→组织召开钢结构高层监理工作交底→钢结构工序安装施工→监理检查巡视、平行检验及旁站监理→施工单位自检合格→施工单位上报验收检验批验收资料→监理验收（复验）合格。

（二）监理控制要点及方法

1. 事前控制要点及方法

单层、多层、高层钢结构、钢网架结构及防火涂料涂装工程：

（1）施工单位资质审查

由于钢结构工程专业性较强，对专业设备、加工场地、工人素质以及企业自身的施工技术标准、质量保证体系、质量控制及检验制度要求较高，一般多为总包下分包工程，在这种情况下施工企业资质和管理水平相当重要。因此，资质审查是重要环节，其审查内容如下：

1）施工资质经营范围是否满足工程要求。

2）施工技术标准、质量保证体系、质量控制及检验制度是否满足工程设计技术指标要求。

3）考察施工企业生产能力是否满足工程进度要求。

（2）焊工素质的审查

焊工必须经考试合格并取得合格证书，持证焊工必须在其考试合格项目及其认可范围施焊。

1）检查数量：全数检查（现场人员）。

2）检查方法：检查焊工合格证及其认可范围、有效期。

（3）图纸会审及技术准备

1）按监理规划中图纸会审程序，在工程开工前熟悉图纸，召集并主持设计、业主、监理和施工单位专业技术人员进行图纸会审，依据设计文件及其相关资料和规范，把施工图中错漏、不合理、不符合规范和国家建设文件规定之处解决在施工前。

2）协调业主、设计和施工单位针对图纸问题，确定具体的处理措施或设计优化。督促施工单位整理会审纪要，最后各方签字盖章后，分发各单位。

（4）施工组织设计（方案）审查

1）督促施工单位按施工合同编制专项施工组织设计（方案）。经其上级单位批准后，再报监理工程师审查。

2）经审查后的施工组织设计（方案），如施工中需要变更施工方案（方法）时，必须将变更原因、内容报监理和建设单位审查，同意后方可变动。

（5）原材料成品进场验收监理工作控制要点

1）钢结构施工中常用材料包括：钢板、铸钢件、圆管、焊材、高强螺栓、型钢、油漆、防火涂料、螺栓球、焊接球等。

2）施工单位自检合格后填写进场材料报审表及进场材料检验记录上报监理工程师检查验收，材料验收必须附带合格证（材质证明书）、检验报告（有复验要求的）等资料，验收时对生产厂家、包装、外观颜色、规格、数量、牌号、材质等信息与合格证（材质证明书）进行核对。

3）督促施工单位对型钢母材、代表性的焊接试件、螺栓等按住房和城乡建设部《房屋建筑工程和市政基础设施工程实行见证取样和送检的规定》和规范要求进行见证取样、送检，经试验检测合格后方可使用。

4）督促施工单位应合理的组织材料供应，满足连续施工需要，加强现场材料的运输、保管、检查验收等材料管理制度，做好防潮、防露、防污染等保护措施。

2. 事中控制检查要点及方法

（1）单层、多层及高层钢结构工程

1）监理工程师督促施工单位实施场内制作机械加工，编制加工制作图，梁板接点应放大样校对，经检查确认后加工。

2）针对工程的实际情况，监理工程师督促施工总承包方专人负责对分包单位的生产管理和质量控制，如制作用尺、钢构件放样、切割、矫正、边缘加工、制孔（螺栓孔、穿钢筋孔、混凝土振捣孔等机械钻孔）、组装、工程焊接和焊接检验、除锈、编号等，并对首件制作进行重点监控。

3）监理工程师对型钢（劲型）构件制作过程中不定期抽检，重点放在构件的母材验收、复试、焊接试件的试验、焊接、焊缝的超声波探伤检验以及外观检验上。

4）对批量制作过程中出现的问题，应及时会同有关单位予以协调加以控制，确保构件的制作满足吊装的需要。

5）型钢构件制作的允许偏差应符合《钢结构工程施工质量验收标准》GB 50205—2020附录C钢构件组装的允许偏差规定。

（2）钢结构吊装质量控制要点

1）对吊装过程实行操作工艺流程监控，上道工艺流程不符合验收要求条件，不得进入下道工艺流程。

2）严格控制地脚螺栓和钢板预埋设的精度，检查螺栓的预留长度及标高，位置必须符合图纸和规范要求，精确控制柱底面钢板的标高，以保证埋设的牢固性，并应采取相应的保护措施。

3）首层劲性钢柱安装前，监理复核基础混凝土的同条件试压块强度是否达到设计要求。并对钢柱的定位轴线和标高、地脚螺栓直径和伸出长度（钢板尺寸、高度）等进行检查验收，并对钢柱编号、外形尺寸、螺栓孔位置及直径等进行检查，确认符合设计图纸后，方可开始钢构吊装。

4）楼层段钢柱应按编号进行吊装，按图纸要求检查钢柱接头处连接板搭设、固定，监理复核柱顶标高和垂直度，符合要求后方可进行钢柱焊接。督促检查钢构件吊装过程中的质量通病，如钢柱位移、钢柱垂直度偏差超差、安装孔位偏移、构件安装孔不重合、螺栓穿不进等。

5）吊装前应对吊耳及有效焊缝进行检查，监理复核吊装用的钢丝绳吊点是否符合要求（柱子吊点为两侧）。

（3）钢结构安装质量控制要点

1）安装控制，当劲性钢骨架吊装就位后，底部紧固螺栓临时固定，再进行轴线对中，必须满足偏移小于 3mm，垂直度偏差严格控制在 5mm 范围内。待调整合格后方可施焊，焊接前应该预热控制好温度。

2）检查钢梁吊装现场焊接的焊接顺序、焊接方法、焊接保护等。督促施工单位吊装及其焊接时应注意天气情况变化，如风、雨、潮湿以及阳光的照射的影响，并要求制定有预控措施。

3）对所用焊条要严格检查产品的质量证明书，焊条必须用干燥筒携带。焊接施工结束冷却 24h 后，根据设计和规范要求，在监理的见证下焊缝进行超声波探伤。

4）型钢柱、梁连接件应采用焊接性能良好的材料制作，并保证和钢梁的焊接可靠。

5）在浇筑混凝土前，应控制引弧板、弧板加工临时控制变形的多余支撑割除，对临时扩孔（穿梁筋孔洞等）补偿工作加强检查，以消除质量隐患。

6）型钢构件安装的允许偏差应符合《钢结构工程施工质量验收标准》GB 50205—2020 附录 E 钢结构安装的允许偏差规定（表 E.0.5 多层及高层钢结构中安装的允许偏差）。

7）钢结构安装前监理采用经纬仪、水准仪、全站仪检查钢柱定位轴线和标高。检查数量不少于 10%。

8）监理工程师应检查设计要求顶紧的节点，检查内容为接触面不小于 70%，边缘间隙不大于 0.8mm，检查节点的数量大于 10%。

9）对于安装好的钢屋架、柱，监理工程师可用吊线、拉线、经纬仪和钢尺进行检查。屋架跨中垂直度允许偏差为 $H/250$，且不应大于 15.0；两立柱间屋架侧向弯曲失高小于 1/1000，且不大于 10.0mm。主体结构整体垂直度和整体平面弯曲的允许偏差应符合如下要求：整体垂直度允许偏差为 $H/1000$，且不大于 25.0mm，整体平面弯曲 $L/1500$，且不大于 25.0mm。

10）通过激光经纬仪、全站仪检查多层及高层钢结构主体结构的整体垂直度（$H/2500+10.0$）且不大于 50.0mm，整体平面弯曲的允许偏差为 $L/1500$，且不大于 25.0mm。

11）监理在钢结构安装时进行旁站监理，主要控制构件的中心线、标高基准点等标记、钢构件安装时的定位轴线对齐质量、钢构件表面的清洁度等。

12）如钢构件出厂合格证齐全；高强螺栓连接施工完成并经监理检验合格，则本项工程合格。

13）高强螺栓的施工采用扭矩法施工，高强螺栓的初拧及终拧均采用电动扭力扳手进行。扭矩值必须达到设计要求及规范的规定。不得出现漏拧、过拧等现象。

14）焊接质量的验收等级：钢架及主柱的拼接焊缝、坡口焊缝及吊车梁的对接焊缝按一级焊缝检验，其他焊缝均按二级焊缝标准检验。

15）钢梁柱受力后，不得随意在其上焊连接件，焊接连接件必须在构件受力及高强螺栓终拧前完成。

16）钢结构完成后，进行压型钢板的安装工作，檩条的安装必须注意横平竖直，压型钢板在以上工作完成后进行安装。压型钢板及檩条必须严格按照图纸进行安装工作。

（4）钢网架工程

1）安装前监理工程师检查网架支座定位轴线，支座锚栓的规格、位置，支承面顶板的位置、标高、水平度应符合规范要求。平整度标高不符合要求时，必须用钢板垫平。

2）安装时，支承结构混凝土强度必须达到设计要求，并上报监理工程师检查验收。

3）网架安装定位时，根据网架形状在连接板上划线，划线同轴线重合，连接板定位时须用水平尺调平连接板。

4）安装前，监理工程师对杆件要检查，杆件不应有初弯曲。安装中，不得强迫就位和校正，压杆部位不得有杆件弯曲现象。

5）基准线上的网架带必须先安装，安装后进行测量检验，调整偏差。调整后方可正常进行网架安装。

6）网架开始正常安装，先拼下弦网架，再装腹杆锥体及上弦杆。高强螺栓不能一次拧紧，待装上弦杆后，再将一个锥体单元中所有螺栓全部拧紧。网架拼装过程中要注意下弦杆不能一次装得太多，一般下弦超前上弦2个网格，下弦节点要填实，待网架形成一个稳定刚体后，才能取消垫块。周边支承网架一般离作业区6~8个网格，才能取消垫块，对于点支承网架，在支承范围内不得取消垫块。

7）网架节点，安装时一定要使高强度螺栓全部到位，待螺栓基本到位后，将螺钉旋入螺栓深槽，再拧紧螺栓。

8）安装过程中应随时注意组装尺寸及轴线控制，及时发现问题及时调整。

9）连接板与埋件焊接要符合设计要求，支座螺母要按规定拧紧。

10）安装结束后应进行自检，做好记录，交付验收，实测项目及要求符合设计要求和施工验收标准的规定。

11）杆件对接焊缝质量检验除应首先对全部焊缝进行外观检查外，对无损检测的抽样数应至少取焊口总数的20%（每一焊口指钢管与球节点连接处一圈焊缝）。

12）钢网架安装方法（高空散装法、分条或分块安装法、高空滑移法、整体吊装法、整体提升法及整体顶升法等）应根据网架受力和构造特点，在满足质量、安全、进度和经济效果等情况，结合现场实际条件综合决定。

13）钢网架安装后，未经设计许可，严禁作为其他构件安装的起吊点。安装过程中操作用脚手架要求整体稳定、牢固，符合安全要求。

（5）钢结构防火涂料涂装工程

1）监理工程师首先对钢构件表面喷砂除锈质量进行检查，包括表面粗糙度是否达到涂装要求，监理检测量不少于10%的构件量。其允许偏差为 −25μm。

2）涂料的进场验收除检验资料文件外，还要开桶抽查，除检查涂料结皮、结块、凝胶等现象外，还要与质量证明文件对照涂料的型号、名称、颜色及有效期等。

3）对面漆（防火涂料）的涂装。监理应检查中间漆已完全固化，每100t或不足100t的薄型防火涂料应检测一次粘结强度。防火涂料的厚度检测量不少于10%的构件量。每个构件检测5处，每处的数值为3个相距50mm测点涂层干漆膜厚度的平均值。防火涂料厚度应满足耐火极限的设计要求。

4）如施工单位提交的涂料质保合格书有效，规范要求图纸粘结强度试验报告齐备，涂层厚度检测报告完整合格，监理抽验合格，则本分项工程合格。

5）薄涂型防火涂料的涂层厚度应符合有关耐火极限的设计要求。厚涂型防火涂料涂层的厚度，80%及以上面积应符合有关耐火极限的设计要求，且最薄处不应低于设计要求的85%。

6）用涂层测量仪、测针和钢尺检查。测量方法符合《钢结构防火涂料应用技术规程》T/CECS 24—2020 的规定。

7）薄涂型防火涂料层表面裂纹宽度不应大于 0.5mm；厚涂型防火涂料涂层表面裂纹宽度不应大于 1mm。检测方法主要为观察和尺量。

8）当钢结构处在有腐蚀介质环境或外露且设计有要求时，应进行涂层附着力测试，在检测处范围由当涂层完整程度达到 70% 以上时，涂层附着力达到合格质量标准的要求。按《漆膜附着力测定法》GB 1720—1979 或《色漆和清漆－漆膜的划格试验》GB/T 9286—1998 进行检查。

9）工程施工质量必须达到规范中主控项目要求的标准，满足一般项目的要求，并预控如下质量通病的发生：

①涂层质量不符合要求：反锈、流坠、皱折和裂纹等。

②施涂防腐油漆的程序不符合要求。

3. 事后控制要点及方法

单层、多层及高层钢结构工程：

（1）结构安装后监理工程师验收发现误差超过要求的，及时要求施工单位落实整改。

（2）矫正。矫正方法应符合设计和施工规范允许的方法，不会影响材料和整体结构强度和刚度。

（3）钢结构工程施工质量验收应在施工单位自检基础上，按照检验批、分项工程、分部（子部分）工程进行。钢结构分部（子分部）工程中分项工程划分应按照现行国家标准《建筑工程施工质量验收统一标准》GB 50300—2013 的规定执行。钢结构分项工程应有一个或若干检验批组成，各分项工程检验批应按规范规定的原则进行划分。

（4）钢结构分项工程检验批合格质量标准应符合下列规定：

1）主控项目必须符合本规范合格质量标准的要求。

2）一般项目其检验结果应有 80% 及以上的检查点（值）符合本规范合格质量标准的要求，且允许偏差项目中最大超偏差值不应超过其允许偏差值的 1.2 倍。

3）质量检查记录、质量证明文件等资料应完整。

（5）钢结构分项工程合格质量标准应符合下列规定：

1）分项工程所含的各检验批均应符合本规范合格质量标准。

2）分项工程所含的各检验批质量验收记录应完整。

（6）钢结构分部工程合格质量标准应符合下列规定：

1）各分项工程质量均应符合合格质量标准。

2）质量控制资料和文件应完整。

3）有关安全及功能的检验和见证检测结果应符合本规范相应合格质量标准的要求。

4）有关观感质量应符合本规范相应合格质量标准的要求。

（7）成品保护

检查对已完工程，本项工程的成品所采取的保护措施是否满足质量要求，检查要点：

1）地脚螺栓安装前应涂油防锈，安装后应用塑料薄膜包裹，以防丝扣损坏；地脚螺栓在浇筑混凝土过程中严禁碰撞。

2）钢构件进场后，应按施工方案的位置堆放，并宜立放。底层应垫枕木，并有足够的支承面。

3）多程屋架排放时，两侧应用方木绑扎在一起或在侧向设置支撑，以防倾倒变形。

4）不准随意在钢结构上开孔或切断任何杆件。不得在构件上随意加焊钢件。

5）构件吊装时，吊点选择应合理。

6）钢构件涂层在运输、吊装过程中应采取防护措施，以免污染、损坏。已损坏的部位，应重新进行修补。

7）运输、吊装过程中发生变形的构件，在安装前应进行矫正。

（三）检测试验内容和要点

钢结构进场材料、焊件、焊缝质量等见证取样不少于 30%，具体取样检测内容，依据标准、取样方法、数量详见表 4-6。

钢结构送检项目及取样方法　　表 4-6

分类	材料名称	检测内容	依据标准	取样方法	批量或检查数量
螺栓连接	各种钢材	抗拉强度 弯曲试验	GB/T 1591—2018; GB/T 700—2006; GB/T 699—2015	取 300×30 试件 每种规格取 2 件	60t
	焊件	抗拉强度试验	GB 50661—2011	每种规格取 3 件	—

续表

分类	材料名称	检测内容	依据标准	取样方法	批量或检查数量
螺栓连接	高强度螺栓	扭矩系数 最小抗拉荷载	GB 50205—2020; GB/T 3098.1—2010	每种规格取 8 件	M36 以下 5000 件 M36 以上 2000 件
	高强螺栓连接面	抗滑移系数	GB 50205—2020	每规格取 3 组	工程量每 2000t 一批
	焊缝质量	内部缺陷无损探伤检测	GB 50205—2020; JG/T 203—2007	现场检测	一级焊缝 100% 探伤 二级焊缝 20% 探伤
	钢结构工程有关安全及功能的检测	焊缝外观缺陷检测	GB 50205—2020	现场检测	10% 不少于 10 处
		焊缝尺寸检验	GB 50205—2020		
		高强度螺栓施工质量：终拧扭矩	GB 50205—2020	现场检测	节点随机抽查 3% 且不少于 3 个节点
		锚栓紧固检测（拉拔试验）	GB 50205—2020	现场检测	按柱脚数抽查 10% 且不少于 3 个
		钢柱垂直度 钢梁测向弯曲	GB 50205—2020	现场检测	同类构件抽查 10% 不少于 3 件
		整体垂直度 整体平面弯曲	GB 50205—2020	现场检测	—
		防火涂层厚度检验	GB 50205—2020	现场检测	—
焊接	各种钢材	抗拉强度 弯曲试验	GB/T 1591—2018; GB/T 700—2006; GB/T 699—2015	取 300×30 试件；每种规格取 2 件	60t
	各种钢管	抗拉强度试验	低压流体管：GB/T 3091—2008 及各种钢管标准	取 300×30 试件；每种规格取 2 件	根据标准要求
	焊件	抗拉强度试验	GB 50661—2011; GB 50205—2020	每种规格取 3 件	—
	焊接球节点	承载力试验	GB 50205—2020; JG/T 11—2009	按球最大螺栓孔螺纹；每种规格取 3 件	每种规格 600 件
	焊缝质量	内部缺陷无损探伤检测	GB 50205—2020; JG/T 203—2007	现场检测	一级焊缝 100% 探伤 二级焊缝 20% 探伤
	焊接球焊缝	探伤检测	GB 50205—2020		每规格 5% 不少于 3 个
	钢结构工程有关安全及功能的检测	焊缝外观缺陷检测	GB 50205—2020	现场检测	10% 不少于 10 处
		焊缝尺寸检验	GB 50205—2020		
		网架支座锚栓、紧固检验	GB 50205—2020	现场检测	按支座抽查 10% 且不少于 3 个
		垫板、垫块检验			
		防火涂层厚度检验	GB 50205—2020	现场检测	抽查 10% 不少于 3 件

续表

分类	材料名称	检测内容	依据标准	取样方法	批量或检查数量
焊接	钢结构工程有关安全及功能的检测	网架挠度测量	GB 50205—2020	现场检测	跨度小于24m测中央下弦一点、大于24m测下弦及各向下弦跨度的四等分点
锥头封板	各种钢材	抗拉强度弯曲试验	GB/T 1591—2018；GB/T 700—2006；GB/T 699—2015	取300×30试件；每种规格取2件	60t
	各种钢管	抗拉强度试验	低压流体管：GB/T 3091—2018及各种钢管标准	取300×30试件；每种规格取2件	根据标准要求
	焊件（锥头封板）	抗拉强度试验	JG/T 10—2009	每种规格取3件	—
	螺栓球节点	承载力试验	GB 50205—2020；JG/T 10—2009	按球最大螺栓孔螺纹；每种规格取3件	每种规格600件
	焊缝质量	内部缺陷无损探伤检测	GB 50205—2020；JG/T 203—2007	现场检测	一级焊缝100%探伤二级焊缝20%探伤
	钢结构工程有关安全及功能的检测	螺栓球节点施工质量检验	GB 50205—2020	现场检测	按节点数抽查3%，且不少于3个
		焊缝外观缺陷检测	GB 50205—2020	现场检测	10%不少于10处
		网架支座锚栓、紧固检验	GB 50205—2020	现场检测	按支座抽查10%，且不少于3个
		防火涂层厚度检验	GB 50205—2020	现场检测	抽查10%不少于3件
		网架挠度测量	GB 50205—2020	现场检测	跨度小于24m测中央下弦一点、大于24m测下弦及各向下弦跨度的四等分点

（四）监理实测实量

1. 基础和支承面

（1）建筑物的定位轴线、基础上柱的定位轴线和标高、地脚螺栓（锚栓）的规格和位置允许偏差、地脚螺栓（锚栓）紧固应符合设计要求。

1）检查数量：按柱基数项目部100%检查。

2）检验方法：采用经纬仪、水准仪、全站仪和钢尺实测。

（2）基础顶面直接作为柱的支承面和基础顶面预埋钢板或支座作为柱的支承面时，其支承面、地脚螺栓（锚栓）位置的允许偏差应符合表4-7的规定。

1）检查数量：按柱基数项目部100%检查。

2）检验方法：用经纬仪、水准仪、全站仪、水平尺和钢尺实测。

支承面、地脚螺栓（锚栓）位置的允许偏差（mm） 表4-7

项目		允许偏差	图例
支承面	标高	±3.0	支承面示意图
	水平度	L/1000	
地脚螺栓（锚栓）	螺栓中心偏移	5.0	地脚螺栓（锚栓）示意图
	螺栓露出长度	（0，+30.0）	
	螺纹长度	（0，+30.0）	
预留孔中心偏移		10.0	

（3）采用坐浆垫板时，坐浆垫板的允许偏差应符合表4-8的规定。

1）检查数量：资料全数检查。按柱基数项目部100%检查。

2）检验方法：用水准仪、全站仪、水平尺和钢尺现场实测。

坐浆垫板的允许偏差（mm） 表4-8

项目	允许偏差	图例
顶面标高	0.0 −3.0	
水平度	L/1000	
位置	20.0	

（4）采用杯口基础时，杯口尺寸的允许偏差应符合表4-9的规定。

杯口基础尺寸的允许偏差（mm） 表4-9

项目	允许偏差	图例
底面标高	0.0~5.0	
杯口深度 H	±5.0	
杯口垂直度	H/100，且不应大于10.0	
位置	10.0	

1）检查数量：按柱基数项目部 100% 检查。

2）检验方法：测量及尺量检查。

2. 钢柱安装

（1）单层钢结构柱子安装的允许偏差应符合表 4-10 的规定。

1）检查数量：标准柱、非标准柱项目部 100% 检查。

2）检查方法：用激光经纬仪、水准仪、全站仪、水平尺和钢尺实测。

单层钢结构中钢柱安装的允许偏差（mm）　　　　表 4-10

项目			允许偏差	图例	检验方法
柱脚底座中心线对定位轴线的偏移			3.0		用吊线和钢尺检查
柱基准点标高		有吊车梁的柱	+3.0 -5.0		用水准仪检查
		无吊车梁的柱	+5.0 -8.0		
柱轴线垂直度	单层柱	$H \leqslant 10m$	$H/1000$		用经纬仪或吊线和钢尺检查
		$H>10m$	$H/1000$，且不应大于 25.0		
	多节柱	单节柱	$H/1000$，且不应大于 10.0		
		柱全高	35.0		

（2）多、高层钢结构柱子安装的允许偏差应符合表 4-11 的规定。

钢柱安装的允许偏差（mm）　　　　表 4-11

项目	允许偏差	图例
底层柱柱底轴线；对定位轴线偏移	3.0	

续表

项目	允许偏差	图例
柱子定位轴线	1.0	
单节柱的垂直度	h/1000，且不应大于10.0	

1）检查数量：标准柱全部检查、非标准柱项目部100%检查。

2）检验方法：用全站仪或激光经纬仪、水准仪、水平尺和钢尺实测。

3. 顶紧不焊接节点安装

设计要求顶紧的节点，接触面不应少于70%紧贴，且边缘最大间隙不应大于0.8mm。

1）检查数量：按柱节点数项目部100%检查。

2）检验方法：用钢尺及0.3mm和0.8mm厚的塞尺现场实测。

4. 钢屋（托）架、桁架、梁及受压杆件的安装

钢屋（托）架、桁架、梁及受压杆件的垂直度和侧向弯曲矢高的允许偏差应符合表4-12的规定。

钢屋（托）架、桁架、梁及受压杆件垂直度和
侧向弯曲矢高的允许偏差（mm）　　　　　　表4-12

项目	允许偏差		图例
跨中的垂直度	h/250，且不应大于15.0		
侧向弯曲矢高	L ≤ 30m	L/1000，且不应大于10.0	
	30m < L ≤ 60m	L/1000，且不应大于30.0	
	L > 60m	L/1000，且不应大于40.0	

120

1）检查数量：按同类构件数项目部 100% 检查。

2）检验方法：用吊线、拉线、经纬仪和钢尺现场实测。

5.主体结构的整体垂直度和整体平面弯曲

（1）单层钢结构主体结构的整体垂直度和整体平面弯曲的允许偏差应符合表 4-13 的规定。

1）检查数量：对主要立面全部检查。对每个所检查的立面，中间柱 100% 检查。

2）检验方法：采用经纬仪、全站仪等测量。

整体垂直度和整体平面弯曲的允许偏差（mm）　　　　　　　　表 4-13

项目	允许偏差	图例
主体结构的整体垂直度	$H/1000$，且不应大于 25.0	
主体结构的整体平面弯曲	$L/1500$，且不应大于 25.0	

（2）多层及高层钢结构主体结构的整体垂直度和整体平面弯曲的允许偏差应符合表 4-14 的规定。

整体垂直度和整体平面弯曲的允许偏差（mm）　　　　　　　　表 4-14

项目	允许偏差	图例
主体结构的整体垂直度	（$H/2500$，+10.0），且不应大于 50.0	钢柱

续表

项目	允许偏差	图例
主体结构的整体平面弯曲	$L/1500$，且不应大于 25.0	

1）检查数量：对主要立面全部检查。对立面、中间柱 100% 检查。

2）检验方法：对于整体垂直度，可采用激光经纬仪、全站仪测量，也可根据各节柱的垂直度允许偏差累计（代数和）计算。对于整体平面弯曲，可按产生的允许偏差累计（代数和）计算。

6. 多、高层钢结构主体结构总高度

主体结构总高度的允许偏差应符合表 4-15 的规定。

1）检查数量：按标准柱列数 100% 检查。

2）检验方法：采用全站仪、水准仪和钢尺实测。

主体结构总高度的允许偏差（mm）　　　　表 4-15

项目	允许偏差	图例
用相对标高控制安装	$\pm \sum (\Delta h + \Delta Z + \Delta w)$	
用设计标高控制安装	$H/1000$，且不应大于 30.0 $-H/1000$，且不应小于 -30.0	

注：1. h 为每节柱子长度的制造允许偏差。

　　2. z 为每节柱子长度受荷载后的压缩值。

　　3. w 为每节柱子接头焊缝的收缩值。

7. 多、高层钢结构中构件的安装

钢构件安装的允许偏差应符合表4-16的规定。

1）检查数量：中柱和梁、主梁与次梁、支承压型金属板的钢梁100%检查。

2）检验方法：详见表4-16。

多层及高层钢结构中构件安装的允许偏差（mm）　　　　表4-16

项目	允许偏差	图例	检验方法
上、下柱连接处的错口 $\varDelta$	3.0		用钢尺检查
同一层柱的备柱顶高度差 $\varDelta$	5.0		用水准仪检查
同一根梁两端顶面的高差 $\varDelta$	$L/1000$ 且不应大于 10.0		用水准仪检查
主梁与次梁表面的高差 $\varDelta$	± 2.0		用直尺和钢尺检查
压型金属板在钢梁上相邻列的错位 $\varDelta$	15.00		用直尺和钢尺检查

8. 钢网架结构支座定位轴线的位置及标高

支承面顶板的位置、标高、水平度的允许偏差应符合表4-17的规定。

1）检查数量：按支座数100%检查。

2）检验方法：用经纬仪和钢尺实测位置偏移，支撑面顶板标高用水准仪、水平尺和钢尺实测。

支承面顶板位置、水平度的允许偏差（mm）   表4-17

项目		允许偏差
支承面顶板	位置	15.0
	顶面标高	0~3.0
	顶面水平度	$L/1000$

9. 钢网架挠度实测实量

（1）结构总拼完成后及屋面工程完成后应分别测量其挠值，且所测的挠度值不应超过相应设计值的1.15倍。

1）检查数量：跨度24m及以下钢网架结构测量下弦中央一点；跨度24m以上钢网架结构测量下弦中央一点及各向下弦跨度的四等分点。

2）检验方法：用钢尺和水准仪或全站仪、钢托盘、反光棱镜进行实测，如图4-19所示。

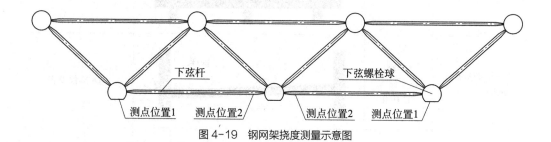

下弦杆　　　　　　　下弦螺栓球

测点位置1　　测点位置2　　　　测点位置2　　测点位置1

图4-19　钢网架挠度测量示意图

（2）钢网架结构安装实测实量

1）检查数量：除杆件弯曲矢高按杆件数抽查5%外，其余全数检查。

2）验收标准、检验方法见表4-18。

钢网架结构安装的允许偏差（mm）   表4-18

项目	允许偏差	检验方法
纵向、横向长度	$\pm L/2000$，且不应大于 ± 40.0	用钢尺实测
支座中心偏移	$L/3000$，且不应大于 30.0	用钢尺和经纬仪实测
周边支承网架相邻支座高差	$L_i/400$，且不应大于 15.0	用钢尺和水准仪实测
支座最大高差	30.0	用钢尺和水准仪实测
多点支承网架相邻支座高差	$L_i/800$，且不应大于 30.0	用钢尺和水准仪实测

注：1. L 为纵向、横向长度；
　　2. L_i 为相邻支座间距。

10. 高强度螺栓连接

（1）高强度螺栓连接摩擦面的抗滑移系数试验和复验

1）检查数量：制造厂和安装单位应分别以钢结构制造批为单位进行抗滑移系数试验。制造批可按分部（子分部）工程划分规定的工程量每 2000t 为一批，不足 2000t 的可视为一批选用两种及两种以上表面处理工艺时，每种处理工艺应单独检验，每批三组试件。

2）检验方法：检查摩擦面抗滑移系数试验报告和复验报告。

（2）高强度大六角头螺栓连接副终拧完成 1h 后 48h 内应进行终拧扭矩检查。

1）检查数量：按节点数抽查 10% 且不应少于 10 个，每个被抽查节点按螺栓数抽查 10% 且不应少于 2 个。

2）检验方法：扭矩法、转角法。

（3）对所有梅花头未拧掉的扭剪型高强度螺栓连接副应采用扭矩法或转角法进行终拧并作标记。

1）检查数量：按节点数抽查 10% 但不应少于 10 个节点被抽查节点中梅花未拧掉的扭剪型高强度螺栓连接副全数进行终拧扭矩检查。

2）检验方法：扭矩法、转角法。

11. 钢结构防腐涂料涂装

（1）检查标准

1）检查油漆品种、规格、型号及颜色是否与设计一致；涂装遍数和涂层厚度应符合设计要求；油漆干燥后检查构件表面涂层应均匀、无明显皱皮、流坠、针眼和气泡等，油漆测厚仪检测油漆厚度是否满足设计要求。

2）检验方法：干漆膜测厚仪、温度计、湿度计。每个构件检测 5 处，每处的数值为 3 个相距 50mm 测点涂层干漆膜厚度的平均值。

（2）防火涂料涂装前钢材表面除锈及防锈底漆涂装验收。

1）检查数量：按构件数抽查 10%，且同类构件不应少于 3 件。

2）检验方法：表面除锈用铲刀检查和标准《涂覆涂料前钢材表面处理　表面清洁度的目视评定　第 4 部分：与高压水喷射处理有关的初始表面状态、处理等级和闪锈等级》GB/T 8923.4—2013 规定的图片对照检查。

（3）防火涂料仪器：检查用涂层厚度测量仪、测针和钢尺检查。

（4）检测标准：

薄涂涂料厚度符合耐火极限设计要求，涂层表面裂纹宽度不应大于 0.5mm。厚涂涂料 80% 及以上面积应符合耐火极限设计要求，且最薄处厚度不应低于设计要求的 85%，涂层表面裂纹宽度不应大于 1mm。

（5）防火涂料外观检查，涂料不应有误涂、漏涂、涂层闭合无脱层，空鼓、坑洼、粉化松散、浮浆等。主要检查方式为观察和用尺量检查。

（6）薄涂型防火涂料的涂层厚度应符合有关耐火极限的设计要求。厚涂型防火涂料涂层的厚度，80%及上面积应符合有关耐火极限的设计要求，且最薄处厚度不应低于设计要求的85%。

1）检查数量：按同类构件数抽查10%，且均不应少于3件。

2）检验方法：用涂层厚度测量仪、测针和钢尺检查。

（7）薄涂型防火涂料涂层表面裂纹宽度不应大于0.5mm；厚涂型防火涂料涂层表面裂缝宽度不应大于1mm。

1）检查数量：按同类构件数量抽查10%，且均不应少于3件。

2）检验方法：观察和用尺量检查。

五、砌体结构的精细化监理

（一）监理控制程序

审查和检验砌体工程原材料的质量（见证取样复检合格）→组织召开砌体工程监理工作交底→砌体工序施工→监理巡视检查、平行检验及旁站监理→施工单位自检合格→施工单位上报验收检验批验收资料→监理现场检查验收（复验）合格→签署验收资料→循环各层施工质量检查验收。

（二）监理控制要点及方法

1. 事前控制要点及方法

（1）材料进场经自检合格后，填写工程材料报审表及材料进场检验记录上报监理工程师现场检查验收，并进行现场见证取样检测，经复检合格后方可施工。

（2）检查施工单位的技术交底、监理工程师对工序施工进行技术交底。

（3）检查施工单位填充墙砌筑排版图。

（4）要求施工单位进行砌体、二次结构模板支设、构造柱混凝土浇筑样板间施工，样板经现场建设、监理、施工单位现场验收签字确认后再进行大面积施工。

（5）总监理工程师组织各专业工程师认真熟悉图纸、砌体工程施工质量验收规范、图纸上所采用的图集。

（6）卫生间及厨房墙体部位应按照设计图纸设置高出楼地面不小于150mm的现浇混凝土坎台，厚度同墙体。

（7）砌体与钢筋混凝土框架柱、剪力墙的拉结预埋筋位置应准确，要依据全高及策划的构造位置针对性的留设，必须经监理工程师验收合格。

（8）砌体工程施工前监理工程师要求施工单位核对好放样尺寸，核对实际的轴线、尺寸、位置、标高、门窗的实际尺寸是否与设计相符；使用的砌筑预埋件，其规格质量要符合设计要求。结构经验收合格后，把砌筑基层楼地面的浮浆残渣清理干净，并根据设计图纸进行墙身、门窗洞口位置弹线，同时在结构墙柱上标出标高线。施工测量、放样经监理工程师验收合格。

（9）砌体施工样板如图4-20、图4-21所示。

图4-20 蒸压加气混凝土砌块砌筑样板　　　　图4-21 厨房、卫生间页岩砖砌筑样板

（10）模板支设前砖边采用厚密封胶带粘贴，模板加固牢固，浇筑混凝土时观察是否漏浆，如发生异常停止浇筑，整改后再继续。构造柱外观质量好与坏直接影响结构墙体验收的评价。结构验收后，粉刷前将胶条撕掉。构造柱模板支设如图4-22、图4-23所示。

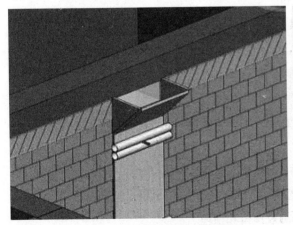 

图4-22 构造柱模板喇叭口支设样板　　　　图4-23 构造柱模板加固样板

2. 事中控制要点及方法

（1）根据砌块模数和砌块选用规格尺寸，在第一皮砖砌筑时应试摆，按墙段实量尺寸和砌块规格尺寸进行排列摆块，当砌筑时遇到非整块加气混凝土砌块时，必须使用手提电

锯和板锯切割所需尺寸砌块。严禁用斧子、瓦刀等任意劈砍。

（2）监理工程师巡视检查砌块墙体的转角处和交接处应同时砌筑，严禁无可靠措施的内外墙分砌施工；在抗震设防烈度为 8 度及 8 度以上地区，对不能同时砌筑而且必须留置的临时间断处应砌成斜槎，斜槎水平投影长度不得小于高度的 2/3。临时间断处补砌时应将接槎处灰浆及杂物清理干净，浇水湿润，并用砂浆填实保持灰缝顺直。

（3）砌砖工程当采用铺浆法砌筑时，铺浆长度不得超过 750mm；施工期间气温超过 30℃时，铺浆长度不得超过 500mm。

（4）竖向灰缝不得出现透明逢、瞎缝和假缝。

（5）砖砌体施工临时间断处补砌时，必须将接槎处表面清理干净，浇水湿润，并填实砂浆，保持灰缝平直。

（6）砖砌体组砌方法应正确，上、下错缝，内外搭砌，上下皮砖搭砌长度不得小于 25mm。混水墙中长度小于或等于 300mm 的通缝每间不超过 3 处，且不得位于同一面墙体上。

（7）蒸压加气混凝土砌块不应与其他块材混砌。但由于构造需要，在顶、底部及细部采用其他块材，不属混砌。

（8）填充墙砌体留置的拉结钢筋的位置应与块体皮数相符合。拉结钢筋应置于灰缝中，埋置长度应符合设计要求，竖向位置偏移不应超过一皮高度。

（9）填充墙砌筑时应错缝搭砌，轻骨料混凝土小型空心砌块搭砌长度不应小于 90mm，蒸压加气混凝土砌块搭砌长度，不应小于砌块长度的 1/3；竖向通缝不应大于 2 皮。

（10）填充墙砌至接近梁、板底时，应留一定空隙，待填充墙砌筑完并应至少间隔 7d 后，再将其补砌挤紧，补砌角度宜为 60°。

（11）在墙上留置临时施工洞口，其侧边离交接处墙面不应小于 500mm，洞口净宽度不应超过 1m。临时施工洞口应做好补砌。

（12）不得在下列墙体或部位设置脚手眼：120mm 厚墙；过梁上与过梁成 60° 角的三角形范围及过梁净跨度 1/2 的高度范围内；宽度小于 1m 的窗间墙；砌体门窗洞口两侧 200mm 和转角处 450mm 范围内；梁或梁垫下及其左右 500mm 范围内。施工脚手眼补砌时，灰缝应填满砂浆，不得用干砖填塞。

（13）设计要求的洞口、管道、沟槽应于砌筑时正确留出或预埋，未经设计同意，不得打凿墙体和在墙体上开凿水平沟槽。宽度超过 300mm 的洞口上部，应设置过梁。

（14）线盒、线槽根据施工图纸进行有效预留和预埋。

（15）与土建总体上下分层流水施工配合协调和根据策划要求（线槽与线盒定位和标高控制），提前插入穿线管安装或砌体结构完成后机具切割与人工剔凿埋敷管线槽盒。

（16）外墙外架连墙杆件或者剪力墙螺杆孔洞依据相关规定动作做好封闭。

（17）凡有穿过加气混凝土砌块墙体的管道，应预先留设。管线从墙体上穿过时应先弹线定位后用切割机开槽，不得在已经砌筑墙体上凿槽打洞。

（18）当墙高超过4m时，在墙的半高或门顶标高处设置与混凝土墙柱连接且沿全墙贯通的钢筋混凝土圈梁，圈梁与墙等宽，高度不小于120mm。

（19）门窗洞口按要求设置预制过梁，过梁搁置长度不小于250mm；洞口四周均布设置加强部位，作为门窗安装固定受力点。

（20）砌筑过程中，要求经常用靠尺和线锤检查墙体的垂直平整度，发现问题在砂浆初凝前用木锤或橡皮锤轻轻修正。

（21）砌体墙长大于5m，在墙中间和端部加设构造柱，具体需根据墙厚及设计要求设置，当设计无要求时，构造柱应设置在填充墙的转角处、T形交接处或端部，构造柱的宽度与墙等宽。构造柱施工控制注意要点：

1）构造柱与墙体的连接处应砌成马牙槎，马牙槎应先退后进，预留的拉结筋应位置正确。

2）构造柱浇筑混凝土前，必须将砌体留槎部位和模板浇水湿润，将模板内的落地灰、砖渣和其他杂物清理干净，并在结合面处注入适量与构造柱混凝土相同的去石水泥砂浆。振捣时，应避免触碰墙体，严禁通过墙体传震，严格按照构造柱模板支设、混凝土浇筑已确认的样板施工。

3.事后控制要点及方法

（1）按规定的质量验收标准和方法，对完成的砌体结构子分部工程进行验收。

（2）验收时施工单位应提交下列文件和记录：

1）原材料的合格证书、产品性能检测报告。

2）混凝土及砂浆配合比通知单。

3）混凝土及砂浆试件抗压强度试验报告。

4）施工质量控制资料。

（3）现场存放砌块场地应夯实、平整，不积水，进场后应按品种、规格分别堆放整齐，砌块应防止雨淋。

（4）搭设防雨棚，并设置沉淀池，必须排水通畅。

（5）砌体砌筑完成后，未经有关人员的检查验收，轴线、标高线、皮数杆应加以保护，不得碰坏拆除。

（6）砌块运输和堆放时，应轻吊轻放，堆放高度不得超过1.6m，堆垛之间应保持适当的通道。

（7）水电和室内设备安装时，应注意保护墙体，不得随意凿洞。填充墙上设备洞、槽应在砌筑时同时留设，漏埋或未预留时，应使用切割机切槽，埋设完毕后用C15混凝土灌实。

（8）不得使用砌块做脚手架的支撑，拆除脚手架时，应注意保护墙体及门窗口角。

（9）墙体拉结筋、抗震构造柱钢筋、暖、卫、电气管线及套管等，均应注意保护，不得任意拆改、弯折或损坏。

（10）砂浆稠度应适宜，砌筑过程中要及时清理，防止砂浆污染墙面。

（三）检测试验内容和要点

砌体工程材料进场见证取样不少于30%，材料经复检合格后方可使用，具体取样内容见表4-19。

砌体工程材料进场取样数量及方法   表4-19

材料名称	验收规范及产品标准	验收检验项目	试验中心能检项目	代表批量	试样数量	抽样方法
烧结普通砖	《砌体结构工程施工质量验收规范》GB 50203—2011；《烧结普通砖》GB/T 5101—2017 强度等级：MU（10、15、20、25、30）	抗压强度	1. 抗压强度；2. 外观质量尺寸偏差及放射性	以同一产地、同一规格不超过15万块为一验收批，不足者按一批计	抗压强度10块；放射性4块；送样15~20块	从外观质量和尺寸偏检验均合格的产品中随机抽取试样
烧结多孔砖	《砌体结构工程施工质量验收规范》GB 50203—2011 《烧结多孔砖和多孔砌块》GB 13544—2011 强度等级：MU（30、25、20、15、10）	抗压强度	1. 抗压强度；2. 外观质量尺寸偏差；3. 砖吸水率	以同一产地、同一规格、不超过5万块为一验收批，不足按一批计	抗压强度10块；吸水率5块；送样15~20块	从外观质量和尺寸偏差检验均合格中随机抽取试样
烧结空心砖和空心砌块	《砌体结构工程施工质量验收规范》GB 50203—2011 《烧结空心砖和空心砌块》GB/T 13545—2014 强度等级：MU（10、7.5、5、3.5、2.5）	抗压强度 密度	1. 抗压强度；2. 外观质量尺寸偏差；3. 砖吸水率；4. 密度；5. 放射性	以同一产地、同一规格、3万块为一验收批，不足者按一批计	抗压强度10块；密度5块；放射性3块；送样15~20块	从外观和尺寸偏差检验均合格品中随机抽取试样
轻集料混凝土空心砌块	《轻集料混凝土小型空心砌块》GB/T 15229—2011；《砌体结构工程施工质量验收规范》GB 50203—2011	抗压强度 密度 放射性	1. 抗压强度；2. 外观质量尺寸偏差；3. 砖吸水率；4. 密度；5. 放射性	以同一品种、相同密度等级、相同强度等级、质量等级和同一生产工艺制成的1万块为一验收批，不足1万块按一批计（试验龄期不应小于28d）	抗压强度5；密度3块；吸水率3块；送样8~10块	从外观和尺寸偏差检验均合格的砌块中抽取试样

续表

材料名称	验收规范及产品标准	验收检验项目	试验中心能检项目	代表批量	试样数量	抽样方法
普通混凝土小型空心砌块	《砌体结构工程施工质量验收规范》GB 50203—2011；《普通混凝土小型砌块》GB/T 8239—2014 强度等级：1.5、2.5、3.5、5、7.5、10	抗压强度	1. 抗压强度； 2. 外观质量尺寸偏差	以同一产地、同一规格不超过1万块为一验收批，不足者按一批计（注：施工时所用的小型空心砌块的产品龄期不应小于28d）	抗压强度5块；空心率3块；送样5~10块	从外观质量和尺寸偏检验均合格的产品中随机抽取试样
蒸压加气块混凝土砌块	《蒸压加气块混凝土砌块》GB/T 11968—2020；《砌体结构工程施工质量验收规范》GB 50203—2011	抗压强度 体积密度	1. 抗压强度； 2. 外观质量尺寸偏差； 3. 体积密度	以同一产地、同一规格、不超过1万块为一验收批，不足按一批计（注：试样制备应采用机锯或刀锯。沿制品膨胀方向中心部分上、中、下顺序锯取一组。上、下表面距离制品顶面、底面30mm，中块在正中间）	抗压强度9块；体积密度3块；送样9~12块	从外观质量和尺寸偏差；检验均合格的砌块中随机抽取试样

（四）监理实测实量

（1）随机选取处于砌筑阶段 2~4 套房作为砌筑工程的实测套房。户数最多的房型为必选。累计实测实量 10 个实测区。具体实测标准、方法见表 4-20。

砌体工程实测实量合格标准、测量方法　　　　　表 4-20

检测项目	测点分布	测量工具	合格标准	测量方法
表面平整度	每一面墙都可以作为1个实测区，优先选用有门窗、过道洞口的墙面。测量部位选择正手墙面	2m靠尺、楔形塞尺	[0，5]mm	1. 墙长度 $1.5 \leqslant L < 3m$ 时，同一面墙4个角中取左上及右下2个角。按45°角斜放靠尺，累计测2次表面平整度。 2. 墙长度 $L \geqslant 3m$ 时，按45°角斜放靠尺在墙边下坎上部和斜砖底部测2尺平整度外，还需在墙长度中间水平放靠尺测量1尺平整度；墙面有门窗、过道洞口的，在各洞口斜交测一次。 3. 墙长度 $L < 1.5m$ 时，不进行平整度测量

检测项目	测点分布	测量工具	合格标准	测量方法
垂直度	每一面墙都可以作为1个实测区，优先选用有门窗、过道洞口的墙面。测量部位选择正手墙面	2m靠尺	[0，5]mm	1. 墙长度 1.5 ≤ L<3m 时，同一面墙距两侧阴阳角约30cm位置，一尺顶端接触到上部砌体位置，二尺底端距离下部地面位置约30cm。墙体洞口一侧为垂直度必测部位。 2. 墙长度 L ≥ 3m 时，增加一尺在墙长度中间位置靠尺基本在高度方向居中。 3. 墙长度 L<1.5m 时，居中测一尺
方正度	同一面墙作为1个实测区，累计实测实量10个实测区	5m钢卷尺、吊线或激光扫平仪	[0，10]mm	砌筑前距墙体 30~60cm 范围内弹出方正度控制线，并做明显标识和保护；实测前需用5m卷尺或激光扫平仪对弹出的两条方正度控制线，以短边墙为基准进行校核，无误后采用激光扫平仪打出十字线或吊线方式，沿长边墙方向分别测量3个位置（两端和中间）与控制线之间的距离
砌筑工序无断砖、通缝、瞎缝；墙顶空隙的补砌挤紧或灌缝间隔不少于7d；不同基体镀锌钢丝网或耐碱玻纤网，基体搭接不小于100mm；挂网前墙体高低差部分采用水泥砂浆填补。砌体墙灰缝须双面勾缝	户内每一面砌体墙作为1个实测区，累计实测实量20个实测区。所选2套房中砌筑节点的实测区不满足20个时，需增加实测套房数。同一实测区，分别检查合格标准中的4个实测点是否符合合格标准；一个实测区有4个实测点。一个实测区作为该指标合格率的1个计算点	目测，5m钢卷尺，水泥钢钉、铁锤		采用目测、尺量、钉钉等方法；对于瞎缝，则每一个测区不同基体材料交接处的水平或竖向灰缝随机选取3点，如有两点或三点用铁锤和水泥钉钉穿，则该测项不合格
外门窗洞口尺寸偏差	同一外门或外窗洞口均可作为1个实测区，累计实测实量10个实测区	5m钢卷尺或激光扫平仪	[-10，10]mm	测量时不包括抹灰收口厚度，以砌体边对边，各测量2次门洞口宽度及高度净尺寸（对于落地外门窗，在未做水泥砂浆地面时，高度可不测）

（2）普通砌筑墙平整度测量、预留洞砌筑墙、预留洞砌筑墙测量分解图、普通砌筑墙垂直度测量、普通混凝土墙垂直度测量、门窗洞口测量示意图、方正度测量示意图、砌筑门窗洞口标高测量分别如图4-24~图4-33所示。

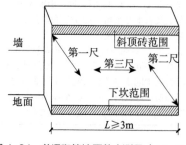

图4-24 普通砌筑墙平整度测量（L≥3m）

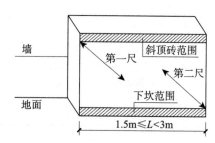

图4-25 普通砌筑墙平整度测量（1.5m ≤ L < 3m）

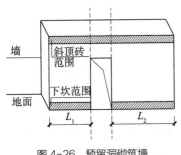

图 4-26　预留洞砌筑墙

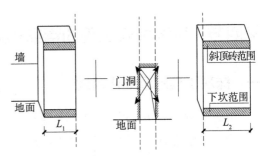

图 4-27　预留洞砌筑墙测量分解图

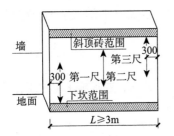

图 4-28　普通砌筑墙垂直度测量（$L \geqslant 3\text{m}$）

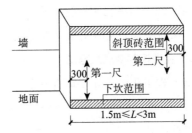

图 4-29　普通混凝土墙垂直度测量（$1.5\text{m} \leqslant L < 3\text{m}$）

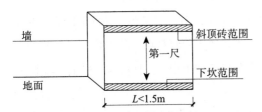

图 4-30　普通混凝土墙垂直度测量（$L < 1.5\text{m}$）

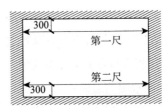

图 4-31　门窗洞口测量示意图

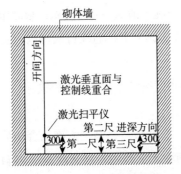

图 4-32　方正度测量示意图

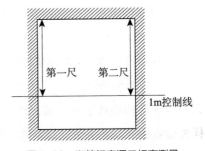

图 4-33　砌筑门窗洞口标高测量

第四节　装饰装修工程的精细化监理

一、抹灰工程的精细化监理

抹灰工程对主体工程与涂饰工程起着承上启下的作用，它是对主体工程细微瑕疵的一种美化，又是涂饰工程的基底，它决定着涂饰工程的观感是否美观。抹灰工程也是住宅类工程工程质量通病防治的重点，如何控制空鼓开裂，是各方共同控制的重点。

（一）监理控制程序

基层清理→封堵孔洞→管线开槽、配管→钉钢丝网→甩浆→打饼冲筋→监理验收→抹底层灰→抹面层灰→实测实量→观感检查→养护。

（二）监理控制要点及方法

专业监理工程师首先要审查方案，提出预防性要求。其次，要求施工单位工作完成后要先自检、互检、资料齐全，合格后再提请监理人员验收。

1. 事前控制

（1）抹灰在砌体工程完成后，并在主体验收（部分主体验收）后进行。

（2）抹灰用水泥、砂、防水粉等材料应先送检见证，取得合格报告。

（3）监理检查混凝土柱、剪力墙的对拉螺杆孔应先打凿、后填实，穿外墙的脚手架管必须全部清除，并分层用细石混凝土封堵严实，严禁使用碎砖封堵，单独作为工序报检。

（4）抹灰前检查墙上预留孔洞是否正确，墙面须清理干净，包括浮灰、粉尘、锯末等，并提前 1d 洒水湿润墙面。

（5）监理检查混凝土与墙体交接部位（墙体阴角、墙体根部与混凝土交接处除外），须钉钢丝网，钢丝网规格型号按设计文件要求验收，钉铁丝网前先把混凝土面清理干净，铁丝网应平整绷紧。

（6）监理检查混凝土表面须甩素水泥浆一道（抹灰施工前 3d 完成，先做样板后施工）。

（7）监理检查阳台、空调板等必须在抹灰打底子前，上下拉通线打灰饼以避免上下错位。

（8）所有阳角均须做水泥砂浆护角，护角宽度和高度按设计文件要求验收。

（9）实行样板引路制度。

监理要求在内墙抹灰施工前，施工单位先做好一套样板房，经三方确认合格后作为抹灰样板验收标准。新班组在抹灰前，抹灰班组必须在大面积施工展开前 3d，各自参照样板房先做好一套样板间，按要求安装开关线盒、水电给水点等，并报监理、业主方验收，并一致通过，该施工抹灰班组方可进行后续施工；如果该班组样板间验收不合格，该班组或其成员禁止在现场参与施工，否则将追究总包相应责任，工程量不予确认。

（10）经样板间验收通过的装饰抹灰班组，在进行大面积抹灰施工时，质量必须达到各自样板间要求，否则无条件返工。

（11）监理要求施工单位对班组施工质量必须实行"三检"制度。即施工班组自检（施工完成后 2d 内完成），并在成活的墙上盖自检标识印章，注明作业班组名称、施工时间、验收时间、验收意见；施工单位自检：由施工单位质检员组织（施工过程中或完成后 3d 内），质检员参加验收人员必须在验收表示牌上签署意见及签名（如不合格必须注明返工整改完成时间）；监理抽检（施工过程中或完成后 3d 内），监理根据过程检查或抽检结果，在表示牌上签署验收时间、意见、验收人并知会业主方，不履行上述程序业主方不予确认工程量。

2. 事中控制

（1）监理检查主体施工时，应控制墙面的平整度和垂直度符合要求。

（2）监理要求抹灰工程必须分层进行。当抹灰总厚度大于或等于 35mm 时，必须采取加强措施。不同材料基体交接处表面的抹灰，必须采取防止开裂的加强措施，当采用加强网时，加强网与各基体的搭接宽度不应小于 100mm。

（3）监理检查墙内安装各种箱柜，其背面露明部分应加钉钢丝网，与界面处墙面的搭接宽度应大于 100mm，抹灰前涂刷一层聚合物水泥浆或界面剂。

（4）抹灰完成后，养护不少于 7d。预拌砂浆或干粉砂浆的抹灰应按砂浆说明书及相关标准执行。

（5）监理检查抹灰应分两遍成活（抹灰厚度为 20mm），底层抹灰应平整密实；底层抹灰凝结后才能开始面层抹灰，要求底层抹灰无裂缝。完成底层抹灰后，报业主方监理现场人员验收后再进行面层施工。若抹灰层过厚（超过 20mm），则每遍抹灰厚度不得超过 15mm，并钉挂钢丝网，以防开裂，抹灰层凝结后应洒水养护不少于 3d。

（6）监理检查门窗洞口抹灰

1）塑钢门窗框（负框）安装完成，门窗框（负框）四周用防水砂浆找口，然后抹外层底子灰，外层底子灰完成后，门窗洞口周围与外墙砂浆之间预留凹槽（宽 10mm、深 5mm），用耐候硅酮密封胶封严。

2）内门洞周边应按业主方及门窗施工单位要求几何尺寸抹平、收光。

（7）内墙普通抹灰最常见质量问题及防治措施

空鼓表现为墙面抹灰局部产生脱离空鼓。我们分析它所产生的原因：如基层未清理干净或墙面过于光滑，与抹灰粘结不好；墙面或基层未浇水湿润，抹灰砂浆中的水分被很快吸去，造成脱水；砂浆配制不好，保水性、和易性差，与基层粘结不牢固；屋面或楼面现浇板由于模板支设不平整或其他原因，造成厚薄不匀，产生空鼓；门窗口与墙之间缝隙堵灰不严，造成门、窗洞边产生空鼓；水泥砂浆养护不好，早期脱水引起空鼓。

防治措施：认真做好基层处理，表面清理干净并应浇水湿润；混凝土墙面过于光滑应凿毛或加刷掺水泥重 20% 的 108 胶水泥浆一层；砂浆应保持良好的和易性和粘结强度；适当的掺石灰膏或塑化剂；现浇板整体和局部高低差在允许偏差范围内；门窗口与砖墙间的缝隙用砂浆堵严；面层养护不少于 7d。

裂缝、抹纹（具体现象为抹灰面出现纵向、横向或不规则裂缝或明显的抹纹）产生的原因：底子灰过重，未浇水湿润，罩面灰水分很快被吸去，压光时出现抹纹；若用多孔板，填灌不密实，起不到整体作用，受荷载后挑曲或受震动，沿板缝出现通常裂缝。

防治措施：抹罩面灰前应洒水湿润后再抹，并压实、压光；多孔板灌混凝土，应按规定操作，做好养护，使其起到整体作用，避免裂缝。

3. 事后控制

（1）凡经检查、复核不符要求的，通过监理联系单或监理工程师通知单，通知施工方进行跟踪整改，直至符合要求为止，必要时召开专题会议予以解决。

（2）发现严重质量事故隐患，安全事故隐患应及时向总监理工程师反映，由总监理工程师责令停工并采取应急措施避免进一步损失和危害。

（3）完成后的墙面，从次日开始做好墙面养护工作。

（4）完成后的墙面，阴角、阳角做好成品保护，防止污染、损坏现象。

（三）检测实验内容和要点

（1）水泥的见证取样按批进行检验和验收，每批重量不大于 60t。每批应由同一牌号、同一规格、同一厂家、同一交货状态的水泥组成。

（2）砂的见证取样方法及数量、代表批量应符合有关规定。

（3）监理对水泥、砂的取样、送样全过程旁站、跟踪，检验报告合格后方可签署准用意见。

（4）对复试不合格的水泥、砂应立即要求施工单位进行隔离并尽早退场。

（四）监理实测实量

1. 抹灰墙体表面平整度

（1）指标说明：反映层高范围内抹灰墙体表面平整程度。

（2）合格标准：[0，4] mm。

（3）测量工具：2m 靠尺、楔形塞尺。

（4）测量方法和数据记录。

1）实测区域合格率计算点：每一面墙作为一个实测区，累计 15 个实测区。所选 2 套房中砌筑节点的实测区不足 15 个时，需增加实测套房数。每一测区的实测值作为一个合格计算点。

2）测量方法：同一实测区内当墙面长度小于 3m，在同一墙面顶部和根部 4 个角中，取左下及右上 2 个角。按 45° 角斜放靠尺分别测 1 次。在距离地面 20cm 左右的位置水平测 1 次；当墙面长度大于 3m，在同一墙面 4 个角任选两个方向各测量 1 次，在墙长度中间位置增加一次水平测量，在距离地面 20cm 左右的位置水平测 1 次；所选实测区墙面优先考虑有门窗、过道洞口的，在各洞口 45° 斜交测一次，以上各实测值作为合格率的 1 个计算点，如图 4-34 所示。

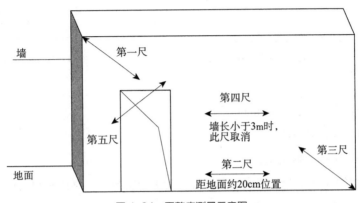

图 4-34　平整度测量示意图

3）数据记录：同一实测区，一个实测区作为该指标合格率的 1 个计算点。

2. 抹灰墙面垂直度

（1）指标说明：反映层高范围抹灰墙体垂直的程度。

（2）合格标准：[0，4] mm。

（3）测量工具：2m 靠尺。

（4）测量方法和数据记录。

1）实测区域合格率计算点：每一面墙作为一个实测区，累计 15 个实测区。所选 2 套房中实测区不满足 15 个时，需增加实测套房数。每一测区的实测值作为一个合格计算点。

2）测量方法：同一实测区内当墙面长度小于 3m，同一面墙距两端头竖向阴阳角约 30cm 位置，分别按以下原则实测两次：一是靠尺顶端接触到上部混凝土顶板位置时测 1 次垂直度，二是靠尺底端接触到下部地面位置时测 1 次垂直度。当所选墙面大于 3m 时，同一面墙距两端头竖向阴阳角约 30cm 和墙中间位置，分别按以下原则实测 3 次：一是靠尺顶端接触到上部混凝土顶板位置时测 1 次垂直度，二是靠尺底端接触到下部地面位置时测 1 次垂直度，三是在墙长度中间位置靠尺基本在高度方向居中时测 1 次垂直度。

3）数据记录：同一实测区，一个实测区作为该指标合格率的 1 个计算点。墙垂直度测量如图 4-35 所示。

3. 抹灰阴阳角方正

（1）指标说明：反映层高范围内抹灰墙体阴阳角方正程度。

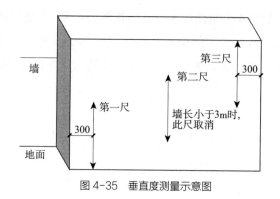

图 4-35　垂直度测量示意图

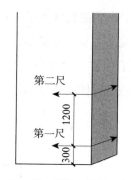

图 4-36　阴阳角测量示意

（2）合格标准：小于等于 4mm。

（3）测量工具：阴阳角尺。

（4）测量方法和数据记录：

1）每墙面的任意一个阴角或阳角均可作为 1 个实测区，累计实测实量 15 个实测区。所选 2 套房中实测区不足 15 个时，需增加实测套房数。

2）选取对观感影响较大的阴阳角，同一个部位，从地面向上 300mm 和 1500mm 位置分别测量 1 次。2 次实测值作为判断该实测指标合格率的 2 个计算点。阴阳角测量如图 4-36 所示。

4. 抹灰房间开间 / 进深偏差

（1）指标说明：选用同一房间内开间、进深实际尺寸与设计尺寸之间的偏差。

（2）测量工具：阴阳角尺。

（3）测量方法和数据记录：

1）每一个功能房间的开间和进深分别作为 1 个实测区，累计实测实量 6 个功能房的 12 个实测区。

2）同一实测区内按开间（进深）方向测量墙体两端的距离，各得到两个实测值，比较两个实测值与图纸设计尺寸，找出偏差的最大值，其小于等于 10mm 时合格；大于 10mm 时不合格。

3）所选 2 套房中的所有房间的开间和进深的实测区不满足 6 个时，需增加实测套房数。开间 / 进深测量如图 4-37 所示。

5. 抹灰户内门洞尺寸偏差

（1）指标说明：反映户内门洞尺寸实测值与设计值的偏差程度，避免出现"大小头"现象。

（2）合格标准：高度偏差 [-10，10]mm；宽度偏差 [-10，10]mm。

（3）测量工具：5m 钢卷尺。

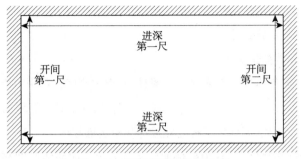

图 4-37　开间 / 进深测量示意图

（4）测量方法和数据记录：

1）每一个户内门洞都作为 1 个实测区，累计 10 个实测区。

2）实测前需了解所选套内各户内门洞口尺寸。实测前户内门洞口侧面需完成抹灰收口和地面找平层施工，以确保实测值的准确性。

3）实测最好在施工完地面找平层后，同一个户内门洞口尺寸沿宽度、高度各测 2 次。若地面找平层未做，就只能检测户内门洞口宽度 2 次。高度的 2 个测量值与设计值之间偏差的最大值，作为高度偏差的 1 个实测值；宽度的 2 个测量值与设计值之间偏差的最大值，作为宽度偏差的 1 个实测值；墙厚则左右、顶边各测量一次，3 个测量值与设计值之间偏差的最大值，作为墙厚偏差的 1 个实测值。每一个实测值作为判断该实测指标合格率的 1 个计算点，一个测区有三个实测值，一个实测点作为一个合格率计算点。

4）所选 2 套房中户内门洞尺寸偏差的实测区不满足 10 个时，需增加实测套房数。户内门洞测量如图 4-38 所示。

6. 抹灰外墙窗内侧墙体厚度极差

（1）指标说明：反映外墙窗内侧墙体厚度偏差程度，避免大小头现象，影响交付观感，同时提高收口面瓷砖集中加工的效率。

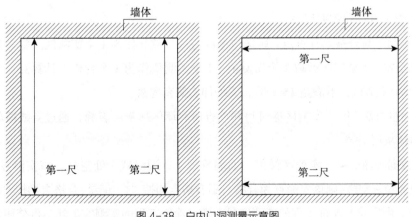

图 4-38　户内门洞测量示意图

（2）合格标准：[0，4]mm。

（3）测量工具：5m 钢卷尺。

（4）测量方法和数据记录：

1）任一樘外门窗都作为一个实测区。累计 20 个实测区，其中卫生间、厨房等四边瓷砖收口外窗实测区为 10 个，所选 2 套房实测区不满足 20 个时，需增加实测套房数。

2）实测时，外墙窗框等测量部位需完成抹灰或装饰收口。

3）外墙平窗框内侧墙体，在窗框侧面中部各测量 2 次墙体厚度和沿着竖向窗框尽量在顶端位置测量 1 次墙体厚度。这 3 次实测值之间极差值作为判断该实测指标合格率的 1 个计算点。

4）外墙凸窗框内侧墙体，沿着与内墙面垂直方向，分别测量凸窗台面两端头部位窗框与内墙抹灰完成面之间的距离。2 个实测值之间极差值作为判断该实测指标合格率的 1 个计算点。外墙窗内侧墙体厚度测量如图 4-39 所示。

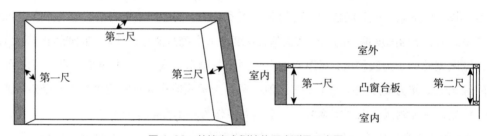

图 4-39　外墙窗内侧墙体厚度测量示意图

7. 裂缝/空鼓

（1）指标说明：反映户内墙体裂缝/空鼓的程度。

（2）合格标准：户内墙体完成抹灰后，墙面无裂缝、无直径超出 10cm 的空鼓。

（3）测量工具：目测、空鼓锤。

（4）测量方法和数据记录：

1）实测区与合格率计算点：所选户型内每一自然间作为 1 个实测区。每一自然间内所有墙体全检。1 个实测区取 1 个实测值。1 个实测值作为 1 个合格率计算点。所选 2 套房累计 15 个实测区，不满足 15 个时，需增加实测套房数。

2）测量方法：同一实测区通过目测检查所有墙体抹灰层裂缝，通过空鼓锤敲击检查所有墙体抹灰层空鼓。

3）数据记录：同一实测区任何一面墙发现 1 条裂缝或 1 处空鼓，该实测点不合格。如无裂缝或超标空鼓，则该实测点为合格。不合格点均按"1"记录,合格点均按"0"记录。

抹灰实测实量与涂饰工程的实测实量一致。涂饰工程的实测实量就不再赘述。

二、门窗工程的精细化监理

（一）监理控制程序

断桥铝合金窗安装的控制程序是：

根据复核窗洞口尺寸→进场检验→窗框上墙安装→检查校正→窗扇安装→检查玻璃组装→检查门窗扇安装→检查校正→抽检五金件安装→交验。

（二）监理控制要点及方法

1. 事前控制

（1）熟悉施工图、图纸会审记录和设计变更，掌握对门窗工程施工的技术要求。

（2）审查施工组织设计及门窗工程施工方案。

（3）检查施工单位门窗工程施工技术交底情况。

（4）检查施工单位人员准备情况是否满足施工要求。审查特种作业人员是否持证上岗以及证件的真实性、有效性。

（5）检查施工设备机具及测量工具是否能满足施工需要，审查其质量证明资料及性能检测报告是否符合规范要求，经监理工程师审定承包商提交的《施工设备进场报审表》后方可使用。

（6）对进场的各种施工材料（铝合金材料、门窗玻璃等），检查其出厂合格证及出厂检验报告并经外观检查合格后方可进场；按规定需要送检的应由施工单位在监理人员的见证下取样送检，合格后施工单位填报《工程材料进场报审表》，经监理工程师签署后方能投入使用。

2. 事中控制

（1）材料控制

1）检查铝型材壁厚及表面处理、玻璃的品种、规格、颜色及附件质量应符合设计要求。

2）检查建筑外门窗的品种、类型、规格、可开启面积应符合设计要求和相关标准的规定。

3）检查建筑门窗采用的玻璃品种应符合设计要求。

4）检查铝门窗的品种类型、规格尺寸、产品性能、开启方向、安装位置、防腐处理及填嵌、密封处理应符合设计要求和有关标准的规定。

（2）监理过程控制

1）钢副框安装

将垫块置放在下层墙上，注意测量标记。

将钢副框置放在窗洞内，向两侧移动校准在窗洞内的位置；校准下框的水平度，下框塞垫，同时调整与墙体连接处，以及墙面平均缝隙距离；注意上框的缝隙，在竖框上端，用固定框架。钢副框安装如图4-40所示。

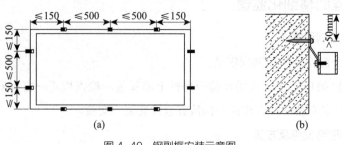

图 4-40 钢副框安装示意图

（a）附框固定点位置示意图；（b）附框固定点安装详图

2）铝合金窗框安装

将铝合金窗框置放于钢副框中，调整窗框于设计位置，在隔热型材的宽面自攻钉将铝合金窗框固定在钢副框上。检测和调整竖框与边缘的接触，使用水平仪，窗框的型材应平直，在使用自攻钉时不要使型材变形。

3）封边处理

墙体和钢副框之间缝隙填塞采用发泡胶，底部不允许用发泡，塞缝外侧采用复合型防水材料砂浆作防水层（本部分由土建完成）。

钢副框和铝合金框之间填充聚乙烯发泡密封胶，铝合金框和墙体装饰面之间内外收口处缝隙采用中性硅酮密封胶密封，其宽度及深度大于等于 6mm。铝合金主框在安装过程中要用塑料薄膜包裹，防止墙面喷涂造成主框面漆污染。

4）玻璃及窗扇的安装

铝合金窗框在钢副框中安装好后，在铝合金框与附框之间打注发泡胶，发泡胶修复后打注内外墙体胶，安装开启扇。在型材外侧玻璃扣处粘贴单面贴，进行玻璃及开启扇的安装，玻璃在加工厂已预制完成，每块玻璃都有标号图，按分格图上相应的标号位置将玻璃通过软性接触放在指定的位置框垫块上，调整玻璃的左右位置，使玻璃的左右的间隙基本一致，用扣条将玻璃固定在框架上。固定框的玻璃安装好后，平开窗是将开启扇通过铰链与固定在洞口的窗框连接。小的误差可做适当调整，情况严重的要卸下玻璃进行调整，检查窗扇与窗框的吻合是否均匀，如不均匀，在窗框的锁定侧进行校准。

5）打胶及清理

①玻璃板块安装后，检查整个板面是否横平竖直，检查合格后填塞泡沫棒进行打胶。

②分清洁板材间间隙，不应有水、油渍、灰尘等杂物，应充分清洁粘结面，加以干燥。

③打胶的厚度为缝宽度的 1/2。打胶必须均匀，连续饱满刮胶必须平滑。接头不留凹凸、纹路等缺陷。硅酮建筑密封胶在接缝内应两面粘结，不应三面粘结。

④转角及接头处连接顺畅且紧贴板边。在型材对接处应打注密封胶进行密封。

⑤打胶的厚度不应打得太薄或太厚。且胶体表面应平整、光滑，玻璃清洁无污物。封顶、

封边、封底应牢固美观、不渗水，封顶的水应向里排。

⑥打胶完毕后，应及时把污染板面的胶清理干净。

（3）检查监督施工单位按审批后的施工方案组织施工，不得擅自更改，确保施工技术措施可靠。

（4）设计变更涉及工程设计标准和标高变化等要征得建设单位同意。

（5）各种材料的品种、材质等级、规格、尺寸、框扇的线型应符合设计要求。

（6）加强工序控制，检查施工单位是否严格按照现行国家施工规范和设计图纸要求进行施工。监理工程师应经常深入现场检查施工质量，如发现有不按照规范和设计要求施工而影响工程质量时，应及时向施工单位负责人提出口头或书面整改通知，要求施工单位整改，并检查整改结果。当施工单位未经检查验收即进行下道工序施工、擅自采用未经认可的材料、擅自变更设计、出现质量下降等现象应及时下达整改通知，如不能按时整改将进行罚款或按规定下达暂停施工指令。

（7）门窗工程应对预埋件和锚固件进行验收。预埋件的数量、位置、埋设方式、与框的连接方式必须符合设计要求。隐蔽部位的防腐、填嵌处理必须做隐蔽验收记录。

（8）隐蔽工程检查：隐蔽工程完成后，首先由施工单位进行质量自检并经检查合格后，将隐蔽工程记录报送监理工程师，由监理工程师组织相关单位进行检查验收，达到合格经监理签字认可，进行下道工序施工。

（9）对于容易出现门窗渗漏等质量隐患，首先要求施工单位对窗洞口尺寸进行复核，对于尺寸每边偏差超过 2cm 的洞口，施工单位整改合格报监理检查合格后，对窗框进行安装固定，严禁用射钉枪进行固定。监理检查合格后，用发泡剂对四周进行施打，施工时应将外侧用木板进行临时封堵，使发泡剂饱满均匀，对于膨胀出的发泡剂微凝固时用手指进行回压，监理进行隐蔽验收后，再进行抹灰隐蔽，等待抹灰层干燥后在内外窗框与抹灰边在施打一遍密封胶，待密封胶干燥后，再进行涂料施工，这样可以确保不会发生渗漏等质量隐患。

3. 事后控制

（1）检查各工序施工过程质量记录资料及各种材料和试件的检测报告是齐全及符合要求。

（2）检查各分项工程的质量验收记录。

（3）检查各分项工程外观质量，存在的缺陷必须按施工规范的规定进行修整，合格后组织有关单位对分部分项工程进行检查验收并办理相关手续。

（4）会同建设、设计、质监等单位对门窗安装工程各重要施工工序进行验收并办理验收手续。

（5）门窗工程验收时应检查下列文件和记录：

1）门窗的施工图、设计说明及其他设计文件。

2）材料的产品合格证书、性能检测报告、进场验收记录和复验报告。

3）特种门及其附件的生产许可证文件。

4）隐蔽工程验收记录。

5）施工记录。

（6）门窗分项工程的检验批应按以下规定划分：

1）同一品种类型和规格尺寸的门，每50樘应划分为一个检验批，不足50樘也应划分为一个检验批。

2）同一品种类型和规格尺寸的窗，每100樘应划分为一个检验批，不足100樘也应划分为一个检验批。

3）也可根据施工及质量控制和验收的需要，以楼层部位或施工段安装的门窗，按品种类型和规格尺寸划分检验批。

（7）检查数量应符合以下规定：

1）门、高层建筑外窗：每个检验批应至少抽查10%，并不得少于6樘。

2）窗：每个检验批应至少抽查5%，并不得少于3樘。

3）一次抽检的门、窗中，如有1樘不合格，则应另外抽取双倍数量重新检验。如二次抽检的樘数中仍有1樘不合格，则该批门窗安装质量为不合格。

4）门窗工程应对下列材料及其性能指标进行复验。

建筑外墙金属窗的抗风压性能、空气渗透性能和雨水渗漏性能。

5）门窗工程应对下列隐蔽工程基础上进行验收。

①预埋件和锚固件。

②隐蔽部位的防腐、填嵌处理。

6）各分项工程的检验批应按下列规定划分：

①同一品种、类型和规格的金属门窗及门窗玻璃每100樘应划分一个检验批，不足100樘也应划分一个检验批。

②同一品种、类型和规格的特种门每50樘应划分为一个检验批，不足50樘也应划分一个检验批。

7）检查数量应符合下列规定：

①铝合金门窗及门窗玻璃每个检验批至少抽查5%，并且不得少于3樘，不足3樘时应全数检查；高层建筑物的外窗，每个检验批至少抽查10%，并且不得少于6樘，不足6樘时应全数检查。

②特种门每个检验批应至少抽查50%，并且不得少于10樘，不足10樘应全数检查。

③铝合金外窗全部安装完成后，需进行外窗防水性能验收。

8）当铝合金外窗完成后检查泄水孔是否畅通，同时按要求对铝合金外窗进行淋水试验。

9）外墙淋水试验记录和问题处理分为：第一次全面淋水和第二次全面淋水。

①第一次全面淋水持续时间不得少于4h，本次全面淋水必须进行，不能因下雨而中断或免除。

②第一次全面淋水具体布管和淋水等工作，各单位予以配合；应合理安排淋水时间，以便进行检查记录。

③淋水检验记录时间段至少包括开始淋水后4h，渗漏的点应做特别关注。

10）整改后淋水

①整改后淋水持续时间不得小于12h，不超过24h。

②淋水检查由渗漏责任单位负责布管、淋水等工作。

③淋水检查不限次数，直到监理单位确定相应问题已经彻底解决为止。

检查建筑外窗的抗风压性能、空气渗透性能和雨水渗透性能应符合设计要求和相关标准的规定。检验方法：核查质量证明文件、复验报告和抗风计算报告。

（三）检测实验内容和要点

进入施工现场的原料型材，对其性能进行见证取样送检复验。检验方法见表4-21。

原材料型材见证送检检验方法 表4-21

序号	样品名称	取样方法		送检要求	取样批量规定
		规格	数量		
1	建筑铝合金型材	每种规格	3段、每段500mm	同批的各种规格型材送检不少于一组，试样不得在同一根型材上截取，表面不得有刻痕、被腐蚀、碰撞、缺损的缺陷，同时，需附有型材合格证、销售单位的检测报告及设计对各种型材的壁厚要求	产品应成批提交验收，每批由同一牌号、状态、规格、同一表面处理方式的型材组成，批重不限
2	建筑外窗水密性、气密性、抗风压性能试验	同一窗型、规格尺寸	三樘	试件应为生产厂按所提供的图样生产的合格产品。不得附有任何多余的零件或采用特殊的组装工艺或改善措施；试件镶嵌应符合设计要求；试件必须按照设计要求组合、装配完好，并保持清洁、干燥。试件要求安装在镶嵌框上，镶嵌框应具有足够的刚度，采用材料为铝型材或型钢，镶嵌框型材短边宽度为25mm左右，型材长边稍大于或等于试件型材的长边宽度，相邻两边应附加斜向连接以增加镶嵌框的刚度。试件应符合内外立面图、各装配节点剖面图。委托单中应填写各主要型材、配件生产厂家、产品型号规格等资料，并附上其合格证、扛风压性能、水密性能、气密性能工程设计值	检验批按一下规定划分：同一品种类型和规格尺寸的窗，每100樘应划分为一个检验批，不足100樘也应划分为一个检验批，也可根据施工及质量控制和验收的需要，以楼层部位或施工段安装的窗，按品种类型和规格尺寸划分检验批。检查数量应符合以下规定：每个检验批应至少抽查5%，并不得少于3樘。高层建筑（10层及10层以上的住宅建筑和建筑物高度超过24m的公共建筑）的外窗，每个检验批应至少抽查10%，并不得少于6樘

（四）监理实测实量

铝合金门窗框正面垂直度：

（1）指标说明：反映铝合金（或塑钢）门窗框垂直程度。

（2）测量前置条件：整层门窗框安装完成后 5d 内完成实测工作，严禁提前塞缝。

（3）允许偏差：[0，2.5]mm。

（4）测量工具：2m 靠尺，如 2m 靠尺过高不易定位，可采用反面靠尺或 1m 靠尺检查（1m 靠尺允许偏差减半）。

（5）实测范围：每户，每樘门窗。

（6）检查方法：用靠尺分别测量每一樘铝合金门或窗两边竖框垂直度。

（7）计数方法：取 2 个实测值中的最大值，作为该实测指标合格率的 1 个计算点。

（8）示例：铝合金门窗框正面垂直度检查方法如图 4-41 所示。

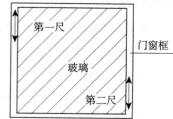

图 4-41　铝合金门窗框正面垂直度检查方法

三、吊顶工程的精细化监理

吊顶工程分为暗龙骨吊顶工程和明龙骨吊顶工程。两者骨架一般为轻钢龙骨、铝合金龙骨、木龙骨；饰面材料，暗龙骨为石膏板、金属板、矿棉板、木板、塑料板、格栅。

（一）监理控制程序

吊顶的饰面材料众多，下面就以纸面石膏板和矿棉板为例来简述监理控制程序。

检查基层清理→复核弹线→检查吊筋安装→检查主龙骨安装→检查边龙骨安装→监理验收→检查弱电、综合布线敷设→监理隐蔽验收→检查安装次龙骨及矿棉板（纸面石膏板）→成品保护→分项验收。

（二）监理控制要点及方法

对吊顶施工过程监理应采取巡视、检查和发布指令等监理工作方法进行质量控制，并从事前、事中和事后制定针对性的监理控制措施。

1. 事前控制措施

检查确认工程中进场的主要材料：

（1）饰面材料的材质、品种、规格、图案和颜色应符合设计要求。

（2）吊杆、龙骨的材质、规格应符合设计要求。

（3）人造木板的甲醛含量复检应合格。

2. 事中控制措施

监理要经常巡视巡视、检查：

（1）按每道工序先做样板，样板通过后再进行大面积施工。

（2）龙骨及吊杆是否损坏。

（3）用手扳的方法检查吊杆和龙骨的安装是否牢固。

（4）主龙骨有无明显弯曲，次龙骨连接处无明显错位。

（5）使用手扳的方法，检查连接件是否拧紧、夹牢。

（6）监理要经常、巡视检查：金属吊杆、龙骨的接缝应均匀一致，角缝应吻合，表面应平整，无翘曲、锤印。木质吊杆、龙骨应顺直、无劈裂变形。

（7）用手扳的方法检查吊顶饰面的安装应牢固。

（8）监理要经常巡视、检查木龙骨和木饰面板是否已进行防火处理；金属吊杆、龙骨是否进行防腐处理。

（9）监理要经常巡视、检查吊顶表面是否平整，是否有污染、折裂、缺棱、掉角、锤伤等缺陷。

（10）监理要使用检测工具检查，罩面板、吊顶安装尺寸是否在允许偏差范围内。

3. 事后控制措施

（1）吊顶工程施工结束后，监理应在施工单位自检合格并提交吊顶分项、分部工程验收报告后对吊顶的罩面板、吊顶安装质量进行验收。

（2）吊顶工程验收后，监理应把存在的质量问题签发给施工单位责成其进行整改。

（3）吊顶工程验收合格后，监理出具吊顶分顶工程分段验收评估意见，办理正式吊顶分项工程质量验收证明单备案。

（三）监理实测实量

顶棚（吊顶）水平度极差：

（1）指标说明：考虑实际测量的可操作性，选取同一房间顶棚（吊顶）四个角点和一个中点距离同一水平基准线之间极差的最大值作为实测指标，以综合反映同一房间顶棚（吊顶）的平整程度。

（2）合格标准：小于等于10mm。

（3）测量工具：激光扫平仪、具有足够刚度的5m钢卷尺（或2m靠尺、激光测距仪）。

（4）测量方法和数据记录

1）实测区：每一个功能房间作为1个实测区，累计实测实量8个实测区。所选2套房中实测区不满足8个时，需增加实测套房数。

2）测量方法及合格率计算：使用激光扫平仪，在实测房间内打出一条水平基准线。同一顶棚（吊顶）内距天花线30cm位置处选取4个角点，以及板跨几何中心位（若板单侧跨度较大可在中心部位增加1个测点），分别测量出与水平基准线之间的5个垂直距离。以最低点为基准点，计算另外四点与最低点之间的偏差，最大偏差值小于等于15mm时，

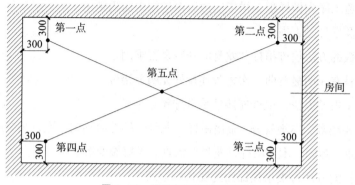

图 4-42　吊顶水平度测量示意图

5 个偏差值（基准点偏差值以 0 计）的实际值作为判断该实测指标合格率的 5 个计算点。最大偏差值大于 15mm 时，5 个偏差值均按最大偏差值计，作为判断该实测指标合格率的 5 个计算点。吊顶水平度测量如图 4-42 所示。

四、涂饰工程的精细化监理

涂饰乳液型涂料、无机涂料、水溶性涂料等水性类型的选用，应符合设计要求。材料进场时应有产品合格证书、性能检测报告及进场验收记录，对进场涂料的复试按有关规定进行，并经试验鉴定合格后方可使用。超过出厂保质期的涂料应进行复验，复验达不到质量标准不得使用。

（一）监理控制程序

涂料的种类众多，分为水性涂料和油性涂料等，下面就以水性涂料为例来简述监理控制程序：

检查基层处理→检查腻子修补→检查刮腻子→检查施涂第一遍乳液薄涂料→监理检查验收→检查施涂第二遍乳液薄涂料→监理检查验收。

（二）监理控制要点及方法

1. 事前控制

（1）在熟悉施工图设计文件的基础上，组织召开施工图交底会，由设计人员进行介绍和说明，施工人员和监理工程师对存在的问题提出意见，并经设计人员认可后方可有效。

（2）审查施工技术工人资格，符合要求的由监理工程师认可后方可施工。

（3）组织讨论和审查有关溶剂型涂料涂饰工程的施工组织设计和施工技术方案，并在监理工程师认可后方可实施。监督施工单位进行技术交底。

2. 事中控制

（1）监理工程师对溶剂型涂料涂饰工程的施工采用巡视、平行检查相结合的方式进行检查验收。

（2）在施工时，监理工程师应监督施工人员密切配合做好基体或基层、设备、管道预埋和洞口的预留施工，即时检查并签认相关隐蔽工程签证。

（3）对施工企业不按照施工质量验收规范施工的必须坚决制止，并责令改正，必要时下发《监理工程师通知书》责令改正。

（4）乳液薄涂料适用于丙烯酸酯涂料、聚氨酯丙烯酸涂料、有机硅丙烯酸涂料等溶剂型涂料涂饰工程。

（5）基层处理：首先将墙面等基层上起皮、松动及鼓包等清除凿平，将残留在基层表面上的灰尘、污垢、溅沫和砂浆流痕等杂物清除扫净。

（6）修补腻子：用水石膏将墙面等基层上磕碰的坑凹、缝隙等处分遍找平，干燥后用1号砂纸将凸出处磨平，并将浮尘等扫净。

（7）刮腻子：刮腻子的遍数可由基层或墙面的平整度来决定，一般情况为三遍，腻子的配合比为重量比，有两种，一是适用于室内的腻子，其配合比为：聚醋酸乙烯乳液（即白乳胶）：滑石粉或大白粉=1:5；二是适用于外墙、厨房、厕所、浴室的腻子，其配合比为：聚醋酸乙烯乳液：水泥：水=1:5:1。具体操作方法为：第一遍用胶皮刮板横向涂刮，一刮板接着一刮板，接头不得留槎，每刮一刮板最后收头时，要注意收得要干净利落。干燥后用1号砂纸磨，将浮腻子及斑迹磨平磨光，再将墙面清扫干净。第二遍用胶皮刮板竖向涂刮，所用材料和方法同第一遍腻子，干燥后用1号砂纸磨平，并清扫干净。第三遍用胶皮刮板找补腻子，用钢片刮板满刮腻子，将墙面等基层刮平刮光，干燥后用细砂纸磨平磨光，注意不要漏磨或将腻子磨穿。

（8）施涂第一遍乳液薄涂料：施涂顺序是先刷顶板后刷墙面，刷墙面时应先上后下。先将墙面清扫干净，再用布将墙面粉尘擦净。乳液薄涂料一般用排笔涂刷，使用新排笔时，注意将活动的排笔毛去掉。乳液薄涂料使用前应搅拌均匀，适当加水稀释，防止头遍涂料因过稠施涂不开，涂刷不匀。干燥后复补腻子，待复补腻子干燥后用砂纸磨光，并清扫干净。

（9）施涂第二遍乳液薄涂料：操作要求同第一遍，使用前要充分搅拌，如不是很稠，不宜加水或尽量少加水，以防露底。漆膜干燥后，用细砂纸将墙面小疙瘩和排笔毛打磨掉，磨光后清扫干净。

3. 事后控制

溶剂型涂料涂饰工程分普通涂料涂饰和高级涂料涂饰，当设计无要求时，按普通涂料涂饰验收。

（1）溶剂型涂料涂饰工程检验批的划分应符合《建筑装饰装修工程质量验收标准》GB 50210—2018。

（2）溶剂型涂料涂饰检验批、分项工程质量评定应符合《建筑装饰装修工程质量验收标准》GB 50210—2018。

（3）检验批、分项工程的验收必须具备的质量控制资料。

1）施工图及设计变更文件。

2）材料的产品合格证、性能检测报告、进场验收记录。

3）施工记录；检验批、分项工程质量验收记录。

五、饰面板（砖）工程的精细化监理

面层与下一层的结合（粘结）应牢固，无空鼓。砖面层的表面应洁净、图案清晰，色泽一致，接缝平整，深浅一致，周边顺直、无裂纹、掉角和缺楞等缺陷。饰面砖铺贴前应在基层面上刷一道水灰比为1：2的素水泥浆。饰面砖铺砌应符合设计要求，钩缝和压缝应采用同品种、同强度等级、同颜色的水泥，并做好养护和保护。

（一）监理控制程序

外墙饰面砖、内墙饰面砖及踢脚的监理控制程序：

检查基层处理→检查吊垂直、套方→检查弹线分格→检查排砖→检查浸砖→检查镶贴面砖→检查面砖勾缝与擦缝→监理验收。

（二）监理控制要点及方法

1. 事前控制

（1）审核施工组织审计（或方案），并督促施工单位按照已审核的施工方案组织施工。

（2）审核施工单位的安全生产许可证和审核应急预案。

（3）脚手架搭设应有专项施工方案，并经审核同意后进行搭设。脚手架搭设必须牢固可靠，安全网挂设、踢脚板设置应符合相关规定及符合规范要求。

（4）督促施工单位做好施工现场的防火工作，按需要设置灭火器具。

（5）组织图纸会审，使施工单位明确设计意图，避免出现施工失误现象而导致返工。

（6）督促施工单位做好工程材料进场报验和材料送检工作，坚持不合格材料不准用于工程的原则。

（7）坚持工程报验制度，未经报验不得进入下道工序。

（8）施工前，检查施工单位应按厂牌、品种、规格和颜色进行分类选配，避免和减少饰面砖的色差问题。

（9）检查饰面砖应表面平整、边缘整齐，堆放在指定地点，并采用塑料花布覆盖，棱角不得损坏，并应有产品合格证。

2. 事中控制

（1）铺设饰面砖时，其水泥类基层的抗压强度不得小于1.2MPa。

（2）饰面砖的镶贴形式和接缝宽度应符合设计要求。如设计无要求时可做样板，以决定镶贴形式和接缝宽度，做好样板经业主及监理确认后方可进行全面施工。

（3）饰面砖的结合和填缝采用水泥砂浆，应符合下列规定：

1）配制水泥砂应采用硅酸盐水泥、普通硅酸盐水泥或矿渣硅酸盐水泥；其水泥强度等级不宜低于 32.5 级。

2）饰面砖铺贴前应在基层面上刷一道水灰比为 1∶2 的素水泥浆。

3）饰面砖铺砌应符合设计要求，当设计无要求时，宜避免出现板块小于 1/4 边长的边角料。

4）钩缝和压缝应采用同品种、同强度等级、同颜色的水泥，并做好养护和保护。

5）面层与下一层的结合（粘结）应牢固，无空鼓。

6）砖面层的表面应洁净、图案清晰，色泽一致，接缝平整，深浅一致，周边顺直、无裂纹、掉角和缺棱等缺陷。

（4）检查饰面砖应镶贴在湿润、干净的基层上，并应根据不同的基体，先进行相应的处理后再进行镶贴。

（5）饰面砖镶贴前应先选砖预排，以使拼缝均匀。在同一墙面上的横竖排列，不宜有一行以上的非整砖。非整砖行应排在次要部位或阴角处。

3. 事后控制

（1）检查所用工程材料的产品合格证或试验报告，特别对工程中所使用的水泥，应检查测试报告。

（2）检查砂浆试块检测报告。

（3）检查饰面砖抗拔试验报告。

（4）工程资料均应收集、整理存档。工程资料填写应安排专人负责实施。

（三）监理实测实量

1. 饰面板（砖）工程

（1）表面平整度（墙面饰面砖工程）

指标说明：反映层高范围内饰面砖墙体表面平整程度。

合格标准：小于等于 3mm。

测量工具：2m 靠尺、楔形塞尺。

测量方法和数据记录：

每一套房内厨房、卫生间、阳台或露台的同一面墙都可以作为 1 个实测区。

各墙面顶部或根部 4 个角中，取左上及右下 2 个角按 45° 角斜放靠尺分别测量 1 次。2 次测量值作为判断该实测指标合格率的 2 个计算点。

所选 2 套房中表面平整度的实测区不满足 6 个时，需增加实测套房数。平整度测量如图 4-43 所示。

（2）垂直度（墙面饰面砖工程）

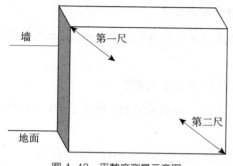

图 4-43　平整度测量示意图

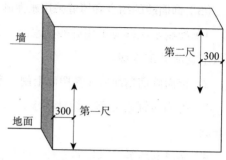

图 4-44　垂直度测量示意图

指标说明：反映层高范围饰面砖墙体垂直的程度。

合格标准：瓷砖墙面小于等于 2.0mm；石材墙面小于等于 3.0mm。

测量工具：2m 靠尺。

测量方法和数据记录：

1）每一套房内厨房、卫生间的同一面墙都作为 1 个实测区。

2）实测值主要反映饰面砖墙体垂直度，应避开墙顶梁、柱子突出部位。

3）每一个实测区测量 2 个点，其实测值作为判断该实测指标合格率的 2 个计算点。

4）所选 2 套房中垂直度的实测区不满足 6 个时，需增加实测套房数。垂直度测量如图 4-44 所示。

（3）方正度

指标说明：反映层高范围内饰面砖墙体阴阳角方正程度。

合格标准：小于等于 3mm。

测量工具：阴阳角尺。

测量方法和数据记录：

1）房内厨房、卫生间、阳台 / 露台的每一个阴角或阳角都可以作为 1 个实测区。

2）一个阴角或阳角实测区，按 300mm、1500mm 分别测量 1 次。2 次测量值作为判断该实测指标合格率的 2 个计算点。

3）所选 2 套房不能满足阴阳角方正的 6 个实测区时，需增加实测套房数。阴阳角方正测量如图 4-45 所示。

（4）接缝高低差（墙面饰面砖工程）

指标说明：该指标反映墙面两块饰面砖接缝处相对高低偏差的程度，主要反映观感质量。

合格标准：小于等于 0.5mm。

测量工具：钢尺或其他辅助工具（平直且刚度大）、钢塞片。

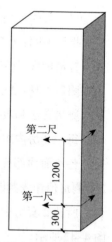

图 4-45　阴阳角方正测量示意图

测量方法和数据记录：

该指标宜在装修收尾阶段测量。每一套房内厨房、卫生间、阳台或露台的墙面都可以作为1个实测区。在每一饰面砖墙面，目测选取2条疑似高低差最大的饰面砖接缝。用钢尺或其他辅助工具紧靠相邻两饰面砖跨过接缝，用0.5mm钢塞片插入钢尺与饰面砖之间的缝隙。如能插入，则该测量点不合格；反之则该测量点合格。2条接缝高低差的实测值，分别作为判断该实测指标合格率的2个计算点。为数据统计方便和提高实测效率，不合格点均按0.7mm记录，合格点均按0.3mm记录。所选2套房不能满足接缝高低差的6个实测区时，需增加实测套房数。

（5）裂缝/空鼓（墙面饰面砖工程）

指标说明：反映户内厨房、卫生间等墙面饰面砖工程裂缝/空鼓的程度。

合格标准：饰面砖墙面无裂缝、空鼓。

测量工具：目测、空鼓锤。

测量方法和数据记录：

1）实测区与合格率计算点：所选户型内有饰面砖墙面的厨房、卫生间等每一自然间作为1个实测区。

2）测量方法：实测时，需完成贴砖工程。通过目测检查裂缝，空鼓锤敲击检查空鼓。

3）数据记录：所选同一实测区只要发现有1条裂缝或通过空鼓锤敲击发现有1处空鼓就可以认为该实测区的1个实测点不合格。反之，则该实测区1个实测点为合格。不合格点均按"1"记录，合格点均按"0"记录。

2. 地面饰面砖工程

（1）表面平整度（地面饰面砖工程）

指标说明：反映饰面砖地面平整程度。

合格标准：瓷砖地面小于等于2.0mm；石材地面小于等于1.0mm。

测量工具：2m靠尺、楔形塞尺。

测量方法和数据记录：

1）地漏的汇水区域不测饰面砖地面表面平整度。

2）每一功能房间饰面砖地面都可以作为1个实测区。

3）每一功能房间地面（不包括厨卫间）的4个角部区域，任选两个角与墙面夹角45度平放靠尺共测量2次。客餐厅或较大房间地面的中部区域需加测1次。这2或3次实测值作为判断该实测指标合格率的2或3个计算点。

4）每一个厨/卫间地面共测量2次，其实测值分别作为判断该实测指标合格率的2个计算点。

5）所选2套房不能满足地面饰面砖表面平整度的6个实测区时，需增加实测套房数。

地砖表面平整度测量如图 4-46 所示。

（2）接缝高低差（地面饰面砖工程）

指标说明：该指标反映地面两块饰面砖接缝处相对高低偏差的程度，主要反映观感质量。

合格标准：小于等于 0.5mm。

测量工具：钢尺或其他辅助工具（平直且刚度大）、钢塞片。

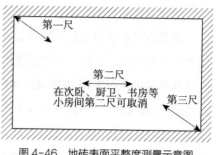

图 4-46　地砖表面平整度测量示意图

测量方法和数据记录：

1）该指标宜在装修收尾阶段测量。

2）每一功能房间饰面砖地面都可以作为 1 个实测区。

3）在每一饰面砖地面，目测选取 2 条疑似高低差最大的饰面砖接缝。用钢尺或其他辅助工具紧靠相邻两饰面砖跨过接缝，用 0.5mm 钢塞片插入钢尺与饰面砖之间的缝隙。如能插入，则该测量点不合格；反之则该测量点合格。2 条接缝高低差的测量值，分别作为判断该实测指标合格率的 2 个计算点。

4）为数据统计方便和提高实测效率，不合格点均按 0.7mm 记录，合格点均按 0.3mm 记录。

5）所选 2 套房不能满足地面饰面砖表面接缝高低差 6 个实测区时，需增加实测套房数。地砖接缝高低差测量如图 4-47 所示。

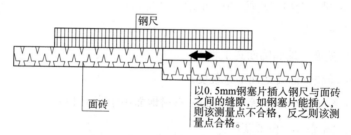

图 4-47　地砖接缝高低差测量示意图

（3）裂缝／空鼓（地面饰面砖工程）

指标说明：反映户厨房、卫生间、走道等地面饰面砖工程裂缝／空鼓的程度。

合格标准：饰面砖地面无裂缝、空鼓（单块砖边角局部空鼓，且每自然间不超过总数 5% 可不计）。

测量工具：目测、空鼓锤。

测量方法和数据记录：

1）实测区与合格率计算点：所选户型内有饰面砖地面的每 1 个自然间，如厨房、卫生间、走道等，都作为 1 个实测区。

2）测量方法：实测时，厨房和卫生间户内墙面测量部位需完成贴砖工程。同一实测区通过目测、空鼓锤敲击方式，检查是否符合合格标准。

3）数据记录：所选同一实测区只要发现有 1 条裂缝，或空鼓不符合第 2 条要求，可以认为该实测区的 1 个实测点不合格。反之，则该实测区 1 个实测点为合格。不合格点均按"1"记录，合格点均按"0"记录。

六、幕墙工程的精细化监理

幕墙施工监理工作监控重点：幕墙所选用的材料；主体结构与幕墙连接节点安装及防腐处理；幕墙立柱与横梁连接节点安装及防腐处理；幕墙的防火、保温安装；幕墙伸缩缝、沉降缝、防震缝及转角节点的安装；幕墙防雷接地节点的安装；幕墙的封口安装。

（一）监理控制程序

复核放线→检查连接件安装→检查主龙骨安装→检查次龙骨安装→检查铝挂件安装→检查石材（玻璃）安装→验收。

（二）监理控制要点及方法

1. 事前控制

（1）核查承包方幕墙施工资质。

（2）熟悉承包方有关幕墙工程施工技术方案。

（3）应有建筑设计单位对幕墙工程设计的确认文件。

（4）幕墙工程所用各种材料、构件、组件的合格证书，进场验收记录、材料复验报告。

（5）施工前应进行单元组件的抗风压性能，空气渗透性能，雨水渗透性能，及平面变形性能检测。

（6）预埋件的验收，后置埋件应做现场抗拔强度检测。

（7）硅酮结构胶认定证书和抽查合格证明，进口硅酮结构胶商检证，硅酮结构胶相容性和剥离粘结试验报告。

2. 事中质量控制

（1）材料进场时，要把材料关，严格材料、构配件进场申报和见证抽样复检规定，不合格或过期材料，书面通知限期撤出现场。对于玻璃幕墙材料，进场时检查标志，在幕墙明显部位标明下列标志：

1）制造厂厂名。

2）产品名称和标志。

3）制作日期和标志。

4）包装箱上应有明显的"怕湿""小心轻放""向上"等标志，其图形应符合《包装储运图示标志》GB/T 191—2008 的规定。

（2）包装

1）幕墙部位应使用无腐蚀作用的材料包装。

2）包装箱应有足够的牢固程度，以能保证在运输过程中不会损坏。

3）装入箱内的各类部件应保证不会发生相互碰撞。

（3）运输

1）部件在运输过程中应保证不会发生相互碰撞。

2）部件搬运时应轻放，严禁摔、扔、碰撞。

（4）储存

1）部件应放在通风、干燥的地方，严禁与酸碱等类物质接触，并要严防雨水渗入。

2）部件不允许直接接触地面，应用不透水的材料在部件底部垫高 100mm 以上。上述材料进场要求要切实执行，有哪方面不合要求的决不允许材料进场。

3）检验建筑设计单位对幕墙工程设计的确认文件。审查施工技术方案和单元组件的性能试验报告。发现问题，通知承包方改正完善。

4）在现场发现幕墙与主体结构连接的预埋件，位置不准确、不牢固。建议承包方采取相应的措施主要是：检查主体结构预埋件与幕墙施工图要求是否相符等。如须加设后置埋件，应做好抗拔试验。承包方接受意见并按要求执行，该问题得到较好地解决。

5）墙在安装时，监理在旁站监督，确保玻璃与构件不会直接接触。玻璃四周与构件凹槽底部应保持一定的空隙，每块玻璃下部应至少放置两块宽度与槽口宽度相同，长度不小于 100mm 的弹性定位垫块。这方面施工单位可以做到。

3. 事后控制

（1）玻璃幕墙的检验，幕墙的检验规则是在每道主要工序完成后进行检验，只有合格的半成品才能进入下道工序，这样来保证最终产品的质量。

（2）按隐框幕墙生产过程特点，要进行两次中间检验和一次竣工检验。两次中间检验为框格体系中间检验与结构玻璃装配组件制作中间检验。隐框幕墙合格的前提是型式实验合格。

（3）框格体系的中间检验

框格体系的中间检验在立挺、横梁及设计中规定的辅助杆系全部安装完毕、结构装配组件安装前进行。对立挺、横梁间距、立挺垂直度，立挺同一表面内位置度，弧形幕墙立挺外表面与理论定位位置差，每个单位工程每次抽查 10 处。对分格对角线长度差，抽查 5% 的分单元。抽查的全部项目偏差符合优等品的标准评为优等品；符合一等品的标准评为一等品；符合合格品标准的评为合格品，其中如 10% 的点按合格品超差在 20% 以内且不影响使用或下道工序使用的也可评为合格品。

（4）结构玻璃装配组件中间验收

结构玻璃装配组件中间验收在组件制作完毕、胶缝固化期满时进行，只有验收合格的组件才能出厂上墙安装。

对结构玻璃装配组件要 100% 进行外观检验，在制造过程中按随机原则，每 100 樘制作两个剥离试样，两个切开试样，每超过 100 樘及其尾数加做一个试样。对试样按时进行试验，在切开试验、剥落实验合格的前提下，检查的项目全部达到优等品的标准评为优等品；达到一等品的标准评为一等品；符合合格品标准的评为合格品，其中如 10% 的点按合格品超差在 20% 以内且不影响使用的也可评为合格品。

（5）竣工验收

隐框幕墙在结构玻璃装配组件安装完毕、填缝结束、全部清洗工作完成后进行竣工验收。竣工时每单位工程抽查 10 处，所抽查点全部合格，且两次中间验收均评为优等品的，评为优等品；两次中间验收一次评为优等品，一次评为一等品，或两次中间验收均评为一等品的，评为一等品；两次中间验收一次评为合格品，另一次评为优等品或一等品，或两次中间验收均评为合格的，评为合格品。

（三）检测实验内容和要点

幕墙材料检测复试规定见表 4-22。

幕墙材料检测复试规定　　　　　　　　　　　　　　　　　　表 4-22

序号	材料名称	试验项目	取样单位	取样	取样方法	摘自规范
1	阳极铝合金建筑型材	抗拉强度、屈服强度伸长率、化学成分、氧化膜厚度、封孔质量、氧化膜颜色、色差	同一牌号、状态、规格、同一表面处理方式的型材组成为一批	每批取 2 根型材，每根取 1 个试样	随机	GB/T 5237.1—2017 GB/T 5237.2—2017
2	氟碳漆喷涂铝合金建筑型材	化学成分，室温力学性能，尺寸偏差，外观质量，涂层厚度，光泽，颜色和色差，硬度，附着力和耐冲击性	同一牌号、状态、规格、同一表面处理方式的型材组成为一批	每批取 2 根型材，每根取 1 个试样	随机	GB/T 5237.1—2017 GB/T 5237.5—2017
3	硅酮结构密封胶	相容性、拉伸粘结性、下垂度、挤出性、适用期、表干时间、邵氏硬度	连续生产时每 3t 为一批，间断生产时，每釜投料为一批	应满足检验需用量	随机	GB 16776—2015
4	硅酮建筑密封胶	相容性、定伸粘结性、适用期、表干时间、流动性	单组以同一等级、同一类型的 3000 支产品为一批	≤ 1200 支取 3 支 1201~3000 支取 5 支	随机	GB/T 14683—2017
6	花岗石	弯曲强度	350 × 100 × 30 10 块			GB/T 18601—2009
		吸水率、体积密度、干燥压缩强度	30 立方体 20 块			

续表

序号	材料名称	试验项目	取样单位	取样	取样方法	摘自规范
7	不锈钢连接螺栓	拉力试验（最小拉力荷载）	同一规格为一批	每批取8只	随机	GB/T 3098.1—2010
8	预埋件钢筋T形接头	拉伸试验	300件同类型预埋件为一批	3个试件	随机	JGJ 18—2012
9	槽式埋件	拉拔试验		3个试件		
10	锚栓	拉拔试验	同一规格为一批	3只		

七、地面工程的精细化监理

监督施工单位严格按设计和规范要求施工，控制本工程项目地面工程的施工质量，保证地面工程按质按量如期完成，并能与后续工序顺利交接。

（一）监理控制程序

施工单位施工准备报审表→监理检查施工准备报业主→施工单位实施施工自检→监理平行检查隐蔽部位旁站→施工完成自检自评报监理→监理组织验收。

（二）监理控制要点及方法

1. 事前控制

（1）掌握和熟悉有关楼地面工程的质量控制文件和资料，即熟悉监理合同、承包合同、设计图纸。布置不合理的现象，并予与协调解决。

（2）对承包单位资质进行审核

1）审查企业注册证明和资质等级，要求交验有关证明（复印件）。

2）主要施工经历或业绩。

3）技术力量情况。

4）施工机具、设备情况。

5）对近期已完成或在建工程进行实绩考察。

6）资金或财务状况。

7）对承包单位选择的分包单位，必须按规定审查、认证，符合条件方允许进场施工。

8）对施工方的技术工种、上岗证进行审核。

9）审核楼地面工程开工申请报告。

10）施工组织设计应按施工规范要求，编制有保证施工安装质量的技术措施和施工工艺流程。

11）根据提交的开工申请报告，审查是否已具备开工条件，审核标准应以施工方案、现场施工准备情况、各种开工手续是否齐全，来确定是否同意开工。

12）地面与楼面各层所用的材料拌合料和制品的种类、规格、配合比、标号等，应根据设计要求选用，并应符合国家和部颁的有关现行标准，如对其质量发生怀疑时，应进行抽检。各层所用的拌合料的配合比，应由试验确定。

13）位于沟槽、暗管等上的地面与楼面工程，应在该项工程完工经检查合格并交接验收后方可施工。

14）有关耐酸防腐的地面与楼面工程，应按国家标准《建筑防腐蚀工程施工规范》GB 50212—2014中的有关规定执行。

15）地面与楼面工程施工，对使用有害于健康的和易引起火灾危险的材料（如沥青、粘结剂、溶剂等），应按国家颁布的《建设工程安全生产管理条例》以及其他有关的安全、防火的专门规定执行。

2．事中控制

（1）地面与楼面各层的厚度和连接件（接合用的、镶边用的等）的构造，应符合设计要求，如设计无要求，应符合规范的规定。

（2）各层地面与楼面工程，应在有可能损坏其下一层的其他工程完工后进行。

（3）铺设各层地面与楼面工程时，其下一层应符合规范有关规定后，方可继续施工。

（4）有特殊要求的工程并应做好隐蔽工程记录。

（5）地面与楼面工程施工时，各层表面的温度以及铺设材料的温度，应符合下列规定：

1）用掺有氯化镁成分的拌合料铺设面层、结合层时，不应低于10℃。

2）保持其强度达到不小于设计要求的70%。

3）用掺有水泥的拌合料铺设面层、找平层、结合层和垫层以及铺设黏土面层时，不应低于5℃，并应保持至其强度不小于设计要求50%。

4）用掺有石灰的拌合料铺设垫层时，不应低于5℃。

5）用沥青玛缔脂作结合层和填缝料铺设块料、拼花木板、硬质纤维板和地漆布面层，以及铺设沥青碎石面层时，不应低于5℃。

6）用胶粘剂粘贴塑料板、硬质纤维板和拼花木板面层时，不应低于10℃。

7）在砂结合层以及砂和砂石垫层上铺设块料面层时，不应低于0℃，且不得在冻土上铺设。

8）铺设碎石、卵石、碎砖垫层和面层时，不应低于0℃。

9）混凝土和水泥砂浆试块的做法及强度检验，应按国家标准《混凝土结构工程施工质量验收规范》GB 50204—2015、《砌体结构工程施工质量验收规范》GB 50203—2011的有关规定执行。试块组数每500m² 的地面与楼面不应少于一组。不足500m² 的，按500m²计算。

10）在基土上铺设有坡度的地面，应修整基土来达到所需的坡度。在钢筋混凝土板上铺设有坡度的地面与楼面，应用垫层或找平层来达到所需的坡度。

11）严禁在已完成的楼地面上拌合砂浆、揉制油灰、调制油漆等，防止地面污染受损。

3. 事后控制

1）检查所用工程材料的产品合格证或试验报告，特别对工程中所使用的水泥，应检查测试报告。

2）检查试块检测报告。

3）工程资料均应收集、整理存档。工程资料应按实填写。

（三）监理实测实量

1. 地面表面平整度

指标说明：反映找平层地面表面平整程度。

合格标准：毛坯房交付地面或龙骨地板基层表面平整度小于等于4mm；面层为瓷砖或石材的地面基层表面平整度小于等于4mm；装修房地板交付面表面平整度小于等于3mm。

测量工具：2m靠尺、楔形塞尺。

测量方法和数据记录：

每一个功能房间地面都可以作为1个实测区，累计实测实量6个实测区。

任选同一功能房间地面的2个对角区域，按与墙面夹角45°平放靠尺测量2次，加上房间中部区域测量一次，共测量3次。客/餐厅或较大房间地面的中部区域需加测1次。

同一功能房间内的3或4个地面平整度实测值，作为判断该实测指标合格率的3或4个计算点。

所选2套房地面表面平整度不满足6个实测区时，需增加实测套房数。地面地平度测量如图4-48所示。

2. 地面水平度极差

指标说明：考虑实际测量的可操作性，选取同一房间找平层地面四个角点和一个中点与同一水平线距离之间极差的最大值作为实测指标，以综合反映同一房间找平层地面水平程度。

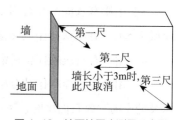

图4-48 地面地平度测量示意图

合格标准：[0，10]mm。

测量工具：激光扫平仪、具有足够刚度的5m钢尺卷（或2m靠尺、激光测距仪）。

测量方法和数据记录：

每一个功能房间地面都可以作为1个实测区，累计实测实量8个实测区。

使用激光扫平仪，在实测板跨内打出一条水平基准线。同一实测区地面的4个角部区域，距地脚边线30cm以内各选取1点，在地面几何中心位选取1点，分别测量找平层地面与水平基准线之间的5个垂直距离。以最低点为基准点，计算另外四点与最低点之间的偏差。偏差值小于等于 10mm 时，该实测点合格；最大偏差值小于等于 15mm 时，5 个偏差值（基准点偏差值以 0 计）的实际值作为判断该实测指标合格率的 5 个计算点。最大偏差值大于 15mm 时，5 个偏差值均按最大偏差值计，作为判断该实测指标合格率的 5 个计算点。

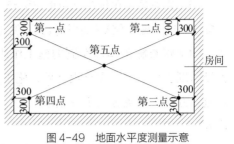

图 4-49　地面水平度测量示意

所选 2 套房中地面水平度极差、不满足 8 个实测区时，需增加实测套房数。地面水平度测量如图 4-49 所示。

第五节　屋面工程的精细化监理

屋面工程作为建筑满足使用功能和美观要求的重要组成部分，应严格按照"按图施工、材料检验、工序检查、过程控制、质量验收"的原则组织施工，工程监理单位通过巡视、旁站、平行检验等手段，强化施工过程质量控制，细化各构造层、细部构造质量控制点的检查验收工作，做到精细化监理，努力打造优质屋面工程。

一、基层与保护工程的精细化监理

（一）监理控制程序

复核屋面结构层标高、构造层高程控制点→基层修整、处理检查→水落口、伸出屋面管道检查→找平层、隔汽层（有隔汽要求的）检查验收→找坡层坡度控制点、线检查→排汽构造、找坡层检查验收→找平层检查验收→保温层检查验收→找平层检查验收→防水层检查验收→蓄水或淋水试验→隔离层检查验收→保护层检查验收。

（二）监理控制要点及方法

1. 事前控制要点及方法

（1）认真阅读屋面工程设计文件，通过设计交底及图纸会审，领会设计意图，掌握屋面工程构造层次、细部构造等设计要点、质量控制重点，解决设计文件在指引施工中可能存在的问题，进一步优化屋面工程各专业设计。

（2）审查施工单位屋面工程二次深化设计方案。很多屋面都设有风机、水箱、管线、避雷、景观照明灯具等设施设备，为达到屋面美观、功能完善的要求，施工单位需编制屋面工程二次深化设计方案，综合布局，统一筹划，优化排水分区设置，整体排版设施设备安装、屋面砖的铺设及天沟、避雷带、四根（管根、女儿墙根、变形缝根、上人口根）、五口（排汽口、出气口、水落口、檐口、出入口）等的装饰美观做法。

（3）审查施工单位或分包单位资格、资质、质量管理与保证体系、质量管理制度、岗位责任制度、施工质量控制和检验制度等，确保满足屋面工程施工质量的要求。

（4）审查施工单位编制的施工组织设计或屋面工程专项施工方案，屋面工程施工前经图纸会审、二次深化设计后，施工单位应结合本工程屋面的特点，编制屋面工程专项施工方案，明确分项工程施工工艺、技术标准及质量保证措施、质量通病预防措施等内容。

（5）编制屋面工程监理实施细则，制定屋面工程监理工作流程，明确屋面工程质量控制点及监理人员巡视、平行检验、旁站监理工作的具体内容、操作方法、质量合格标准以及出现质量不合格项监理应采取的措施等内容，指导监理人员现场开展监理工作。

（6）做好进场材料验收工作，屋面工程所用材料应有产品合格证书和性能检测报告等质量证明文件，材料的品种、规格、性能等必须符合国家现行产品质量标准和设计要求，材料进场后，对进场材料的品种、规格、包装、外观和尺寸等可视质量进行检查验收，并按规定现场见证取样复检，进场检验报告的全部项目指标均达到技术标准规定和设计要求应为合格，屋面工程使用的材料应符合国家现行有关标准对材料有害物质限量的规定，不得对周围环境造成污染，符合国家环境保护、建筑节能、消防安全等相关规定，不合格的材料不得在工程中使用。

（7）监督施工单位按已批准的屋面工程专项施工方案，进行技术交底工作，屋面工程施工前，项目技术负责人向现场专业技术负责人进行技术交底，专业技术负责人向现场施工操作人员进行技术交底，通过技术交底，使现场施工操作人员掌握屋面工程构造层及细部构造的施工工艺、技术要求、施工难点、质量标准等内容，科学、合理安排施工顺序，杜绝质量隐患。

（8）推行样板先行、样板引路制度，在屋面工程施工前，要求施工单位对屋面工程构造层次、细部构造等制作施工工法样板，通过样板制作，发现施工工艺、材料选用等方面可能存在的问题，及时进行优化改进，将样板工程的施工质量，作为屋面工程质量验收的标准。

2. 事中控制要点及方法

（1）找坡层、找平层监理要点及方法

1）检查找坡层、找平层基层，基层应牢固、平整，突出屋面的管道、支架等根部，应用细石混凝土堵实和固定，清理结构层、保温层上面的松散杂物，凸出基层表面的硬物应剔平，检查基层局部是否凸凹不平，凹坑较大时应先填补。

2）检查基层处理，当基层为混凝土时，表面应清扫干净，充分洒水湿润，但不得积水；基层清理完毕后，铺设找坡、找平材料前，宜在基层上均匀涂刷素水泥浆一遍，使找坡层、找平层与基层更好地粘结。

3）检查找坡层和找平层排水坡度控制，屋面找坡应根据设计屋面排水方向和排水坡度要求进行弹线、按 1~2m 间距进行贴饼冲筋，檐沟、天沟纵向找坡不应小于 1%，沟底水落差不得超过 200mm，即水落口距分水线的距离不得超过 20m，水落口周围直径 500mm 范围内坡度不应小于 5%。

4）检查找坡层的铺设，找坡材料应分层铺设和适当压实，表面宜平整和粗糙，并适时浇水养护，找坡层最薄处厚度不宜小于 20mm，找坡起始点 1m 范围内，可采用 1:2.5 水泥砂浆完成，找坡层排水坡度应符合设计要求，可用坡度尺进行检查，找坡层表面平整度允许偏差为 7mm，用 2m 靠尺和塞尺进行检查。

5）找平层采用水泥砂浆或细石混凝土施工时，找平层应在水泥初凝前压实抹平，水泥终凝前完成收水后进行二次压光，并及时取出分格条，养护时间不得少于 7d，保温层上的找平层分格缝纵横间距不宜大于 6m，分格缝的宽度宜为 5~20mm，采用后切割时可小些，采用预留时可适当大些。找平层表面平整度允许偏差为 5mm，用 2m 靠尺和塞尺进行检查。

6）检查找平层阴阳角处圆弧处理；卷材防水层的基层与突出屋面结构的交接处以及基层的转角处，找平层应做成圆弧形，且应整齐平顺，高聚物改性沥青防水卷材下找平层圆弧半径应为 50mm，合成高分子防水卷材下找平层圆弧半径应为 20mm。

7）找坡层和找平层的施工环境温度不宜低于 5℃，在负温度下施工，需采取必要的冬期施工措施。

（2）隔汽层监理要点及方法

1）检查隔汽层的基层，基层应平整，干净，干燥。

2）检查隔汽层在屋面与墙的连接处，应沿墙面向上连续铺设，高出保温层上表面不得小于 150mm。

3）检查卷材隔汽层铺设，可采用空铺法铺设，卷材搭接缝应满粘，其搭接宽度不得小于 80mm，卷材隔汽层应铺设平直，卷材搭接缝应粘结牢固，密封严密，不得有扭曲、皱折和起泡等缺陷。隔汽层采用涂膜时，应涂刷均匀，无流淌和露底现象，涂料应两涂，前后两边涂刷方向应相互垂直，涂膜隔汽层应粘结牢固，表面平整，涂布均匀，不得有堆积、起泡和露底等缺陷。

4）隔汽层不得有破损现象，穿过隔汽层的管线周围应封严，转角处应无折损，隔汽层凡有缺陷或破损的部位，均应进行返修。

（3）排汽构造监理要点及方法

1）检查排汽构造设置，应符合设计或规范要求，排汽（管）道应纵横贯通，排汽（管）道纵横相交的排汽孔处，可埋设与大气连通的金属或塑料排汽管，排汽管宜设置在结构层上，并可靠固定，排汽（管）孔可设在檐口下或纵横排汽（管）道的交叉处，排汽管应均匀打孔，以保证排汽畅通。

2）检查排汽（管）道的铺设，排汽（管）道纵横间距宜为 6m，屋面面积每 36m² 设置一个排汽孔（管），排汽（管）道应与保温层连通；排汽（管）道及排汽孔不得被堵塞，施工时应采取防止排汽管堵塞措施；排汽管周围与防水层交接处应做附加层，排汽管的泛水处及顶部应采取防止雨水进入的措施。

（4）隔离层监理要点及方法

1）检查隔离层的铺设，隔离层采用干铺塑料布、土工布、卷材时，其搭接宽度不应小于 50mm，铺设应平整，不得有皱折，不得有破损和漏铺现象，材料贮运时，应防止日晒、雨淋、重压。

2）隔离层采用低强度等级砂浆铺设时，其表面应平整、压实，不得有起壳和起砂等现象。

3）干铺塑料布、土工布、卷材可在负温下施工，铺低强度等级砂浆宜为 5~35℃。

（5）保护层监理要点及方法

1）防水层上保护层施工，应待卷材铺贴完成或涂料固化成膜，雨后观察、淋水或蓄水试验检验合格后进行。保护层和隔离层施工前，检查防水层的表面应平整、干净，隔离层和保护层施工应采取防止损坏防水层或保温层的措施。

2）块体材料、水泥砂浆、细石混凝土保护层与女儿墙或山墙之间，应保证预留宽度为 30mm 的缝隙，缝内宜填塞聚苯乙烯泡沫塑料，并应用密封材料嵌填密实。

3）采用块体材料做保护层时，检查分格缝设置，分格缝纵横间距不应大于 10m，分格缝宽度宜为 20mm，女儿墙周边、突出屋面构造、设备基础等周边均应留设，并应用密封材料嵌填，在水泥砂浆结合层上铺设块体材料保护层时，块体材料间应预留 10mm 的缝隙，并应用 1：2 水泥砂浆勾缝。屋面块体材料排布要提前规划，无半块现象，块体材料表面应洁净、色泽一致、无裂缝、缺楞掉角等缺陷。

4）采用水泥砂浆做保护层时，表面应抹平压光，并应设表面分格缝，分格缝面积宜为 1m²，水泥终凝后应充分养护，水泥砂浆表面不得有裂纹、脱皮、麻面、起砂等缺陷。

5）采用细石混凝土做保护层时，混凝土应振捣密实，表面应抹平压光，分格缝纵横间距不应大于 6m。分格缝的宽度宜为 10~20mm。水泥终凝后应充分养护；细石混凝土保护层铺设不宜留施工缝，当施工间隙超过时间规定时，应对接接槎进行处理；细石混凝土表面不得有裂纹、脱皮、麻面、起砂等缺陷。

6）保护层的允许偏差和检验方法应符合表 4-23 的规定。

7）保护层施工环境温度，块体材料干铺不宜低于 -5℃，湿铺不宜低于 5℃；水泥砂浆及细石混凝土宜为 5~35℃。

保护层的允许偏差和检验方法　　　　　　表 4-23

项目	允许偏差（mm）			检验方法
	块体材料	水泥砂浆	细石混凝土	
表面平整度	4.0	4.0	5.0	2m 靠尺和塞尺检查
缝格平直	3.0	3.0	3.0	拉线和尺量检查
接缝高低差	1.5	—	—	直尺和塞尺检查
板块间隙宽度	2.0	—	—	尺量检查
保护层厚度	设计厚度的 10%，且不得大于 5mm			钢针插入和尺量检查

3. 事后控制要点及方法

屋面工程分项工程施工完成后，施工单位自检合格后，由专业监理工程师组织项目专业技术负责人根据屋面工程质量验收标准进行验收，分部（子分部）工程由总监理工程师组织项目负责人和项目技术负责人等进行验收。屋面工程验收时施工单位应按表 4-24 的规定，将验收资料和记录提供给总监理工程师审查，检查无误后作为存档资料。

屋面工程验收资料和记录　　　　　　表 4-24

资料项目	验收资料
防水设计	设计图纸及会审记录、设计变更通知单和材料代用核定单
施工方案	施工方法、技术措施、质量保证措施
技术交底记录	施工操作要求及注意事项
材料质量证明文件	出厂合格证、型式检验报告、出厂检验报告、进场验收记录、进场检验报告
施工日志	逐日施工情况
工程检验记录	工序交接验收记录、检验批验收记录、隐蔽工程验收记录、淋水或蓄水试验记录、观感质量检查记录、安全与功能抽样检验（检测）记录
其他技术资料	事故处理报告、技术总结

二、保温与隔热工程的精细化监理

（一）监理控制程序

基层检查→保温层铺贴前弹线定位→保温层铺贴过程检查→细部构造保温层检查→屋面热桥部位处理检查→屋面保温层整体检查验收→铺设找平层。

（二）监理控制要点及方法

1. 事前控制要点及方法

（1）审查屋面保温工程专业分包单位资格、资质、质量管理制度、岗位责任制度、施工质量控制及检验制度及作业人员资格等。

（2）审查施工单位编写的屋面工程专项施工方案或屋面保温工程专项施工方案，监督专业技术负责人向施工操作人员进行技术交底。

（3）编制屋面保温工程监理实施细则，明确监理人员质量控制点及监理人员巡视、旁站、平行检验监理工作的具体内容、操作方式、合格标准等，指导现场监理人员开展监理工作。

（4）做好进场材料验收工作，屋面工程所用保温材料应有产品合格证书和相关性能检测报告，材料的品种、规格、性能等必须符合国家现行产品标准和设计要求，材料进场后，可通过尺量、称量、敲击等的方法对其品种、规格、外观和尺寸等可视质量进行检查验收，并按规定现场见证取样复检，性能指标符合技术标准规定和设计要求，方可用于工程中，严禁将不合格保温材料用于工程中。

（5）对屋面工程重要的保温节点做法制作施工样板，作为保温隔热工程施工质量验收标准。

2. 事中控制要点及方法

（1）板状材料保温层监理要点及方法

1）检查保温材料的基层，基层应平整、干燥、干净，块状保温材料使用时的含水率，应相当于该材料在当地自然风干状态下的平衡含水率。

2）板状材料保温层厚度符合设计要求，其正偏差不限，负偏差为 5%，且不得大于 4mm，可采用钢针插入和尺量检查。

3）检查板状材料保温层的铺贴，铺贴时相邻板块应错缝拼接，分层铺设的板块上下层接缝应相互错开，板间缝隙应采用同类材料嵌填密实。

4）保温材料采用干铺法施工时，板块保温材料应紧靠在基层表面上，应铺平垫稳，拼缝严密，粘贴牢固。

5）保温材料采用粘结法施工时，胶粘剂应与保温材料相容，板块保温材料应贴严、粘牢，板状材料保温层的平面接缝应挤紧拼严，不得在板块侧面涂抹胶粘剂，超过 2mm 的缝隙应采用相同材料板条或片填塞严实，在胶粘剂固化前不得上人踩踏。

6）保温材料采用机械固定法施工时，固定件应固定在结构层上，固定件的规格、数量、间距应符合设计要求，垫片应与保温层平齐，固定件与结构层之间应连接牢固。

7）检查保温层表面平整度及接缝高低差，板状材料保温层表面平整度允许偏差为 5mm，可采用 2m 靠尺和塞尺检查，板状材料保温层接缝高低差允许偏差为 2mm，可采用直尺和塞尺检查。

8）检查屋面易产生热桥部位保温层的处理，应符合设计要求。

9）屋顶与外墙交界处、屋顶开口部位四周的保温层，采用宽度不小于 500mm 的 A 级保温材料设置水平防火隔离带。

10）屋面保温层严禁在雨天、雪天和五级风及以上时施工。

（2）纤维材料保温层监理要点及方法

1）检查保温材料的基层，基层应平整、干燥、干净，保温材料应干燥贮存。

2）检查纤维材料保温层的厚度，纤维材料保温层的厚度应符合设计要求，其正偏差应不限，毡不得有负偏差，板负偏差为 4%，且不得大于 3mm，可采用钢针插入和尺量检查。

3）检查纤维材料保温层的铺设，纤维材料保温层铺设时，应紧贴在基层表面上，平面拼接缝应挤紧拼严，上下层拼接缝应相互错开，纤维材料填充后，不得上人踩踏。

4）检查屋面热桥部位处理，应符合设计要求。

5）纤维保温材料施工时，应避免重压，并采取防潮措施。

6）屋面坡度较大时，宜采用金属或塑料专用固定件将纤维保温材料与基层固定，固定件的规格、数量和位置符合设计要求。

7）在铺设纤维保温材料时，应做好劳动保护工作。

3. 事后控制要点及方法

分项工程施工完成后，施工单位自检合格后，由专业监理工程师组织项目专业技术负责人和相关专业的质检员按质量验收标准进行验收，并对相关质量控制资料进行核查汇总。

（三）检测试验内容和要点

根据《屋面工程质量验收规范》GB 50207—2012 附录 B 的规定，屋面保温材料进场检验合格后，应进行见证取样检验。抽样方法及检验项目见表 4-25。

屋面保温材料进场检验项目　　　　　　　　表 4-25

序号	材料名称	组批及抽样	外观质量检验	物理性能检验
1	模塑聚苯乙烯泡沫塑料	同规格按 100m³ 为一批，不足 100m 的按一批计。在每批产品中随机抽取 20 块进行规格尺寸和外观质量检验。从规格尺寸和外观质量验收合格的产品中，随机取样进行物理性能检验	色泽均匀，阻燃型应掺有颜色的颗粒；表面平整无明显收缩变形和膨胀变形；熔结良好；无明显油渍和杂质	表观密度、压缩强度、导热系数、燃烧性能
2	挤塑聚苯乙烯泡沫塑料	同类型、同规格按 50m³ 为一批，不足 50m³ 的按一批计。每批产品中随机抽取 10 块进行规格尺寸和外观质量检验。从规格尺寸和外观质量检验合格的产品中，随机取样进行物理性能检验	表面平整，无夹杂物，颜色均匀；无明显起泡、裂口、变形	压缩强度、导热系数、燃烧性能
3	玻璃棉、岩棉、矿渣棉制品	同原料、同工艺、同品种、同规格按 1000m² 为一批，不足 1000m² 的按一批计。在每批产品中随机抽取 6 个包装箱或卷进行规格尺寸和外观质量检验。从规格尺寸和外观质量检验合格的产品中，抽取 1 个包装箱或卷进行物理性能检验	表面平整，无伤痕、污迹、破损，覆层与基材粘贴	表观密度、导热系数、燃烧性能

三、防水与密封工程的精细化监理

（一）监理控制程序

1. 卷材防水层监理控制程序

检查卷材防水层基层→检查喷涂基层处理剂→检查特殊部位铺贴附加层→定位、弹线、试铺→检查铺贴防水卷材→检查防水卷材收头、密封处理→清理、检查、修整→卷材防水层质量验收→蓄水或淋水试验→保护层施工。

2. 涂膜防水层监理控制程序

检查涂膜防水层基层→检查涂刷基层处理剂→检查特殊部位附加增强处理→检查涂布防水涂料、胎体增强材料→清理、检查、修整→涂膜防水层质量验收→蓄水或淋水试验→保护层施工。

3. 接缝密封防水监理控制程序

基层的检查、修补→检查填塞背衬材料→检查涂刷基层处理剂→检查嵌填密封材料、抹平、压光、修整→密封材料固化、养护→接缝密封防水质量验收。

（二）监理控制要点与方法

1. 事前控制要点及方法

（1）审查防水分包单位资格、资质、质量管理制度、岗位责任制度、施工质量控制和检验制度、防水工程作业人员持证上岗等。

（2）审查施工单位编写的屋面防水工程专项施工方案，包括施工工艺、技术标准、细部构造防水处理、重点部位质量保证措施、质量通病预防措施等，屋面防水工程专项施工方案经监理项目部审批确认后，监督施工单位专业技术负责人向施工操作人员进行技术交底及必要的实际操作技能考核。

（3）编制屋面防水工程监理实施细则，明确监理人员质量控制点及监理人员巡视、旁站、平行检验监理工作的具体内容、操作方式、合格标准等，指导监理人员现场开展监理工作。

（4）做好进场材料验收工作，用于屋面防水工程的防水卷材、防水涂料、胎体增强材料、防水卷材基层处理剂、胶粘剂、胶粘带、密封材料应有产品合格证书和性能检测报告，材料的品种、规格、性能等必须符合国家现行产品标准和设计要求，每批材料进场后，应对其品种、规格、包装、外观和尺寸等可视质量进行检查验收，并按规定现场见证取样复检，各项检测指标符合技术标准规定和设计要求，方可用于工程中，严禁将不合格材料用于工程中。

（5）对屋面工程防水铺贴工艺、接缝密封、收头方式等细部构造做法制作工法样板，作为屋面工程防水施工质量验收标准。

2. 事中控制要点及方法

（1）卷材防水层监理要点及方法

1）检查卷材防水层的基层；卷材防水层基层应坚实，平整、干净、干燥、无孔隙、起砂和裂缝；检查找平层含水率是否满足铺贴卷材的要求，可将 $1m^2$ 卷材平坦干铺在找平层上，静置 3~4h 后掀开检查，找平层覆盖部位与卷材未见水印，即可铺设防水层。

2）检查基层处理剂施工，喷涂或涂刷基层处理剂时应均匀一致，不得漏涂、透底；在喷、涂基层处理剂前，应先对屋面特殊部位进行涂刷；干燥后应及时进行卷材施工；若卷材处理剂涂刷后但未干燥前遭受雨淋或干燥后长期不进行防水层施工，在防水层施工前必须再涂刷一次基层处理剂。

3）检查附加层施工，檐沟、天沟与屋面交接处、屋面平面与立面交接处，以及水落口、伸出屋面管道根部等部位设置卷材附加层，附加层的宽度不小于 500mm，每边不小于 250mm；屋面找平层分格缝等部位，设置卷材空铺附加层，其空铺宽度不应小于 100mm；附加层最小厚度应符合表 4-26 的规定。

附加层最小厚度（mm）   表 4-26

附加层材料	最小厚度
合成高分子防水卷材	1.2
高聚物改性沥青防水卷材（聚酯胎）	3.0
合成高分子防水涂料、聚合物水泥防水涂料	1.5
高聚物改性沥青防水涂料	2.0

4）检查防水层施工顺序，卷材防水层施工时，先进行细部构造处理，然后由屋面最低标高向上铺贴，卷材应平行屋脊铺贴；上下层卷材不得相互垂直铺贴，檐沟、天沟卷材施工时，顺檐沟、天沟方向铺贴，搭接缝应顺流水方向。

5）检查防水卷材铺贴施工，为保证铺贴的卷材平整顺直，搭接尺寸准确，不发生扭曲，卷材铺贴前应根据卷材搭接宽度和允许偏差，从铺贴起始点弹出卷材铺贴方向的尺寸基准线和垂直于铺贴方向的基准线，控制卷材铺贴施工质量。

①同一层相邻两幅卷材短边搭接缝应错开，且不应小于 500mm；上下层卷材上边搭接缝应错开，且不应小于幅宽的 1/3。

②防水卷材接缝采用搭接缝，搭接缝应粘结或焊接牢固，密封严密，卷材搭接宽度应符合表 4-27 的规定，卷材搭接宽度的允许偏差为 -10mm。

6）检查防水卷材收头施工，防水卷材的收头应按照屋面细部构造设计详图和规范要求施工，卷材收头应与基层粘接，钉压牢固、密封严密。

卷材搭接宽度   表 4-27

卷材类别		搭接宽度（mm）
合成高分子防水卷材	胶粘剂	80
	胶粘带	50
	单缝焊	60，有效焊接宽度不小于 25
	双缝焊	80，有效焊接宽度 10×2+ 空腔宽
高聚物改性沥青防水卷材	胶粘剂	100
	自粘	80

7）冷粘法铺贴卷材质量控制要点

①胶粘剂涂刷应均匀，不得露底，不得堆积；卷材空铺、点粘、条粘时，应按规定的位置及面积涂刷胶粘剂。

②应根据胶粘剂的性能和施工环境、气温条件等控制胶粘剂涂刷与卷材铺贴的间隔时间。

③铺贴卷材时应排除卷材下面的空气，并应辊压粘贴牢固。

④卷材铺贴应平整顺直，搭接尺寸应准确，不得扭曲、皱折；搭接部位的接缝应满涂胶粘剂，辊压应粘贴牢固。

⑤合成高分子卷材铺好压粘后，应将搭接部位的粘合面清理干净，并应采用与卷材配套的接缝专用胶粘剂，在搭接缝粘合面上应涂刷均匀，不得露底、堆积，应排除缝间的空气，并用辊压粘贴牢固。

⑥合成高分子卷材搭接部位采用胶粘带粘结时，粘合面要清理干净，必要时可涂刷与卷材及胶粘带材性相容的基层胶粘剂，撕去胶粘带隔离纸后应及时粘合接缝部位的卷材，并应辊压粘贴牢固；低温施工时，宜采用热风机加热。

⑦接缝口应用材性相容的密封材料封严。

⑧卷材防水层冷粘法施工环境温度不宜低于 5℃。

8）热熔法铺贴卷材质量控制要点

①火焰加热器的喷嘴距卷材面的距离应适中，幅宽内加热卷材应均匀，应以卷材表面熔融至光亮黑色为度，不得加热不足或烧穿卷材。

②卷材表面沥青热熔后应立即滚铺卷材，卷材下面的空气应排尽，并应辊压粘贴牢固。

③卷材接缝部位宜以溢出热熔的改性沥青胶结料为度，溢出的改性沥青胶结料宽度宜为 8mm，并应均匀顺直；当接缝处的卷材上有矿物粒或片料时，应用火焰烘烤及清理干净后再进行热熔和接缝处理。

④铺贴的卷材应平整顺直，搭接尺寸应准确，不得扭曲、皱折。

⑤厚度小于 3mm 的高聚物改性沥青防水卷材，严禁采用热熔法施工。

⑥卷材防水层热熔法施工环境温度不宜低于 –10℃。

9）自粘法铺贴卷材质量控制要点

①铺粘卷材前，基层表面应均匀涂刷基层处理剂，干燥后及时铺贴卷材。

②铺贴卷材时，应将自粘胶底面的隔离纸全部撕净。

③铺贴卷材时应排除卷材下面的空气，并应辊压粘贴牢固。

④铺贴的卷材应平整顺直，搭接尺寸应准确，不得扭曲、皱折，低温施工时，立面、大坡面及搭接部位宜采用热风机加热，加热后应随即粘贴牢固。

⑤搭接缝口应用材性相容的密封材料封严，宽度不应小于 10mm。

⑥卷材防水层自粘法施工环境温度不宜低于 10℃。

（2）涂膜防水层监理要点及方法

1）检查涂膜防水层的基层，涂膜防水层的基层应坚实、平整、干净，无孔隙、起砂和裂缝，基层的干燥程度根据选用的防水涂料特性确定。

2）检查基层处理剂施工，基层处理剂涂刷应均匀一致，覆盖完全，不得漏涂、透底，基层处理剂干燥后再涂布防水涂料。

3）检查附加层施工，檐沟、天沟与屋面交接处、屋面平面与立面交接处，以及水落口、伸出屋面管道根部等部位设置涂膜附加层，附加层的宽度不小于 500mm，每边不小于 250mm；找平层分格缝处应加铺有胎体增强材料的空铺附加层，宽度宜为 200~300mm；天沟、檐沟、檐口等部位，应加铺有胎体增强材料的附加层，宽度不小于 200mm；水落口周围 500mm 范围内应加铺有胎体增强材料的附加层，涂膜伸入水落口的深度不得小于 50mm，周边应做密封材料；泛水处应加铺胎体增强材料的附加层，涂膜附加层宜直接涂刷至女儿墙压顶下，压顶应采用铺贴卷材或涂刷涂料等防水处理，涂膜附加层最小厚度应符合表 4–26 的规定。

4）检查涂膜防水层施工，防水涂料应多遍均匀涂布，应待前一遍涂布的涂料干燥成膜后，再涂布后一遍涂料，且前后两遍涂料的涂布方向应相互垂直，涂膜防水层与基层应粘结牢固，表面应平整，涂布应均匀，不得有流淌、折皱、起泡和露胎体等缺陷，涂膜防水层的平均厚度符合设计要求，且最小厚度不得小于设计厚度的 80%，可针测或取样量测检查。

5）检查胎体增强材料施工，涂膜间夹铺胎体增强材料时，宜边涂布边铺胎体；胎体应铺贴平整，排除气泡并应与涂料粘贴牢固；在胎体上涂布涂料时，应使涂料浸透胎体，并应覆盖完全，不得有胎体外露现象。最上面的涂膜厚度不应小于 1.0mm；胎体增强材料的铺贴方向视屋面坡度而定，屋面坡度小于 15% 时，可平行屋脊铺设，屋面坡度大于 15% 时，应垂直屋脊铺设，胎体增强材料长边搭接宽度不应小于 50mm，短边搭接宽度不应小于 70mm，胎体增强材料搭接宽度的允许偏差为 10mm；上下层胎体增强材料的长边搭接缝应错开，且不得小于幅宽的 1/3；上下层胎体增强材料不得相互垂直铺设。

6）检查涂膜防水层收头施工，涂膜防水层的收头应采用防水涂料多边涂刷，用密封材料封严；收头处的胎体增强材料应裁剪整齐，粘结牢固，不得有翘边、皱褶、露白等现象，否则应先处理后再行涂封。

7）涂膜防水层施工环境温度，水乳型及反应型涂料宜为 5~35℃；溶剂型涂料宜为 –5~35℃；热熔型涂料不宜低于 –10℃；聚合物水泥涂料宜为 5~35℃。

（3）接缝密封防水监理要点及方法

1）屋面接缝密封防水技术要求应符合表 4–28 的规定。

屋面接缝密封防水技术要求　　　　　　　　　　表 4-28

接缝种类	密封部位	密封材料
位移接缝	混凝土面层分格接缝	改性石油沥青密封材料 合成高分子密封材料
	块体面层分格缝	改性石油沥青密封材料 合成高分子密封材料
	采光顶玻璃接缝	硅酮耐候密封胶
	采光顶周边接缝	合成高分子密封材料
	采光顶隐框玻璃与金属框接缝	硅酮结构密封胶
	采光顶明框单元板块间接缝	硅酮耐候密封胶
非位移接缝	高聚物改性沥青卷材接头	改性石油沥青密封材料
	合成高分子卷材收头及接缝封边	合成高分子密封材料
	混凝土基层固定件周边接缝	改性石油沥青密封材料 合成高分子密封材料
	混凝土构件间接缝	改性石油沥青密封材料 合成高分子密封材料

2）检查密封防水部位的基层，密封防水部位的基层应牢固，表面应平整、密实，不得有裂缝、蜂窝、麻面、起皮和起砂等现象；基层应清洁、干燥、无油污，无灰尘；嵌入的背衬材料与接缝壁间不得留有空隙。

3）密封防水部位的基层应涂刷基层处理剂，涂刷应均匀，不得漏涂。

4）检查密封材料嵌填施工，密封材料嵌填应密实、连续、饱满，应与基层粘结牢固；表面应平滑，缝边应顺直，不得有气泡、孔洞、开裂、剥离等现象；位移接缝应采用两面粘结的构造，非位移接缝可采用三面粘结的构造，接缝宽度与密封材料的嵌填深度应符合设计要求，接缝宽度的允许偏差为 ±10%。

5）对嵌填完毕的密封材料，应避免碰损及污染；固化前不得踩踏。

6）改性沥青密封材料防水施工监理要点。

①改性沥青密封材料采用冷嵌法施工时，宜分次将密封材料嵌填在缝内，并防止裹入空气。

②采用热灌法施工时，应由下向上进行，并宜减少接头；密封材料熬制及浇灌温度，应按不同材料要求严格控制。

7）合成高分子密封材料防水施工监理要点。

①合成高分子多组分密封材料应根据规定的比例准确计量，并应拌合均匀；每次拌合量、拌合时间和拌合温度，应按所用密封材料的要求严格控制。

②采用挤出枪嵌填时，应根据接缝的宽度选用口径合适的挤出嘴，应均匀挤出密封材料嵌填，并应由底部逐渐充满整个接缝。

③密封材料嵌填后，应在密封材料表面干燥前用腻子刀嵌填修整。

8）接缝密封防水的施工环境温度，改性沥青密封材料和溶剂型合成高分子密封材料宜为0~35℃；乳胶型及反应型合成高分子密封材料宜为5~35℃。

3. 事后控制要点及方法

屋面防水工程施工完成后，应进行雨后观察或淋水、蓄水试验。淋水试验持续淋水时间不应小于2h，有可能做蓄水试验的屋面，其蓄水时间不应小于24h，确保屋面不得有渗漏和积水现象，排水系统畅通。

分项工程施工完成后，施工单位自检合格后，由专业监理工程师组织项目专业技术负责人和相关专业质检员按质量验收标准进行验收，并对相关质量控制资料进行核查汇总。

（三）检测试验内容和要点

根据《屋面工程质量验收规范》GB 50207—2012附录A的规定，屋面防水材料进场须现场见证取样复检，抽样方法及检验项目见表4-29。

屋面防水材料进场检验项目　　　　　　　　　　　表4-29

序号	防水材料名称	现场抽样数量	外观质量检验	物理性能检验
1	高聚物改性沥青防水卷材	大于1000卷抽5卷，每500~1000卷抽4卷，100~499卷抽3卷，100卷以下抽2卷，进行规格尺寸和外观质量检验。在外观质量检验合格的卷材中，任取一卷做物理性能检验	表面平整，边缘整齐，无孔洞、缺边、裂口，胎基未浸透，矿物粒料粒度，每卷卷材的接头	可溶物含量、拉力、最大拉力时延伸率、耐热度、低温柔度、不透水性
2	合成高分子防水卷材		表面平整，边缘整齐，无气泡、裂纹、粘结疤痕，每卷卷材的接头	断裂拉伸强度、扯断伸长率、低温弯折性、不透水性
3	高聚物改性沥青防水涂料	每10t为一批，不足10t按一批抽样	水乳型：无色差、凝胶、结块、明显沥青丝；溶剂型：黑色黏稠状，细腻、均匀胶体液体	固体含量、耐热性、低温柔性、不透水性、断裂伸长率或抗裂性

序号	防水材料名称	现场抽样数量	外观质量检验	物理性能检验
4	合成高分子防水涂料	每10t为一批，不足10t按一批抽样	反应固化型：均匀黏稠状、无凝胶、结块；挥发固化型：经搅拌后无结块，呈均匀状态	固体含量、拉伸强度、断裂伸长率、低温柔性、不透水性
5	聚合物水泥防水涂料		液体组分：无杂质、无凝胶的均匀乳液；固体组分：无杂质、无结块粉末	固体含量、拉伸强度、断裂伸长率、低温柔性、不透水性
6	胎体增强材料	每3000m²为一批，不足3000m²按一批抽样	表面平整，边缘整齐，无折痕、孔洞、无污迹	拉力、延伸率
7	沥青基防水卷材用基层处理剂	每5t产品为一批，不足5t的按一批抽样	均匀液体，无结块、无凝胶	固体含量、耐热性、低温柔性、剥离强度
8	高分子胶粘剂		均匀液体，无杂质、无分散颗粒或凝胶	剥离强度、浸水168h后的剥离强度保持率
9	改性沥青胶粘剂		均匀液体，无结块、无凝胶	剥离强度
10	合成橡胶胶粘带	每1000m为一批，不足1000m的按一批抽样	表面平整，无固块、杂物、孔洞、外伤及色差	剥离强度、浸水168h后的剥离强度保持率
11	改性石油沥青密封材料	每1t产品为一批，不足1t的按一批抽样	黑色均匀膏状，无结块和未浸透的填料	耐热性、低温柔性、拉伸粘结性、施工度
12	合成高分子密封材料		均匀膏状物或黏稠液体，无结皮、凝胶或不易分散的固体团状	拉伸模量、断裂伸长率、定伸粘结性

四、瓦面与板面工程的精细化监理

（一）监理控制程序

烧结瓦和混凝土瓦监理控制程序：

基层检查→顺水条、挂瓦条防腐检查→顺水条安装检查验收→挂瓦条安装检查验收→屋面瓦（檐口瓦、斜脊、斜沟瓦、脊瓦）安装检查验收→清理屋面→检查验收→淋水试验。

（二）监理控制要点及方法

1. 事前控制要点及方法

（1）审查施工单位或专业分包单位资格、资质、质量管理制度、岗位责任制度、施工质量控制和检验制度等。

（2）审查施工单位编写的屋面工程瓦面铺装专项施工方案，包括瓦面铺装施工工艺、技术标准、关键节点、重点部位构造详图、质量保证措施、质量通病预防措施等，专项施工方案经监理单位审批确认后，监督施工单位专业技术负责人向施工操作人员进行技术交底。

（3）编制屋面工程瓦面铺装监理实施细则，明确监理人员质量控制点及监理人员巡视、旁站、平行检验监理工作的具体内容、操作方式、合格标准等，以指导监理人员现场开展监理工作。

（4）做好进场材料验收工作，用于瓦面与板面工程所用材料的品种、规格、性能等必须符合国家现行产品标准和设计要求，应有产品合格证书和性能检测报告，每批材料进场后，应对其品种、规格、包装、外观和尺寸等可视质量进行检查验收，并按规定现场见证取样复检，各项检测指标符合技术标准规定和设计要求，方可用于工程中，不合格材料严禁用于工程中。

（5）对瓦面铺装工程重要节点做法制作工法样板，作为瓦屋铺装工程施工质量验收标准。

2.事中控制要点及方法

烧结瓦和混凝土瓦屋面监理控制要点及方法

（1）检查木质望板、檩条、顺水条、挂瓦条等构件，均应做防腐、防蛀和防火处理；金属顺水天、挂瓦条以及金属板、固定件，均应做防锈处理。

（2）检查平瓦和脊瓦应边缘整齐，表面光洁，不得有分层、裂纹和露砂等缺陷；平瓦的瓦爪与瓦槽的尺寸应配合。

（3）基层、顺水条、挂瓦条的铺设质量监理控制要点

1）基层应平整、干净、干燥；持钉层厚度应符合设计要求。

2）顺水条应垂直正脊方向铺钉在基层上，顺水条表面应平整，其间距不宜大于500mm。

3）挂瓦条的间距应根据瓦片尺寸和屋面坡长经计算确定，挂瓦条应分档均匀，铺钉平整、牢固。

（4）挂瓦质量监理控制要点

1）挂瓦应从两坡的檐口同时对称进行，瓦后爪应与挂瓦条挂牢，并应与邻边、下面两瓦落槽密合。

2）檐口瓦、斜天沟瓦应用镀锌铁丝拴牢在挂瓦条上，每片瓦均应与挂瓦条固定牢固。泛水做法符合设计要求，并顺直整齐、结合严密。

3）整坡瓦面应平整，行列应横平竖直，搭接应紧密，檐口应平直，不得有翘角和张口现象，瓦片必须铺置牢固。在大风及地震设防地区或屋面坡度大于100%时，应按设计要求采取固定加强措施。

4）脊瓦应搭盖正确，间距应均匀，封固应严密；正脊和斜脊应顺直，无起伏现象，脊瓦搭盖应顺主导风向和流水方向。

（5）烧结瓦和混凝土瓦铺装的有关尺寸，应符合下列要求：

1）瓦屋面檐口挑出墙面长度不宜小于 300mm。

2）脊瓦在两坡面瓦上的搭盖宽度，每边不应小于 400mm。

3）脊瓦下端距坡面瓦的高度不宜大于 80mm。

4）瓦头申入檐沟，天沟内的长度宜为 50~70mm。

5）金属檐沟，天沟伸入瓦内的宽度不应小于 150mm。

6）瓦头挑出檐口的长度宜为 50~70mm。

7）突出屋面结构的侧面瓦伸入泛水的宽度不应小于 50mm。

3. 事后控制要点及方法

分项工程施工完成后，施工单位自检合格后，由专业监理工程师组织项目专业技术负责人和相关专业质检员按质量验收标准进行验收，并对相关质量控制资料进行核查汇总。

（三）检测试验内容和要点

根据《屋面工程质量验收规范》GB 50207—2012 附录 A 的规定，瓦面材料进场须现场见证取样复检，抽样方法及检验项目符合表 4-30 的规定。

瓦面材料进场检验项目 表 4-30

防水材料名称	现场抽样数量	外观质量检验	物理性能检验
烧结瓦、混凝土瓦	同一批至少抽一次	边缘整齐，表面光滑，不得有分层、裂纹、露砂情况	抗渗性、抗冻性、吸水率

五、细部构造工程的精细化监理

细部构造工程主要介绍监理控制要点及方法。

1. 事前控制要点及方法

（1）审查施工单位或专业分包单位资格、资质、质量管理制度、岗位责任制度、施工质量控制及检验制度等。

（2）审查施工单位编写的屋面工程细部构造专项施工方案，监督项目专业技术负责人向施工操作人员进行技术交底。

（3）编制屋面工程细部构造监理实施细则，明确监理人员质量控制点及监理人员巡视、旁站、平行检验监理工作的具体内容、操作方式、合格标准等，指导现场监理人员开展监理工作。

（4）做好进场材料验收工作，屋面工程细部构造所用材料应有产品合格证书和性能检测报告，材料的品种、规格、性能等必须符合国家现行产品标准和设计要求，材料进场后，并按规定现场见证取样复检，各项检测指标符合技术标准规定和设计要求合格，方可用于工程中，严禁将不合格材料用于工程中。

（5）对屋面工程重要细部构造制作工法样板，作为屋面工程细部构造施工质量验收标准。

2. 事中控制要点及方法

（1）檐口监理控制要点及方法

1）卷材防水屋面檐口800mm范围内的卷材应满粘；卷材收头压入找平层的凹槽内，用金属压条钉压牢固，钉距宜为500~800mm，并应用密封材料封严；从防水层收头向外的槽口上端、外檐至檐口下部，应采用聚合物水泥砂浆铺抹，檐口下端应同时做鹰嘴或滴水槽，如图4-50所示。

2）涂膜防水屋面檐口的涂膜收头，应用防水涂料多遍涂刷，檐口下端应做鹰嘴和滴水槽，如图4-51所示。

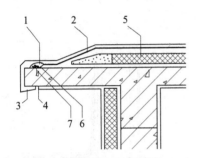

图4-50　卷材防水屋面檐口
1—密封材料；2—卷材防水层；3—鹰嘴；4—滴水槽；
5—保温层；6—金属压条；7—水泥钉

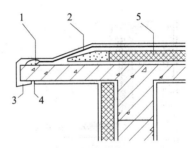

图4-51　涂膜防水屋面檐口
1—涂料多遍涂刷；2—涂膜防水层；3—鹰嘴；
4—滴水槽；5—保温层

3）烧结瓦、混凝土瓦屋面的瓦头挑出檐口的长度宜为50~70mm。

（2）檐沟与天沟监理控制要点及方法

1）卷材或涂膜防水屋面檐沟和天沟处防水层下应增铺附加层，附加层伸入屋面的宽度不应小于250mm；檐沟防水层和附加层应由沟底翻上至外侧顶部，卷材收头应用金属压条钉，并应用密封材料封严，涂膜收头应用防水涂料多遍涂刷；从防水层收头向外的檐口上端、外檐至檐口下部，均应采用聚合物水泥砂浆铺抹，檐沟下端应做鹰嘴或滴水槽；檐沟外侧高于屋面结构板时，应设置溢水口如图4-52所示。

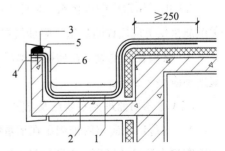

图4-52　卷材、涂膜防水屋面檐沟
1—防水层；2—附加层；3—密封材料；4—水泥钉；
5—金属压条；6—保护层

2）烧结瓦、混凝土瓦屋面檐沟和天沟防水层下应增设附加层，附加层伸入屋面的宽度不应小于500mm；檐沟和天沟防水层伸入瓦内的宽度不应小于150mm，并应与屋面防水或防水垫层顺流水方向搭接；檐沟防水层和附加层应由沟底翻上至外侧顶部，卷材收头应用金属压条钉，并应用密封材料封严，涂膜收头应用防水涂料多遍涂刷；烧结瓦、混凝土瓦伸入檐沟、天沟内的长度宜为50~70mm。

（3）女儿墙和山墙监理控制要点及方法

1）女儿墙压顶向内排水坡度不应小于5%，压顶内侧下端应作滴水处理；女儿墙泛水处的防水层下应增设附加层，附加层在平面和立面的宽度均不应小于250mm；低女儿墙泛水处的防水层可直接满贴或涂刷至压顶下，卷材收头用金属压条钉压固定，并应用密封材料封严；涂膜收头应用防水涂料多遍涂刷，如图4-53所示；高女儿墙泛水处的防水层高度不应小于250mm，采用金属压条钉压固定，钉距不宜大于800mm，再用密封材料封严，以保证收头的可靠性；泛水上部的墙体应作防水处理，如图4-54所示；女儿墙泛水处的防水层表面，宜采用涂刷浅色涂料或浇筑细石混凝土方式保护。

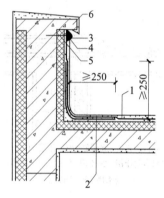

图4-53 低女儿墙
1—防水层；2—附加层；3—密封材料；4—金属压条；
5—水泥钉；6—压顶

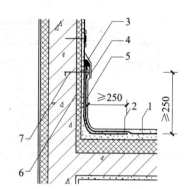

图4-54 高女儿墙
1—防水层；2—附加层；3—密封材料；4—金属盖板；
5—保护层；6—金属压条；7—水泥钉

2）山墙压顶应向内排水，坡度不应小于5%，压顶内侧下端应做滴水处理；山墙泛水处的防水层下应增设附加层，附加层在平面和立面的宽度均不应小于250mm。

3）烧结瓦、混凝土瓦屋面山墙泛水应采用聚合物水泥砂浆抹成，侧面瓦伸入泛水的宽度不应小于50mm。

（4）水落口监理控制要点及方法

1）水落口杯应牢固地固定在承重结构上，水落口埋设标高应根据附加层的厚度及排水坡度加大的尺寸确定，水落口杯上口应设在沟底的最低处。

2）水落口周围500mm范围内坡度不应小于5%，防水层下应增设涂膜附加层，采取防水涂料涂封，涂层厚度为2mm。

3）防水层和附加层伸入水落口杯内不应小于50mm，并应粘结牢固，避免水落口处发生渗漏，如图4-55、图4-56所示。

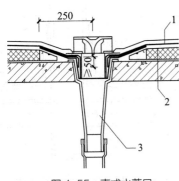
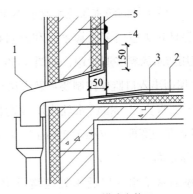

图 4-55　直式水落口
1—防水层；2—附加层；3—水落斗

图 4-56　横式水落口
1—水落斗；2—防水层；3—附加层；4—密封材料；5—水泥钉

（5）变形缝监理控制要点及方法

1）变形缝泛水处的防水层下应增设附加层，附加层在平面和立面的宽度不应小于250mm；防水层的收头应铺设或涂刷至泛水墙的顶部。

2）变形缝中应预填不燃保温材料，上部应采用防水卷材封盖并放置衬垫材料，再在上面干铺一层卷材。

3）等高变形缝顶部宜加扣混凝土或金属盖板进行保护；混凝土盖板的接缝应用密封材料嵌填，如图 4-57 所示。

4）高低跨变形缝的附加层和防水层在高跨墙上的收头应固定牢固、密封严密；再在上部用固定牢固的金属盖板保护，如图 4-58 所示。

（6）伸出屋面管道监理控制要点及方法

1）管道周围的找平层应抹出高度不小于 30mm 的排水坡。

2）管道泛水处的防水层下应增设附加层做增强处理，防水层应铺贴或涂刷至管道上，附加层在平面和立面的高度均不应小于 250mm。

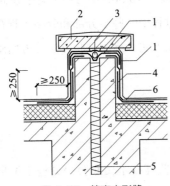
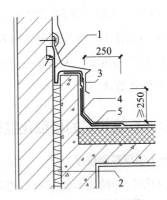

图 4-57　等高变形缝
1—卷材封盖；2—混凝土盖板；3—衬垫材料；
4—附加层；5—不燃保温材料；6—防水层

图 4-58　高低跨变形缝
1—卷材封盖；2—不燃保温材料；3—金属盖板；
4—附加层；5—防水层

3）管道泛水处的防水层泛水高度不应小于250mm。

4）卷材收头应用金属箍紧固和密封材料封严，涂膜收头应用防水涂料多遍涂刷，如图4-59所示。

（7）屋面出入口监理控制要点及方法

1）屋面垂直出入口泛水处应增设附加层，附加层在平面和立面的宽度不应小于250mm，防水层的收头应在混凝土压顶圈下。

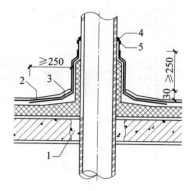

图4-59 伸出屋面管道
1—细石混凝土；2—卷材防水层；
3—附加层；4—密封材料；5—金属箍

2）屋面水平出入口泛水处应增设附加层和护墙，附加层在平面上的宽度不应小于250mm；防水层收头应压在混凝土踏步下，收头处用密封材料封严，再用水泥砂浆保护。

（8）设施基座监理控制要点及方法

1）设施基座与结构相连时，防水层应包裹在设施基座的上部。设施基座的预埋地脚螺栓周围应做密封处理，防止地脚螺栓周围发生渗漏。

2）在防水层上的设备上放置设施时，应按常规做卷材附加层，必要时做细石混凝土垫块或衬垫，其厚度不应小于50mm。

3. 事后控制要点及方法

分项工程验收由专业监理工程师组织项目专业技术负责人和相关专业质检员，根据质量验收标准进行验收，并对质量控制资料进行核查汇总。

第六节　建筑节能的精细化监理

本节主要依据《建筑工程施工质量验收统一标准》GB 50300—2013关于建筑工程分部、分项划分中建筑节能分部内容编写，针对监理过程中一些子分部和分项工程存在的问题，以监理的角度，从监理的控制程序、控制要点和方法、检测试验方法等方面阐述如何进行精细化监理。

一、维护系统节能的精细化监理

（一）监理控制程序

维护结构所使用节能材料的进场验收→组织召开监理技术交底会→分包单位自检→节能施工质量过程控制（监理巡视、旁站、平行检查）→维护结构节能分部监理验收→分包单位上报过程资料→监理签字确认。

（二）监理的控制要点及方法

施工阶段质量控制是工程项目全过程质量控制的关键环节，工程质量优劣很大程度上取决于施工阶段的控制。根据施工阶段工程实体质量形成过程的时间阶段划分，施工阶段的质量控制可分为事前控制、事中控制、事后控制三个阶段。

1. 事前控制要点及方法

（1）严格审核施工单位和分包单位的资质及施工人员技术素养是否满足要求。

（2）审查施工组织设计或施工方案。

要求施工单位在建筑节能工程施工项目开工前报送详细的施工组织设计或施工技术方案。监理工程师着重审查：主要技术组织措施是否具有针对性、是否安全有效；建筑节能保温材料品种、规格、性能要求、检验要求、施工顺序和施工要求等是否明确；施工组织设计或施工技术方案经监理审查批准后，应严格执行。

（3）对维护结构工程所需原材料、半成品、构配件进行质量控制。

（4）墙体节能工程

1）所有材料品种、质量、性能应符合设计要求和本章规定的性能（附有 CMA 标志的材料检测报告和出厂合格证）。

2）保温层与墙体以及个构造层之间必须粘结牢固，无陀螺、空鼓及裂缝，面层无粉化、起皮、爆灰。

3）严禁脱皮、漏刷、透底。

（5）门窗节能工程

1）与维护结构节能密切相关的门窗主要是与室外空气接触的门窗，包括普通门窗、凸窗、天窗。这些门窗的保温隔热的节能验收必须符合规范规定。

2）门窗框与墙体缝隙部位主要是控制发泡胶饱满度、密实度及密封胶的施工质量。

3）控制密封条安装完整、位置正确、镶嵌牢固对于保证门窗的密封性能均很重要。关闭门窗时应保证密封条的接触严密，不托槽。

2. 事中控制要点及方法

（1）监理工程师按质量计划目标要求，督促施工单位加强施工工艺管理，认真执行工艺标准和操作规程，以提高项目质量稳定性；加强工序控制，对隐蔽工程实行验收签证制，对关键部位构造进行旁站监理、中间检查和技术复核，防止质量隐患发生。重点检查施工单位是否严格按照现行施工规范（程）和设计图纸要求进行施工。

（2）监理工程师在接到隐蔽工程报验单后做好验收工作，在验收过程中如发现施工质量不符合设计要求，以整改通知书的形式通知施工单位，待其整改后重新进行隐蔽工程验收。未经验收合格，严禁进行下一道工序施工。

（3）组织现场质量协调会。及时分析、通报工程质量状况，并协调解决有关单位间对施工质量有交叉影响的界面问题，明确各自的职责，使项目建设的整体质量达到规范、设计和合同要求的质量要求。

（4）做好有关监理资料的原始记录整理工作，并对监理工作音像资料加强收集和管理，保证音像资料的正确性、完整性和说明性。

（5）建筑节能工程施工时，要求施工单位建立各道工序的自检、交接检验和专职人员检查的"三检"制度，并有完整的检查记录。每道工序完成，监理工程师按检验批质量验收规定进行检查验收，合格后方可进行下道工序的施工。

（6）门窗节能工程事中控制要点

1）建筑外门窗的品种、规格符合设计要求和相关标准的规定。门窗的品种包含了型材、玻璃等主要材料和主要配件。

2）建筑外窗的气密性、保温性能、中空玻璃露点、玻璃遮阳系数和可见光投射比都是重要的节能指标，所以应符合强制的要求。

3）为了保证进入工程用的门窗质量达到标准，保证门窗的性能，建筑外窗进入施工现场时需进行复验。

4）控制外门窗框与副框之间以及外门窗框或副框与洞口之间间隙的密封施工，从而杜绝渗水、形成热桥等情况发生，对缝隙的网填充进行重点检查。

5）检查施工单位对设计中外门保温、密封等节能措施，对外门做全数检查。

（7）屋面保温层节能工程

1）保温层的铺设应符合下列要求：紧贴（靠）防水基层，铺平垫稳，拼缝严密。

2）保温层厚度允许偏差：±5%，且不得大于4mm。

3. 事后控制控制要点及方法

（1）按规定的质量验收标准和方法，由建设单位项目负责人组织总监、施工单位项目负责人和技术、质量负责人等对完成的节能工程进行验收，验收合格后办理分部工程质量验收证明。

（2）控制施工单位上报资料

1）设计图纸及会审记录、设计变更通知单和材料代用核定单。

2）施工方法、技术措施和质量保证措施。

3）技术交底记录。

4）材料出厂合格证、质量检验报告和试验报告。

5）分项工程质量验收记录、隐蔽工程验收记录、施工检验记录。

6）现场拉拔试验。

7）工程检验记录。

8）事故处理报告、技术总结等其他技术资料。

（3）隐蔽工程验收记录应包括的主要内容

1）聚苯板粘贴、锚固件安装质量。

2）抹面砂（胶）浆厚度、网格布铺贴位置等。外墙外保温工程应在保温砂浆完后进行隐检，抹灰完成后进行验收。

（三）检测试验内容和要点

1. 外墙外保温工程

外墙外保温工程的检验批和检查数量应符合下列规定：

1）以每 500~1000m^2 划分为一个检验批，不足 500m^2 也应划分为一个检验批；每个检验批每 100m^2 应至少抽查一处，每处不得小于 10m^2。

2）现场拉拔试验根据《建筑节能工程施工质量验收标准》GB 50411—2019 的相关规定进行，外墙钻芯取样数量为一个单位工程每种节能保温做法至少取 3 个芯样。取样部位宜均匀分布，不宜在同一房间外墙上取 2 个或 2 个以上的芯样。

2. 门窗节能工程

门窗节能工程检测试验内容见表 4-31。

门窗节能工程检测试验内容   表 4-31

控 制 要 点	控 制 方 法
建筑外窗的气密性、保温性能、中空玻璃露点、玻璃遮阳系数和可见光透射比应符合设计要求	检查质量证明文件，进场复试
建筑门窗采用的玻璃品种应符合设计要求。中空玻璃应采用双道密封	观察检查，检查质量证明文件
严寒、寒冷、夏热冬冷地区的建筑外窗，应对其气密性做现场实体检验，检测结果应满足设计要求	随机抽样现场检验
严寒、寒冷地区的外门安装，应按照设计要求采取保温、密封等节能措施	观察检查
门窗镀（贴）膜玻璃的安装方向应正确，中空玻璃的均压管应密封处理	观察检查

二、采暖空调设备及管网节能的精细化监理

（一）监理控制程序

采暖，空调节能变更、节能材料的进场验收→组织召开监理技术交底会→分包单位自检→节能施工质量过程控制（监理巡视、平行检查、旁站监督）→采暖、空调节能分部监理验收→分包单位上报采暖、空调过程资料→监理签字确认。

（二）监理的控制要点及方法

1. 事前控制要点及方法

采暖及通风与空调系统节能工程所使用的设备、管道、阀门、仪表、绝热材料等产品

进场时，应按设计要求对其类型、材质、规格及外观等进行验收，并对下列产品的技术性能参数进行核查。

（1）散热器的散热量，进场复试。

（2）风机的风量、风压、功率及单位风量耗功率。

（3）成品风管的技术性能参数。

（4）自控阀门与仪表的技术性能参数。

（5）绝热材料的导热系数、密度、吸水率。

2. 事中控制要点及方法

（1）金属通风管及管件制作

1）管道断面下料尺寸不准确，造成与法兰配合不严密，咬缝不严密，开缝，半咬口及端部和咬口处有孔洞等问题。

2）风管和扣件扭曲不平。

3）焊口有砂眼、夹渣、烧穿、凸瘤，焊接后板材有变形不矫正。

4）钢法兰制作通病一般有：尺寸不准，不方，平整度不够；焊口不牢固，不打药皮，刷漆不到位。

5）翻边过窄，过宽，四角有孔洞。

6）防腐刷油通病：风管及法兰不做好除锈和清除表面杂物就刷防腐漆；漆面层不均匀，流淌、漏刷等。

（2）管道安装部分

1）吊架间距过大，吊杆过细、固定不牢、吊杆不刷漆，托盘角钢不符合规范等。

2）帆布软接头，高低不平，松紧不适度，有扭曲现象。

（3）设备安装部分

1）坐标高度不准、不正，地脚螺栓无防松动装置。

2）风机盘管滴水盘倒坡。

3）设备与风管、设备与设备连接不严密。

（4）保温工程

材质不符合设计要求，保温材料与风管及设备之间，缝隙过大，外保温层不严、不实、不平整、观感差，支吊架处保温不严。

3. 事后控制要点及方法

对节能材料与设备的质量实施"双控"。尤其是采暖、空调等机电设备的技术性能参数对节能效果的影响较大，更应严格把好关。在监理过程中对进场材料设备质量的控制应主要抓以下几项工作：

（1）按设计文件及合同仔细核对检查材料与设备的品种、规格，按要求进行包装及外观检查：包装要完整，具有完整的出厂质量证明文件，对达不到要求的坚决予以退场。主要材料和制品现场抽样复验。

（2）仔细审核施工单位报送的进场建筑节能材料、构配件、设备报审表的质量证明资料（建筑节能中的采暖、通风、空调等分项节能工程均需要填报此表）。质量证明资料主要有出厂合格证、中文说明书、相关性能检测报告，定型产品和成套技术应有定型式检验报告（进口材料和设备还要有出入境商品检验证）。

（3）管道安装要求有一定的坡度是热水采暖系统排除空气的重要措施，安装时应符合设计和节能规程的要求。

（4）为防止管道堵塞，防止跑、冒、滴、漏，节约能源和保证计量装置的准确计量，要求管道、配件、散热设备连接部位完好无损、管内和丝口部位干净。

（5）采暖管道穿过墙壁和楼板设置套管是一项对采暖管道安装的基本规定，要求套管与管道间隙填充阻燃隔热材料和用防水油膏封口抹实，这样有利于管道隔热保温，也有利于隔声、美观。

（6）为保证散热效果，散热器背面与墙面的内表面距离为30mm。

（7）风管与法兰连接处翻边应平整，宽度应一致，且宽度不应小于6mm，并不得有开裂和孔洞，如有应作密封胶处理。

（8）风管法兰孔距应符合设计要求和规范，焊接应牢固，焊缝处不设置螺孔，螺孔具备互换性。

（9）阀类：一般风阀应结构牢固、应用灵活、阀板与壳体不得碰擦，定位准确、可靠，并应标明启闭方向及调节角度。防火阀及排烟阀转动件须采用不易锈蚀的材料制作，阀门动作可靠、关闭严密。防火阀、排烟阀必须有消防部门签认的生产许可证。

（三）检测试验内容和方法

（1）按照委托监理合同约定及建筑节能标准有关规定的比例，进行平行检验或见证取样、送样检测。

（2）保温材料必须按设计要求选用，其产品质量必须达到现行的国家标准规定，质量证明文件包括出厂合格证和质量检测报告，质量检验报告由具有检测资质的检测单位按照规定的检测周期检测后出具。

（3）支架及设备的保温应按热伸长方向留出伸缩缝，以防止热胀冷缩时破坏保温层。

（4）阀门、法兰处的保温应易于拆装，应在法兰的一侧留出螺栓长度加25mm的空隙。

（5）关键部位的隐蔽验收工作，隐蔽工程如有差错，难以返工，因此要认真检查。隐蔽工程应在隐蔽前经各方面验收合格后，才能隐蔽，形成记录，并签证齐全。

（6）采暖节能、通风与空调节能、空调与采暖系统的冷热源及管网节能、监测与控制节能。检查内容包括：绝热材料，风管的制作和安装绝热层材质、规格及厚度，防潮层、隔汽层的做法，自控阀门和仪表的进出口方向和安装位置，监测与控制系统的安装质量，系统节能监控功能，能源计量及建筑能源管理等。

三、电气动力节能的精细化监理

（一）监理控制程序

电力材料设备选样送审→材料设备进场验收及见证取样送检→工程安装检查：成套配电柜、动力配电箱安装、低压电动机、电加热器检查接线→系统功能检查及测试：电气绝缘电阻测试、大容量电气线路结点测温、电气设备空载试运行→工程检查验收及资料整理。

（二）监理控制要点及方法

1. 事前控制要点及方法

（1）核查承包单位的质量管理体系

1）核查承包单位的机构设置、人员配备、职责与分工的落实。

2）督促各级专职质量检查人员的配备。

3）查验各级管理人员及专业操作人员的持证情况，安装电工、焊工、起重吊装工和电气调试人员等按要求持证上岗。

4）检查承包单位质量管理制度是否健全（包括施工技术标准、图纸会审制度、技术交底制度、施工组织设计审批程序、工序交接制度、质量评定制度、检验制度、协调会、质量研讨会制度及安全文明施工奖罚制度等）。

（2）查验施工图纸审批签认的手续是否齐全

1）设计文件是否完整，是否与图纸目录相符。

2）施工图纸中所用的材料、设备应符合现行规范、规程的要求。

3）施工图纸规定的施工工艺应符合现行规范、规程的要求。

4）检查施工图纸中有无错、漏，各专业间相互矛盾和安装使用不合理之处。

5）将发现的问题书面提出意见和建议给建设单位，由建设单位汇总各方意见后交至设计院。

（3）按施工合同的约定、建设单位的要求，督促施工单位按现行规范、规程，按计划完成深化设计，深化设计图纸报设计院确认，深化设计内容应包括材料设备选型、管线综合布置、标高及预留孔洞复核。

2. 事中控制要点及方法

（1）材料设备送审

1）生产厂商提供的生产、经营资质文件应是政府部门审批有效期内的资质文件。

2）提供的产品应能满足设计文件技术要求和建设单位要求的品牌。

3）对新材料、新产品要有鉴定证明和相关的确认文件及要有政府批准的文件。

4）产品应有产品性能说明书，性能、技术参数应符合设计要求。

5）产品质量检测报告应有效；质量保证书应明确；查看业绩，必要时进行考察；进口产品应有中文资料，代理应有代理资质、代理证书，产品应有合法的进口手续。经技术、经济、服务比较，同意选用符合设计要求且有生产资质的厂家。

（2）材料、设备进场报验及见证取样送检

1）依法定程序批准进入市场的新电气设备、器具和材料进场验收，供应单位应提供安装、使用、维修、试验要求等技术文件；进口电气设备、器具和材料进场验收，供应单位应提供商检证明、中文的质量合格证明文件，规格、型号、性能检测报告，中文的安装、使用、维修和试验要求等技术文件。

2）导管、型钢和电焊条查验合格证和材质证明书；镀锌制品查验镀锌质量证明书；配电柜、配电箱查验出厂合格证、出厂试验记录、生产许可证、CCC认证；电线电缆有出厂合格证、检验报告、生产许可证、CCC认证；电缆头部件及接线端子有合格证。

3）电动机、电加热器、低压开关设备有合格证。

3.事后控制要点及方法

（1）控制要点

1）潮湿场所的电气线管的管口无密封措施，连接方式不到位，导线外露。

2）电动机接线连接，导线对地距离小。

3）小线连接未用端子和压线端子松动，防松垫不全。

4）双速电机绕组接线方式与配电柜控制线路不匹配。

5）排污泵运行前，未清理集水坑内杂物、淤泥。

（2）控制方法

1）加强技术交底，明确质量标准。

2）完善调速方案、步骤，严格工序交接。

3）详细了解设备随机技术文件，按技术条件要求接线，试运行。

（三）检测试验内容和要点

（1）配电与照明节能工程采用的配电设备、电线电缆、照明光源、灯具及其附属装置等产品进场时，应按设计要求对其类型、材质、规格及外观等进行验收，并应经监理工程师（建设单位代表）检查认可，且应形成相应的验收记录。各种材料和设备的质量证明文件和相关技术资料应齐全，并应符合国家现行有关标准和规定。

检验方法：观察检查；技术资料和性能检测报告等质量证明文件与实物核对。

检查数量：全数检查。

（2）配电与照明节能工程采用的照明光源、灯具及其附属装置进场时，应对其下列技术性能参数进行复验，复验应为见证取样送检。

1）光源初始光效。

2）灯具镇流器能效值。

3）灯具效率。

（3）低压配电系统选择的导体截面不得低于设计值。

（4）工程安装完成后应对配电系统进行调试，调试合格后应对配电系统电压偏差和功率因数进行检测。

四、监控系统节能的精细化监理

（一）监理控制程序

（1）未提交开工报告并经总监批准不得开工。

（2）未经监理工程师签署质量验收单并予以确认不得进行下一工序。

（3）工程材料和设备未经监理工程师审验签认不得进入施工现场。

（4）依据视频监控系统施工的特点，监理工作流程如下：

审查方案→核查资质、材料设备→检查人员进场情况、材料、设备全检验→巡视、按见证检验→巡视、见证检验→按设计、设备资料→验收、签认。

（二）监理控制要点及方法

1. 事前控制要点及方法

（1）质量控制要点

1）审查施工组织设计和专项施工方案，重点审查其针对性、可操作性及科学性。

2）审查施工作业及管理人员的培训证、上岗证、资格证。

3）检查进场施工设备、仪器、仪表的数量及法定计量部门出具的鉴定证明。

4）施工单位安全、质量管理体系及制度的审查。

5）视频监控系统工程的设备、材料计划落实情况的检查。

6）分包单位资质材料的审查。

7）施工现场情况的检查。

8）施工单位开工报告的审签。

（2）监控手段

监理工程师需对如下技术文件和报告，报表进行审签：

1）审签施工组织设计、施工方案和质量控制计划。

2）审核进场人员的培训资料、上岗证、资格证。

3）审核施工单位的开工报告、技术管理体系、质量管理体系和质量保证体系。

4）审验施工单位提交和有关仪器、仪表和设备的计量鉴定证书和有关资料。

5）审批施工单位提交的材料、构配件的质量证明文件。

6）审核施工单位提交的有关工序质量的证明文件（自检记录、实验报告等）。

7）审批有关工程变更、技术修改等资料。

2. 事中控制要点及方法

（1）质量控制要点

1）审查进场的施工设备、仪器、仪表是否与提交资料一致。

2）严格按照订货合同、设计文件检验进场的视频监控设备、电缆等材料。

3）要求施工单位认真进行作业技术交底，明确做什么，谁来做，如何做，作业标准等。

4）视频监控设备的安装，按照《智能建筑工程质量验收规范》GB 50339—2013 检验。

5）视频监控设备的配线，按照《综合布线工程验收规范》GB/T 50312—2016 检验。

6）视频监控设备的调试、检测，按照设计要求和设备技术资料检验。

7）视频监控系统施工资料和检测报告的审核。

8）视频监控系统的调试、开通。

（2）定期或不定期的巡视

对于安全施工制度和措施的进行情况，以及视频监控设备的安装、配线及其检测、调试和开通等施工过程，监理工程师都要进行定期或不定期的巡视。

3. 事后控制要点及方法

（1）参与建设单位委托建筑节能测评单位进行的建筑节能能效测评。

（2）审查承包单位报送的建筑节能工程竣工资料。

（3）组织对包括建筑节能工程在内的预验收，对预验收中存在的问题，督促承包单位进行整改，整改完毕后签署建筑节能工程竣工报验单。

（4）施工质量验收阶段

1）审查施工资料和施工单位自检资料。

2）按照程序依据设计文件、《智能建筑工程质量验收规范》GB 50339—2013 进行主控项目和一般项目检验验收，签认。

（三）检测试验方法和要点

按照《智能建筑工程质量验收规范》GB 50339—2013 规定，进行视频监控系统的施工工程监理单位见证试验和平行检验。

检测试验方法和要点应符合表 4-32 的规定。

监理见证试验和平行检验项目表 表 4-32

序号	施工工序	控制点	目标值	检测频率	监控手段
1	视频监控设备安装和配线	材料、设备进场检验	GB 50339—2013	抽检 20%	依设计文件、合同、质量文件
		视频采集点采集设备、监视目标及同户终端的设置	GB 50339—2013	见证检验	依设计文件、观察检验
		视频监控系统的储存容量	GB 50339—2013	抽检 20%	依相关标准或设备技术文件检测
		室外摄像机支柱及室外摄像机安装	GB 50339—2013	见证检验	观察、测量
		室外露天机箱的安装	GB 50339—2013	见证检验	观察、测量
		摄像机配线	GB 50339—2013	见证检验	观察、测量
2	视频监控设备单机检验	摄像机功能、性能	GB 50339—2013	见证检验 20%	依相关标准或设备、技术文件检测
		视频编解码设备功能、性能	GB 50339—2013	见证检验 20%	依相关标准或设备
		视频存储功能、性能	GB 50339—2013	见证检验 20%	技术文件检测
		视频服务功能、性能	GB 50339—2013	见证检验 20%	依相关标准或设备
3	视频监控系统检测	系统时延检测	GB 50339—2013	见证检验 20%	专用软件测试检查
		系统联动响应和图像质量	GB 50339—2013	见证检验 20%	依相关标准或设备技术文件检测
		数字视频信号	GB 50339—2013	见证检验 20%	用视频测试卡、图像综合测试仪
		视频处理、存储功能	GB 50339—2013	见证检验 20%	按照设计文件试验检查
		视频、控制功能	GB 50339—2013	见证检验 20%	按照设计文件试验检查
		视频内容分析	GB 50339—2013	见证检验	按照设计文件试验检查
		视频分发/转发、显示功能	GB 50339—2013	见证检验	按照设计文件试验检查
		系统断网保护功能	GB 50339—2013	见证检验	按照设计文件试验检查
		系统内容设备时间同步的一致性	GB 50339—2013	见证检验	按照设计文件试验检查
		不同厂家视频系统间互联互通功能	GB 50339—2013	见证检验	按照设计文件试验检查
4	视频监控系统网管检验	视频监控系统网管的用户管理功能	GB 50339—2013	见证检验	按照设计文件试验检查
		视频监控系统网管的配置管理功能	GB 50339—2013	见证检验	按照设计文件试验检查
		视频监控系统网管的性能管理功能	GB 50339—2013	见证检验	按照设计文件试验检查
		视频监控系统网管的故障、安全管理功能	GB 50339—2013	见证检验	按照设计文件试验检查
		视频监控系统网管的日志管理功能	GB 50339—2013	见证检验	按照设计文件试验检查

第七节 给水排水及供暖工程精细化监理

一、室内给水系统工程的精细化监理

（一）监理控制程序

材料进场报验→给水管道安装→防水套管安装→管道防腐→卫生洁具安装→明装分户水表安装→水泵安装→水泵试运转→监理验收并签字。

（二）监理控制要点及方法

1. 事前控制要点及方法

（1）审查施工安装单位应具有相应的营业执照、企业资质、质量管理体系以及参建相关人员应具备相应岗位资格证书。

（2）审查施工安装单位施工组织设计或安装方案，监督安装单位施工技术员向安装人员进行技术交底，监理编制监理实施细则，明确监理人员质量控制、巡视检查、重点部位旁站、平行检验检查验收的具体内容、合格标准等监理工作。

（3）审查验收施工安装单位进场材料、成品、半成品、配件、器具和设备必须具有中文质量合格证明，规格、外观、型号及主要器具和设备及性能检测报告应符合国家技术标准或设计要求，现场材料抽样送检，送检报告合格方可进行下道工序安装。

（4）监督安装单位按照已批准的安装方案现场进行技术交底，通过技术交底现场安装操作人员熟悉掌握安装工艺流程、安装要点、技术要求、质量标准等内容。

（5）推行样板引路制度，在管道及设备安装前，要求施工安装单位现场制作安装样板间，通过样板发现施工安装工艺、材料选用等方面存在的问题并及时优化改革，样板工程的安装工艺、材料选用、质量标准等应符合工程标准。

2. 事中控制要点及方法

（1）现场检查管道支、吊、托架的安装应符合下列规定：

1）位置正确应平整牢固。

2）固定支架与管道接触要紧密，固定要牢固。

3）在穿墙处做成方形补偿器，水平安装。

4）滑动支架应灵活。

（2）检查螺纹连接管道，安装后的管螺纹根部应有 2~3 扣外露，多余的麻丝应清理干净并做好防腐处理。

（3）检查冷、热水管道，同时，上、下平行安装时热水管应在上方；垂直平行安装时热水管应在左侧。

（4）检查室内直埋给水管道，应做防腐处理（塑料管、复合管道除外），防腐层材质

和结构按设计要求。

（5）检查箱式消火栓，安装栓口应朝外，不应安装在门轴侧，栓口中心距地面为1.1m。

（6）现场检查敞口水箱应做满水试验，密闭水箱（罐）应做水压试验。满水试验观察24h，应不渗不漏；水压试验在试验压力下10min压力不降，不渗不漏，水箱溢流管和泄放管应设置在排水地点附近，但不得与排水管直接连接。

（7）现场检查水泵安装时必须在混凝土基础的强度达到设计强度的60%以上方可进行，水泵的精校和配管必须在二次灌浆的混凝土达到设计强度的75%以上方可进行，安装就位符合下列要求：

1）安装时实测联轴器水平线，并用钢丝挂线，安装严格控制，确保联轴器水平立式水泵可设减振垫等减振装置，但不应采用弹簧减振器。

2）用水平尺测量水泵底座水平度，下面用垫块找平，每处垫铁不得多于3块。

3）水泵安装完毕后应填写"水泵安装记录"，记录水泵安装的各项数据。

（8）监理检查箱式消火栓，安装栓口应朝外，不应安装在门轴侧，栓口中心距地面为1.1m，允许偏差为 ±20mm；消火栓箱体安装的垂直度允许偏差为 ±3mm。

（9）监理抽查闭式喷头密封性试验，每批中抽查1%，但不得少于5只，试验压力为3MPa；保压时间不得少于3min。

（10）报警阀应逐个进行渗漏试验，试验压力取额定工作压力的2倍，要求保压时间5min，阀瓣处无渗漏则合格。

3. 事后控制要点及方法

（1）检查水表、水嘴等附件及配件安装之前，应先对管道进行冲洗，除去污物，以避免造成堵塞。

（2）检查自动喷洒和水幕消防装置的喷头，安装应在管道系统完成试压和冲洗后进行，安装时应注意与土建吊顶和装饰施工的配合。

（3）检查自动喷洒和水幕消防系统不许倒坡，充水系统坡度不小于0.002；充气系统和分支管坡度应不小于0.004。

（4）严格检查吊架与喷头的距离应不小于300mm；距末端喷头的距离不大于750mm；吊架应设在相邻喷头间的管段上，当相邻喷头间距不大于3.6m，可设一个，小于1.8m，可隔断设置。

（5）检查室内消防栓，栓口应朝外，阀门中心距地面为1.1m，阀门距箱侧面为140mm，距箱后内表面为100mm。

（6）检查室内热水供应系统，应符合：

1）供热系统安装完成，在管道保温之前应进行水压试验。当设计无具体要求时，试水压力应为系统顶点压力值加0.1MPa，同时在系统顶点的试验压力不小于0.3MPa。

2）供热水管道直线段过长时，应按设计要求设置补偿器。

3）温度控制器及阀门应安装在便于观察和维护的位置。

4）供热水管道应按设计规定做好保温。

（7）敞口水箱的满水试验和密闭水箱（罐）的水压试验必须符合设计和施工质量验收规范规定。

（8）验收时，现场所有压力管道和设备应做水压试验；非压力管道和设备应做灌水试验。

（9）室内消火栓系统安装完成后应取屋顶层试验消火栓和首层取两处消火栓做射水试验。

（10）室内给水管道水压试验必须符合设计要求。当设计未注明时，试验压力应为工作压力的 1.5 倍，但不得小于 0.6MPa。

（11）生活给水管道在交付前必须冲洗和消毒，经有关部门取样检验并出具检测报告。

（三）检测试验方法和要点

（1）给水管（PP-R 冷、热水管）应现场抽样送检测中心检验。送检规定：管材，每组 8 根，每根 1m；管件：每组 9 件，其中 5 件为同一型号。

（2）给水管 PVC-U 应现场抽样送检测中心检验。送检规定：管材，每组 8 根，每根 1m。

（3）给水管 PE 管材（≤ ϕ110~ϕ315 冷水管）应现场抽样送检测中心检验。送检规定：管材，每组 4 根，每根 1m。

（4）铝塑复合管（冷水 60℃、热水 80℃）应现场抽样送检测中心检验。送检规定：管材，每组 8 根，每根 1m。

（四）质量监理实测实量

1. 管道支、吊架间距

（1）测量工具：测距仪、5m 钢卷尺。

（2）检测方法和数据记录

1）实测区与合格率计算点：钢管管道、每一种规格管道作为一个检测区，在一个检测区随机抽查 10 处，测量两个支、吊架间距，实测值小于等于表 4-33 中数值为合格，大于为不合格；不同管径规格管道共用支架时，以最小间距要求值为准。

钢管管道支架的最大间距表　　　　　　　　　　　　　　　　　表 4-33

公称直径（mm）		15	20	25	32	40	50	70	80	100	125	150	200	250	300
支架的最大间距（m）	保温管	2	2.5	2.5	2.5	3	3	4	4	4.5	6	7	7	8	8.5
	不保温管	2.5	3	3.5	4	4.5	5	6	6	6.5	7	8	9.5	11	12

2）测量方法：采用 5m 卷尺实测实量。

3）数据记录：不合格点按 1 记录，合格点按 0 记录。

2. 套管封堵

（1）控制要点

套管与管道之间缝隙应用阻燃密实材料和防水油膏填实，端面光滑；套管两端可加设塑料或不锈钢密封圈装饰。

（2）材料

套管、石棉水泥或防水油膏、油麻、密封圈等。

（3）方法

管道安装后调整管道位置使其与套管同心，将水泥麻丝环绕管道塞进缝隙直至与楼板底部相平，两端留取 10~30mm 高，用填缝密封胶填塞抹平，最后用防水油膏或密封圈收口。

（4）管道封堵如图 4-60 所示。

 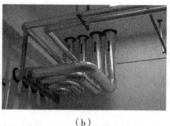 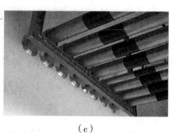

（a） （b） （c）

图 4-60　管道封堵图

（a）排水管封堵图；（b）给水管封堵图；（c）消防管封堵图

3. 室内消火栓箱体

（1）控制要点

1）消防箱内各有关器具都应按其使用功能设置合理的位置。消火栓口应按规定的标高设置，并设置在门轴侧反向；水龙带与水枪和快速接头绑扎好后，应根据箱内构造将水龙带挂放在箱内的挂钉、托盘或支架上；警铃应设置在消防栓口的上方，消防箱门应顺着疏散的方向开启。

2）箱体涂层完好，清洁干净，消火栓箱门正面分别粘贴"消火栓""灭火器"字样。

（2）控制标准

1）栓口应朝外，并不应安装在门轴侧。

2）栓口中心距地面为 1.1m，允许偏差为 ±20mm。

3）阀门中心距箱侧面为 140mm，距箱后内表面为 100mm，允许偏差为 ±5mm。

4）消火栓箱体安装的垂直度允许偏差为 3mm。

（3）材料

消火栓箱、型钢、膨胀螺栓、生料带等。

二、室内排水系统工程的精细化监理

（一）监理控制程序

材料进场报验→室内排水管系统安装→雨水管安装→排水管道及配件安装→卫生洁具安装→监理验收并签字。

（二）质量控制的操作程序及方法

1. 事前控制要点及方法

（1）审查施工安装单位，应具有相应的营业执照、企业安装资质、质量保证体系，参建相关人员应具备相应岗位资质证书，确保能够满足安装施工质量要求。

（2）审查施工安装单位施工组织设计或安装方案，安装施工前图纸会审、二次深化设计后，安装单位应结合本工程安装特点并编制安装方案，编制安装工程监理实施细则，明确监理人员质量控制要点、巡视检查、旁站、平行检验检查验收的具体内容、合格标准等，现场开展监理工作。

（3）审查验收施工安装单位进场材料、成品、半成品、配件、器具和设备必须具有中文质量合格证明，规格、外观、型号及主要器具和设备及性能检测报告应符合国家技术标准或设计要求并现场见证取样送检，送检报告合格后方可进行下道工序。阀门安装前应作耐压强度实验。每批（同牌号、规格、型号）数量中抽查10%，且不少于1个，如有漏裂不合格的应再抽查20%，仍有不合格的则须逐个实验，试验压力为阀门出厂规定压力。

（4）监督施工安装单位按已审批的安装组织方案进行技术交底工作，管道及设备安装前进行技术交底，通过技术交底，质量管理人员及操作安装人员掌握管道及设备等安装工艺要求、操作要点、技术要求，做到合理安排施工安装。

（5）推行样板先行、样板引路制度，在施工安装管道及设备安装前，要求施工安装单位现场制作安装样板间，通过样板发现施工安装工艺、材料选用等方面存在的问题并及时优化改革，样板工程的安装工艺、材料选用、质量标准等应符合工程标准。

2. 事中控制要点及方法

（1）检查室内排水立、支管道安装

1）排水立管安装必须考虑与支管连接的可能性和排水的畅通、连接的牢固，所有用于立管连接的零件都必须是45°的斜三通，弯头一律采用45°，所有立管与排出管连接时，要用两个45°弯头，底部应做混凝土支座。为了防止在多工种交叉施工中有碎砖木块、灰浆等杂物掉入管道内，在安装立管时，不应从±0.000开始，使±0.000到1m处的管段暂不连接，等抹灰工程完成后，再将该段连接好。

2）安装支管时，必须符合排水设备的位置、标高的具体要求。支管安装需要有一定的坡度，为的是使污水能够畅通地流入立管。支管的连接件，不得使用直角三通、四通和弯头，承口应逆水流向。地下埋设和楼板下部明装的，要事先按照图纸要求多做预制，尽量减少死口。接管前，应将承口清扫干净，并打掉表面上的毛刺，插口向承口内安装时，要观察周边的间隙是否均匀；在一般情况下，其间隙不能小于8mm。打完口后再用塞刀将其表面压平压光。支管安装的吊钩，可在墙上或楼板上，其间距不能大于1.5m。

3）短安装首先应准确定出长度，短管与横支管连接时均有坡度要求，因此，即使卫生器具相同，其短管长度也各不相同，它的尺寸都需要实际量出。大便器的短管要求承口露出楼板30~50mm；测量时应以伸出长度加上楼板厚度到横管三通承口内总长计算；对拖布槽、小便斗及洗脸盆等短管长度，也应采用这个方法测量，在地面上切断便可安装。

（2）检查室内排水塑料立管必须装设伸缩节。在设计无要求的情况下伸缩节间距不得大于4m。

（3）检查室内卫生洁具安装

1）卫生器具的支、托必须做好防腐工作，安装要平整、牢固，与器具接触紧密、平稳。

2）卫生器具给水配件应完好，接口严密，启闭灵活。

（4）检查室外排水管网安装

1）室外排水管道的标高、坡度必须符合设计要求，严禁无坡或倒坡。

2）管道安装时，应随时清除管道中的杂物。

3）管道填埋前必须按排水检查井逐段做灌水试验和通水试验，观察时间不小于30min。

4）排水铸铁管道，当设计无具体要求时，安装前应除锈、涂两遍石油沥青漆。

（5）生活污水管道应使用塑料管、铸铁管或混凝土管。成组洗脸盆或饮用喷水器到共用水封之间的排水管和连接卫生器具的排水短管，可使用钢管。建筑高度超过100m的高层建筑或抗震等级要求较高的建筑物的排水立管应使用承插式柔性接口排水铸铁管。雨水管道宜使用塑料管、铸铁管、镀锌和非镀锌钢管或混凝土管等。悬吊式雨水管道应选用钢管、铸铁管或塑料管。易受振动的雨水管道（如锻造车间等）应使用钢管。

（6）卫生器具交工前应全数做满水和通水试验。

3．事后控制要点及方法

（1）检查验收埋地或隐蔽的排水管道在隐蔽前必须做灌水试验。灌水高度应不低于底层卫生器具的上边缘或底层地面高度。

合格标准：满水15min后再灌满水，观察5min，液面不下降，管道及接口无渗漏。

（2）检查验收排水主、立管、水平干管均应做通球试验。球径不小于排水管管径的2/3，通球率必须达到100%。

检查方法：通球检查。

（3）检查生活污水管，在立管上每隔一层应设置一个检查口，但在最底层和有卫生器具的最高层必须设置；连接 2 个及 2 个以上大便器或 3 个及 3 个以上卫生器具的污水横管上应设置清扫口；转角小于 135° 的污水横管上，应设置检查口或清扫口；污水横管的直线段，按设计要求距离设置检查口或清扫口。

（4）检查金属排水管固定件间距应满足：横管不大于 2m、立管不大于 3m、楼层小于或等于 4m，立管可安装一个固定件，污水立管底部的弯管处应设支墩或采取固定措施。

（5）检查排水通气管不得与风道或烟道连接，在经常有人停留的平屋顶上通气管应高出屋面 2m。

（6）室内排水的水平管道与水平管道、水平管道与立管的连接应采用 45° 三通或 45° 四通和 90° 斜三通或 90° 斜四通，立管与排出管端部的连接，应采用 2 个 45° 弯头或曲率半径不小于 4 倍管径的 90° 弯头。

（7）检查安装在室内的雨水管道应做灌水试验，灌水高度必须到每根立管的上部的雨水斗。要求试验持续 1h，不渗不漏。

（8）严禁雨水管道与生活污水管道相连。

（三）检测试验方法和要点

（1）PVC–U 排水管应现场抽样送检测中心检验。送检规定：管材，每组 8 根，每根 1m；管件，每组 9 件，其中 5 件为同一型号。

（2）PVC 排水管应现场抽样送检测中心检验。送检规定：管材，每组 3 根，每根 4m。

（四）质量监理实测实量

地漏安装：

（1）控制要点

地漏安装牢固，设置合理，接缝严密无渗漏，排水流畅，造型统一。

（2）方法

核对地面标高，按地面水平线考虑 2% 的坡度，再低 5~10mm 为地漏表面标高，安装完后，用 1∶2 水泥砂浆将其固定。墙地砖排版时，砖缝应平齐。地漏水封高度不得小于 50mm。

三、室内采暖系统工程的精细化监理

（一）监理控制程序

材料进场报验→套管安装→管道支、吊架安装→干管安装→立管安装→支管安装→管道配件安装→监理验收并签字。

（二）质量控制的操作程序及方法

1. 事前控制要点及方法

（1）审查施工安装单位应具有相应的资质，参建相关人员应具备相应岗位资质证书。

（2）审查施工安装单位施工组织设计或安装方案，安装施工前图纸会审、二次深化设计后，安装单位应结合木工程安装特点并编制安装方案，编制安装工程监理实施细则，明确监理人员质量控制要点、巡视检查、旁站、平行检验检查验收的具体内容、合格标准等现场开展监理工作。

（3）审查验收施工安装单位进场材料、成品、半成品、配件、器具和设备必须具有中文质量合格证明，规格、外观、型号、主要器具和设备及性能检测报告应符合国家技术标准或设计要求。阀门安装前应做耐压强度实验。（同牌号、规格、型号）数量中抽查 10%，且不少于 1 个，如有漏裂不合格的应再抽查 20%，仍有不合格的则须逐个实验，试验压力为阀门出厂规定压力。检查进场主材：焊接钢管、无缝钢管、复合管和塑料管及配套管件，平衡阀、调节阀、截止阀、闸阀、旋塞、自动排气阀、集气罐等阀门。其他材料：型钢、电焊条、石棉板、棉纱、麻丝、石棉绳、聚四氟乙烯生料带、机油、汽油、铅油、锯条、砂轮片、氧气、乙炔等。附属装置：减压器、疏水器、除污器、补偿器等应符合设计要求，并有出厂合格证和说明书。所有材料使用前应做好产品标识，注明产品名称、规格型号、批号、数量生产日期和检验代码等，并确保材料具有可追溯性。检查每批机具准备：

1）机具：套丝机、切割机、电气焊机、煨管机、试压泵、钻孔机等。

2）工具：工作台、管钳、手锤、手锯、扳手、水平尺、钢卷尺、线坠、石笔、铅笔、小线等。

（4）监督施工安装单位按已审批的安装组织方案进行技术交底工作，管道及设备安装前进行技术交底，通过技术交底，质量管理人员及操作安装人员掌握管道及设备等安装工艺要求、操作要点、技术要求，做到合理安排施工安装。

（5）推行样板先行、样板引路制度，在施工安装管道及设备安装前，要求施工安装单位现场制作安装样板间，通过样板发现施工安装工艺、材料选用等方面存在的问题并及时优化改革，样板工程的安装工艺、材料选用、质量标准等应符合工程标准。

2. 事中控制要点及方法

（1）固定支架与管道接触应紧密，固定应牢靠。

（2）滑动支架应灵活，滑托与滑槽两侧间应留有 3~5mm 的间隙，纵向移动量应符合设计要求。

（3）无热伸长管道的吊架、吊杆应垂直安装；有热伸长管道的吊架、吊杆应向热膨胀的反方向偏移。

（4）采暖系统的金属管道立管管卡安装应符合下列规定：

1）楼层高度小于或等于 5m，每层必须安装 1 个；楼层高度大于 5m，每层不得少于 2 个。

2）管卡安装高度，距地面应为 1.5~1.8m，2 个以上管卡应均匀安装，同一房间管卡应安装在同一高度上。

（5）熔接连接管道的结合面应有一均匀的熔接圈，不得出现局部熔瘤或熔接圈凸凹不匀现象。

（6）采用橡胶圈接口的管道，允许沿曲线敷设，每个接口的最大偏转角不得超过2°。

（7）法兰连接时，衬垫不得凸出伸入管内，其外边缘接近螺栓孔为宜，不得安放双垫或偏垫。

（8）连接法兰的螺栓，直径和长度应符合标准，拧紧后，突出螺母的长度不应大于螺杆直径的1/2。

（9）螺纹连接管道安装后的管螺纹根部应有2~3扣的外露螺纹，多余的麻丝应清理干净并做防腐处理。

（10）卡箍（套）式连接两管口端应平整、无缝隙，沟槽应均匀，卡紧螺栓后管道应平直，卡箍（套）安装方向应一致。

（11）地面下敷设的盘管埋地部分不应有接头。

（12）盘管隐蔽前必须进行水压试验，试验压力为工作压力的1.5倍，但不小于0.6MPa。检验方法：稳压1h内压力降不大于0.05MPa，且不渗不漏。

（13）加热盘管弯曲部分不得出现硬折弯现象，曲率半径应符合下列规定：

1）塑料管：不应小于管道外径的8倍。

2）复合管：不应小于管道外径的5倍。检验方法：尺量检查。

3. 事后控制要点及方法（表4-34）

事后控制要点及方法　　　　　　　　　　　　　　表4-34

序号	名称	质量控制要点	目标值
1	系统	适用范围	饱和蒸气压力不大于0.7MPa，热水温度不超过130°
2	管线	连接方式	焊接钢管螺纹焊接，镀锌钢管可螺纹、法兰或卡套连接
3	管道	坡度	气（汽）水同向热水管、蒸气管及凝集水管坡度为3‰，不得小于2‰。气（汽）水逆向热水管、蒸气管坡度不得小于5‰。散热器支管坡度1%
4	补偿器	位置补偿量	要进行预拉伸，应设固定支吊架，符合设计及产品技术文件；方型补偿器需要接口，接口位置应设在垂直臂的中间位置
5	阀门	平衡阀、调节阀、蒸气减压阀、安全阀	型号、规格、公称压力、安装位置符合设计要求，并按系统平衡要求进行调试，并作出标志
6	附件	热量表、疏水器、阀门过滤器、除污器	型号、规格、公称压力、安装位置符合设计要求
7	热计量	能量计设置	符合设计要求及产品说明要求（特别注意离紊流处距离）
8	管道	偏心设置	热水管变径时顶平偏心，蒸气管变径时底平偏心
9	膨胀水箱	阀门设置	膨胀管和循环管上不得设置阀门
10	高温管	可拆件连接方式	110~130℃的高温水管可拆件应使用法兰连接，法兰垫料使用耐热橡胶板
11	管道支架	防腐涂漆	附着良好，无脱皮、起泡、流淌和漏涂缺陷

续表

序号	名称	质量控制要点	目标值
12	管道安装	允许偏差	坐标、标高、弯曲弯管等符合规范要求
13	散热器	水压试验	设计要求，或工作压力的1.5倍，但不小于0.6MPa
14	散热器	安装	平直度，支托架，与墙面间距，安装偏差，防腐等符合设计规范和产品说明书的要求
15	系统	水压试验压力	蒸气热水系统，顶点压力加0.6MPa，不小于0.3MPa。高温热水系统，顶点压力加0.4MPa。塑料管和复合管，顶点压力加0.2MPa，不小于0.4MPa
16	系统	水压试验程序	钢管及复合管，试验压力下10分钟压降不大于0.02MPa，工作压力下无渗漏。塑料管，试验压力下1h压降不大于0.05MPa，工作压力的1.15倍下，稳压2h，压降不大于0.03MPa，且无渗漏
17	系统	冲洗	试压合格后，应对系统进行冲洗，清扫过滤器及除污器，达到无杂质，水质不浑浊
18	系统	调试	系统冲洗后，应充水加热，进行试运行和调试

（三）检测试验方法和要点

（1）给水管（PP-R热水管）应现场抽样送检测中心检验。送检规定：管材，每组8根，每根1m；管件，每组9件，其中5件为同一型号。

（2）给水管（PE-RT热水管）应现场抽样送检测中心检验。送检规定：管材每根6m。

（四）质量监理实测实量

辐射供热地埋管敷设：

（1）控制要点

盘管回路通畅无渗漏，地表供热分布均匀。

（2）材料

管道、管卡、绝热层、防潮层、钢丝网、豆石、水泥等。

（3）工具

搅拌机、老虎钳、钢卷尺、水准仪、试压泵、压力表等。

（4）辐射供热地埋管敷设图如图4-61所示。

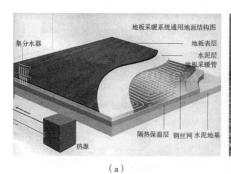
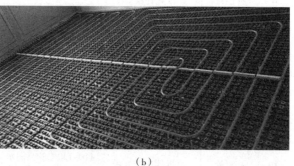

（a）　　　　　　　　　　　　　　　　　（b）

图4-61　辐射供热地埋管敷设图
（a）辐射供热地埋管敷设示意图；（b）辐射供热地埋管敷设实例图

第八节 通风与空调工程精细化监理

一、通风工程的精细化监理

（一）监理控制程序

材料进场报验→现场测量→支吊架、法兰预制→风管及部件预制→风管安装→漏风量测试→风管保温→设备安装→设备与风管接驳→风口安装→系统调试→竣工验收→监理签字确认。

（二）质量控制的操作程序及方法

1. 事前控制要点及方法

（1）审查施工安装单位应具有相应的营业执照、安装资质、质量保证体系，参建相关人员应具备相应岗位资质证书，确保能够满足安装施工质量要求。

（2）审查施工安装单位施工组织设计或安装方案，安装施工前图纸会审、二次深化设计后，安装单位应结合本工程安装特点并编制安装方案，编制安装工程监理实施细则，明确监理人员质量控制要点、巡视检查、旁站、平行检验检查验收的具体内容、合格标准等，现场开展监理工作。

（3）审查验收施工安装单位进场材料、成品、半成品、配件、器具和设备，必须具有中文质量合格证明，规格、外观、型号、主要器具和设备及性能检测报告应符合国家技术标准或设计要求，并现场见证取样送检，送检报告合格后方可进行下道工序。

（4）监督施工安装单位按已审批的安装组织方案进行技术交底工作，管道及设备安装前进行技术交底，通过技术交底，质量管理人员及操作安装人员掌握管道及设备等安装工艺要求、操作要点、技术要求，做到合理安排施工安装。

（5）推行样板先行、样板引路制度，在施工安装管道及设备安装前，要求施工安装单位现场制作安装样板间，通过样板发现施工安装工艺、材料选用等方面存在的问题并及时优化改革，样板工程的安装工艺、材料选用、质量标准等应符合工程安装标准。

2. 事中控制要点及方法

目前常见的风管主要有四种，分别为：镀锌薄钢板风管、无机玻璃钢风管、复合纤维板风管、纤维织物风管。

（1）常用的风管制作以矩形为主的镀锌薄钢板金属材料和非金属材料，见表4-35。

镀锌薄钢板金属材料和非金属材料   表4-35

序号	名称	质量控制要点	目标值
1	风管	整体质量	材质、规格、强度、严密性、外观质量等符合设计及规范要求
2	板材	原材料质量	具备质量合格证及质量证明文件

续表

序号	名称	质量控制要点	目标值
3	镀锌钢板	板材厚度 镀锌层	板材厚度符合要求，表面应平整无划痕，镀锌层不得有脱落现象。镀锌钢板不得采用焊接
4	板材	厚度	符合规范最低值要求
5	防火风管	防火性能	通过查验材料质量合格证明文件、性能检测报告、观察检查与点燃试验，检查本体框架与固定材料、密封垫料为不燃材料，耐火等级符合设计规定
6	复合材料风管	防火安全	覆面材料为不燃材料，内部为不燃或难燃 B1 级，对人体无害
7	风管	漏风量测试	符合规范要求
8	风管	尺寸偏差	符合规范规定
9	法兰	用材规格	符合规范要求
10	风管加固	加固对象和形式	符合规范要求（注意有机玻璃钢风管，矩形风管边长大于 900mm，管段长度大于 1250mm 应加固）
11	净化系统风管	洁净性能要求	拼接缝设置，材料的防腐处理，风管加固等符合规范要求；现场保持整洁，防尘防潮，按洁净要求做好清洗密封工作
12	外购风管	质量保证	核查相应的产品合格证明文件或进行强度和严密性验证
13	其他	加工制作要求	管咬口、密封、焊缝、法兰孔距、风管加固、导流弯头等加工制作均应符合规范要求。 管卫生清理工作应贯穿加工制作安装整个过程。 部件的制作应严格按标准图或非标设计图进行

（2）检查风管部件制作，见表 4-36。

风管部件制作 表 4-36

序号	名称	质量控制要点	目标值
1	制作单位	加工资质	资质证明相应生产许可证
2	风量调节阀	整体质量	板材质量符合要求，转动方向（顺时针关闭）正确，启闭显示正确，启闭灵活
3	消声器或消声弯头	整体质量	破损

（3）检查外购部件验收，见表 4-37。

外购部件验收 表 4-37

序号	名称	质量控制要点	目标值
1	所有部件	整体质量	均有质量合格证和质量证明文件
2	所有部件	整体质量	所有部件的规格、型号及相关技术参数应符合设计要求
3	风口	整体质量	表面平整，外形美观，叶片平直，叶片与边框不得碰擦

续表

序号	名称	质量控制要点	目标值
4	阀门	整体质量	各类阀门应制作牢固，调节和制动装置应准确、灵活、可靠，并标明阀门启闭方向
5	散流器	整体质量	扩散环和调节环应同轴，轴向间距分布应匀称，外表无明显划痕，调节灵活可靠
6	消声器	整体质量	外表平整且做好防腐处理，消声材料应防火并应均匀、平整、贴紧铺设无破损，外层孔板平整无毛刺
7	消声百叶风口	整体质量	框架应牢固，叶片片距均匀，吸声面的方向应符合设计要求，吸声材料符合防火要求
8	自动排气阀	整体质量	外观无异，规格正确，排气顺畅，排气时无带水现象
9	热量计	整体质量	外观无异，规格正确，配件齐全，接口正确
10	电动阀	整体质量	外观无异，规格正确，配件齐全，接口正确
11	管道伸缩补偿器	补偿量	满足设计要求，接口正确
12	净化系统部件	防腐	符合规范要求（一般镀锌或刷锌黄漆、环氧漆等）
13	柔性短管	整体质量	防腐防潮，不透气，不易霉变，没有防火要求，但一般也用B2级难燃材料，而防排烟系统的材料应为不燃材料，可做点燃试验。柔性短管不得作为异径管使用
14	防火阀、排烟阀、排烟口等	符合消防产品标准要求	板材厚度不应小于2mm，转动件应采用耐腐蚀金属材料，易熔件应为消防部门认可的标准产品，阀门关闭应严密，漏风量符合规范要求
15	防爆风阀	整体质量	符合设计要求

（4）检查风管系统安装，见表4-38。

风管系统安装　　　　　　　　　　　　　　表4-38

序号	名称	质量控制要点	目标值
1	风管系统	严密性检验	一般的低压系统，安装后进行漏光法检测（按规范执行）
2	风管敷设	位置标高走向	符合设计要求
3	风管敷设	穿防火墙板	风管穿防火防爆的墙体或楼板时，应设预埋管或防护套管，钢板厚度不应小于1.6mm，风管与防护套管之间应用不燃且对人体无害的柔性材料封堵
4	风管敷设	成品保护	风管不得碰撞和扭曲，风管施工注意清洁卫生，已装风管注意保护
5	风管水平安装	水平度	要控制在规范允许的范围之内
6	风管内	安全性	不得敷设电线、电缆及易燃易爆气体
7	易燃易爆气体风管	接地	应良好
8	高于70°风管	采取防护	
9	法兰垫片	规格设置	厚度不应小于3mm，且不应凸入管内。连接法兰的螺栓其螺母应在同一侧

序号	名称	质量控制要点	目标值
10	柔性短管	设置	应松紧适度，无明显扭曲
11	支、吊、托架	整体要求	预埋件或膨胀螺栓位置应正确、牢固、可靠，埋入部分不得油漆，并除去油污。保温风管或不保温风管的支、吊、托架间距要按设计或规范要求敷设。支、吊、托架不得设置在风口、阀门、检查门及自控机构处，保温风管的支、吊、托架宜设在保温层的外部，不得损坏保温层
12	非金属风管	稳固性	注意伸缩节的设置，特别注意支架设置间距
13	风阀	设置位置	便于操作及检修部位，防火阀离墙不大于200mm。防火阀、排烟阀口的安装方向与位置应正确
14	风口与风管连接	整体要求	严密、牢固、平整、调节可靠
15	斜插板阀	阀板位置	垂直安装时阀板应向上拉起，水平安装时阀板应顺气流方向插入
16	止回阀 自动排气活门	安装方向	符合设计要求
17	复合材料风管	密封性、防冷桥、支吊架	接缝牢固无空洞开裂，插接连接无松动。法兰连接应有防冷桥措施，支吊架安装宜按产品标准执行
18	净化风管及部件	安装质量程序	符合规范要求

3. 事后控制要点及方法

管道安装完毕，外观检查合格后，应按设计要求进行水压试验，设计无要求时应符合下列规定：

（1）冷热水、冷却水系统的试验压力。工作压力小于等于1.0MPa时，为1.5倍工作压力，但不得小于0.6MPa；工作压力大于1.0MPa时，为工作压力加0.5MPa。

（2）对于高层建筑垂直位差较大的冷热媒水，冷却水系统采用分区、分层试压和系统试压相结合，一般建筑采用系统试压。分区、分层试压在试验压力下稳压10min压力不降，再降至工作压力60min不下降，外观无渗漏为合格。系统试压，试验压力以最低点压力为准，但不超过管道与组成件承受压力，在试验压力下稳压10min下降至小于0.2MPa，再降至工作压力无渗漏为合格。

（3）各类耐压塑料管强度试验压力为1.5倍工作压力，严密性试验压力为1.15倍设计工作压力。

（4）凝结水系统采用充水试验，不渗漏为合格。

（5）阀门安装位置、高度、进出口方向符合设计要求，安装在保温管道上的手动阀门，手柄不得向下。

（6）阀门安装前检查外观，铭牌应符合设计和规范规定，对工作压力大于1.0MPa在主干管上起到切断作用的阀门，应进行强度、严密性试验，合格后方能使用，其他阀门在系统试压中检验。强度试验时，压力为公称压力1.5倍，持续时间不少于5min，阀门壳体材料无渗漏。严密性试验时，压力为公称压力的 1.1 倍，试验压力在持续时间内保持不变，时间符合下表规定，无渗漏为合格。

（7）冷却塔的型号、规格、技术参数必须符合设计要求，对含有易燃材料的冷却塔的安装，必须严格符合防火安全规定。

（8）水泵的规格、型号、技术参数应符合设计要求和产品性能指标，水泵正常连续试运行时间不应少于 2h。

（9）水箱、集水器、分水器、储冷罐的灌水试验和水压试验必须符合设计要求。储冷罐内壁防腐层材质、涂抹质量、厚度必须符合设计要求，且与安装底座进行绝热处理。

（10）冷热水管道与支吊架之间应有绝热垫层（承压强度能满足管道重量的不燃、难燃、硬质绝热材料或经防腐处理的木衬垫）厚度不小于绝热层厚度，宽度大于支吊架支承面宽度。

（11）风机盘管及其他空调设备与管道的连接，采用弹性连接管或软接管（金属的、非金属的）耐压值大于等于 1.5 倍工作压力、软管连接牢固，不应扭曲、瘪管。

（12）冷热媒水、冷却水系统管道、机房内总、干管的支吊架，应采用承重防晃管架，与设备连接的管道管架有减振措施，当水平支管的管架采用单杆支架时，应在管道的起始点、阀门、三通、弯头及每隔 15m 长度设置防晃支吊架。

（13）无热位移的管道吊架，其吊杆垂直安装，有热位移的其吊杆应向热膨胀（或冷收缩）的反方向偏移安装，偏移量按计算确定。

（14）滑动支架的滑动面应清洁、平整，安装位置应从支承面中心向位移反方向偏移 1/2 位移值或符合设计规定。

（15）调试所用的仪器、仪表，性能稳定可靠，精度等级最小分度值满足要求，符合国家计量法规及检定规程。

（16）系统调试由安装单位负责、监理监督，设计与建设单位参与配合，调试的实施可以是施工单位自己，也可委托给有调试能力的其他单位。

（17）调试前承包单位应编制调试方案，报送专业监理工程师审批；调试结束，必须提供完整的调试资料和报告。

（18）通风与空调系统无负荷试运转调试，应在所有设备单机试运行合格后进行，带冷热负荷的正常试运转不少于 8h。当竣工季节与设计条件相差较大时，仅作不带冷热负荷的试运转，不少于 2h。

（三）检测试验方法和要点

1. 常规检测试验

（1）成品风管现场进行检验，试验仪器、低压照明灯（不低于 100W）、钢卷尺。

（2）风管严密性检验是指风管漏光检验，风管分段连接完成或系统主干管安装完毕；

测试风管周围环境整洁，无障碍物；试验光源应为可移动、带保护罩的不低于100W的低压照明灯。

2. 见证取样检测试验

漏光法检测与漏风量测试。

（四）质量监理实测实量

（1）控制要点

风管咬口缝紧密牢靠、宽度均匀，无孔洞、半咬口和胀裂等缺陷。直管纵向咬口缝和焊缝应错开。

（2）材料

镀锌薄钢板或薄不锈钢板、密封胶等。

（3）工具

剪板机、折方机、卷圆机、冲剪机、咬口机、插条成型机、电焊机、电动角向磨光机、台钻、划规、榔头等。

二、空调工程的精细化监理

（一）监理控制程序

材料进场报验→空调设备安装→制冷系统安装→空调水系统安装→防腐与绝热→设备调试→监理确认签字。

（二）质量监理控制要点及方法

1. 事前控制要点及方法

（1）审查施工安装单位应具有相应的营业执照、安装资质、质量保证体系，参建相关人员应具备相应岗位资质证书，确保能够满足安装施工质量要求。

（2）审查施工安装单位施工组织设计或安装方案报，安装施工前图纸会审、二次深化设计后，安装单位应结合本工程安装特点并编制安装方案，编制安装工程监理实施细则，明确监理人员质量控制要点、巡视检查、旁站、平行检验检查验收的具体内容、合格标准等，现场开展监理工作。

（3）审查验收施工安装单位进场材料、成品、半成品、配件、器具和设备，必须具有中文质量合格证明，规格、外观、型号、主要器具和设备及性能检测报告应符合国家技术标准或设计要求，并现场见证取样送检，送检报告合格后方可进行下道工序。阀门安装前应作耐压强度实验。每批（同牌号、规格、型号）数量中抽查10%，且不少于1个，如有漏裂不合格的应再抽查20%，仍有不合格的则须逐个实验，试验压力为阀门出厂规定压力。

（4）监督施工安装单位按已审批的安装组织方案进行技术交底工作，管道及设备安装前进行技术交底，通过技术交底，质量管理人员及操作安装人员掌握管道及设备等安装工艺要求、操作要点、技术要求，做到合理安排施工安装。

（5）推行样板先行、样板引路制度，在施工安装管道及设备安装前，要求施工安装单位现场制作样板间，通过样板发现施工安装工艺、材料选用等方面存在的问题并及时优化改革，样板工程的安装工艺、材料选用、质量标准等应符合工程标准。

2. 事中控制要点及方法

检查设备安装，见表4-39。

设备安装检查表 表4-39

序号	名称	质量控制要点	目标值
1	设备	总体要求	（1）设备规格、型号及有关技术参数符合设计要求，质保资料齐全。 （2）外观无缺陷，设备制作材料符合要求。 （3）动作部位经手动无障碍或杂音。 （4）与管路接口正确无误。 （5）设备应开箱检查装箱清单、设备说明书、产品质量合格证、性能检测报告等随机文件，进口设备还应具备商检合格的证明文件。 （6）设备就位前应进行基础验收。 （7）搬运吊装应符合产品说明书要求
2	交换站	总体要求	（1）水位表设置要符合规范要求。 （2）要特别重视安全阀和排污阀的质量，安全阀定压和调整应符合规范要求。 （3）仪器、仪表的配备要便于观察和读数。 （4）交换站设备投运要严格按程序进行
3	冷水机组	控制要点	（1）安装前要了解设备质量、体积，考虑好进场路线和空间要求。 （2）冷水机组属重型机械，设备基础一定要达到承压及防振要求。 （3）做好排水沟是预防场地积水的一个好方法。 （4）一定要考虑好维修空间。 （5）仪器、仪表的配备要便于观察和读数，特别是冷水机组的显示盘。 （6）注意冷水系统定压罐的调试工作。 （7）若地脚螺栓固定，垫铁应正确、紧密，螺栓应拧紧，并有防松动措施。 （8）若安装隔振器，各组隔振器承受荷载的压缩量应均匀，高度误差小于2mm。若设弹簧减振器，应设水平定位装置。 （9）模块式冷水机组接口应牢固严密
4	空调机组	安装控制要点	（1）凝结水排水管水封高度应符合设计要求（一般不小于50mm）。 （2）机组应干净，无杂物垃圾和积尘。 （3）空气过滤网及热交换器翅片应清洁完好。 （4）分体式空调机组应满足冷却风循环空间和环境卫生要求。冷凝水排放应畅通，管道穿墙应密封。 （5）现场组装组合式机组应做漏风量检测
5	通风机	叶轮 地脚 螺栓 防护 隔振器 隔振 钢架	（1）叶轮方向及风机出口方向应符合设备技术文件及设计的规定。 （2）风机叶轮旋转应平稳，每次都不应停留在同一位置上。 （3）固定通风机的地脚螺栓应拧紧，并有防松动措施。 （4）传动装置的外露部位以及直通大气的进出口，必须装设防护罩（网）或采取其他安全措施。 （5）安装隔振器的地面应平整，各组隔振器承受荷载的压缩量应均匀，高度误差小于2mm。 （6）隔振钢支吊架，其结构形式和尺寸符合设计或设备文件要求

续表

序号	名称	质量控制要点	目标值
6	水泵	安装控制要点	（1）基础的尺寸、位置、标高应符合设计要求。 （2）盘车应灵活，无阻滞、卡住现象，无异常声音。 （3）泵就位找平时，纵向水平偏差不应大于0.1/1000，横向水平偏差不应大于0.2/1000。 （4）泵与管路连接后，应复校找正情况，若连接不正常应调整管路。 （5）减震器与水泵及水泵基础连接牢固、平稳、接触紧密。 （6）水泵正常连续试运行的时间，不应少于2h
7	过滤器	总体要求	（1）一般空气过滤器的连接处应密封。 （2）高效过滤器按照安装符合洁净规范要求（检漏、安装程序、密封工作等）。 （3）静电空气过滤器的金属外壳接地必须良好（电阻测定小于4Ω）
8	风机盘管	安装控制要点	（1）机组安装前应进行单机三速试运转及水压检查漏试验，试验压力为系统工作压力的1.5倍，试验观察时间为2min，不渗漏为合格（有试验记录）。 （2）机组应设独立支吊架，安装位置、高度、坡度正确、固定牢固（建议：吊杆下端攻丝长度≥100mm以便于调整风机盘管吊装高度，安装的空间位置应便于拆装和维修）。 （3）机组和风管、回风箱或风口的连接应严密可靠。 （4）建议：风机盘管机组在水管清洗后连接，以免堵塞机组
9	空气处理机	安装控制要点	（1）核定空气处理机的水管接口是否同设计一致，空气处理机的技术指标（换热量及换热面积）是否符合设计要求，配件齐全。 （2）空气处理机的外观防腐是否符合要求。 （3）现场空间应能满足设备体积和占地面积要求及接管空间要求。 （4）设备支撑地板的水平度应符合要求，基础四周排水设置应符合要求。 （5）空气处理机的安装中，应注意配管配件的到位情况如减振软接头、电动阀、压力表、温度计、排水阀及必要时设置安全阀等。 （6）要按规范要求进行试压
10	消声设备	卫生支吊架	（1）消声器安装前应保持干净，做到无油污和浮尘。 （2）消声器和弯头均应设独立支吊架
11	净化设备	总体要求	符合洁净规范要求

检查制冷系统安装，见表4-40。

制冷系统安装 表4-40

序号	名称	质量控制要点	目标值
1	制冷系统	总体要求	设备及管线安装符合规范要求，特别是设备及附件的型号、规格、性能、技术参数应符合设计要求，注意管线的吹扫和压力试验。一些特殊的材质的配套管线，应注意一些特殊的安装要求。注意安全阀的设置
2	制冷系统	配套系统	配套的蒸汽、燃油、燃气供应系统和蓄冷系统应符合设计文件、消防规范、产品技术文件规定

检查空调水系统安装，见表4-41。

空调水系统安装　　　　　　　　　　　　　　　　　　　　　　　表 4-41

序号	名称	质量控制要点	目标值
1	材料	材质及连接	镀锌钢管应采用螺纹连接，管径大于 DN100 可采用卡箍、法兰或焊接，但应对焊缝及热影响区的表面进行防腐处理。镀锌钢管的镀锌层若破损，应做防腐处理
2	材料	材质及连接	塑料（有机材料）管道符合设计及产品技术要求。 建议：塑料管道应特别注意支架间距、胶粘件的清洁及安装后的保护工作
3	水管焊接	焊接工艺资质	具备相应项目焊接工艺评定，焊工应具备上岗证书
4	水管焊接	焊接质量	符合规范《现场设备、工业管道焊接工程施工规范》GB 50236—2011、《通风与空调工程施工质量验收规范》GB 50243—2016 的要求
5	材料设备	技术参数	附属设备、管道及配件阀门的型号、规格及材质连接方式等有关技术参数应符合设计规定
6	材料设备	质量证明文件	具备质量合格证及质量证明文件
7	管道	煨弯加工	焊接钢管、镀锌钢管不得采用热煨弯
8	套管	设置位置、尺寸	管道穿越地下室或地下构筑物外墙时，应采用防水套管，防水环双面焊，焊缝应做煤油渗漏检验（要求无渗漏），管道穿越其余部位设铁皮或钢套管，楼板上套管顶部应高出 20~50mm，底板与楼板齐平，墙壁上套管两端与饰面平。管道与套管的空隙应用隔热或其他不燃材料填塞，不得将套管作为管道支撑
9	管道安装	位置、尺寸	管道安装前必须清除管内污垢，安装中断的开口处应临时封堵，管道安装应平直，靠墙面敷设时离墙面间距应符合要求
10	管道安装	管道弯制	符合规范《通风与空调工程施工质量验收规范》GB 50243—2016 的规定
11	管道安装	坡度、排气、放水	管道坡度设置应符合要求，按设计及相关规范在高处设置排气阀及低处设放水阀，电动阀及减压阀原则上应设旁通管
12	凝结水	坡度、充水试验	坡度按设计要求或 8‰，不渗漏
13	管道安装	衬垫设置	冷热管道与支吊架之间应设绝热衬垫，材质规格符合规范要求
14	管道安装	钢塑复合管	连接方式、连接深度、支吊架间距符合规范要求
15	管道试验	程序、压力检查要求	按规范要求进行试压程序：管路安装检查、灌水、反复放气、缓慢升压、保压、强度试验、严密性试验等，试压完成后应及时对管道进行冲洗。空调冷热水管路试验压力为设计压力的 1.5 倍，最低不小于 0.6MPa，工作压力大于 1.0MPa，为工作压力加 0.5MPa，稳压 10min，压降不大于 0.02MPa，工作压力时检查无渗漏。试压方式可分区分段进行
16	支吊架	间距安全	最大间距按规范要求，管道支吊架不得影响结构安全
17	机组连接	连接方式附件配置	冷热水管同机组及水泵的连接应设置柔性接口（减振软接头），柔性接管耐压为工作压力的 1.5 倍，接管应平直，严禁渗漏，配接的阀门尽量安装在土建的围堰范围内。配接的管路应设置压力表、温度计等
18	机组连接	条件	系统冲洗（有冲洗方案）排污合格，系统循环式运行 2h 以上水质正常
19	预留预埋	位置	预留、预埋孔洞、套管位置正确、平直，预留、预埋孔洞、套管位置在承重墙及多孔板处应视实际情况多结构进行补强处理
20	支吊架	间距、设置方式	符合规范及标准要求，特别是高温水管滑动及固定支架设置、伸缩器的设置等应符合相关规范及标准要求，伸缩器安装应进行预拉伸。冷冻水管道支架应用防腐木托作隔离支撑

续表

序号	名称	质量控制要点	目标值
21	阀门	试验	工作压力大于 1.0MPa，及在主管上起到切断作用的阀门强度试验，为公称压力的 1.5 倍，严密性试验，为公称压力的 1.1 倍，时间则根据管径按《通风与空调工程施工质量验收规范》GB 50243—2016 规定，抽查数量每批 20%。主干管闭路阀则全数检查
22	阀门	电动气动阀门	安装前进行启闭试验
23	除污器	材料安装位置	冷冻水、冷却水系统的水过滤器安装位置应便于拆装和清洗，滤网材质、规格和包扎方法符合设计要求
24	补偿器	位置补偿量	要进行预拉伸，应设固定支吊架，符合设计及产品技术文件
25	冷却塔	玻璃钢等易燃材料	严格执行施工防火安全规定
26	冷却塔	防腐	各连接部件应采用热浸镀锌或不锈钢螺栓
27	膨胀水箱	接管位置	安装位置标高及接管的连接符合设计文件要求

防腐与绝热见表 4-42。

防腐与绝热 表 4-42

序号	名称	质量控制要点	目标值
1	防腐	工作前提	完成风管和水管系统的严密性试验（水强度试验）
2	油漆防腐施工	安全质量	防火、防冻、防雨
3	防腐油漆涂料	有效保质期限、涂刷遍数	符合产品技术说明要求、符合设计或相关规范要求
4	绝热	工作前提	完成防腐工作
5	绝热材料	材料质量	不燃或难燃，密度规格厚度应符合设计要求，材料应密实、无裂缝、空隙，偏差符合规范要求
6	绝热层	总体重点	保温材紧贴管道，保温钉可焊可粘，保温钉数量：风管顶面不小于 8 个 $/m^2$；侧面不小于 10 个 $/m^2$；底面不小于 16 个 $/m^2$。风管法兰处的保温不应低于保温厚度的 0.8 倍
7	防潮层	总体重点	紧密粘贴在绝热层，封闭良好，无起皱或裂缝。 环向搭接缝应在低端，纵向搭接缝应在侧面，并顺水。 复合式保温材的接缝应严密，用粘胶带纸粘牢（铝箔粘胶带宽度不应小于 50mm）
8	保护层	总体重点	采用玻璃纤维布时，搭接宽度应均匀，宜为 30~50mm，松紧适度。采用金属保护壳时，应贴紧，搭接顺水，有凸筋加强，自攻螺丝匀称，金属保护壳与外墙面或屋顶交接处应加设泛水
9	阀门类保温	操作使用	应保证阀门类部件的开启操作灵活，开启标志明显
10	管道外表面	色标	符合设计及相关规范要求

承插式焊接的铜管承口的扩口深度见表 4-43。

承插式焊接的铜管承口的扩口深度　　　　　　　　表 4-43

铜管规格	≤ DN15	DN20	DN25	DN32	DN40	DN50	DN65
承插口的扩口深度（mm）	9~12	12~15	15~18	17~20	21~24	24~26	26~30

3. 事后控制要点及方法

设备调试见表 4-44。

设备调试　　　　　　　　表 4-44

序号	名称	质量控制要点	目标值
1	调试条件	总体前提工作	（1）通风空调系统安装工作完成，符合工程质量检查评定标准的要求。 （2）整理齐备全部设计图纸及有关技术资料，熟悉有关设备的技术性能和系统中的主要技术参数。 （3）制定试运转方案。 （4）试运转所用的水、电、气，全部到位
2	调试条件	水泵试运转前提工作	（1）系统管路施工、管线连接、试压、冲洗、保温、灌水等均已完成。 （2）电气接线及控制均已到位；计量及控制仪表（温度计、压力表、控制阀、能量表等）。 （3）冷热水末端用户具备使用条件
3	方案	专项调试方案	承包单位编制，专业监理工程师审核
4	调试人员及责任	各方主体	施工单位负责，监理单位监督，设计和建设单位参与配合
5	调试仪器	性能、精度	满足测试要求，符合国家有关计量法规及检定规程规定
6	调试时间	系统试运转时间	通风除尘系统连续试运转不应少于 2h，空调系统带冷热源的正常联合试运转不应少于 8h，净化系统 24h 以上
7	调试项目		设备单机试运转及调试，系统无生产负荷下的联合试运转
8	单机调试	风机、水泵、冷却塔、空调冷水机组、电控阀门、风机盘管	（1）风机水泵等单机试运转持续时间为 2h 以上。 （2）运行无异常振动与声响，噪声符合技术设备文件规定。 （3）风机滑动轴承外壳最高温度不得超过 70℃，滚动轴承不得超过 80℃，水泵滚动轴承不得超过 75℃。 （4）冷却塔本体稳固，噪声符合技术设备文件规定。 （5）符合《制冷设备、空气分离设备安装工程施工及验收规范》GB 50274—2010 的有关规定。 （6）手电二控操作灵活，可靠，信号输出正确。 （7）三速温控开关动作正确，同运行状态对应
9	无生产负荷联动调试	风量偏差温度湿度指标水系统冷却塔噪声指标压差指标	（1）系统风量调试值与设计值偏差不应大于 10%，风口风量调试值与设计值偏差不应大于 15%。 （2）温度、相对湿度符合设计要求。 （3）水系统空气排除，冲洗干净，不含杂志，设备及系统稳定运行，电流稳定，机组水流量与设计值偏差不应大于 20%。 （4）多台冷却塔并联运行，进出水量均衡一致。 （5）室内噪声符合设计要求（按《采暖通风与空气调节设备噪声声功率级的测定 工程法》GB/T 9068—1988 的规定测定）。 （6）相邻场所压差符合设计或规范要求
10	控制与检测	显示和动作功能	控制与检测设备应能与系统检测元件及执行机构正常沟通，系统状态参数应能正确显示，设备联锁、自动调节、自动保护应能正确动作

续表

序号	名称	质量控制要点	目标值
11	净化系统	整体	符合净化规范要求
12	其他	注意事项	（1）系统总风量测定时，宜先测定风机的风量、风压和转数，再调节系统阀门达到系统风量要求。 （2）风口风量的测定宜采用先粗调再用仪器调试和测定。 （3）应配合消防调试对楼梯间及电梯前室正压的测定。 （4）特别注意风系统、水系统上的阀门开启状况。 （5）注意准备应急工具
13	调试记录	书面资料	（1）设备单机调试记录。 （2）风量、温度、相对湿度、噪声、压差、流量等测量记录。 （3）管线冲洗及管道压力试验记录（强度试验、严密性试验）。 （4）联动控制的动作和显示情况记录。 （5）调试总结

（三）检测试验方法和要点

1. 常规检测试验

（1）风机盘管机组水压试验：水压试验准备工作应齐全，试压泵、压力表、秒表、万用电表等满足试验要求。以水为介质，温度为 5~40℃，进行水压试验；试验压力如设计无要求时应为工作压力的 1.5 倍，但不小于 0.6MPa。试验时间为 2~3min，压力不降且不渗不漏为合格。

（2）冷凝水管道灌水试验：试验可分层或分段进行，封堵冷凝水最低处，由该系统风机盘管托水盘向该管段内注水，水位高于风机盘管托水盘最低点，灌满水后观察 15min，检查管道及接口无渗漏，同时检查各盘管托盘无存水为合格。

2. 见证取样检测试验

（1）洁净室测试方法。

（2）风量检测、风压检测（尤其消防系统风量风压）。

（3）室内噪声测试。

（四）质量监理实测实量

1. 空调制冷系统

（1）设备基础水平偏差、表面平整度、设备与基础连接是否牢固。

（2）有条件要检测现场充注制冷剂后的压力、是否渗漏。

（3）冷媒管道的坡向。

（4）有条件需测量气密性及真空度。

2. 空调水系统

（1）冷却水系统冲洗有条件需要检测。

（2）穿楼板套管楼板上高度。

（3）管道试压、冷凝水灌满水试验有条件需要检测。

（4）冷却塔、水泵安装检查基础平整度、与基础是否紧固连接。

（5）空调水管道安装（明装）水平偏差、支架间距外观；安装位置正确，无明显偏差。

（6）检查空调水阀门成排安装的是否整齐、是否在同一平面；检查热水管道坡向；检查管道保温检查表面是否美观，有无破损，接触检查是否有空鼓现象。

第九节　建筑电气工程精细化监理

为确保建筑电气工程高质量服务于人们的工作、生活、学习和娱乐，在常规管理的基础上，监理单位要将监理工作具体化、规范化、精细化，切实履行工程质量的监理职责。本节重点介绍建筑电气工程中变配电室、供电干线、电气动力、电气照明、防雷及接地装置五个子分部安装工程的精细化监理。

一、变配电室安装工程的精细化监理

变配电室的主要功能是实现电能电压的升降和分配。一旦变配电设备发生故障，将对生产、工作和生活造成严重后果。变配电室安装工程主要包含变压器、箱式变电所安装与成套配电柜、控制柜（台、箱）和配电箱（盘）安装等分项工程。

（一）监理控制程序

1. 变压器、箱式变电所安装工程监理控制程序

变压器、箱式变电所设备基础的浇筑→设备的搬运吊装→设备主体及附件的安装→接地干线与变压器、箱式变电所的连接→设备的交接试验→变压器、箱式变电所的试运行。

2. 成套配电柜、控制柜（台、箱）和配电箱（盘）安装工程监理控制程序

设备基础的预埋及基础型钢的安装→配电柜（箱、盘）、控制柜（台、箱）的安装→配电柜（箱、盘）、控制柜（台、箱）的内部接线→配电柜（箱、盘）、控制柜（台、箱）的交接试验→配电柜（箱、盘）、控制柜（台、箱）的试运行状况。

（二）监理控制要点及方法

1. 事前监理控制要点及方法

（1）监理人员审查承包单位是否具备变配电室安装工程的施工技术资质，查验各级管理人员及电工持证上岗情况。

（2）监理人员重点审查施工单位提交的变压器、箱式变电所搬运吊装方案、设备主体和附件安装方案的技术措施安全可靠。

（3）监理人员要对变配电室安装工程进场材料的外观、合格证和随带技术文件进行查验，重点查验变压器、高压和低压成套配电柜是否有出厂试验报告。

2. 事中监理控制要点及方法

（1）变压器、箱式变电所设备基础浇筑前，监理人员应对基础中心线、标高进行检查；基础施工完毕后还应对中心线、标高进行复查，并在"设备基础验收记录"上签字。

（2）监理人员要对变压器主体安装、变压器干燥、器身检查及附件安装的相关记录进行检查。当进行油浸变压器安装时，监理人员要在现场重点检查油浸变压器顶盖，是否沿气体继电器的气流方向有 $1.0\% \sim 1.5\%$ 的升高坡度。若达不到要求，则无法确保油箱内产生的气体易于流入气体继电器发出报警信号。

（3）箱式变电所虽然本体有较好的防雨雪和通风性能，但其底部不是全密闭的，监理人员要检查其基础的高度及周围排水通道设置是否与施工图相符，防止积水入侵。

（4）变压器箱体、干式变压器的支架、基础型钢及外壳属金属体，均是电气装置中重要的外露可导电部分，为了人身和设备安全，应与保护导体可靠连接。监理人员应检查与保护导体直接连接时是否采取了焊接或螺栓紧固连接等连接方式。

（5）成套配电柜、台、箱的金属框架及基础型钢应与保护导体可靠连接；对于装有电器的可开启门，门和金属框架的接地端子间应选用截面积不小于 $4mm^2$ 的黄绿色绝缘铜芯软导线连接，并应有标识。

（6）照明配电箱（盘）内配线应整齐、无绞接现象；导线连接应紧密、不伤线芯、不断股；垫圈下螺丝两侧压的导线截面积应相同，同一电器器件端子上的导线连接不应多于2根，防松垫圈等零件应齐全。

（7）照明配电箱（盘）内宜分别设置中性导体（N）和保护接地导体（PE）汇流排，汇流排上同一端子不应连接不同回路的 N 或 PE。

（8）箱（盘）内回路编号应齐全，标识应正确。

3. 事后监理控制要点及方法

当变压器、高低压成套配电柜安装好后，监理人员应检查设备交接试验报告是否符合现行国家标准《电气装置安装工程 电气设备交接试验标准》GB 50150—2016 的规定。只有交接试验合格，变配电室安装工程才能进行通电试运行。

（三）检测试验方法和要点

变配电室安装工程中常规检测有：

（1）使用接地电阻测试仪测试变压器中性点的接地电阻值是否达到设计要求。

（2）使用绝缘电阻测试仪测试低压成套配电柜、箱及控制柜（台、箱）馈电线路，相间和相对地间的绝缘电阻值不应小于 $0.5M\Omega$，二次回路不应小于 $1M\Omega$。需要注意的是当绝缘电阻值大于 $10M\Omega$ 时，宜采用 2500V 兆欧表摇测。

二、供电干线安装工程的精细化监理

供电干线主要承担了电能传输任务。其包含的分项工程主要有母线槽安装、梯架、托盘和槽盒安装、导管敷设、导管内穿线和槽盒内敷线、电缆敷设等。

（一）监理控制程序

1. 母线槽安装监控程序

母线槽的定位→支架的制作安装→母线槽的安装→母线槽通电运行前的试验→母线槽的试运行。

2. 梯架、托盘和槽盒安装监控程序

梯架、托盘和槽盒的定位→支架的制作安装→梯架、托盘和槽盒的安装。

3. 导管敷设监控程序

导管的预制加工→导管及箱盒的定位→导管的明、暗敷设→金属导管的接地连接→管路的防火与防腐。

4. 导管内穿线监控程序

导管护线口的装设→绝缘导线的连接及接头处理→线路绝缘电阻的测试。

5. 槽盒内敷线监控程序

槽盒内的清理→绝缘导线的连接及接头处理→线路绝缘电阻的测试。

6. 电缆敷设监控程序

电缆支架的制作安装（电缆沟、竖井、夹层等电缆明敷时）→电缆的敷设→电缆终端头的制作安装→电缆防火封堵的措施→电缆线路绝缘电阻的测试。

（二）监理控制要点及方法

1. 母线槽安装工程

（1）事前监理控制要点及方法

1）进行母线槽的外观检查：防潮密封应良好，各段编号应标志清晰，附件应齐全、无缺损，外壳应无明显变形，母线螺栓搭接面应平整、镀层覆盖应完整、无起皮和麻面；插接母线槽上的静触头应无缺损、表面光滑、镀层完整；对有防护等级要求的母线槽尚应检查产品及附件的防护等级与设计的符合性，其标识应完整。

2）母线槽组对前，每段母线的绝缘电阻应经测试合格，且绝缘电阻值不应小于20MΩ，监理人员应审核绝缘电阻值是否符合要求。

（2）事中监理控制要点及方法

1）监理人员通过观察检查并用尺量检查母线槽与各类管道平行或交叉的最小净距是否符合表4-45的规定。

2）监理人员通过观察检查母线与母线、母线与电器或设备接线端子搭接面的处理是否符合表4-46的要求。

电缆、母线槽及电缆梯架、托盘和槽盒与管道的最小净距（mm）　　表 4-45

管道类型		平行净距	交叉净距
一般工艺管道		400	300
可燃或易燃易爆气体管道		500	500
热力管道	有保温层	500	300
	无保温层	1000	500

母线搭接面的处理　　表 4-46

母线材质	母线搭接环境	
	室内	室外
铜与铜	高温且潮湿的室内时，搭接面应搪锡或镀银；干燥的室内，可不搪锡、不镀银	搭接面应搪锡或镀银
铝与铝	搭接面可直接搭接	搭接面可直接搭接
钢与钢	搭接面应搪锡或镀锌	搭接面应搪锡或镀锌
铜与铝	在干燥的室内，铜导体搭接面应搪锡；在潮湿场所，铜导体搭接面应搪锡或镀银，且应采用铜铝过渡连接	铜导体搭接面应搪锡或镀银，且应采用铜铝过渡连接
钢与铜或铝	钢搭接面应镀锌或搪锡	钢搭接面应镀锌或搪锡

3）每段母线槽的金属外壳间应连接可靠，母线槽全长与保护导体可靠连接不应少于2处，且连接导体的材质、截面积应符合设计要求。

（3）事后监理控制要点及方法

当母线槽安装好后，监理人员应检查绝缘电阻测试和交流工频耐压试验报告是否合格。合格后，才能进行母线槽安装工程的通电试运行。

2. 梯架、托盘和槽盒安装

（1）事前监理控制要点及方法

1）监理人员查验梯架、托盘和槽盒合格证及出厂检验报告，检查内容填写是否齐全、完整。

2）监理人员抽样检查梯架、托盘和槽盒的外观：配件应齐全，表面应光滑、不变形；钢制梯架、托盘和槽盒涂层应完整、无锈蚀；塑料槽盒应无破损、色泽均匀，对阻燃性能有异议时，应按批抽样送至有资质的试验室检测；铝合金梯架、托盘和槽盒涂层应完整，不应有扭曲变形、压扁或表面划伤等现象。

（2）事中监理控制要点及方法

1）监理人员检查金属支架是否防腐、支吊架安装是否牢固、有无明显扭曲；与预埋件焊接固定时，焊缝是否饱满；膨胀螺栓固定时，螺栓选用是否适配、防松零件是否齐全、连接是否紧固。

2）当直线段钢制或塑料梯架、托盘和槽盒长度超过 30m，铝合金或玻璃钢制梯架、托盘和槽盒长度超过 15m 时，检查是否设置伸缩节，如图 4-62 所示。

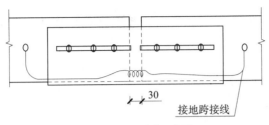

图 4-62　伸缩节示意图

3）检查敷设在电气竖井内穿楼板处和穿越不同防火区的梯架、托盘和槽盒，是否有防火隔堵措施。

4）检查金属梯架、托盘或槽盒本体之间的连接是否牢固可靠，是否符合下列规定：

①当梯架、托盘和槽盒全长不大于 30m 时，不应少于 2 处与保护导体可靠连接；全长大于 30m 时，每隔 20~30m 应增加一个连接点，起始端和终点端均应可靠接地。

②非镀锌梯架、托盘和槽盒本体之间连接板的两端应跨接保护联结导体，保护联结导体的截面积应符合设计要求。

③镀锌梯架、托盘和槽盒本体之间不跨接保护联结导体时，连接板每端不应少于 2 个有防松螺帽或防松垫圈的连接固定螺栓。

（3）事后监理控制要点及方法

检查施工单位向监理单位报送的《工程质量工序报验单》，合格后予以签认，并准予进行槽盒内穿线；不合格的工程限期整改，合格后重新报验。

3. 导管敷设

（1）事前监理控制要点及方法

1）导管进场时查验钢导管是否有产品质量证明书，塑料导管是否有合格证及相应检测报告。

2）导管进场时检查外观是否符合要求：钢导管应无压扁，内壁应光滑；非镀锌钢导管不应有锈蚀，油漆应完整；镀锌钢导管镀层覆盖应完整、表面无锈斑；塑料导管及配件不应碎裂、表面应有阻燃标记和制造厂标。

3）同厂家、同批次、同型号、同规格的导管，每批至少应抽取 1 个样本，监理人员要审查抽样检测报告中导管的管径、壁厚及均匀度；塑料导管及配件的阻燃性能等技术指标是否符合要求。

（2）事中监理控制要点及方法

1）导管与热水管、蒸气管平行敷设时，宜敷设在热水管、蒸气管的下面，当有困难时，可敷设在其上面；相互间的最小距离宜符合表 4-47 的规定。监理人员应对导管的设置进行观察检查、尺量并查阅隐蔽工程检查记录。

导管或配线槽盒与热水管、蒸汽管间的最小距离（mm）　　　表 4-47

导管或配线槽盒的配置	管道种类	
	热水	蒸汽
在热水、蒸汽管道上面平行敷设	300	1000
在热水、蒸汽管道下面或水平平行敷设	200	500
与热水、蒸汽管道交叉敷设	不小于其平行净距	

注：1. 对有保温措施的热水管、蒸汽管，其最小距离不宜小于 200mm；
　　2. 导管或配线槽盒与不含可燃及易燃易爆气体的其他管道的距离，平行或交叉敷设不应小于 100mm；
　　3. 导管或配线槽盒与可燃及易燃易爆气体不宜平行敷设，交叉敷设处不应小于 100mm；
　　4. 达不到规定距离时应采取可靠有效的隔离保护措施。

2）监理人员观察、尺量并查阅隐蔽工程检查记录，检查导管的弯曲半径是否符合以下要求：

①明配导管的弯曲半径不宜小于管外径的 6 倍，当两个接线盒间只有一个弯曲时，其弯曲半径不宜小于管外径的 4 倍。

②埋设于混凝土内的导管的弯曲半径不宜小于管外径的 6 倍，当直埋于地下时，其弯曲半径不宜小于管外径的 10 倍。

③电缆导管的弯曲半径不应小于电缆最小允许弯曲半径。

3）监理人员观察检查并查阅施工记录，钢导管或刚性塑料导管跨越建筑物变形缝处是否设置了补偿装置。

4）金属导管外露可导电部分，监理人员要检查其是否与保护导体可靠连接；连接导线的材质、规格是否符合要求。

5）钢导管不得采用对口熔焊连接；镀锌钢导管或壁厚小于等于 2mm 的钢导管，不得采用套管熔焊连接。

（3）事后监理控制要点及方法

1）管路敷设后，监理人员应检查施工单位在管口是否采取封堵措施。

2）现浇混凝土板内完成配管后，土建浇筑混凝土时，检查施工单位是否设专人看守，以免振捣混凝土时损坏配管和造成盒、箱移位。

4. 导管内穿线和槽盒内敷线

（1）事前监理控制要点及方法

1）绝缘导线、电缆进场时应查验其是否有合格证，合格证内容填写是否齐全、完整。

2）绝缘导线、电缆进场时应进行外观检查。重点检查电缆端头是否密封良好；电缆有无压扁、扭曲；铠装有无松卷等现象。

（2）事中监理控制要点及方法

1）管内穿线需要先穿引线，若穿引线的时间与管内穿线时间间隔较长时，不宜采用铁丝带线，以免引线生锈导致穿线时断裂。

2）监理人员应检查同一建（构）筑物导线的绝缘层颜色是否选择一致。L1、L2、L3相线应分别为黄色、绿色和红色；中性线应为淡蓝色，PE保护接地线应为黄绿相间色；开关回火线宜为白色。

3）为防止金属管内或金属槽盒内存在不平衡交流电流产生的涡流效应，严禁同一交流回路的绝缘导线敷设于不同的金属槽盒内或穿于不同金属导管内。监理人员要按每个检验批的配线总回路数抽查20%，且不得少于1个回路。

4）同一设备或同一流水作业线设备的电力回路和无防干扰要求的控制回路可穿在同一根导管内；穿在同一管内绝缘导线总数不超过8根，且同一照明灯具的几个回路或同类照明的几个回路可穿在同一根导管内。除此之外，其他回路的线路不应穿于同一根导管内。监理人员要按每个检验批的配线总回路数抽查20%，且不得少于1个回路。

5）绝缘导线接头应设置在专用接线盒（箱）或器具内，不得设置在导管和槽盒内，盒（箱）的设置位置应便于检修。

（3）事后监理控制要点及方法

通电前，绝缘导线、电缆交接试验应合格，监理人员检查并确认接线去向和相位等是否符合设计要求，同时检查施工单位报送的配电回路试运行记录等技术资料是否齐全。

5.电缆敷设

（1）事前监理控制要点及方法

1）电缆的进场验收检查见本节"4.导管内穿线和槽盒内敷线（1）"中的监控要求。

2）电缆敷设前，绝缘测试必须合格，同时电缆支架、电缆导管、梯架、托盘和槽盒应完成安装，并已与保护导体完成连接，且经检查应合格。

（2）事中监理控制要点及方法

1）检查金属电缆支架是否与保护导体做熔焊连接，熔焊焊缝应饱满、焊缝无咬肉。

2）当电缆通过墙、楼板或室外敷设穿导管保护时，导管的内径不应小于电缆外径的1.5倍。

3）为了保持通电后电缆良好的散热状况，电缆在沟内或电气竖井内敷设时，支架层间最小距离不应小于表4-48的规定，层间净距不应小于2倍电缆外径加10mm，35kV电缆不应小于2倍电缆外径加50mm。

4）当设计无要求时，电缆支持点间距不应大于表4-49的规定。

电缆支架层间最小距离（mm） 表 4-48

电缆种类		支架上敷设	梯架、托盘内敷设
控制电缆明敷		120	200
电力电缆明敷	10kV 及以下电力电缆（除 6~10kV 交联聚乙烯绝缘电力电缆）	150	250
	6~10kV 交联聚乙烯绝缘电力电缆	200	300
	35kV 单芯电力电缆	250	300
	35kV 三芯电力电缆	300	350
电缆敷设在槽盒内		$h+100$（注：h 为槽盒高度）	

电缆支持点间距（mm） 表 4-49

电缆种类		电缆外径	敷设方式	
			水平	垂直
电力电缆	全塑型	—	400	1000
	除全塑型外的中低压电缆		800	1500
	35kV 高压电缆		1500	2000
	铝合金带联锁铠装的铝合金电缆		1800	1800
控制电缆			800	1000
矿物绝缘电缆		< 9	600	800
		≥ 9 且 < 15	900	1200
		≥ 15 且 < 20	1500	2000
		≥ 20	2000	2500

5）电缆出入电缆沟，电气竖井，建筑物，配电（控制）柜、台、箱处以及管子管口处等部位应采取防火或密封措施。

6）直埋电缆的上、下应有细沙或软土，回填土应无石块、砖头等尖锐硬物。监理人员应在施工中观察检查并查阅隐蔽工程检查记录。

7）为了运行中巡视和方便维护检修，电缆的首端、末端和分支处应设标志牌，直埋电缆应设标示桩。监理人员应抽查每检验批的电缆线路的 20%，且不得少于 1 条。

（3）事后监理控制要点及方法

1）电缆敷设完毕，应先做电气交接试验，监理人员检查交接试验是否合格。

2）电缆交接试验合格后，方能在电气竖井内做防火隔堵措施。防火隔堵是否符合要求，是施工验收时的必检项目。

（三）检测试验方法和要点

供电干线安装工程中使用的电缆、电线截面不得低于设计值，进场时应对相应截面积的每芯导体的电阻值、绝缘厚度、机械性能和阻燃耐火性能等进行见证取样送检。检查数量为同厂家各种规格总数的 10%，且不少于 2 个规格。

三、电气动力安装工程的精细化监理

建筑给水排水、空调通风、消防等系统的运转离不开电动机、电动执行机构，下面主要介绍电气动力安装工程中分项工程"电动机、电加热器及电动执行机构检查接线"的精细化监理。

（一）监理控制程序

电动机与机械设备的连接→电动机、电加热器及电动执行机构的接线→设备的交接试验→电气动力设备的试运行状况。

（二）监理控制要点及方法

1. 事前监理控制要点及方法

（1）电动机、电加热器、电动执行机构进场验收应查验合格证和随机技术文件的内容填写是否齐全、完整。

（2）设备进场外观检查电动机、电加热器、电动执行机构是否有铭牌；涂层是否完整；设备器件或附件是否齐全、完好、无缺损。

（3）电动机、电加热器及电动执行机构接线前，应与机械设备完成连接，且经手动操作检验符合工艺要求，绝缘电阻应测试合格。

2. 事中监理控制要点及方法

（1）电动机、电加热器及电动执行机构外露可导电部分必须与保护导体干线直接连接且应采用锁紧装置紧固，以确保使用安全。

（2）电气动力设备安装应牢固，螺栓及防松零件齐全，不松动。防水防潮电气设备的接线入口及接线盒盖等应做密封处理。监理人员要按设备总数抽查 10%，且不得少于 1 台。

（3）电动机电源线与出线端子接触应良好、清洁，高压电动机电源线紧固时不应损伤电动机引出线套管。

（4）电气动力设备空载试运行前，控制回路模拟动作试验应合格，盘车或手动操作检查电气部分与机械部分的转动或动作应协调一致。

3. 事后监理控制要点及方法

（1）低压电动机、电加热器及电动执行机构的绝缘电阻值不应小于 $0.5M\Omega$。监理人员要用绝缘电阻测试仪测试并查阅绝缘电阻测试记录，检查数量按设备各抽查 50%，且各不得少于 1 台。

（2）高压及 100kW 以上电动机要进行交接试验，监理人员用仪表测量并查阅相关试验或测量记录。

四、电气照明工程的精细化监理

电气照明是人工照明重要的技术措施，下面主要对电气照明安装工程中的普通灯具安装、专用灯具安装、建筑物照明通电试运行及开关、插座、风扇安装四个分项工程进行介绍。

（一）监理控制程序

1. 普通灯具安装、专用灯具安装监控程序

灯具的定位→螺栓的埋设→灯具的组装→灯具的安装与接线→照明通电试运行。

2. 开关、插座、风扇安装监控程序

开关、插座、风扇接线盒内部的清理→开关、插座、风扇的接线→开关、插座、风扇的安装。

（二）监理控制要点及方法

1. 普通灯具安装、专用灯具安装监控要点及方法

（1）事前控制要点及方法

1）气体放电灯具一般接线比普通灯具复杂，功率大且附件多，有防高温要求，因此监理人员应重点检查气体放电灯具是否随带技术文件，以利正确安装。

2）灯具涂层应完整、无损伤，附件应齐全，监理人员应重点检查Ⅰ类灯具的外露可导电部分是否具有专用的 PE 端子。

3）消防应急灯具应获得消防产品型式试验合格评定，且具有认证标志，方可通过进场验收。

4）对于自带蓄电池的应急灯具，应现场检测蓄电池最少持续供电时间，监理人员检查施工单位的检测记录单是否符合设计要求。

（2）事中控制要点及方法

在电气照明安装工程的施工过程中，应注意以下几个控制要点：

1）为避免由于安装不可靠或意外因素，发生灯具坠落现象而造成人身伤亡事故，在砌体和混凝土结构上必须使用膨胀螺栓固定灯具，膨胀螺栓包括金属膨胀螺栓和塑料膨胀螺栓。

2）吸顶或墙面上安装的灯具，其固定用的螺栓或螺钉不应少于 2 个，灯具应紧贴饰面。

3）Ⅰ类灯具的防触电保护不仅依靠基本绝缘，还要把外露可导电部分连接到固定的保护导体上，使外露可导电部分在基本绝缘失效时，漏电保护器在规定时间内切断电源，不致发生安全事故。因此监理人员应重点检查这类灯具必须与保护导体可靠连接，以防触电事故的发生，导线间的连接应采用导线连接器或缠绕搪锡连接。

4）为保证用电安全，当设计无要求时，敞开式灯具的灯头对地面距离应大于 2.5m（除采用安全电压以外）。

5）为保证公共场所区域内人员的活动安全，安装在公共场所的大型灯具的玻璃罩，应采取防止玻璃罩向下溅落的措施。安装时监理人员应严格按要求检查，确保防护措施的有效性。

6）当灯具表面及其附件的高温部位靠近可燃物时，监理人员应检查施工单位是否采取隔热、散热等防火保护措施，以预防和减少火灾事故发生。

（3）事后控制要点及方法

1）监理人员旁站兆欧表测量照明回路绝缘电阻并审核相关试验或测量记录。

2）审核灯具固定装置及悬吊装置的载荷强度试验记录。

2. 开关、插座、风扇安装监控要点及方法

（1）事前控制要点及方法

1）监理人员要进行设备外观的检查，检查的主要内容有：开关、插座的面板及接线盒盒体应完整、无碎裂、零件齐全，风扇应无损坏、涂层完整，调速器等附件应适配。

2）监理人员要对开关、插座的电气和机械性能进行现场抽样检测。

（2）事中控制要点及方法

1）插座回路的相线、零线和保护线接入插座面板时，应注意连接方向，如图 4-63 所示。

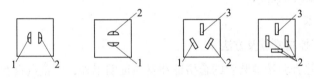

图 4-63　面对插座接线
1—零线；2—相线；3—PE 线

2）相线与中性导体（N）不应利用插座本体的接线端子转接供电。保护接地导体（PE）在插座之间不得串联连接。建议使用 PE 线在插座端子处采用不串联连接的做法，如图 4-64 所示。

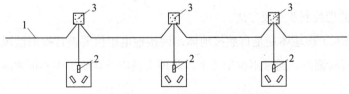

图 4-64　PE 线在插座端子处不串联连接的做法
1—PE 绝缘导线；2—PE 插孔；3—导线连接器

3）照明灯具的相线必须经开关控制，以防止维修人员检修时引发触电事故。

4）吊扇为转动的电气器具，运转时有轻微的振动，为了防止安装器件松动而发生坠落，监理人员应检查其减振防松措施是否齐全，挂钩直径是否满足设计要求。

（3）事后控制要点及方法

监理人员旁站兆欧表测量插座回路绝缘电阻并审核相关试验或测量记录。

五、防雷及接地装置安装工程的精细化监理

防雷及接地装置安装工程是电气工程施工中的关键控制内容，包含的分项工程主要有接地装置安装、防雷引下线及接闪器安装和建筑物等电位联结。

（一）监理控制程序

1. 接地装置安装监理控制程序

接地体沟槽的开挖→接地体的安装→接地体间的连接→接地电阻的测试。

2. 防雷引下线及接闪器安装监理控制程序

防雷引下线、接闪带及接闪器支架的固定→防雷引下线、接闪带及接闪器的安装→防雷引下线、接闪带及接闪器的防腐。

3. 建筑物等电位联结监理控制程序

总等电位箱、局部等电位箱的安装→等电位联结线按设计要求与各种金属管道、金属构件的联结→导通性的测试。

（二）监理控制要点及方法

1. 接地装置安装

（1）事前监理控制要点及方法

1）监理人员除查验接地装置的合格证和材质证明书外，应重点查看型钢表面有无严重锈蚀、过度扭曲和弯折变形；拆包检查焊条尾部裸露的钢材有无锈斑。若有，应及时签发通知单，清理退场。

2）对于利用建筑物基础接地的接地体，应先完成底板钢筋敷设，然后按设计要求进行接地装置施工，经监理人员检查确认后，施工单位再支模或浇捣混凝土。

3）对于人工接地的接地体，应按设计要求利用基础沟槽或开挖沟槽，然后经监理人员检查确认后，再埋入或打入接地极和敷设地下接地干线。

（2）事中监理控制要点及方法

1）无论是人工接地体还是自然接地体，因接地电阻值要进行检测监视，所以要在建筑物的墙体设置检测点，通常不少于2个。监理人员应注意施工中不可遗漏。具体做法如图4-65所示。

2）当接地电阻达不到设计要求时，可以采用添加降阻剂、人工换土、将人工接地体

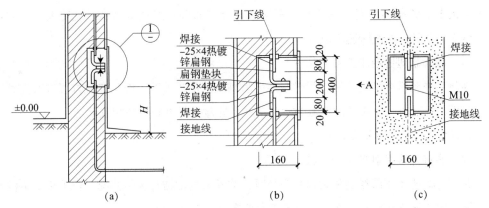

图 4-65　接地电阻检测点暗装做法（注：H 为箱体安装高度）

（a）暗装断接卡子；（b）①详图；（c）A 向示意图

外延至土壤电阻率较低处、埋设接地模块等措施降低接地电阻。监理人员在施工中观察检查，并查阅隐蔽工程检查记录及相关记录。

3）当设计无要求时，接地装置顶面埋设深度不应小于 0.6m，且应在冻土层以下；圆钢、角钢、钢管、铜棒、铜管等接地极应垂直埋入地下，间距不应小于 5m；人工接地体与建筑物的外墙或基础之间的水平距离不宜小于 1m，如图 4-66 所示。施工中监理人员应按以上技术指标观察检查并用尺量检查，查阅隐蔽工程检查记录。

4）接地干线应与接地装置可靠连接，连接方式采用熔焊连接或螺栓搭接连接。熔焊焊缝应饱满、焊缝无咬肉，螺栓连接应紧固，锁紧装置齐全。对于接地干线的焊接接头，

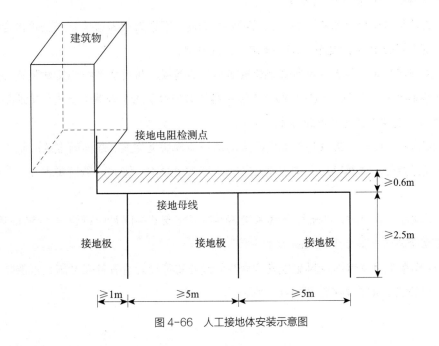

图 4-66　人工接地体安装示意图

除埋入混凝土内的接头外，其余均应做防腐处理。监理人员按焊接接头总数抽查10%，且不得少于2处，并查阅施工记录。

（3）事后监理控制要点及方法

接地装置经检查验收合格，同时接地电阻测试满足要求后，施工单位方可进行沟槽回填。监理人员需进行旁站接地电阻的测试，并在接地电阻测试单签字确认。

2. 防雷引下线及接闪器安装

（1）事前监理控制要点及方法

在进行防雷引下线敷设和接闪器安装时，监理人员要结合实际情况，检查施工单位不同工种之间的配合和施工工序的组织是否合理有序。

1）当利用建筑物柱内主筋作引下线时，应在柱内主筋绑扎或连接后，按设计要求进行施工，经检查确认，再支模。

2）对于直接从基础接地体或人工接地体暗敷埋入粉刷层内的引下线，应先检查确认不外露后，再贴面砖或刷涂料等。

3）对于直接从基础接地体或人工接地体引出明敷的引下线，应先埋设或安装支架，并经检查确认后，再敷设引下线。

4）对利用屋顶钢筋网等符合条件的钢筋作为接闪器时，在板内钢筋绑扎后，按设计要求施工，经检查确认，才能支模。

5）接闪器安装前，应先完成接地装置和引下线的施工，接闪器安装后应及时与引下线连接。

（2）事中监理控制要点及方法

1）监理人员应检查防雷引下线及接闪器的布置、安装数量和连接方式是否符合设计图纸和《建筑物防雷设计规范》GB 50057—2010要求。

2）接闪器与防雷引下线必须采用焊接或卡接器连接，防雷引下线与接地装置必须采用焊接或螺栓连接。监理人员应全数检查接闪器与防雷引下线及防雷引下线与接地装置连接点（处）的连接方法是否正确可靠。

3）接闪杆、接闪线或接闪带焊接固定的焊缝应饱满无遗漏；螺栓固定的应防松零件齐全；焊接连接处应防腐完好，施工质量若达不到以上要求，监理人员应要求施工单位返工整改。

4）当设计无要求时，明敷引下线及接闪导体固定支架的间距应符合表4-50的规定，并且固定支架高度不宜小于150mm。

5）应检查接闪带或接闪网在过建筑物变形缝处的跨接是否有补偿措施，暗敷防雷装置过变形缝做法，如图4-67、图4-68所示。

明敷引下线及接闪导体固定支架的间距（mm）　　　　　表 4-50

布置方式	扁形导体固定支架间距	圆形导体固定支架间距
安装于水平面上的水平导体	500	1000
安装于垂直面上的水平导体		
安装于高于 20m 以上垂直面上的垂直导体	1000	1000
安装于地面至 20m 以下垂直面上的垂直导体		

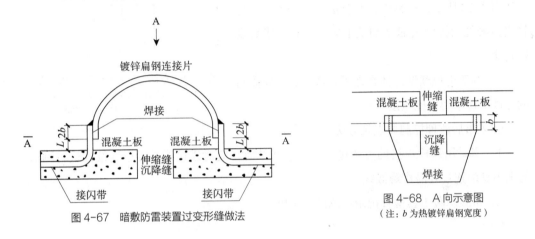

图 4-67　暗敷防雷装置过变形缝做法

图 4-68　A 向示意图
（注：b 为热镀锌扁钢宽度）

（3）事后监理控制要点及方法

1）在进行防雷接地系统测试前，施工单位应确保整个防雷接地系统连成回路，且接地电阻测试满足设计要求。

2）审核隐蔽工程检查记录和测试记录单。

3. 建筑物等电位联结

（1）事前监理控制要点及方法

在进行建筑物等电位联结时，监理人员要根据等电位联结的类别，检查施工单位的施工流程是否合理有序。

1）对于总等电位联结，应先检查确认总等电位联结端子的接地导体位置，再安装总等电位联结端子板，然后按设计要求作总等电位联结。

2）对于局部等电位联结，应先检查确认连接端子位置及连接端子板的截面积，再安装局部等电位联结端子板，然后按设计要求作局部等电位联结。

（2）事中监理控制要点及方法

1）监理人员应核对建筑物等电位联结的范围、形式、方法、部位及联结导体的材料和截面积是否符合设计要求。

2）应检查外露可导电部分或外界可导电部分等电位联结的连接是否牢固可靠。连接方式不同，施工要求也有所不同。

①采用焊接时，应参照接地装置焊接搭接长度的要求进行等电位联结。具体做法如图4-69所示。

②采用螺栓连接时，其螺栓、垫圈、螺母等应为热镀锌制品。为防止电化腐蚀，连接导体的搭接面需要进行搭接面的处理，搭接的钻孔直径、搭接长度和连接螺栓的力矩值应符合相关规定。具体做法如图4-70所示，抱箍内径与管道外径一致，其与管道接触处的接触表面需刮拭干净，安装完毕后刷防腐漆。

3）当等电位联结导体在地下暗敷时，其导体间的连接不得采用螺栓压接。

（3）事后监理控制要点及方法

1）当采用螺栓连接的方式进行等电位联结时，应对连接线的导电连续性进行测试，导电不良的连接处需作跨接线。

2）审核隐蔽工程检查记录和测试记录单。

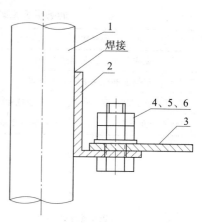

图4-69 联结线与金属管道的焊接连接
1—金属管道；2—连接件；3—联结线；
4—螺栓；5—螺母；6—平垫圈

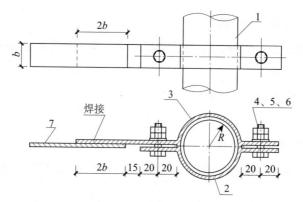

图4-70 联结线与金属管道（大管径）的螺栓连接
1—金属管道；2—短抱箍；3—长抱箍；4—螺栓；5—螺母；6—平垫圈；7—联结线；b—扁钢宽度

第十节　智能建筑工程精细化监理

智能建筑为人们提供了安全、高效、便利及可持续发展功能环境，实现了智能化技术与建筑技术的融合。智能建筑工程包含的子分部工程主要有综合布线系统、火灾自动报警系统、安全防范系统、建筑设备监控系统、信息网络系统等。

一、综合布线系统的精细化监理

综合布线系统采用模块化设计，为建筑物内部及建筑群之间的计算机、通信设备和自动化设备传输弱电信号提供物理介质，是智能建筑数字化信息系统的基础设施。综合布线系统分为建筑群子系统、干线子系统、配线子系统，如图 4-71 所示。

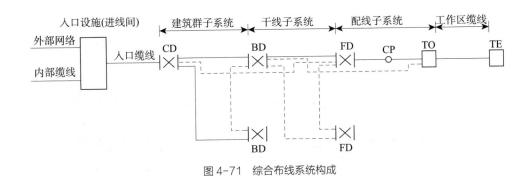

图 4-71　综合布线系统构成

（一）监理控制程序

线缆敷设与机柜、配线架等设备的安装→信息插座和光缆芯线终端的安装→系统的试运行→系统的电气检测→标识标签的设置。

（二）监理控制要点及方法

1.事前监理控制要点及方法

监理人员应事先对工程中需要的仪表和工具进行测试或检查，缆线测试仪表应附有检测机构的证明文件。测试仪表应能测试相应布线等级的各种电气性能及传输特性，其精度应符合相应要求。剥线器、光缆切断器、光纤熔接机、光纤磨光机、光纤显微镜、卡接工具等电缆或光缆的施工工具应合格。

2.事中监理控制要点及方法

（1）缆线敷设时应有余量以适应成端、终接、检测和变更，有特殊要求的应按设计要求预留长度，并应符合下列规定：

1）对绞电缆在终接处，预留长度在工作区信息插座底盒内宜为 30~60mm，电信间宜为 0.5~2.0m，设备间宜为 3~5m。

2）光缆布放路由宜盘留，预留长度宜为 3~5m。光缆在配线柜处预留长度应为 3~5m，楼层配线箱处光纤预留长度应为 1.0~1.5m，配线箱终接时预留长度不应小于 0.5m，光缆纤芯在配线模块处不做终接时，应保留光缆施工预留长度。

（2）缆线的弯曲半径应符合下列规定：

1）非屏蔽和屏蔽 4 对对绞电缆的弯曲半径不应小于电缆外径的 4 倍。

2）主干对绞电缆的弯曲半径不应小于电缆外径的 10 倍。

3）2 芯或 4 芯水平光缆的弯曲半径应大于 25mm；其他芯数的水平光缆、主干光缆和室外光缆的弯曲半径不应小于光缆外径的 10 倍。

（3）对绞线与 8 位模块式通用插座相连时，应按色标和线对顺序进行卡接，有 T568A 与 T568B 两种连接方法，如图 4-72 所示。两种连接方式均可采用，但在同一布线工程中两种连接方式不应混合使用。

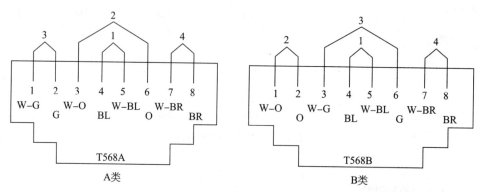

图 4-72 T568A 与 T568B 连接图

G（Green）—绿；BL（Blue）—蓝；BR（Brown）—棕；W（White）—白；O（Orange）—橙

（4）暗管宜采用铜管或阻燃聚氯乙烯导管。布放大对数主干电缆及 4 芯以上光缆时，直线管道的管径利用率应为 50%~60%，弯导管应为 40%~50%。布放 4 对对绞电缆或 4 芯及以下光缆时，管道的截面利用率应为 25%~30%。

（5）在公共场所安装配线箱时，壁嵌式箱体底边距地不宜小于 1.5m，墙挂式箱体底面距地不宜小于 1.8m。

3. 事后监理控制要点及方法

综合布线工程电气测试包括电缆布线系统电气性能测试及光纤布线系统性能测试。监理人员要检查电气测试的内容及各项性能指标是否符合要求。

二、火灾自动报警系统的精细化监理

火灾自动报警系统是探测火灾早期特征、发出火灾报警信号，为人员疏散、防止火灾蔓延和启动自动灭火设备提供控制与指示的消防系统。它包括火灾探测报警系统、消防联动控制系统和火灾预警系统，如图 4-73 所示。

（一）监理控制程序

系统布线→系统部件的安装→系统的接地→系统的调试→A、B、C 三个类别的检测、验收。其中 A、B、C 三个类别的检测、验收项目见表 4-51。

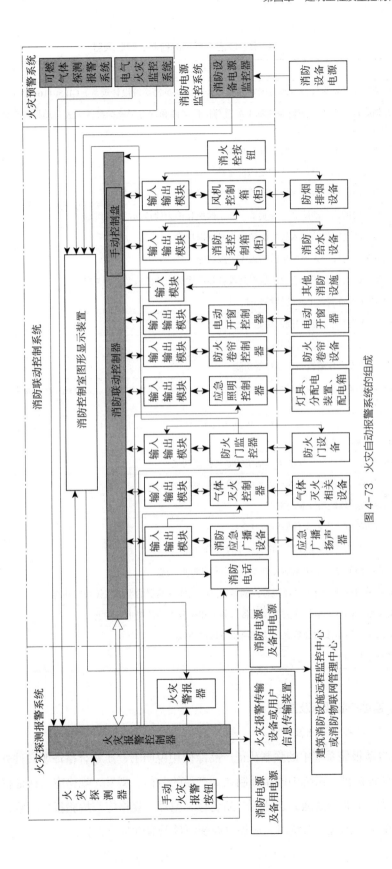

图 4-73　火灾自动报警系统的组成

A、B、C三个类别的检测、验收项目

表 4-51

类别	检测、验收项目
A 类	1. 消防控制室设计符合现行国家标准《火灾自动报警系统设计规范》GB 50116—2013 的规定
	2. 消防控制室内消防设备的基本配置与设计文件和现行国家标准《火灾自动报警系统设计规范》GB 50116—2013 的符合性
	3. 系统部件的选型与设计文件的符合性
	4. 系统部件消防产品准入制度的符合性
	5. 系统内的任一火灾报警控制器和火灾探测器的火灾报警功能
	6. 系统内的任一消防联动控制器、输出模块和消火栓按钮的启动功能
	7. 参与联动编程的输入模块的动作信号反馈功能
	8. 系统内的任一火灾警报器的火灾警报功能
	9. 系统内的任一消防应急广播控制设备和广播扬声器的应急广播功能
	10. 消防设备应急电源的转换功能
	11. 防火卷帘控制器的控制功能
	12. 防火门监控器的启动功能
	13. 气体灭火控制器的启动控制功能
	14. 自动喷水灭火系统的联动控制功能，消防水泵、预作用阀组、雨淋阀组的消防控制室直接手动控制功能
	15. 加压送风系统、排烟系统、电动挡烟垂壁的联动控制功能，送风机、排烟风机的消防控制室直接手动控制功能
	16. 消防应急照明及疏散指示系统的联动控制功能
	17. 电梯、非消防电源等相关系统的联动控制功能
	18. 系统整体联动控制功能
B 类	1. 消防控制室存档文件资料的符合性
	2. 本标准第 5.0.3 条规定资料的齐全性、符合性
	3. 系统内的任一消防电话总机和电话分机的呼叫功能
	4. 系统内的任一可燃气体报警控制器和可燃气体探测器的可燃气体报警功能
	5. 系统内的任一电气火灾监控设备（器）和探测器的监控报警功能
	6. 消防设备电源监控器和传感器的监控报警功能
C 类	其余项目均为 C 类项目

（二）监理控制要点及方法

1. 事前监理控制要点及方法

火灾自动报警系统中的强制认证产品除使用说明书、质量合格证明文件外，还应有认证证书和认证标识。系统中国家强制认证产品的名称、型号、规格应与认证证书和检验报告一致。系统中非国家强制认证的产品名称、型号、规格应与检验报告一致，检验报告中未包括的配接产品接入系统时，应提供系统组件兼容性检验报告。

2. 事中监理控制要点及方法

（1）各类管路暗敷时，应敷设在不燃结构内，且保护层厚度不应小于30mm。

（2）同一工程中的导线，应根据不同用途选择不同颜色加以区分，相同用途的导线颜色应一致。电源线正极应为红色，负极应为蓝色或黑色。

（3）控制与显示类设备应与消防电源、备用电源直接连接，不应使用电源插头。主电源应设置明显的永久性标识。

（4）探测器底座的安装应安装牢固，与导线连接应可靠压接或焊接，当采用焊接时，不应使用带腐蚀性的助焊剂；连接导线应留有不小于150mm的余量，且在其端部应设置明显的永久性标识；穿线孔宜封堵，安装完毕的探测器底座应采取保护措施。

（5）探测器报警确认灯应朝向便于人员观察的主要入口方向。

（6）同一报警区域内的模块宜集中安装在金属箱内，不应安装在配电柜、箱或控制柜、箱内；模块的连接导线应留有不小于150mm的余量，其端部应有明显的永久性标识；模块的终端部件应靠近连接部件安装；隐蔽安装时在安装处附近应设置检修孔和尺寸不小于100mm×100mm的永久性标识。

（7）交流供电和36V以上直流供电的消防用电设备的金属外壳应有接地保护，其接地线应与电气保护接地干线（PE）相连接。

（8）消防水泵、防烟和排烟风机的控制设备，除应采用联动控制方式外，还应在消防控制室设置手动直接控制装置。

（9）需要火灾自动报警系统联动控制的消防设备，其联动触发信号应采用两个独立的报警触发装置报警信号的"与"逻辑组合。

（10）火灾自动报警系统应设置火灾声光警报器，并应在确认火灾后启动建筑内的所有火灾声光警报器。

3. 事后监理控制要点及方法

完成线路布设和系统部件的安装后，应进行火灾自动报警系统调试。系统调试包括系统部件功能调试和分系统的联动控制功能调试。监理人员应对系统部件的主要功能、性能进行全数检查，并逐一对每个报警区域、防护区域或防烟区域设置的消防系统进行联动控制功能检查，对不符合规定的项目应要求施工进行整改，并应重新进行调试。

三、安全防范系统的精细化监理

安全防范系统是以安全为目的，综合运用实体防护、电子防护等技术构成的防范系统，预防、延迟、阻止入侵、盗窃、抢劫、破坏、爆炸、暴力袭击等事件的发生。实体防护系统是综合利用天然屏障、人工屏障及防盗锁、柜等器具、设备构成的实体系统。电子防护系统通常包括入侵和紧急报警、视频监控、出入口控制、停车库（场）安全管理、防爆安全检查、电子巡查、楼宇对讲等子系统。

（一）监理控制程序

管（槽）、沟和线缆的敷设→系统设备的安装→供电、防雷与接地→线缆的接续→系统的设置、切换、控制、管理与联动功能调试→系统试运行。

（二）监理控制要点及方法

1.事前监理控制要点及方法

（1）检查施工单位是否根据深化设计文件编制安全防范工程施工组织方案，落实项目组成员，并进行技术交底。

（2）矩阵切换控制器、数字矩阵、网络交换机、摄像机、控制器、报警探头、存储设备、显示设备等设备应有强制性产品认证证书和"CCC"标志，或入网许可证、合格证、检测报告等文件资料。产品名称、型号、规格应与检验报告一致。

2.事中监理控制要点及方法

（1）同轴电缆应一线到位，中间无接头。

（2）视频监控设备的信号线和电源线应分别引入，外露部分应用软管保护，并且不影响云台转动。云台应运转灵活、运行平稳。云台转动时监视画面应无明显抖动。

（3）周界入侵报警系统中红外对射探测器安装时接收端应避开太阳直射光，避开其他大功率灯光直射，应顺光方向安装；振动探测器安装位置应远离电机、水泵和水箱等振动源；玻璃破碎探测器安装位置应靠近保护目标。

（4）出入口控制系统的感应式识读装置在安装时应注意可感应范围，不得靠近高频、强磁场；受控区内出门按钮的安装，应保证在受控区外不能通过识读装置的过线孔触及出门按钮的信号线；控制器与读卡机间的距离不宜大于50m。

（5）停车库（场）安全管理系统中读卡机（IC卡机、磁卡机、出票读卡机、验卡票机）与挡车器感应线圈埋设位置与埋设深度应符合设计要求或产品使用要求；感应线圈至机箱处的线缆应采用金属管保护，并注意与环境相协调。

3.事后监理控制要点及方法

（1）监理人员应对全部的紧急报警功能、视频监控系统的联动功能（监视器图像显示联动、照明联动、报警声光／地图显示联动等）、出入口控制系统与所有消防通道门的应急疏散及联动功能的调试过程进行旁站。调试完成后，监理人员应对系统的设置、切换、控制、管理、联动等主要功能进行检查。

（2）总监理工程师应组织专业监理工程师审查施工单位报送的试运行计划，并签署审核意见，经监理单位批准后方可实施。监理人员应对试运行记录的及时性、真实性、完整性进行监督检查，对试运行中发现的问题以监理通知单的形式告知施工单位进行整改，并对整改落实情况进行确认。

四、建筑设备监控系统的精细化监理

建筑设备监控系统是利用自动控制技术、通信技术、计算机网络技术、数据库和图形处理技术对建筑物（或建筑群）所属的各类机电设备（包括暖通空调、冷热源、给水排水、变配电、照明、电梯等）的运行、安全状况、能源使用状况及节能等实行综合自动监测、控制与管理的自动化控制系统。

（一）监理控制程序

管线的布设→传感器、执行器、控制器等设备的安装→系统的调试→系统的试运行。

（二）监理控制要点及方法

1. 事前监理控制要点及方法

（1）施工前应对监控系统施工单位与相关各施工单位的工作范围和分工界面进行确认，并应明确各相关方的工作分工及配合内容。

（2）检查温度、压力、流量、电量等测量仪表是否按相关规定进行校验。必要时宜由第三方检测机构进行检测。

2. 事中监理控制要点及方法

建筑设备监控系统要获取现场设备的状态、故障以及温度、湿度等检测值，根据控制要求完成被控参数的调节，所以传感器和执行器的安装工艺是本系统的监控关键重点。

（1）风管型温湿度传感器应安装在风速平稳的直管段的下半部；水管温度传感器的感温段小于管道口径的1/2时，应安装在管道的侧面或底部。

（2）风管型压力传感器应安装在管道的上半部，并应在温、湿度传感器测温点的上游管段；水管型压力传感器应安装在温度传感器的管道位置的上游管段，取压段小于管道口径的2/3时，应安装在管道的侧面或底部。

（3）水流开关应垂直安装在水平管段上。水流开关上标识的箭头方向应与水流方向一致，水流叶片的长度应大于管径的1/2。

（4）水管流量传感器应安装在测压点上游并距测压点3.5~5.5倍管内径的位置。

（5）风阀执行器与风阀轴的连接应固定牢固；风阀的机械机构开闭应灵活，且不应有松动或卡涩现象；风阀执行器的输出力矩应与风阀所需的力矩相匹配，并应符合设计要求。

（6）电动水阀和电磁阀阀体上箭头的指向应与水流方向一致，并应垂直安装于水平管道上。

（7）现场控制器箱的高度不大于1m时，宜采用壁挂安装，箱体中心距地面的高度不应小于1.4m；现场控制器箱的高度大于1m时，宜采用落地式安装，并应制作底座。

（8）现场控制器箱侧面与墙或其他设备的净距离不应小于0.8m，正面操作距离不应小于1m。

3. 事后监理控制要点及方法

施工安装和系统调试等分项工程验收合格，且被监控设备试运转合格后，应进行系统试运行，且试运行宜与被监控设备联合进行。监控系统试运行应连续进行120h，并应在试运行期间对建筑设备监控系统的各项功能进行复核，且性能应达到设计要求。当出现系统故障或不合格项目时，应整改并重新计时，直至连续运行满120h为止。

五、信息网络系统的精细化监理

信息网络系统根据设备的构成，分为计算机网络系统和网络安全系统。它是应用计算机技术、通信技术、多媒体技术、信息安全技术和行为科学等，用以实现信息传递、信息处理、信息共享，并在此基础上开展各种业务的系统。

（一）监理控制程序

线缆敷设→机柜、配线架等设备的安装→软件系统的安装→计算机网络系统、应用软件和信息安全系统的联调。

（二）监理控制要点及方法

1. 事前监理控制要点及方法

（1）检查施工单位是否根据设计文件要求，完成信息网络系统的规划和配置方案，并经设计单位、建设单位和使用单位会审批准。

（2）系统安全专用产品必须具有公安部计算机管理监察部门审批颁发的计算机信息系统安全专用产品销售许可证，检查其是否具有相应的产品销售许可证。

2. 事中监理控制要点及方法

信息网络系统的施工包含硬件设备安装、软件系统安装和软件安装的安全措施三个方面，检查是否符合下列规定：

（1）硬件设备安装应符合下列规定：

1）机柜内安装的设备应有通风散热措施，内部接插件与设备连接应牢固。

2）承重要求大于$600kg/m^2$的设备应单独制作设备基座，不应直接安装在抗静电地板上。

3）对有序列号的设备应登记设备的序列号。

4）应对有源设备进行通电检查，设备应工作正常。

5）跳线连接应规范，线缆排列应有序，线缆上应有正确牢固的标签。

6）设备安装机柜应张贴设备系统连线示意图。

（2）软件系统安装应符合下列规定：

1）应按设计文件为设备安装相应的软件系统，系统安装应完整。

2）应提供正版软件技术手册。

3）服务器不应安装与本系统无关的软件。

4）操作系统、防病毒软件应设置为自动更新方式。

5）软件系统安装后应能够正常启动、运行和退出。

6）在网络安全检验后，服务器方可以在安全系统的保护下与互联网相连，并应对操作系统、防病毒软件升级及更新相应的补丁程序。

（3）软件安装的安全措施应符合下列规定：

1）服务器和工作站上应安装防病毒软件，应使其始终处于启用状态。

2）操作系统、数据库、应用软件的用户密码应符合下列规定：

①密码长度不应少于8位。

②密码宜为大写字母、小写字母、数字、标点符号的组合。

3）多台服务器与工作站之间或多个软件之间不得使用完全相同的用户名和密码组合。

4）应定期对服务器和工作站进行病毒查杀和恶意软件查杀操作。

3. 事后监理控制要点及方法

网络设备、服务器、软件系统参数配置完成后，应检查系统的联通状况、安全测试，并应检查是否符合下列规定：

（1）操作系统、防病毒软件、防火墙软件等软件应设置为自动下载并安装更新的运行方式。

（2）网络路由、网段划分、网络地址应明确填写，应为测试用户配置适当权限。

（3）应用软件系统的配置、实现功能、运行状况应明确填写，并应为测试用户配置适当权限。

第十一节　电梯工程精细化监理

电梯是机电一体化的复杂产品，其机械部分相当于人的躯体，电气部分相当于人的神经，控制部分相当于人的大脑，是现代高层建筑中不可缺少的运输设备。本节主要介绍电力驱动的曳引式电梯和自动扶梯工程的监理要点。

一、电力驱动的曳引式电梯安装工程的精细化监理

（一）监理控制程序

导轨的连接、安装与校正→驱动主机的就位与固定→门、轿厢和对重的安装→曳引绳的挂放→安全钳、限速器等安全装置的安装→电气设备的安装与线路敷设→整机安装验收。

（二）监理控制要点及方法

1. 事前监理控制要点及方法

（1）电梯设备进场验收时，监理人员应重点检查随机文件中是否包含下列资料：

1）土建布置图。

2）产品合格证。

3）门锁装置、限速器、安全钳及缓冲器的型式试验证书复印件。

4）装箱单。

5）安装、使用维护说明书。

6）动力电路和安全电路的电气原理图。

（2）监理人员要在土建交接检验记录单上签字确认。土建交接检验时，要注意以下几点：

1）电梯机房内部、井道土建（钢架）结构及布置必须符合电梯土建布置图的要求。

2）电梯井道应为电梯专用，井道内不得装设与电梯无关的设备、电缆等。井道可装设采暖设备，但不得采用蒸汽和水作为热源，且采暖设备的控制与调节装置应装在井道外面。

3）井道内应设置永久性电气照明，井道内照度应不得小于 50lx，井道最高点和最低点 0.5m 以内应各装一盏灯，再设中间灯，并分别在机房和底坑设置一个控制开关。

4）土建施工单位应提供每层楼面水平面基准标识。

2. 事中监理控制要点及方法

（1）导轨

导轨是轿厢和对重装置运行的导向部件，将直接影响电梯的运行效果和安全。在安装时必须遵照导轨支架固定→导轨的固定→导轨和导轨距的校正→导轨清理的安装流程有序进行。

（2）驱动主机

根据电梯土建布置图上轿厢中心、对重中心检查确定驱动主机（曳引机）中心线设置是否符合要求。

（3）门系统

电梯层门系统的安装步骤：层门地坎的安装→门套和层门上坎架的安装→层门的安装→层门自动关闭装置的安装。监理人员应检查施工单位是否按照步骤进行层门的安装。

（4）轿厢

轿厢的安装流程是轿底→轿壁→轿顶→门机→轿门，其中轿壁的拼装次序是先拼后壁，再拼侧壁，最后拼前壁。当距轿底面在 1.1m 以下使用玻璃轿壁时，必须在距轿底面 0.9~1.1m 的高度安装扶手，且扶手必须独立地固定，不得与玻璃有关。

（5）对重（平衡重）

对重装置相对于轿厢悬挂在曳引绳的另一侧，起到相对平衡轿厢的作用，使轿厢与对重装置的重量通过曳引钢丝绳作用于曳引轮，保证足够的驱动力。监理人员应检查对重装置、随行电缆和补偿绳、链、缆等补偿装置的端部是否固定牢固可靠，且随行电缆严禁出现打结和波浪扭曲现象。

（6）安全部件

电梯的安全部件主要有限速器、安全钳、缓冲器和终端限位保护装置等。一旦电梯发生超载、断绳等严重故障，导致电梯轿厢超速下落时，限速器和安全钳动作将轿厢紧急制停并夹持在导轨之间，对电梯的安全运行提供有效的保护作用。监理人员应重点检查限速器动作速度的整定封记和安全钳的整定封记必须完好且无拆动痕迹。

3. 事后监理控制要点及方法

由监理单位、土建施工单位、安装单位等几方共同对电梯安装工程的质量控制资料、隐蔽工程和施工检查记录等档案材料进行审查，对安装工程进行普查和整机运行考核，并对主控项目全验和一般项目抽验，以书面形式对电梯安装工程质量的检验结果作出确认。整机安装验收时应着重安全保护装置的验收，主要包含以下几个方面：

（1）当控制柜三相电源中任何一相断开或任何二相错接时，断相、错相保护装置或功能应使电梯不发生危险故障（注：当错相不影响电梯正常运行时可没有错相保护装置或功能）。

（2）动力电路、控制电路、安全电路必须有与负载匹配的短路保护装置；动力电路必须有过载保护装置。

（3）限速器上的轿厢（对重、平衡重）下行标志必须与轿厢（对重、平衡重）的实际下行方向相符。限速器铭牌上的额定速度、动作速度必须与被检电梯相符。

（4）安全钳、缓冲器、门锁装置必须与其型式试验证书相符。

（5）限速器与安全钳电气开关在联动试验中必须动作可靠，且应使驱动主机立即制动。

（6）上、下极限开关必须是安全触点，在端站位置进行动作试验时必须动作正常。在轿厢或对重接触缓冲器之前必须进行动作，且缓冲器完全压缩时，保持动作状态。

（7）位于轿顶、机房（如果有）、滑轮间（如果有）、底坑的停止装置的动作必须正常。

（8）电梯工程中所涉及的各类安全开关，如限速器绳张紧开关、液压缓冲器复位开关、补偿绳张紧开关、安全门和底坑门的开关，必须动作可靠。

二、自动扶梯安装工程的精细化监理

（一）监理控制程序

见电力驱动的曳引式电梯安装工程。

（二）监理控制要点及方法

1. 事前监理控制要点及方法

（1）自动扶梯应提供梯级或踏板的型式试验报告复印件，或胶带的断裂强度证明文件复印件；对公共交通型自动扶梯、自动人行道应有扶手带的断裂强度证书复印件。电梯设备进场验收时，监理人员应重点检查以上资料是否齐全。

（2）监理人员要在土建交接检验记录单上签字确认。自动扶梯土建交接检验时，要注意以下几点：

1）自动扶梯的梯级或自动人行道的踏板或胶带上空，垂直净高度严禁小于2.3m。

2）在安装之前，井道周围必须设有保证安全的栏杆或屏障，其高度严禁小于1.2m。

3）在安装之前，土建施工单位应提供明显的水平基准线标识。

4）电源零线和接地线应始终分开。接地装置的接地电阻值不应大于4Ω。

2. 事中监理控制要点及方法

见电力驱动的曳引式电梯安装工程。

3. 事后监理控制要点及方法

自动扶梯安装完毕后模拟下列情况进行整机安装验收，监理人员应旁站检查自动扶梯是否能够自动停止运行：

（1）无控制电压。

（2）电路接地的故障。

（3）过载。

（4）控制装置在超速和运行方向非操纵逆转下动作。

（5）附加制动器（如果有）动作。

（6）直接驱动梯级、踏板或胶带的部件（如链条或齿条）断裂或过分伸长。

（7）驱动装置与转向装置之间的距离（无意性）缩短。

（8）梯级、踏板或胶带进入梳齿板处有异物夹住，且产生损坏梯级、踏板或胶带支撑结构。

（9）无中间出口的连接安装的多台自动扶梯、自动人行道中的一台停止运行。

（10）扶手带入口保护装置动作。

（11）梯级或踏板下陷。

需要注意的是第（4）种～第（11）种情况下的开关断开的动作必须通过安全触点或安全电路来完成。

第五章　建设工程造价控制精细化监理

第一节　造价控制精细化监理概要

造价控制是我国建设工程监理的一项主要任务，贯穿于监理工作的各个环节。根据《建设工程监理规范》GB/T 50319—2013 的规定，工程监理单位要依据法律法规、建设标准、勘察设计文件及合同，在施工阶段对建设工程进行造价控制。同时，工程监理单位还应根据建设工程监理合同的约定，在项目决策、工程勘察、设计、招标、保修等阶段为建设单位提供相关服务工作。

一、造价控制精细化监理的重要性

近来，我国的工程建设监理发展迅猛，为我国建设水平的提高提供了动力。工程监理可以实现工程建设造价的合理控制，从而最大限度地降低工程建设的成本，获得最大的投资效益。

（一）建设工程设计阶段的造价控制

在设计阶段，设计单位应根据业主的设计任务委托书的要求和设计合同的规定，努力将概算控制在委托设计的投资范围内。设计阶段控制建设投资，一般又分四个阶段：方案阶段，应做出含有各专业的详尽的建安投资估算书；初步设计阶段，应编制初步设计总概算；概算一经确定，即为控制拟建项目投资的最高限额；技术设计阶段，应编制初步设计修正总概算，这一阶段往往是针对技术比较复杂、工程规模比较大的项目而设立的；施工图设计阶段，应编制施工图预算，施工图预算是工程招标投标的基础。设计阶段的投资控制是一个有机联系的整体，方案阶段、初步设计、技术设计和施工图设计阶段的投资相互制约，相互补充，前者控制后者，后者补充前者，共同组成投资控制系统。

（二）建设工程招标阶段造价控制

1. 监理要当好施工招标的参谋

设计工作完成后，就要确定工程项目建设施工单位，从而进入建设实施阶段。业主采取施工招标报价这一经济手段，通过投标竞争来择优选定承包商，不仅有利于确保工程质量和缩短工期，更有利于降低工程造价，是造价控制的一项重要手段。在招标过程中虽然业主相对处于优势地位，但由于工程项目的复杂多样性，合同履行的长期性，因此工程建设监理单位应做好施工招标的参谋，帮助业主选择好理想的项目建设承包单位，为工程项目造价控制达到理想状态创造良好的基础条件。

2.帮助业主编制招标文件

帮助业主组织工程招标和指导编制招标文件是监理工程师的义务，招标过程是否顺利成功，招标文件的质量和水平是关键。编写招标文件的主要内容和重点要求如下：

（1）编写的招标文件内容要全技术标和商务标应分别明确要求，突出重点，符合法规，还应避免出现错误和遗漏。

（2）招标的范围要细化比如，招标的范围中哪些是业主指定分包，哪些是业主采购，哪些是承包商要做的，都应一一明确。

（3）对质量标准的要求写清楚，奖罚要明确。

（4）要求投标书提出的总工期必须确定，工程建设进度要分解到年、季、月。

（5）投标保证金和银行保函一定要落实，这样，当承包商违约时，业主在造价控制方面就能占主动地位。

（6）编制标底是招标活动的重中之重，要确保公正、公平、准确、保密，尤其要明确定出废标的上、下限值，以使中标单位的报价更趋合理。

3.协助业主签订施工合同

工程建设项目施工招标投标的最后步骤是合同谈判，进而签订施工合同。协助业主签订施工合同是监理工程师的重要职责之一。要注意的是招标文件和中标通知书都是合同的组成部分。工程项目施工合同条款须周密详细，凡涉及经济方面的条款应有具体量化的规定，并将处理办法和方式写明，如合同外项目、工程变更、索赔处理、违约赔偿、合同范围、质量、工期、工程支付与结算、合同价及调整等。签订好施工合同有利于施工过程的顺利进行，更有利于工程造价控制。

（三）建设工程施工过程阶段的造价控制

1.施工过程中监理的主要工作是做好工程计量

为控制项目造价，监理工程师通过工程的计量支付来控制合同价款，由监理工程师掌握工程支付的签认权，在施工的各个环节上发挥监督和管理作用。计量是控制项目造价支出的关键环节，工程计量是指按施工合同规定，准确核实并汇总工程量清单中已实际完成的合格的工程数量和价值（附加工程、变更工程及索赔另计），不合格工程、未完成工程及非工程量清单上的工程不能计量。所计算的工程量，不论采用什么方法，其计算结果都应该是净尺寸工程量。因此，计量是工程费用支付的基础和依据，也是造价控制的关键环节。因此，监理工程师必须公正、认真地做好工程计量和复核工作。要明确计量内容和程序及方法，根据设计图纸，按照合同规定的计量方法和单位进行计量；对隐蔽工程计量，监理工程师必须严格控制，并预先做好测算工作。

2.监理要处理好计量与支付的关系

我国当前工程建设监理中比较普遍地存在着工程计量与支付脱节的现象，主要表现为：

工程计量后，工程款的支付不需监理工程师开具期中付款证书；或监理工程师虽开具了期中付款证书，业主并不按证书确定的额度和时间支付。工程中的具体情况往往是，一方面监理工程师在认认真真地进行工程计量，另一方面业主在随意和武断地决定着工程款的支付。这种计量与支付严重脱节的情况大大削弱了监理工程师对工程项目建设造价进行控制以及对承包商进行约束的影响力。另外，由于这种支付的随意性和不确定性，经常造成工程款支付的滞后或严重拖期，从而引起承包商的工程进度拖期甚至工程索赔。针对上述现状建议采取以下对策解决工程计量与支付脱节的问题，以增强计量的有效性，提高支付的规范性和科学性。

（1）进一步加强工程项目建设的制度化、规范化管理，通过建立必要的制度、规定，使工程计量与支付主体各方的行为过程实现规范化、程序化运行；对工程计量与支付的操作、执行过程形成监督及反馈机制。

（2）监理工程师在工程计量与支付中的行为职能充分授权，并在监理合同及施工合同中进行明确规定。

（四）建设工程竣工阶段的造价控制

一般来说，在建设项目的竣工阶段，作为业主来说，大量地投入建设资金的时间已经过去，但对于业主的全过程造价控制来说，并没有完全结束。因此监理工程师一定要把好关。

1. 监理应把好工程结算关

工程的竣工结算是施工单位依据承包合同规定的内容全部完成所承包的工作，向业主进行最终工程价款结算的经济文件。由于编制工程结算不仅直接关系到业主与施工单位之间的利益关系，也是合理确定工程实际造价的重要依据。通常要求承包商按照国家有关政策和规定，实事求是地进行工程竣工结算的编制。业主可委托监理工程师对结算进行审核，工程结算既是工程项目建设的必然程序和重要环节，也是监理造价控制的最后关键。监理工程师应认真、细致地依照合同及有关法规做好工程结算的审核把关工作，以确保整个工程造价最终得到合理控制。

2. 协助业主编制竣工决算

通常，竣工验收是项目建设全过程的最后一个程序。因此，在竣工验收之前要编制好竣工决算。及时、准确地编制竣工决算，对于总结分析建设过程的经验教训，提高建设项目的投资管理水平以及积累技术经济资料等，都具有重要意义。

（1）建设项目竣工决算的内容

工程竣工决算的内容一般包括竣工决算编制说明和竣工决算报表两大部分。建设项目竣工决算编制说明是对竣工决算报表进行分析和补充说明的文件，主要包括以下几项：工程概况；建设项目资金来源和使用情况；对工程概（预）算和决算进行对比分析，说明资金使用的执行情况；各项技术经济指标的完成情况；结余设备、材料和资金的处理意见；建设成本和投资效果分析，以及建设中的主要经验、存在的问题和解决的建议。

（2）竣工工程投资与工程概（预）算的比较分析

由于竣工决算是用来综合反映竣工建设项目或单项工程的建设成果和财务状况的总结性文件，所以在竣工决算报告中必须对控制工程投资所采取的措施、效果以及其动态的变化进行认真地比较分析，总结经验教训。而批准的概算是一个考核工程投资的依据，在对比分析时，可将决算报表中所提供的实际数据和相关资料与批准的概算，甚至预算指标进行对比，以确定竣工项目的总投资造价是节约还是超支，从而在对比的基础上，总结先进的经验，找出落后的原因，进而提出相关的改进措施。

工程监理在建设工程造价控制中发挥着重要的作用，只有认真地做好工程监理中造价的控制工作，才能保证建设工程取得最大的经济效益。因此，对工程监理在建设工程造价控制中进行深入的研究是十分有意义的。

二、造价控制精细化监理的措施

为了有效地控制建设工程投资，应从组织、技术、经济、合同等多方面采取措施。应该看到，技术与经济相结合是控制投资最有效的手段。长期以来，在我国工程建设领域，技术与经济相分离。许多国外专家指出，中国工程技术人员的技术水平、工作能力、知识面，跟外国同行相比，几乎不分上下，但他们缺乏经济观念。国外的技术人员时刻考虑如何降低工程投资，但中国技术人员则把它看成与己无关的财会人员的职责。而财会、概预算人员的主要责任是根据财务制度办事，他们往往不熟悉工程知识，也较少了解工程进展中的各种关系和问题，往往单纯地从财务制度角度审核费用开支，难以有效地控制工程投资。为此，当前迫切需要解决的是以提高项目投资效益为目的的，在工程建设过程中把技术与经济有机结合，要通过技术比较、经济分析和效果评价，正确处理技术先进与经济合理两者之间的对立统一关系，力求在技术先进条件下的经济合理，在经济合理基础上的技术先进，把控制工程项目投资观念渗透到各阶段中。

由于建设工程的投资主要发生在施工阶段，在这一阶段需要投入大量的人力、物力、财力等，是工程项目建设费用消耗最多的时期，浪费投资的可能性比较大。因此，监理单位应督促承包单位精心地组织施工，挖掘各方面潜力，节约资源消耗，仍可以收到节约投资的明显效果。项目监理机构在施工阶段造价控制的具体措施如下：

（一）组织措施

（1）在项目监理机构中落实从造价控制角度进行施工跟踪的人员、任务分工和职能分工。

（2）编制本阶段造价控制工作计划和详细的工作流程图。

（二）技术措施

（1）对设计变更进行技术经济比较，严格控制设计变更。

（2）继续寻找通过设计挖潜节约投资的可能性。

（3）审核施工单位编制的施工组织设计，对主要施工方案进行技术经济分析。

（三）经济措施

（1）编制资金使用计划，确定、分解造价控制目标。对工程项目造价目标进行风险分析，并制定防范性对策。

（2）进行工程计量。

（3）复核工程付款账单，签发付款证书。

（4）在施工过程中进行投资跟踪控制，定期进行投资实际支出值与计划目标值的比较发现偏差分析产生偏差的原因，采取纠偏措施。

（5）协商确定工程变更的价款，审核竣工结算。

（6）对工程施工过程中的投资支出做好分析与预测，经常或定期向建设单位提交项目造价控制及其存在问题的报告。

（四）合同措施

（1）做好工程施工记录，保存各种文件图纸，特别是注意有实际施工变更情况的图纸，注意积累素材，为正确处理可能发生的索赔提供依据；参与处理索赔事宜。

（2）参与合同修改、补充工作，着重考虑它对造价控制的影响。

三、造价控制精细化监理的工作流程

建设工程施工阶段涉及的面很广，涉及的人员很多，与造价控制有关的工作也很多，我们不能逐一加以说明，只能对实际情况加以适当简化。施工阶段造价控制工作流程图，如图 5-1 所示。

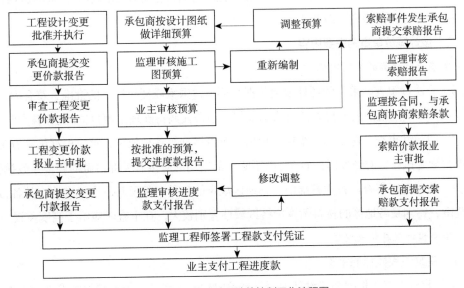

图 5-1　施工阶段造价控制工作流程图

第二节　建设前期造价控制的精细化监理

一、设计概算的审查

（一）概算文件的质量要求

设计概算文件编制必须建立在正确、可靠、充分的编制依据基础之上。

设计概算文件编制人员应与设计人员密切配合，以确保概算的质量，项目设计负责人和概算负责人应对全部设计概算的质量负责。有关的设计概算文件编制人员应参与设计方案的讨论，与设计人员共同做好方案的技术经济比较工作，以选出技术先进、经济合理的最佳设计方案。设计人员要坚持正确的设计指导思想，树立以经济效益为中心的观念，严格按照批准的可行性研究报告或立项批文所规定的内容及控制投资额度进行限额设计，并严格按照规定要求，提出满足概算文件编制深度的设计技术资料。设计概算文件编制人员应对投资的合理性负责，杜绝不合理的人为增加或减少投资额度。

设计单位完成初步设计概算后发送建设单位，建设单位必须及时组织力量对概算进行审查，并提出修改意见反馈设计单位。由设计、建设双方共同核实取得一致意见后，由设计单位进行修改，再随同初步设计一并报送主管部门审批。

概算负责人、审核人、审定人应由国家注册造价工程师担任，具体规定由省、市建委或行业造价主管部门制定。

设计概算应按编制时项目所在地的价格水平编制，总投资应完整地反映编制时建设项目的实际投资；设计概算应考虑建设项目施工条件等因素对投资的影响；还应按项目合理工期预测建设期价格水平，以及资产租赁和贷款的时间价值等动态因素对投资的影响；建设项目投资还应包括铺底流动资金。

（二）设计概算审查的主要内容

1. 审查设计概算的编制依据

（1）合法性审查。采用的各种编制依据必须经过国家或授权机关的批准，符合国家的编制规定。未经过批准的不得以任何借口采用，不得强调特殊理由擅自提高费用标准。

（2）时效性审查。对定额、指标、价格、取费标准等各种依据，都应根据国家有关部门的现行规定执行。对颁发时间较长、已不能全部适用的应按有关部门做的调整系数执行。

（3）适用范围审查。各主管部门、各地区规定的各种定额及其取费标准均有其各自的适用范围，特别是各地区的材料预算价格区域性差别较大，在审查时应给予高度重视。

2. 审查设计概算构成内容

（1）建筑工程概算的审查

1）工程量审查。根据初步设计图纸、概算定额、工程量计算规则的要求进行审查。

2）采用的定额或指标的审查。审查定额或指标的使用范围、定额基价、指标的调整、定额或指标缺项的补充等。其中，审查补充的定额或指标时，其项目划分、内容组成、编制原则等须与现行定额水平相一致。

3）材料预算价格的审查。以耗用量最大的主要材料作为审查的重点，同时着重审查材料原价、运输费用及节约材料运输费用的措施。

4）各项费用的审查。审查各项费用所包含的具体内容是否重复计算或遗漏、取费标准是否符合国家有关部门或地方规定的标准。

（2）设备及安装工程概算的审查

设备及安装工程概算审查的重点是设备清单与安装费用的计算。

1）标准设备原价，应根据设备所被管辖的范围，审查各级规定的统一价格标准。

2）非标准设备原价，除审查价格的估算依据、估算方法外还要分析研究非标准设备估价准确度的有关因素及价格变动规律。

3）设备运杂费审查，需注意：若设备价格中已包括包装费和供销部门手续费时不应重复计算，应相应降低设备运杂费率。

4）进口设备费用的审查，应根据设备费用各组成部分及国家设备进口、外汇管理、海关、税务等有关部门不同时期的规定进行。

5）设备安装工程概算的审查，除编制方法、编制依据外，还应注意审查：

①采用预算单价或扩大综合单价计算安装费时的各种单价是否合适、工程量计算是否符合规则要求、是否准确无误。

②当采用概算指标计算安装费时采用的概算指标是否合理、计算结果是否达到精度要求。

③审查所需计算安装费的设备数量及种类是否符合设计要求，避免某些不需安装的设备安装费计入。

（三）设计概算审查的方式

设计概算审查一般采用集中会审的方式进行。根据审查人员的业务专长分组，将概算费用进行分解，分别审查，最后集中讨论定案。

设计概算审查是一项复杂而细致的技术经济工作，审查人员既应懂得有关专业技术知识，又应具有熟练编制概算的能力，可按如下步骤进行：

1. 概算审查的准备

概算审查的准备工作包括了解设计概算的内容组成、编制依据和方法；了解建设规模、设计能力和工艺流程；熟悉设计图纸和说明书，掌握概算费用的构成和有关技术经济指标；明确概算各种表格的内涵；收集概算定额、概算指标、取费标准等有关规定的文件资料等。

2.进行概算审查

根据审查的主要内容，分别对设计概算的编制依据、单位工程设计概算、综合概算、总概算进行逐级审查。

3.进行技术经济对比分析

利用规定的概算定额或指标以及有关的技术经济指标与设计概算进行分析对比，根据设计和概算列明的工程性质、结构类型、建设条件、费用构成、投资比例、占地面积、生产规模、建筑面积、设备数量、造价指标、劳动定员等与国内外同类型工程规模进行对比分析，找出与同类型项目的主要差距。

4.调查研究

对概算审查中出现的问题要在对比分析、找出差距的基础上深入现场进行实际调查研究。了解设计是否经济合理、概算编制依据是否符合现行规定和施工现场实际、有无扩大规模、多估投资或预留缺口等情况，并及时核实概算投资。对于当地没有同类型的项目而不能进行对比分析时，可向国内同类型企业进行调查，收集资料，作为审查的参考。经过会审决定的定案问题应及时调整概算并经原批准单位下发文件。

5.概算调整

对审查过程中发现的问题要逐一理清，对建成项目的实际成本和有关数据资料等进行整理调整并积累相关资料。

设计概算投资一般应控制在立项批准的投资控制额以内；如果设计概算值超过控制额，必须修改设计或重新立项审批；设计概算批准后不得任意修改和调整。如需修改或调整时，须经原批准部门重新审批。

二、施工图预算的审查

（一）施工图预算审查的基本规定

施工图预算文件的审查，应当委托具有相应资质的工程造价咨询机构进行。

从事建设工程施工图预算审查的人员，应具备相应的执业（从业）资格，需要在施工图预算审查文件上签署注册造价工程师执业资格专用章或造价员从业资格专用章，并出具施工图预算审查意见报告，报告要加盖工程造价咨询企业的公章和资格专用章。

（二）预算的审查内容

（1）审查施工图预算的编制是否符合现行国家、行业、地方政府有关法律、法规和规定要求。

（2）审查工程量计算的准确性、工程量计算规则与计价规范规则或定额规则的一致性。工程量是确定建筑安装工程造价的决定因素，是预算审查的重要内容。工程量审查中常见的问题为：

1）多计工程量。计算尺寸以大代小，按规定应扣除的不扣除。

2）重复计算工程量，虚增工程量。

3）项目变更后，该减的工程量未减。

4）未考虑施工方案对工程量的影响。

（3）审查在施工图预算的编制过程中，各种计价依据使用是否恰当，各项费率计取是否正确；审查依据主要有施工图设计资料、有关定额、施工组织设计、有关造价文件规定和技术规范、规程等。

（4）审查各种要素市场价格选用、应计取的费用是否合理。

预算单价是确定工程造价的关键因素之一，审查的主要内容包括单价的套用是否正确，换算是否符合规定，补充的定额是否按规定执行。

根据现行规定，除规费、措施费中的安全文明施工费和税金外，企业可以根据自身管理水平自主确定费率，因此，审查各项应计取费用的重点是费用的计算基础是否正确。

除建筑安装工程费用组成的各项费用外，还应列入调整某些建筑材料价格变动所发生的材料差价。

（5）审查施工图预算是否超过概算以及进行偏差分析。

（三）施工图预算的审查方法

1. 逐项审查法

逐项审查法又称全面审查法，即按定额顺序或施工顺序，对各项工程细目逐项全面详细审查的一种方法。其优点是全面、细致，审查质量高、效果好。缺点是工作量大，时间较长。这种方法适合于一些工程量较小、工艺比较简单的工程。

2. 标准预算审查法

标准预算审查法就是对利用标准图纸或通用图纸施工的工程，先集中力量编制标准预算，以此为准来审查工程预算的一种方法。按标准设计图纸施工的工程，一般上部结构和做法相同，只是根据现场施工条件或地质情况不同，仅对基础部分做局部改变。凡这样的工程，以标准预算为准，对局部修改部分单独审查即可，不需逐一详细审查。该方法的优点是时间短、效果好、易定案。其缺点是适用范围小，仅适用于采用标准图纸的工程。

3. 分组计算审查法

分组计算审查法就是把预算中有关项目按类别划分若干组，利用同组中的一组数据审查分项工程量的一种方法。这种方法首先将若干分部分项工程按相邻且有一定内在联系的项目进行编组，利用同组分项工程间具有相同或相近计算基数的关系，审查一个分项工程数，由此判断同组中其他几个分项工程的准确程度。如一般的建筑工程中将底层建筑面积可编为一组。先计算底层建筑面积或楼（地）面面积，从而得知楼面找平层、顶棚抹灰的工程量等，依次类推。该方法特点是审查速度快、工作量小。

4. 对比审查法

对比审查法是当工程条件相同时，用已完工程的预算或未完但已经过审查修正的工程预算对比审查拟建工程的同类工程预算的一种方法。采用该方法一般须符合下列条件。

（1）拟建工程与已完或在建工程预算采用同一施工图，但基础部分和现场施工条件不同，则相同部分可采用对比审查法。

（2）工程设计相同，但建筑面积不同，两个工程的建筑面积之比与两个工程各分部分项工程量之比大体一致。此时可按分项工程量的比例，审查拟建工程各分部分项工程的工程量，或用两个工程每平方米建筑面积造价、每平方米建筑面积的各分部分项工程量对比进行审查。

（3）两个工程面积相同，但设计图纸不完全相同，则相同的部分，如厂房中的柱子、层架、层面、砖墙等，可进行工程量的对照审查。对不能对比的分部分项工程可按图纸计算。

第三节　施工阶段造价控制的精细化监理

一、工程计量的审核

工程计量是指根据建设单位提供的施工图纸、工程量清单和其他文件，项目监理机构对施工单位申报的合格工程的工程量进行的核验，它不仅是控制项目投资支出的关键环节，同时也是约束施工单位履行合同义务、强化施工单位合同意识的手段。工程量的正确计量是建设单位向施工单位支付工程进度款的前提和依据，必须按照相关工程现行国家计量规范规定的工程量计算规则计算。工程计量可选择按月或按工程形象进度分段计量，具体计量周期在合同中约定、因施工单位原因造成的超出合同工程范围施工或返工的工程量，建设单位不予计量。成本加酬金合同参照单价合同计量。

（一）工程计量的依据

计量依据一般有质量合格证书，工程量清单前言，技术规范中的"计量支付"条款和设计图纸。也就是说，计量时必须以这些资料为依据。

1. 质量合格证书

对于施工单位已完的工程，并不是全部进行计量，而只是质量达到合同标准的已完工程予以计量。所以工程计量必须与质量监理紧密配合，经过专业工程师检验，工程质量达到合同规定的标准后，由专业工程师签署报验申请表（质量合格证书），只有质量合格的工程才予以计量。所以说质量监理是计量监理的基础，计量又是质量监理的保障，通过计量支付，强化施工单位的质量意识。

2. 工程量清单前言和技术规范

工程量清单前言和技术规范是确定计量方法的依据因为工程量清单前言和技术规范的"计量支付"条款规定了清单中每一项工程的计量方法，同时还规定了按规定的计量方法确定的单价所包括的工作内容和范围。

3. 设计图纸

单价合同以实际完成的工程量进行结算，但被工程师计量的工程数量，并不一定是施工单位实际施工的数量。计量的几何尺寸要以设计图纸为依据，工程师对施工单位超出设计图纸要求增加的工程量和自身原因造成返工的工程量，不予计量。

（二）单价合同的计量

工程量必须以施工单位完成合同工程应予计量的工程量确定。施工中进行工程量计量时，当发现招标工程量清单中出现缺项、工程量偏差，或因工程变更引起工程量增减时，应按施工单位在履行合同义务中实际完成的工程量计量。

1. 计量程序

关于单价合同的计量程序，《建设工程施工合同（示范文本）》（GF—2017—0201）中约定：

（1）施工单位应于每月25日向监理单位报送上月20日至当月19日已完成的工程量报告，并附具进度付款申请单、已完成工程量报表和有关资料。

（2）监理人应在收到承包人提交的工程量报告后7d内完成对承包人提交的工程量报表的审核并报送发包人，以确定当月实际完成的工程量。监理人对工程量有异议的，有权要求承包人进行共同复核或抽样复测。承包人应协助监理人进行复核或抽样复测，并按监理人要求提供补充计量资料。承包人未按监理人要求参加复核或抽样复测的，监理人复核或修正的工程量视为承包人实际完成的工程量。

（3）监理人未在收到承包人提交的工程量报表后的7d内完成审核的，承包人报送的工程量报告中的工程量视为承包人实际完成的工程量，据此计算工程价款。

同时《建设工程工程量清单计价规范》GB 50500—2013还有如下规定：

1）建设单位认为需要进行现场计量核实时，应在计量前24h通知施工单位，施工单位应为计量提供便利条件并派人参加。双方均同意核实结果时，则双方应在上述记录上签字确认。施工单位收到通知后不派人参加计量，视为认可建设单位的计量核实结果。建设单位不按照约定时间通知施工单位，致使施工单位未能派人参加计量，计量核实结果无效。

2）当施工单位认为建设单位核实后的计量结果有误时，应在收到计量结果通知后的7d内向建设单位提出书面意见，并附上其认为正确的计量结果和详细的计算资料。建设单位收到书面意见后，应在7d内对施工单位的计量结果进行复核后通知施工单位。施工单位对复核计量结果仍有异议的，按照合同约定的争议解决办法处理。

3）施工单位完成已标价工程量清单中每个项目的工程量并经建设单位核实无误后，发施工单位对每个项目的历次计量报表进行汇总，以核实最终结算工程量，并应在汇总表上签字确认。

2. 工程计量的方法

一般可按照以下方法进行计量：

（1）均摊法

均摊法，就是对清单中某些项目的合同价款，按合同工期平均计量。如：为监理单位提供宿舍，保养测量设备保养气象记录设备，维护工地清洁和整洁等。这些项目都有一个共同的特点，即每月均有发生。所以可以采用均摊法进行计量支付。

（2）凭据法

所谓凭据法，就是按照施工单位提供的凭据进行计量支付。如建筑工程险保险费、第三方责任险保险费、履约保证金等项目，一般按凭据法进行计量支付。

（3）估价法

所谓估价法，就是按合同文件的规定，根据监理单位估算的已完成的工程价值支付。如为监理单位提供办公设施和生活设施，为监理单位提供用车，为监理单位提供测量设备、天气记录设备、通信设备等项目。这类清单项目往往要购买几种仪器设备，当施工单位对于某一项清单项目中规定购买的仪器设备不能一次购进时，则需采用估价法进行计量支付。

（4）断面法

断面法主要用于取土坑或填筑路堤土方的计量。对于填筑土方工程，一般规定计量的体积为原地面线与设计断面所构成的体积。采用这种方法计量，在开工前施工单位需测绘出原地形的断面，并需经工程师检查，作为计量的依据。

（5）图纸法

在工程量清单中，许多项目都采取按照设计图纸所示的尺寸进行计量。如混凝土构筑物的体积、钻孔桩的桩长等。

（6）分解计量法

所谓分解计量法，就是将一个项目，根据工序或部位分解为若干子项，对完成的各子项进行计量支付。这种计量方法主要是为了解决一些包干项目或较大的工程项目的支付时间过长、影响施工单位的资金流动等问题。

监理单位一般只对以下三方面的工程项目进行计量：

第一方面是工程量清单中的全部项目。

第二方面是合同文件中规定的项目。

第三方面是工程变更项目。

（三）总价合同的计量

总价合同的计量活动非常重要。采用工程量清单方式招标形成的总价合同，其工程量的计算与上述单价合同的工程量计量规定相同。采用经审定批准的施工图纸及其预算方式发包形成的总价合同，除按照工程变更规定的工程量增减外，总价合同各项目的工程量应为施工单位用于结算的最终工程量。此外，总价合同约定的项目计量应以合同工程经审定批准的施工图纸为依据，发承包双方应在合同中约定工程计量的形象目标或事件节点进行计量。

按月计量支付的总价合同，《建设工程施工合同（示范文本）》（GF—2017—0201）中约定的计量支付程序如下：

（1）施工单位应于每月 25 日向监理报送上月 20 日至当月 19 日已完成的工程量报告，并附具进度付款申请单已完成工程量报表和有关资料。

（2）监理人应在收到承包人提交的工程量报告后 7d 内完成对承包人提交的工程量报表的审核并报送发包人，以确定当月实际完成的工程量。监理人对工程量有异议的，有权要求承包人进行共同复核或抽样复测。承包人应协助监理人进行复核或抽样复测并按监理人要求提供补充计量资料。承包人未按监理人要求参加复核或抽样复测的，监理人审核或修正的工程量视为承包人实际完成的工程量。

（3）监理人未在收到承包人提交的工程量报表后的 7d 内完成复核的，承包人提交的工程量报告中的工程量视为承包人实际完成的工程量。

二、工程价款变更和现场签证的审核

在工程项目的实施过程中，由于多方面的情况变更，经常出现工程量变化、施工进度变化，以及发包方与承包方在执行合同中的争执等许多问题。这些问题的产生，一方面是由于勘察设计工作不细，以致在施工过程中发现许多招标文件中没有考虑或估算不准确的工程量，因而不得不改变施工项目或增减工程量；另一方面，是由于发生不可预见的事件，如自然或社会原因引起的停工或工期拖延等。由于工程变更所引起的工程量的变化、施工单位的索赔等，都有可能使项目投资超出原来的预算投资，监理工程师必须严格予以控制，密切注意其对未完工程投资支出的影响及对工期的影响。

（一）工程变更处理程序

施工单位提出工程变更的情形有：一是图纸出现错、漏、碰、缺等缺陷无法施工；二是图纸不便施工，变更后更经济、方便；三是采用新材料、新产品、新工艺、新技术的需要；四是施工单位考虑自身利益，为费用索赔提出工程变更。项目监理机构可按下列程序处理施工单位提出的工程变更：

（1）总监理工程师组织专业监理工程师审查施工单位提出的工程变更申请，提出审查意见。对涉及工程设计文件修改的工程变更，应由建设单位转交原设计单位修改工程设计文件。必要时，项目监理机构应建议建设单位组织设计、施工等单位召开论证工程设计文件修改方案的专题会议。

（2）总监理工程师组织专业监理工程师对工程变更费用及工期影响做出评估。

（3）总监理工程师组织建设单位、施工单位等共同协商确定工程变更费用及工期变化，会签工程变更单。

（4）项目监理机构根据批准的工程变更文件督促施工单位实施工程变更。

除施工单位提出的工程变更外，建设单位可能由于局部调整使用功能，也可能是方案阶段考虑不周而提出工程变更。项目监理机构应对建设单位要求的工程变更可能造成的设计修改、工程暂停、返工损失、增加工程造价等进行全面评估，为建设单位正确决策提供依据，避免反复和不必要的浪费。

此外，《建设工程工程量清单计价规范》GB 50500—2013还规定了因非施工单位原因删减合同工作的补偿要求：如果建设单位提出的工程变更，因非施工单位原因删减了合同中的某项原定工作或工程，致使施工单位发生的费用或（和）得到的收益不能被包括在其他已支付或应支付的项目中，也未被包含在任何替代的工作或工程中，则施工单位有权提出并得到合理的费用及利润补偿。

【示例1】××项目的建设单位是××置业有限公司，工程设计单位为××建筑设计有限公司，工程监理单位为××监理咨询有限公司。施工单位为××建筑有限公司，在施工过程中因某材料不能及时供货，因此施工单位提出工程变更，请建设单位和设计单位确认，工程变更单见表5-1。根据施工合同的相关约定，该项材料更换不涉及费用及工期变更。

工程变更单

表 5-1

工程名称：×××工程

编号：BG-001

致：×××置业有限公司、×××建筑设计有限公司、×××监理咨询有限公司、×××项目监理部 由于HRB335ϕ12钢筋不能及时供货原因，兹提出工程8、9层楼板钢筋改用HRB400ϕ12钢筋代替，钢筋间距作相应调整工程变更，请予以审批。 附件： □变更内容 □变更设计图 □相关会议纪要 □其他 <div align="right">负责人： ××年××月××日</div>	
工程数量增或减	无
费用增或减	无
工期变化	无

续表

同意 施工项目经理部（盖章） 项目经理（签字）_____	同意 设计单位（盖章） 设计负责人（签字）_____
同意 项目监理机构（盖章） 总监理工程师（签字）_____	同意 建设单位（盖章） 负责人（签字）_____

注：1. 本表一式四份，建设单位、项目监理机构、设计单位、施工单位各一份；
　　2. 本表应由提出方填写，写明工程变更原因、工程变更内容，并附必要的附件，包括：工程变更的依据、详细内容、图纸；对工程造价、工期的影响程度分析，及对功能、安全影响的分析报告；
　　3. 对涉及工程设计文件修改的工程变更，应由建设单位转交原设计单位修改工程设计文件。

（二）工程变更价款的确定方法

1. 已标价工程量清单项目或其工程数量发生变化的调整办法

《建设工程工程量清单计价规范》GB 50500—2013 规定，工程变更引起已标价工程量清单项目或其工程数量发生变化，应按照下列规定调整：

（1）已标价工程量清单中有适用于变更工程项目的，采用该项目的单价，但当工程变更导致该清单项目的工程数量发生变化，且工程量偏差超过 15%，此时，调整的原则为：当工程量增加 15% 以上时，其增加部分的工程量的综合单价应予调低；当工程量减少 15% 以上时，减少后剩余部分的工程量的综合单价应予调高。

（2）已标价工程量清单中没有适用，但有类似于变更工程项目的，可在合理范围内参照类似项目的单价。

（3）已标价工程量清单中没有适用也没有类似于变更工程项目的，由施工单位根据变更工程资料、计量规则和计价办法、工程造价管理机构发布的信息价格和施工单位报价浮动率提出变更工程项目的单价，报建设单位确认后调整。

2. 措施项目费的调整

工程变更引起施工方案改变并使措施项目发生变化时，施工单位提出调整措施项目费的，应事先将拟实施的方案提交建设单位确认，并应详细说明与原方案措施项目相比的变化情况。拟实施的方案经发承包双方确认后执行，并应按照下列规定调整措施项目费：

（1）安全文明施工费按照实际发生变化的措施项目调整，不得浮动。

（2）采用单价计算的措施项目费，按照实际发生变化的措施项目及前述已标价工程量清单项目的规定确定单价。

（3）按总价或系数计算的措施项目费，按照实际发生变化的措施项目调整，但应考虑施工单位报价浮动因素。

如果施工单位未事先将拟实施的方案提交给建设单位确认，则视为工程变更不引起措施项目费的调整或施工单位放弃调整措施项目费的权利。

3. 工程变更价款调整方法的应用

（1）直接采用适用的项目单价的前提是其采用的材料、施工工艺和方法相同，也不因此增加关键线路上工程的施工时间。

（2）采用适用的项目单价的前提是其采用的材料、施工工艺和方法基本类似，不增加关键线路上工程的施工时间，可仅就其变更后的差异部分，参考类似的项目单价，由承发包双方协商新的项目单价。

（三）现场签证的情形

（1）建设单位的口头指令，需要施工单位将其提出，由建设单位转换成书面签证。

（2）建设单位的书面通知如涉及工程实施，需要施工单位就完成此通知需要的人工、材料、机械设备等内容向建设单位提出，取得建设单位的签证确认。

（3）合同工程招标工程量清单中已有，但施工中发现与其不符，比如土方类别等，需施工单位及时向建设单位提出签证确认，以便调整合同价款。

（4）由于建设单位原因，未按合同约定提供场地、材料、设备或停水、停电等造成施工单位停工，需施工单位及时向建设单位提出签证确认，以便计算索赔费用。

（5）合同中约定的材料等价格由于市场发生变化，需施工单位向建设单位提出采购数量及单价，以取得建设单位的签证确认。

（四）现场签证的范围

（1）适用于施工合同范围以外零星工程的确认。

（2）在工程施工过程中发生变更后需要现场确认的工程量。

（3）非施工单位原因导致的人工、设备窝工及有关损失。

（4）符合施工合同规定的非施工单位原因引起的工程量或费用增减。

（5）确认修改施工方案引起的工程量或费用增减。

（6）工程变更导致的工程施工措施费增减等。

（五）现场签证的程序

（1）施工单位应建设单位要求完成合同以外的零星项目、非施工单位责任事件等工作的，建设单位应及时以书面形式向施工单位发出指令，提供所需的相关资料；施工单位在收到指令后，应及时向建设单位提出现场签证要求。

（2）施工单位应在收到建设单位指令后的7d内，向建设单位提交现场签证报告，建设单位应在收到现场签证报告后的4h内对报告内容进行核实，予以确认或提出修改意见，建设单位在收到施工单位现场签证报告后的48h内未确认也未提出修改意见的，视为施工单位提交的现场签证报告已被建设单位认可。

（3）现场签证的工作如已有相应的计日工单价，现场签证中应列明完成该类项目所需的人工、材料、工程设备和施工机械台班的数量。

如现场签证的工作没有相应的计日工单价，应在现场签证报告中列明完成该签证工作所需的人工、材料设备和施工机械台班的数量及其单价。

（4）合同工程发生现场签证事项，未经建设单位签证确认，施工单位便擅自施工的，除非征得建设单位书面同意，否则发生的费用由施工单位承担。

（5）现场签证工作完成后的 7d 内，施工单位应按照现场签证内容计算价款，报送人确认后，作为增加合同价款，与进度款同期支付。

（6）在施工过程中，当发现合同工程内容因场地条件、地质水文、建设单位要求等不一致时，施工单位应提供所需的相关资料，提交建设单位签证认可，作为合同价款调整的依据。

（六）现场签证费用的计算

现场签证费用的计价方式包括两种：

（1）完成合同以外的零星工作时，按计日工作单价计算。此时提交现场签证费用申请时，应包括下列证明材料：

1）工作名称、内容和数量。

2）投入该工作所有人员的姓名、工种、级别和耗用工时。

3）投入该工作的材料类别和数量。

4）投入该工作的施工设备型号、台数和耗用台时。

5）监理单位要求提交的其他资料和凭证。

（2）完成其他非施工单位责任引起的事件，应按合同中的约定计算。

现场签证种类繁多，发承包双方在工程施工过程中来往信函就责任事件的证明均可称为现场签证，但并不是所有的签证均可马上算出价款，有的需要经过索赔程序，这时的签证仅是索赔的依据，有的签证可能根本不涉及价款，考虑到招标时招标人对计日工项目的预估难免会有遗漏，造成实际施工发生后，无相应的计日工单价，现场签证只能包括单价一并处理，因此，在汇总时，有计日工单价的，可归并于计日工，如无计日工单价的，归并于现场签证，以示区别。当然，现场签证全部汇总于计日工也是一种可行的处理方式。现场签证表格式见表 5-2。

现场签证表

表 5-2

工程名称：××工程

编号：002

施工部分	项目指定位置	日期	××年××月××日
致：××工程指挥部 根据××2019 年 3 月 25 日的口头指令,我方要求完成此项工作应支付价款金额为（大写）叁仟元（小写 3000 元），请予核准。 附：1. 签证事由及原因：为美化项目现场场容场貌，在项目办公区新增 4 座花池； 2. 附图及计算式（略） <div style="text-align:right">承包人（章） 日期：××年××月××日</div>			

续表

复核意见： 你方提出的此项签证申请经复核： □不同意此项签证，具体意见见附件。 □同意此项签证，签证余额的计算，由造价工程师复核。 监理工程师：××× 日期：××年××月××日	复核意见： □此项签证按承包人中标的计日工单价计算，金额为（大写）叁仟元（小写 3000 元）。 □此项签证因无计日工单价，金额为（大写）_____（小写）_____。 造价工程师：××× 日期：××年××月××日
审核意见： □不同意此项签证。 □同意此项签证，价款与本期进度款同期支付。 建设单位（章） 负责人：××× 日期：××年××月××日	

注：1. 在选择栏中的"□"内做标识"√"；

   2. 本表一式四份，由施工单位在收到建设单位（监理单位）的口头或书面通知书后，需要价款结算支付时填写，建设单位、监理单位、造价咨询部、施工单位各存一份。

在工程项目的施工过程中，因为建设单位改变使用要求，或因设计单位考虑不周，出现设计变更是常有的事；或者根据设计人员、建设单位、监理单位对施工技术、施工工艺超越施工合同及图纸范围新增的要求，由施工单位拟定并得到监理单位和建设单位共同签认的现场变更记录也是很正常的。这些问题的产生都给工程造价变动留下空间。为了有效地控制工程造价，在设计变更过程中，要严格遵循设计变更的会签及审核程序，以达到设计变更的合理性和必要性。这样监理公司就必须要求施工单位申报变更工程造价，并经监理单位审核再报建设单位认可才予施工，这样做到心中有数，防止日后结算出现扯皮现象；另外还要严格控制现场签证。当工程出现变更需要现场签证时，在签证前监理人员就有必要熟悉施工合同条款、定额子目或工程量清单及预算费用所包含的内容，清楚地判断该不该签证，如何签证又不出现重复签证。只有对每一个工程的变更都做得到严格控制，才能保证工程造价得到有效控制。

三、工程款支付的审核

（一）预付款

工程预付款是建设工程施工合同订立后由建设单位按照合同约定，在正式开工前预先支付给施工单位的工程款。它是施工准备和材料采购等所需流动资金的主要来源。工程是否实行预付款，取决于工程性质、承包工程量的大小及建设单位在招标文件中的规定。工程实行预付款的，建设单位应按照合同约定支付工程预付款，施工单位应将预付款专用于合同工程。支付的工程预付款，按照合同约定在工程进度款中抵扣。

1. 预付款的支付

（1）预付款的额度。包工包料工程的预付款的支付比例不得低于签约合同价（扣除暂列金额）的 10%，不宜高于签约合同价（扣除暂列金额）的 30%。对重大工程项目，按年度工程计划逐年预付。实行工程量清单计价的工程，实体性消耗和非实体性消耗部分应在合同中分别约定预付款比例（或金额）。

（2）预付款的支付时间。施工单位应在签订合同或向建设单位提供与预付款等额的预付款保函后向建设单位提交预付款支付申请。建设单位应在收到支付申请的 7d 内进行核实后向施工单位发出预付款支付证书，并在签发支付证书后的 7d 内向施工单位支付预付款。建设单位没有按合同约定按时支付预付款的，施工单位可催告建设单位支付；建设单位在预付款期满后的 7d 内仍未支付的，施工单位可在付款期满后的第 8d 起暂停施工。建设单位应承担由此增加的费用和延误的工期，并应向施工单位支付合理利润。

2. 预付款的扣回

建设单位拨付给施工单位的工程预付款属于预支的性质。随着工程进度的推进，拨付的工程进度款数额不断增加，工程所需主要材料、构件的储备逐步减少，原已支付的预付款应以抵扣的方式从工程进度款中予以陆续扣回。预付款应从每一个支付期应支付给施工单位的工程进度款中扣回，直到扣回的金额达到合同约定的预付款金额为止。施工单位的预付款保函的担保金额根据预付款扣回的数额相应递减，但在预付款全部扣回之前一直保持有效，建设单位应在预付款扣完后的 14d 内将预付款保函退还给施工单位。

（二）安全文明施工费

财政部、国家安全生产监督管理总局印发的《企业安全生产费用提取和使用管理办法》（财企〔2012〕16 号）第十九条对企业安全费用的使用范围作了规定，建设工程施工阶段的安全文明施工费包括的内容和使用范围，应符合此规定，鉴于安全文明施工的措施具有前瞻性，必须在施工前予以保证。因此，建设单位应在工程开工后的 28d 内预付不低于当年施工进度计划的安全文明施工费总额的 60%，其余部分按照提前安排的原则进行分解，与进度款同期支付。建设单位没有按时支付安全文明施工费的，施工单位可催告建设单位支付；建设单位在付款期满后的 7d 内仍未支付的，若发生安全事故，建设单位应承担相应责任。

施工单位对安全文明施工费应专款专用，在财务账目中单独列项备查，不得挪作他用，否则建设单位有权要求其限期改正；逾期未改正的，造成的损失和延误的工期由施工单位承担。

（三）进度款

建设工程合同是先由施工单位完成建设工程，后由建设单位支付合同价款的特殊承揽合同，由于建设工程具有投资大、施工期长等特点，合同价款的履行顺序主要通过"阶段小结、最终结清"来实现。当施工单位完成了一定阶段的工程量后，建设单位就应该按合同约定履行支付工程进度款的义务。

发承包双方应按照合同约定的时间、程序和方法，根据工程计量结果，办理期中价款结算，支付进度款。进度款支付周期，应与合同约定的工程计量周期一致。其中，工程量的正确计量是建设单位向施工单位支付进度款的前提和依据。计量和付款周期可采用分段或按月结算的方式，按照财政部、建设部印发的《建设工程价款结算暂行办法》（财建〔2004〕369号）的规定：按月结算与支付。即实行按月支付进度款，竣工后结算的办法。合同工期在两个年度以上的工程，在年终进行工程盘点，办理年度结算；分段结算与支付。即当年开工、当年不能竣工的工程按照工程形象进度，划分不同阶段，支付工程进度款。

当采用分段结算方式时，应在合同中约定具体的工程分段划分方法，付款周期应与计量周期一致。

《建设工程工程量清单计价规范》GB 50500—2013规定：已标价工程量清单中的单价项目，施工单位应按工程计量确认的工程量与综合单价计算；如综合单价发生调整的，以发承包双方确认调整的综合单价计算进度款。已标价工程量清单中的总价项目，施工单位应按合同中约定的进度款支付分解，分别列入进度款支付申请中的安全文明施工费和本周期应支付的总价项目的金额中。建设单位提供的甲供材料金额，应按照建设单位签约提供的单价和数量从进度款支付中扣出，列入本周期应扣减的金额中。进度款的支付比例按照合同约定，按期中结算价款总额计，不低于60%，不高于90%。

1. 施工单位支付申请的内容

施工单位应在每个计量周期到期后的7d内向建设单位提交已完工程进度款支付申请一式四份，详细说明此周期认为有权得到的款额，包括分包人已完工程的价款。支付申请应包括下列内容：

（1）累计已完成的合同价款。

（2）累计已实际支付的合同价款。

（3）本周期合计完成的合同价款：

1）本周期已完成单价项目的金额。

2）本周期应支付的总价项目的金额。

3）本周期已完成的计日工价款。

4）本周期应支付的安全文明施工费。

5）本周期应增加的金额。

（4）本周期合计应扣减的金额：

1）本周期应扣回的预付款。

2）本周期应扣减的金额。

（5）本周期实际应支付的合同价款。

2.建设单位支付进度款

建设单位应在收到施工单位进度款支付申请后的 14d 内根据计量结果和合同约定对申请内容予以核实，确认后向施工单位出具进度款支付证书。若发承包双方对有的清单项目的计量结果出现争议，建设单位应对无争议部分的工程计量结果向施工单位出具进度款支付证书。建设单位应在签发进度款支付证书后的 14d 内，按照支付证书列明的金额向施工单位支付进度款。若建设单位逾期未签发进度款支付证书，则视为施工单位提交的进度款支付申请已被建设单位认可，施工单位可向建设单位发出催告付款的通知。建设单位应在收到通知后的 14d 内，按照施工单位支付申请的金额向施工单位支付进度款。建设单位未按规定支付进度款的，施工单位可催告建设单位支付，并有权获得延迟支付的利息；建设单位在付款期满后的 7d 内仍未支付的，施工单位可在付款期满后的第 8d 起暂停施工。建设单位应承担由此增加的费用和延误的工期，向施工单位支付合理利润，并应承担违约责任。发现已签发的任何支付证书有错、漏或重复的数额，建设单位有权予以修正，施工单位也有权提出修正申请。经发承包双方复核同意修正的，应在本次到期的进度款中支付或扣除。

在施工过程中，为了更好地控制投资，必须认真审核工程图纸并建立工程进度清单，对每一期计量支付数据进行存档备份，随时掌握了解工程造价支付情况，确定其与现场施工进度是否相符，这对计量支付是否合理、准确起着重要的作用。工程量是造价构成的主要部分，工程量审核不到位，将直接影响到工程造价的准确性。因此对工程量的审核一定要细致、精确。单价是工程造价的核心组成部分，监理单位要严格按照合同原则对承包商沿用的单价尤其是新增项目综合单价进行仔细审核，建立相应的单价、合价台账，对材料、设备的质量严格把关，对"选材定价"提出意见，并根据需要，参与其选厂定价。要认真审核清单内的项目单价、合价，对于清单外的项目单价更要严格审查，并按规范重新计算复核，对新增单价应根据施工合同规定仔细审核。在支付过程中，还应注意综合合价的支付，根据施工合同，按月累计支付，坚决杜绝超报现象。

工程进度涉及业主和承包人的重大利益，是合同能否顺利执行的关键。为此，在工程进度监理中，一定要把计划进度与实际进度之间的差距作为进度控制的关键环节来抓。除满足工期要求外，还应满足合同规定的工程质量及费用要求。质量、进度、造价三大控制，缺一不可，不能偏废。只有全面抓紧、抓好，才能达到高效、经济的工程施工的目的。监理工程师应严格按有关的计量支付规定进行操作，遵守国家的法律和有关制度，正确对待监理单位、业主、施工企业三方利益，处理好质量、进度及造价三者的关系。

四、施工合同价款调整的审核

工程项目建设周期长，在整个建设周期内会受到多种因素的影响，《建设工程工程量清单计价规范》GB 50500—2013（以下简称《计价规范》）参照国内外多部合同范本，结合工程建设合同的实践经验和建筑市场的交易习惯，对所有涉及合同价款调整、变动的因素或其范围进行了归并，主要包括五大类：一是法规变化类（法律法规变化）；二是工程变更类（工程变更、项目特征不符、工程量清单缺项、工程量偏差、计日工）；三是物价变化类（物价变化、暂估价）；四是工程索赔类（不可抗力、提前竣工、索赔等）；五是其他类（现场签证等）。

（一）合同价款调整程序

合同价款调整应按照以下程序进行：

（1）出现合同价款调增事项（不含工程量偏差、计日工、现场签证、施工索赔）后的14d 内，施工单位应向建设单位提交合同价款调增报告并附上相关资料；施工单位在 14d 内未提交合同价款调增报告的，应视为施工单位对该事项不存在调整价款请求。

（2）出现合同价款调减事项（不含工程量偏差、施工索赔）后的 14d 内，建设单位应向施工单位提交合同价款调减报告并附相关资料；建设单位在 14d 内未提交合同价款调减报告的，应视为建设单位对该事项不存在调整价款请求。

（3）发（承）包人应在收到承（发）包人合同价款调增（减）报告及相关资料之日起 14d 内对其核实，予以确认的应书面通知承（发）包人。当有疑问时，应向承（发）包人提出协商意见。发（承）包人在收到合同价款调增（减）报告之日起 14d 内未确认也未提出协商意见的，视为承（发）包人提交的合同价款调增（减）报告已被发（承）包人认可。发（承）包人提出协商意见的，承（发）包人应在收到协商意见后的 14d 内对其核实，予以确认的应书面通知发（承）包人。承（发）包人在收到发（承）包人的协商意见后 14d 内既不确认也未提出不同意见的，视为发（承）包人提出的意见已被承（发）包人认可。如果建设单位与施工单位对合同价款调整的不同意见不能达成一致，只要对承发包双方履约不产生实质影响，双方应继续履行合同义务，直到其按照合同约定的争议解决方式得到处理。关于合同价款调整后的支付原则，《建设工程工程量清单计价规范》GB 50500—2013 做了如下规定：经发承包双方确认调整的合同价款，作为追加（减）合同价款，与工程进度款或结算款同期支付。

（二）合同价款调整主要事项

1. 法律法规变化

施工合同履行过程中经常出现法律法规变化引起的合同价格调整问题。

招标工程以投标截止日前 28d，非招标工程以合同签订前 28d 为基准日，其后因国家的法律、法规、规章和政策发生变化引起工程造价增减变化的，发承包双方应当按照省级或行业建设主管部门或其授权的工程造价管理机构据此发布的规定调整合同价款。

但因施工单位原因导致工期延误的，按上述规定的调整时间，在合同工程原定竣工时间之后，合同价款调增的不予调整，合同价款调减的予以调整。

此外，如果承发包双方在商议有关合同价格和工期调整时无法达成一致的。2017年版施工合同条件在处理该问题时，借鉴了FIDIC合同与《标准施工招标文件》（2007年版）的做法，即双方可以在合同中约定由总监理工程师承担商定与确定的组织和实施责任。

2. 项目特征不符合《计价规范》中规定

（1）建设单位在招标工程量清单中对项目特征的描述，应被认为是准确和全面的，并且与实际施工要求相符合。施工单位应按照建设单位提供的招标工程量清单，根据其项目特征描述的内容及有关要求实施合同工程，直到项目被改变为止。

（2）施工单位应按照建设单位提供的设计图纸实施工程合同，若在合同履行期间出现设计图纸（含设计变更）与招标工程量清单任一项目的特征描述不符，且该变化引起该项目的工程造价增减变化的，应按照实际施工的项目特征，按规范中工程变更相关条款的规定重新确定相应工程量清单项目的综合单价，并调整合同价款。

其中第一条规定了项目特征描述的要求。项目特征是构成清单项目价值的本质特征，单价的高低与其必然有联系。因此建设单位在招标工程量清单中对项目特征的描述应被认为是准确和全面的，并且与实际工程施工要求相符合，否则，施工单位无法报价。而当项目特征变化后，发承包双方应按实际施工的项目特征重新确定综合单价。

3. 工程量清单缺项

施工过程中，工程量清单项目的增减变化必然带来合同价款的增减变化。而导致工程量清单缺项的原因，一是设计变更；二是施工条件改变；三是工程量清单编制错误。

《计价规范》对这部分的规定如下：

（1）合同履行期间，由于招标工程量清单中缺项，新增分部分项工程量清单项目的应按照规范中工程变更相关条款确定单价，并调整合同价款。

（2）新增分部分项工程量清单项目后，引起措施项目发生变化的，应按照规范中工程变更相关规定，在施工单位提交的实施方案被建设单位批准后调整合同价款。

（3）由于招标工程量清单中措施项目缺项，施工单位应将新增措施项目实施方案提交建设单位批准后，按照规范相关规定调整合同价款。

4. 工程量偏差

施工过程中，由于施工条件、地质水文、工程变更等变化以及招标工程量清单编制人专业水平的差异，往往在合同履行期间，应予计量的工程量与招标工程量清单出现偏差，工程量偏差过大，对综合成本的分摊带来影响，如突然增加过多，仍然按原综合单价计价，对建设单位不公平；而突然减少过多，仍然按原综合单价计价，对施工单位不公平。并且，有经验的施工单位可能乘机进行不平衡报价。因此，为维护合同的公平，应当对工程量偏差带来的合同价款调整做出规定。《计价规范》对这部分的规定如下：

（1）合同履行期间，当予以计算的实际工程量与招标工程量清单出现偏差，且符合下述两条规定的，发承包双方应调整合同价款。

（2）对于任一招标工程量清单项目，如果因工程量偏差和工程变更等原因导致工程量偏差超过 15% 时，可进行调整。当工程量增加 15% 以上时，增加部分工程量的综合单价应予调低；当工程量减少 15% 以上时，减少后剩余部分的工程量的综合单价应予调高。

（3）如果工程量出现超过 15% 的变化，且该变化引起相关措施项目相应发生变化时，按系数或单一总价方式计价的，工程量增加的措施项目费调增，工程量减少的措施项目费调减。

5. 计日工

计日工是指在施工过程中，施工单位完成建设单位提出的工程合同范围以外的零星工程或工作，按合同中约定的单价计价的一种方式。建设单位通知施工单位以计日工方式实施的零星工作，施工单位应予执行。

采用计日工计价的任何一项变更工作，在该项变更的实施过程中，施工单位应按合同约定提交下列报表和有关凭证送建设单位复核：

（1）工作名称、内容和数量。

（2）投入该工作所有人员的姓名、工种、级别和耗用工时。

（3）投入该工作的材料名称、类别和数量。

（4）投入该工作的施工设备型号、台数和耗用台时。

（5）建设单位要求提交的其他资料和凭证。

此外，《计价规范》对计日工生效计价的原则做了以下规定：任一计日工项目持续进行时，施工单位应在该项工作实施结束后的 24h 内向建设单位提交有计日工记录汇总的现场签证报告一式三份。建设单位在收到施工单位提交现场签证报告后的 2d 内予以确认并将其中一份返还给施工单位，作为计日工计价和支付的依据。建设单位逾期未确认也未提出修改意见的，应视为施工单位提交的现场签证报告已被建设单位认可。

每个支付期末，施工单位应按照规范中进度款的相关条款规定向建设单位提交本期间所有计日工记录的签证汇总表，以说明本期间自己认为有权得到的计日工金额，调整合同价款，列入进度款支付。

6. 物价变化

施工合同履行时间往往较长，合同履行过程中经常出现人工、材料、工程设备和机械台班等市场价格起伏引起价格波动的现象，该种变化一般会造成施工单位施工成本的增加或减少，进而影响到合同价格调整，最终影响到合同当事人的权益。

因此，为解决由于市场价格波动引起合同履行的风险问题，《建设工程施工合同（示范文本）》（GF—2017—0201）中引入了适度风险适度调价的制度，亦称之为合理调价制度，其法律基础是合同风险的公平合理分担原则。

合同履行期间，因人工、材料、工程设备、机械台班价格波动影响合同价款时应根据合同约定的方法（如价格指数调整法或造价信息差额调整法）计算调整合同价款。施工单位采购材料和工程设备的，应在合同中约定主要材料、工程设备价格变化的范围或幅度，如没有约定，则材料、工程设备单价变化超过时，超过部分的价格应按照价格指数调整法或造价信息差额调整法计算调整材料、工程设备费。

发生合同工程工期延误的，应按照下列规定确定合同履行期应予调整的价格：

（1）因非施工单位原因导致工期延误的，计划进度日期后续工程的价格，应采用计划进度日期与实际进度日期两者的较高者。

（2）因施工单位原因导致工期延误的，则计划进度日期后续工程的价格，采用计划进度日期与实际进度日期两者的较低者。

建设工程在施工阶段的材料市场价格变化，对工程造价影响较大。因此我们按工程完成量建立每季度结算制度，收集每月、每季的施工进度完成量，以及各阶段的有关文件和材料价格信息，及时对工程款中的材料价格作出相应的调整，真实地反映当时市场的价格水平，使工程造价更真实、更合理，并能保证每季度按工程完成量进行阶段结算。对于比较大型的材料和设备供应价格，监理与建设单位事先需要深入进行市场调查，在此基础上定下材料、设备的品种、型号、规格和价格，使材料、设备的质量和价格都能得到保证，从而减少了结算时不必要的扯皮。

7. 暂估价

暂估价是指招标人在工程量清单中提供的用于支付必然发生且暂时不能确定价格的材料、工程设备的单价以及专业工程的金额。

建设单位在招标工程量清单中给定暂估价的材料、工程设备属于依法必须招标的，由发承包双方以招标的方式选择供应商，确定价格，并以此为依据取代暂估价，调整合同价款。实践中，恰当的做法是仍由总承包中标人作为招标人，采购合同应由总施工单位签订。

建设单位在招标工程量清单中给定暂估价的材料、工程设备不属于依法必须招标的，由施工单位按照合同约定采购，经建设单位确认后以此为依据取代暂估价调整合同价款建设单位在工程量清单中给定暂估价的专业工程不属于依法必须招标的，应按照工程变更价款的确定方法确定专业工程价款。并以此为依据取代专业工程暂估价，调整合同价款。

建设单位在招标工程量清单中给定暂估价的专业工程，依法必须招标的，应当由发承包双方依法组织招标选择专业分包人，并接受有管辖权的建设工程招标投标管理机构的监督，还应符合下列要求：

（1）除合同另有约定外，施工单位不参加投标的专业工程发包招标，应由施工单位作为招标人，但拟定的招标文件、评标工作、评标结果应报送建设单位批准。与组织招标工作有关的费用应当被认为已经包括在施工单位的签约合同价（投标总报价）中。

（2）施工单位参加投标的专业工程发包招标，应由建设单位作为招标人，与组织招标工作有关的费用由建设单位承担。同等条件下，应优先选择施工单位中标。

（3）应以专业工程发包中标价为依据取代专业工程暂估价，调整合同价款总承包招标时，专业工程设计深度往往不够，一般需要交由专业设计人员设计。出于提高可建造性考虑，国际上一般由专业施工单位员负责设计，以纳入其专业技能和专业施工经验。这类专业工程交由专业分包人完成是国际工程的良好实践，目前在我国工程建设领域也已经比较普遍。公开透明地合理确定这类暂估价的实际开支金额的最佳途径就是通过总施工单位与建设项目招标人共同组织的招标。

暂估材料或工程设备的单价确定后，在综合单价中只应取代原暂估单价，不应再在综合单价中涉及企业管理费或利润等其他费的变动。

8. 不可抗力

根据《中华人民共和国民法典》第一百八十条规定："不可抗力是不能预见、不可避免且不能克服的客观情况。"

因不可抗力事件导致的人员伤亡、财产损失及其费用增加，发承包双方应按以下原则分别承担并调整合同价款和工期：

（1）合同工程本身的损害、因工程损害导致第三方人员伤亡和财产损失以及运至施工场地用于施工的材料和待安装的设备的损害，由建设单位承担。

（2）建设单位、施工单位人员伤亡由其所在单位负责，并承担相应费用。

（3）施工单位的施工机械设备损坏及停工损失，应由施工单位承担。

（4）停工期间，施工单位应建设单位要求留在施工场地的必要的管理人员及保卫人员的费用应由建设单位承担。

（5）工程所需清理、修复费用，应由发建设单位承担。

不可抗力解除后复工的，若不能按期竣工，应合理延长工期。建设单位要求赶工的，赶工费用应由建设单位承担。

9. 提前竣工（赶工补偿）

为了保证工程质量，施工单位除了根据标准规范、施工图纸进行施工外，还应当按照科学合理的施工组织设计，按部就班地进行施工作业。因为有些施工流程必须有一定的时间间隔，例如，现浇混凝土必须有一定时间的养护才能进行下一个工序，刷油漆必须等上道工序所刮腻子干燥后方可进行等。所以，《建设工程质量管理条例》第十条规定，"工程发包单位不得迫使承包方以低于成本的价格竞标，不得任意压缩合理工期"，据此，《计价规范》做了如下规定：

（1）工程发包时，招标人应当依据相关工程的工期定额合理计算工期，压缩的工期天数不得超过定额工期的20%，将其量化。超过者，应在招标文件中明示增加赶工费用。

（2）工程实施过程中，建设单位要求合同工程提前竣工的，应征得施工单位同意后与施工单位商定采取加快工程进度的措施，并应修订合同工程进度计划。建设单位应承担施工单位由此增加的提前竣工（赶工补偿）费用。

（3）发承包双方应在合同中约定提前竣工每日历天应补偿额度，此项费用应作为增加合同价款列入竣工结算文件中，应与结算款一并支付。

赶工费用主要包括：人工费的增加，例如新增加投入人工的报酬，不经济使用人工的补贴等；材料费的增加，例如可能造成不经济使用材料而损耗过大，材料提前交货可能增加的费用、材料运输费的增加等；机械费的增加，例如可能增加机械设备投入，不经济地使用机械等。

10. 暂列金额

暂列金额是指招标人在工程量清单中暂定并包括在合同价款中的一笔款项，用于工程合同签订时尚未确定或者不可预见的所需材料、工程设备、服务的采购，施工中可能发生的工程变更、合同约定调整因素出现时的合同价款调整以及发生的索赔，现场签证确认等的费用。

已签约合同价中的暂列金额由建设单位掌握使用。建设单位按照合同的规定做出支付后，如有剩余，则暂列金额余额归建设单位所有。

除上述调整的10项内容以外，还包括误期赔偿、索赔、现场签证、暂列金额、发承包双方约定的其他调整事项，此处不一一赘述。

第四节　工程竣工阶段造价控制的精细化监理

一、竣工结算的审核

竣工结算要有严格的审核，一般从以下几个方面入手：

（一）核对合同条款

首先，应核对竣工工程内容是否符合合同条件要求，工程是否竣工验收合格，只有按合同要求完成全部工程并验收合格才能竣工结算；其次，应按合同规定的结算方法、计价定额、取费标准、主材价格和优惠条款等，对工程竣工结算进行审核，若发现合同开口或有漏洞，应请建设单位与施工单位认真研究，明确结算要求。

（二）检查隐蔽验收记录

所有隐蔽工程均需进行验收，2人以上签证；实行工程监理的项目应经监理工程师签证确认。审核竣工结算时应核对隐蔽工程施工记录和验收签证，手续完整，工程量与竣工图一致方可列入结算。

（三）落实设计变更签证

设计修改变更应有原设计单位出具设计变更通知单和修改的设计图纸、校审人员签字并加盖公章，经建设单位和监理工程师审查同意、签证；重大设计变更应经原审批部门审批，否则不应列入结算。

（四）按图核实工程数量

竣工结算的工程量应依据竣工图、设计变更单和现场签证等进行核算，并按国家统一规定的计算规则计算工程量。

（五）执行定额单价

结算单价应按合同约定或招标规定的计价定额与计价原则执行。

（六）防止各种计算误差

工程竣工结算子目多、篇幅大，往往有计算误差，应认真核算，防止因计算误差多计或少算。

在项目竣工阶段，对承包商提交的竣工结算书进行审核，编制工程审价报告，并进行财务审计。工程结算的审核是一项非常繁琐的工作，但又是工程造价控制的最关键部分。因此，监理必须实事求是、严格审核，既要维护业主的合法权益，也要保障施工单位的利益，真正体现建设监理的公正、公平性。

二、竣工结算款支付的审核

（一）施工单位提交竣工结算款支付申请

施工单位应根据办理的竣工结算文件，向建设单位提交竣工结算款支付申请。申请应包括下列内容：

（1）竣工结算合同价款总额。

（2）累计已实际支付的合同价款。

（3）应预留的质量保证金。

（4）实际应支付的竣工结算款金额。

（二）建设单位签发竣工结算支付证书与支付结算款

建设单位应在收到施工单位提交竣工结算款支付申请后7d内予以核实，向施工单位签发竣工结算支付证书，并在签发竣工结算支付证书后的 14d 内，按照竣工结算支付证书列明的金额向施工单位支付结算款。

建设单位在收到施工单位提交的竣工结算款支付申请后 7d 内不予核实，不向施工单位签发竣工结算支付证书的，视为施工单位的竣工结算款支付申请已被建设单位认可；建设单位应在收到施工单位提交的竣工结算款支付申请 7d 后的 14d 内，按照施工单位提交的竣工结算款支付申请列明的金额向施工单位支付结算款。

建设单位未按照上述规定支付竣工结算款的，施工单位可催告建设单位支付，并有权获得延迟支付的利息。建设单位在竣工结算支付证书签发后或者在收到施工单位提交的竣工结算款支付申请 7d 后的 56d 内仍未支付的，除法律另有规定外，施工单位可与建设单位协商将该工程折价，也可直接向人民法院申请将该工程依法拍卖。施工单位应就该工程折价或拍卖的价款优先受偿。

第六章　建设工程进度控制精细化监理

第一节　进度控制精细化监理概要

　　监理单位的建设工程进度控制是对工程项目建设各阶段的工作内容、工作程序、持续时间和衔接关系根据总进度目标及资源优化配置的原则编制计划并付诸实施，然后在进度计划的实施过程中经常检查实际进度是否按计划要求进行，对出现的偏差情况进行分析，采取补救措施或调整、修改原计划后再付诸实施，如此循环，指导建设工程竣工验收交付使用。

　　建设工程进度控制的目标可以表达为，通过有效的进度控制工作和具体的进度控制措施，在满足造价和质量要求的前提下，保证各主要节点工期，使工程实际工期不超过计划工期。

　　控制建设工程进度，不仅能够确保工程建设项目按预定时间交付，及时发挥投资效益，而且有益于维持国家良好的经济秩序，监理工程师应采用科学的控制方法和手段，来控制工程项目的建设进度。

一、进度控制精细化监理的必要性

　　一个工程项目能否在预定的时间内施工并交付使用，这是投资者最为关心的问题，因为这直接关系到投资效益的发挥。对监理来说将直接增加工程监理成本，因此，工程在预定的工期内完工并交付使用，对监理工程师来说，采用科学合理的方法和手段进行进度控制都是一项非常重要的工作。

　　进度控制精细化监理是监理工程师的主要任务之一。由于在工程建设过程中存在许多影响进度的因素，进度控制人员只有采取科学、合理的控制手段，以保证建设工程进度计划完成。

　　因此，控制建设工程进度，不仅能够确保建设工程项目按期交付使用，确保投资者经济效益及早实现，因此监理工程师做好进度控制精细化监理是必然的。

　　工程建设发展至今天，监理行业面临日趋激烈的同行竞争，同时建设单位也对监理单位提出更多的要求，政府监管部门在加大监督的同时对监理单位的定位也有微调，更加强调监理的服务性，明确了监理单位在重大事项上无决策权，在进度控制中，工程开工令的签发、施工进度计划的审批、工程暂停令的签发等在非紧急情况下均需要提前征得建设单位的同意，因此监理单位在施工阶段做好进度控制既能满足建设单位对监理单位的要求，还能符合政府部门对监理单位的新定位，同时也能最大限度地保护监理单位自身的利益。

总的来说，进度控制精细化监理的必要性包括以下几点：

（1）协助建设单位制定合理的进度目标。

（2）帮助施工单位完成合同工期。

（3）减少工程索赔。

（4）减少或避免工程延期及工期延误。

（5）有助于减少监理单位的监理成本。

二、进度控制精细化监理的原理

监理工程师必须掌握动态控制的原理，在计划执行过程中不断检查建设工程实际进展情况，并与计划进行比较，从中得出偏离计划的信息，在分析偏差及产生原因的基础上，采取组织、技术、经济等措施，维持原计划，使之能正常实施，如果采取措施后不能维持原计划，则需要对原计划进行调整或修正，再按新计划实施，监理工程师的进度控制的任务就是这样在进度计划执行过程中不断地检查和调整，以保证建设过程进度得到有效控制，建设工程目标得以实现。

监理工程师在施工单位编制、执行及调整或修改进度计划时要充分利用已知的工程进度信息及建设工期目标等具体内容和外部配合信息及资源，对施工单位进行帮助，使施工单位在编制、执行及调整进度计划的过程中能够更具可行性及可操作性。

在对施工单位所报进度计划进行审核时，要注意对计划内资源配置情况的审核，尽量使资源供应充足、均衡，使主要劳动力和主要机械能够连续施工。

总之，监理工程师在进度控制方面的主要任务就是采取动态控制的原理，在资源优化配置的前提下，保证建设工程进度目标的实现。

三、影响工程进度的因素

由于建设工程具有规模庞大、工程结构与工艺技术复杂，建设周期长及相关单位多等特点，决定了建设工程进度将受到许多因素影响。有效地控制建设工程进度，必须对影响进度的有利因素和不利因素进行全面、细致的分析和预测，可以促进对有利因素的利用和对不利因素的妥善预防，也能够实现对建设工程进度的主动控制和动态控制。

总体来说，影响工程进度的因素可以概括为人为因素、技术因素、设备、材料及构配件因素、机具因素、资金因素、水文、地质与气象因素、其他自然与社会因素；其中人为因素是最大的干扰因素。

在工程建设过程中，常见的影响因素有建设单位因素、勘察设计因素、施工技术因素、自然环境因素、社会环境因素、组织管理因素、材料设备因素等：

1. 建设单位因素

（1）业主使用要求改变而进行设计变更。

（2）应提供的施工场地条件不能及时提供或所提供的场地不能满足工程正常需要。

（3）不能及时向施工承包单位或材料供应商付款等。

2. 勘察设计因素

（1）勘察资料不准确，特别是地质资料错误或遗漏。

（2）设计内容不完善，规范应用不恰当，设计有缺陷或错误。

（3）设计对施工的可能性未考虑或考虑不周。

（4）施工图纸供应不及时、不配套，或出现重大差错等。

3. 施工技术因素

（1）施工工艺错误。

（2）不合理的施工方案。

（3）施工安全措施不当、不可靠技术的应用等。

4. 自然环境因素

（1）复杂的工程地质条件，不明的水文气象条件。

（2）地下埋藏文物的保护、处理。

（3）洪水、地震、台风等不可抗力等。

5. 社会环境因素

（1）外单位临近工程施工干扰。

（2）节假日交通、市容整顿的限制。

（3）临时停水、停电、断路。

（4）在国外常见的法律及制度变化，经济制裁，战争、骚乱、罢工、企业倒闭。

6. 组织管理因素

（1）向有关部门提出各种申请审批手续的延误。

（2）合同签订时遗漏条款、表达失当。

（3）计划安排不周密，组织协调不力，导致停工待料、相关作业脱节。

（4）领导不力，指挥失当，使参加工程建设的各个单位、各个专业、各个施工过程之间交接、配合上发生矛盾等。

7. 材料、设备因素

（1）材料、构配件、机具、设备供应环节的差错，品种、规格、质量、数量、时间不能满足工程的需要。

（2）特殊材料及新材料的不合理使用。

（3）施工设备不配套，选型失当，安装失误，有故障等。

8. 资金因素

（1）有关方拖欠资金，资金不到位，资金短缺。

（2）汇率浮动和通货膨胀等。

四、进度控制的措施

为了实施进度控制，监理工程师必须根据建设工程的具体情况，认真制定进度控制措施，确保建设工程进度控制目标的实现。进度控制的措施包括组织措施、技术措施、经济措施及合同措施。

1. 组织措施

（1）建立进度控制目标体系，明确建设工程现场监理组织机构中进度控制人员及其职责分工；

（2）建立工程进度报告制度及进度信息沟通网络；

（3）建立进度计划审核制度和实施中的检查分析制度；

（4）建立进度协调会议制度，包括协调会议举行的时间、地点，协调会议的参加人员等；

（5）建立图纸审查、工程变更和设计变更管理制度。

2. 技术措施

（1）审查承包商提交的进度计划，使承包商能在合理的状态下施工；

（2）编制进度控制工作细则，指导监理人员实施进度控制；

（3）采用网络计划技术及其他科学适用的计划方法，并结合电子计算机的应用，对建设工程进度实施动态控制。

3. 经济措施

（1）及时办理工程预付款及工程进度款支付手续；

（2）对应急赶工给予优厚的赶工费用；

（3）对工期提前给予奖励；

（4）对工程延误收取误期损失赔偿金。

4. 合同措施

（1）推行 CM 模式，实行分段设计、分段发包和分段施工；

（2）严格加强合同管理，协调合同工期与进度计划之间的关系，保证合同中进度目标的实现；

（3）严格控制合同变更，对各方提出的工程变更和设计变更，监理工程师应严格审查后再补入合同文件之中；

　　（4）加强风险管理；

　　（5）加强索赔管理。

第二节　工程进度计划实施中的精细化监测与调整

　　总体来说，建设工程进度监理控制可以分为施工前进度控制、审批进度控制、进度计划的实施监督、工程进度计划的调整和施工后进度计划的控制等几个方面，只有控制好这几个方面，才能真正把进度控制落到实处，从而最终完成工程建设进度目标。

　　确定建设工程进度目标，编制一个科学、合理的进度计划是监理工程师控制进度的首要前提，但在工程项目实施过程中，由于外部环境不断变化，计划的编制者很难事先对项目实施过程中可能出现的问题进行全面的估计，为此，在进度计划执行的过程中，必须采取有效的监理手段和方法对进度计划的实施过程进行监控，以便及时发现问题，并用行之有效的进度控制方法来解决问题。

一、工程实际进度的收集方法

　　在建设工程实施过程中，监理工程师应经常地、定期地对进度计划的执行情况进行跟踪检查，发现问题及时采取措施加以解决。总的来说，监理工程师对现场实际进度的收集主要包括填写进度报表法、现场检查法、会议报告法等三种方法：

　　（1）进度报表法：监理单位应督促施工单位按照规定的时间和内容，定期填写进度报表，监理工程师通过收集进度报表资料掌握工程进度的实际进展情况。

　　（2）现场检查法：监理单位应安排监理人员常驻现场，随时检查进度计划的实际执行情况，这样可以加强对现场进度的监测工作，掌握工程实际进度的第一手资料。

　　（3）会议报告法：监理单位要定期召开现场会议，监理工程师可以与施工单位有关人员进行面对面的交流，了解现场实际进度情况。

　　一般来说，进度控制的效果与收集数据的时间间隔有关，究竟多长时间进行一次进度检查，是监理工程师应当确定的问题，如果不定期、经常收集实际进度数据，就难以有效地控制实际进度。

二、实际进度与计划情况对比分析

　　因为实际进度资料收集后，一般与进度计划的相关进度控制节点不能直接比较，因此要对实际进度数据进行加工处理，形成与计划进度具有可比性的数据。

将实际进度与计划进度进行对比分析，可以确定工程实际执行情况与计划目标之间的差距，为了直观反映实际进度偏差，通常采用表格或图形进行实际进度与计划进度的对比分析。

一般来说实际进度与计划进度的比较方法有：横道图比较法、S曲线比较法、香蕉曲线比较法、前锋线比较法、列表比较法等，它们各有优点和不足，需要监理工程师根据项目进度控制的需要，合理地利用。

在工程项目实施过程中，当通过实际进度与计划进度的比较，发现有进度偏差时，需要分析该偏差对后续工作及总工期的影响，从而采取相应的调整措施对原进度计划进行调整，以确保工期目标的顺利实现。

1. 分析出现进度偏差的工作是否为关键工作

（1）关键工作：必定对后续工作和总工期产生影响。

（2）非关键工作：进一步分析偏差与总时差和自由时差的关系。

2. 分析进度偏差是否超过总时差

（1）进度偏差＞总时差：必定影响其后续工作和总工期。

（2）进度偏差≤总时差：不影响总工期，至于对后续工作的影响程度，还需要根据偏差与其自由时差的关系作进一步分析。

3. 分析进度偏差是否超过自由时差

（1）进度偏差＞自由时差：影响后续工作，此时应根据后续工作的限制条件确定调整方法。

（2）进度偏差≤自由时差：不影响后续工作，原进度计划可以不作调整。

三、工程进度计划的审批

承包单位根据建设工程施工合同的约定，按时编制施工总进度计划、季度进度计划、月进度计划，并填写《施工进度计划报审表》，报项目监理机构审批，以便于日常检查。

监理工程师根据工程的实际情况及条件，对报来的施工进度计划的合理性、可行性进行分析。

施工总进度计划应符合施工合同中竣工日期规定，可以用横道图或网络图表示，并应附有文字说明，监理工程师应对网络计划的关键线路进行审查、分析。

对季度和年度计划，应要求承包单位同时编写主要工程材料、设备的采购及进场时间等计划安排。

项目监理不应对计划目标进行风险分析，制定防范性对策，确定进度控制方案。

总进度计划经总监理工程师批准后实施，并报送建设单位。监理工程师如有重大修改意见，书面反馈给项目经理部，要求限期修订后，重新申报。

确定建设工程进度目标，编制一个科学、合理的进度计划是施工单位和监理单位的共同的责任，也是监理工程师实现进度控制的首要前提，因此监理工程师对施工单位编制的进度计划进行审查，以增加进度计划的完整性、全面性，这就需要在工程项目开工前，项目监理机构应审查施工单位报审的施工总进度计划和阶段性施工进度计划，提出审查意见，并应由总监理工程师审核后报建设单位。

审查时发现问题，应以监理工程师通知单的方式及时向施工单位提出书面修改意见，并对施工单位调整后的进度计划重新进行审查，发现重大问题时应及时向建设单位报告。

监理工程师对进度计划的审查，主要包括以下几点内容：

（1）施工进度计划应符合施工合同中工期的约定。

（2）施工进度计划中主要工程项目无遗漏，应满足分批投入试运、分批动用的需要。阶段性施工进度计划应满足总进度控制目标的要求。

（3）施工顺序的安排应符合施工工艺要求。

（4）施工人员、工程材料、施工机械等资源供应计划应满足施工进度计划的需要。

（5）施工进度计划应符合建设单位提供的资金、施工图纸、施工场地、物资等施工条件。

（6）施工设备是否配套，规模和技术状态是否良好。

（7）如何规划运输通道。

（8）资源供应是否均衡、充足。

（9）工作空间分析。

（10）预留足够的清理现场时间，材料、劳动力供应计划是否符合进度计划的要求。

（11）分包工程计划。

（12）临时工程计划。

（13）竣工、验收计划。

（14）可能影响进度的施工环境和技术问题。

四、进度计划的实施监督

项目监理机构应依据总进度计划，对承包单位实际进度进行跟踪监督检查，实施动态控制。

在计划实施的过程中，监理工程师建立反映工程进度情况的监理日志，及时掌握实际工程进度情况；监理工程师定期（每月）、不定期地把实际进度同计划进度作比较，进行评价和分析；当发现实际进度与计划进度有大的偏离时，监理工程师将签发《监理工程师通知》，要求施工方及时采取措施，实现计划进度目标，保证计划进度的严肃性。

要求施工单位每月25日前，向项目监理机构报送《××月工、料、机动态表》。

在计划实施过程中，监理工程师经常检查施工管理人员、操作人员到位情况，检查材料、构配件、设备到位情况，检查施工技术方案、技术交底到位情况，检查施工机械、设备到位情况，以确保工程的进度计划的实现。

五、工程进度计划的调整

当发生实际工程进度严重偏离时，由总监理工程师组织监理工程师进行原因分析、召开各方协调会议，研究应采取的措施，并签发《监理工程师通知单》要求承包单位进行整改。

督促承包单位尽快召开专题工程进度会议，研究解决问题的措施、方法，指令承包方采取相应调整措施。

总监理工程师应在监理月报中向建设单位报告工程进度和所采取的措施的执行情况，提出合理建议，预防由于建设单位原因导致的工程延期及其相关费用索赔的建议。

（一）进度计划的主要调整方法

1. 改变某些工作间的逻辑关系

当工程项目实施中产生的进度偏差影响到总工期，且有关工作的逻辑关系允许改变时，可以改变关键线路和超过计划工期的非关键线路上的有关工作之间的逻辑关系，达到缩短工期的目的。

2. 缩短某些工作的持续时间

不改变工程项目中各项工作之间的逻辑关系，而通过采取增加资源投入、提高劳动效率等措施来缩短某些工作的持续时间，使工程进度加快，以保证按计划工期完成该工程项目。

同时要注意被压缩工作应满足以下两点条件：

（1）位于关键线路和超过计划工期的非关键线路上的工作。

（2）持续时间可被压缩的工作。

（二）进度控制的其他方法

监理工程师在熟练应用上述进度控制的方法后，还要根据现场实际情况包括工程特点、建设单位工期目标、工程实际进度及周边环境、外部配合情况等，充分采取以下几种方法，对现场进度进行控制。

（1）充分做好前期准备工作

监理单位中标签约后，监理人员应尽快进驻现场协助建设单位做好各项前期工作，监理机构会同建设单位方督促承包商尽快建立健全项目组的管理机构，主要管理人员应在签订合同后立即着手进入现场，工程施工方案和资源需求计划应在开工前编制完成，并向监理机构申报。施工临设，包括道路、水、电、作业棚等及时铺设完毕；前期施工所需的劳动力、材料、机具应提前进场，做开工前的准备；施工场地障碍物应清理出场。

（2）定期（不定期）检查承包商的劳动力、机械设备和周转材料的配备

项目监理机构定期或不定期对承包商在场的劳动力、机械设备和周转材料等资源进行统计，对照承包商的资源计划进行检查，分析其能否满足施工进度要求。当工程进度有滞后现象或资源配备不能满足预期要求时，监理机构将向承包商提出增加资源和赶工措施的要求。当工程出现比较严重的进度滞后情况时，监理机构部将会同建设单位方对承包商的管理能力进行评估，并采取相应措施。

（3）关键进度控制节点的设置与检查

设置进度控制关键节点，以便及时检查实际进度状态。通过阶段性目标的实现，从而确保工程总目标的实现。监理机构将根据工期要求（包括阶段性的要求）、工程施工的合理程序、工程外部环境等条件，与施工承包商协商确定若干个关键进度控制节点，用于指导工程进度的安排与实施。

监理机构按月（和按关键节点计划时间）检查、分析实际进度与计划进度的差异，确定影响进度的主要因素，以监理工程师通知单的形式向承包商提出改进要求，并对反馈意见进行评估。

（4）关键材料和设备的进场时间

关键材料和设备的进场时间，直接制约着工程进度。因此，工程中使用的关键材料和设备应及早进行商务谈判。商务谈判应选择多家供应商进行，要分别对其产品质量、社会信誉度、供货能力等进行综合评价，择优选定。材料和设备的进场时间应按进度计划确定。

（5）组织现场协调会

现场协调会主要解决以下问题：协调总包不能解决的内、外关系问题；上次协调会执行结果的检查；现场有关重大事宜；布置下一阶段进度目标；现场协调会印发协调会纪要送各方。

（6）组织进度销项会

当发现实际进度滞后于计划进度时，及时采取调整措施，建立进度控制销项表，组织召开日进度销项会，确保阶段性进度计划目标实现，具体项目进度销项见表6-1。

×× 楼 ×× 户进度销项表　　　　　　表6-1

工程名称：　　　　　　　　施工单位：　　　　　　　　楼号：

序号	部位	工作内容	工程量	需要劳动量	需完成时间	管理负责人	完工度	开始时间	完成时间	验证人
1	一层卫生间	防水施工								
2	二层客厅	抹灰								
3	三层主卧	腻子								

备注：根据项目实际情况建立具体进度项目内容

（7）每周向建设单位报告有关工程进度情况，每月定期呈报监理月报。

（8）进度滞后的补救措施。

（9）根据工程总进度计划的要求，指令承包单位重新制订后续工程的施工计划，督促承包单位按调整后的计划组织实施。

（10）按调整后的施工组织计划，落实建设单位提供的设备及材料按时供应，督促施工承包单位按调整后的计划组织施工人员、设备材料进场。

（11）加强合同管理，强化承包单位的合同意识，督促承包单位履行合同责任。

（12）加强监理协调工作，合理组织所有承包单位进行紧密的配合与交叉作业，抢回被拖延的工期。

六、施工后进度计划控制

（1）监理工程师应督促承包单位办理工程移交手续，颁发工程移交证书。

（2）在工程移交后的保修期内，还要处理验收后质量问题的原因及责任等争议问题，并督促责任单位及时修理。

（3）保修期结束且无争议，建设工程进度控制任务即告完成。

第三节　施工阶段进度控制的精细化监理

施工阶段是建设工程实体的形成阶段，对其进度实施控制是建设工程进度控制的重点。

监理工程师受业主委托，在建设工程施工阶段实施监理时，其进度控制的总任务就是在满足工程项目建设总进度计划要求的基础上，编制或审核施工进度计划，并对其执行情况加以动态控制，以保证工程项目按期竣工交付使用。

一、施工进度控制目标体系

建设工程施工阶段进度控制的最终目标是保证工程项目按期建成交付使用。

1. 工程施工进度总目标的分解

为了有效地控制施工进度，首先要将施工进度总目标从不同角度进行层层分解，形成施工进度控制目标体系，从而作为实施进度控制的依据。

（1）按项目组成分解，确定各单位工程开工及动用日期。

各单位工程的进度目标应在工程项目建设总进度计划及建设工程年度计划中体现，施工阶段应进一步明确各单位工程的开工和交工动用日期，以确保施工总进度目标的实现。

（2）按承包单位分解，明确分工条件和承包责任。

（3）按施工阶段分解，划定进度控制分界点。

（4）按计划期分解，组织综合施工。

为了提高进度计划的预见性和进度控制的主动性，在确定施工进度控制目标时，必须全面分析与建设工程进度有关的各种有利因素和不利因素。

2. 确定施工进度控制目标的主要依据

（1）建设工程总进度目标对施工工期的要求。

（2）工期定额、类似工程项目的实际进度。

（3）工程难易程度和工程条件的落实情况等。

3. 确定施工进度分解目标时考虑的因素

（1）大型建设项目，遵循尽早提供可动单元的原则。

（2）合理安排土建与设备的综合施工。

（3）结合本工程的特点，参考同类建设工程的经验，确定施工进度目标。

（4）做好资金供应能力、施工力量配备、物资供应能力与施工进度的平衡工作。

（5）考虑外部协作条件的配合情况。

（6）考虑工程所在地地形、地质、水文、气象等限制条件。

二、施工阶段进度控制的内容

在建设工程监理规划的指导下，由项目监理班子中进度控制部门的监理工程师负责编制更具有实施性和操作性的监理业务文件。

1. 施工进度控制工作细则包括的主要内容

（1）施工进度控制目标分解图。

（2）施工进度控制的主要工作内容和深度。

（3）进度控制人员的职责分工。

（4）与进度控制有关各项工作的时间安排及工作流程。

（5）进度控制的方法（进度检查周期、数据采集方式、进度报表格式、统计分析方法等）。

（6）进度控制的具体措施（组织、技术、经济、合同）。

（7）施工进度控制目标实现的风险分析。

（8）尚待解决的有关问题。

事实上，施工进度控制工作细则是对建设工程监理规划中有关进度控制内容的进一步深化和补充，它对监理工程师的进度控制实务工作起着具体的指导作用。

2. 需要编制施工总进度计划的有以下两种情况

（1）大型建设工程，且采取分期分批发包，无总包单位负责。

（2）当建设工程由若干个承包单位平行承包时。

3. 施工总进度计划的确定

（1）确定分期分批的项目组成。

（2）确定各批工程项目的开工、竣工顺序及时间安排。

（3）确定全场性准备工程，特别是首批准备工程的内容与施工进度安排等。

当建设工程有总承包单位时，监理单位只需对总承包单位提交的施工总进度计划进行审核即可。而对于单位工程施工进度计划，监理工程师只负责审核而不负责编制。

4. 按年、季、月编制工程综合计划

5. 工程开工令的下达

（1）工程开工令的发布，要尽可能及时。

（2）从发布工程开工令之日起算，直至合同工期截止之日，即为工程竣工日期。

（3）监理工程师应参加由业主主持召开的第一次工地会议。

6. 协助承包单位实施进度计划

7. 向业主提供进度报告

监理工程师应随时整理进度资料，并做好记录，定期向业主提交工程进度报告。

8. 督促承包单位整理技术资料

9. 签署工程竣工报验单，提交质量评估报告

（1）当单位工程达到竣工验收条件后，承包单位在自行预验的基础上提交工程竣工报告。

（2）验收合格后，监理工程师应签署工程竣工报验单，并向业主提出质量评估报告。

10. 整理工程进度资料

三、施工进度计划的编制与审查

施工进度计划是表示各项工程（单位工程、分部工程和分项工程）的施工顺序、开始时间和结束时间及相互衔接关系的计划。

1. 施工进度计划的作用

（1）施工进度计划是承包单位进行现场施工管理的核心指导文件。

（2）施工进度计划是监理工程师实施进度控制的依据。

2. 施工总进度计划的编制

施工总进度计划是用来确定建设工程项目中所包含的各单位工程的施工顺序、施工时间及相互衔接关系的计划，编制施工总进度计划的步骤和方法有以下几点：

（1）计算工程量

依批准的工程项目一览表，按单位工程计算主要实物工程量。

工程量的计算可按初步设计（或扩大初步设计）图纸和有关额定手册或资料进行。

（2）根据合同工期确定各单位工程的施工期限

3. 确定各单位工程的开竣工时间和相互搭接关系

（1）同一时期施工的项目不宜过多，避免人力、物力分散。

（2）尽量均衡施工，使劳动力、施工机械和主要材料的供应在整个工期范围内达到均衡。

（3）尽量提前建设可供工程施工使用的永久性工程。

（4）急需和关键的工程先施工，以保证工程项目如期交工；对于某些技术复杂、施工周期较长、施工困难较多的工程，应安排提前施工，以利于整个工程项目按期交付使用。

（5）施工顺序必须与主要生产系统投入生产的先后次序相吻合。同时还要安排好配套工程的施工时间，以保证建成的工程能迅速投入生产或交付使用。

（6）应注意季节对施工顺序的影响，使施工季节不导致工期拖延，不影响工程质量。

（7）安排一部分附属工程或零星项目作为后备项目，用以调整主要项目的施工进度。

（8）注意主要工种和主要施工机械能连续施工。

4. 编制初步施工总进度计划

施工总进度计划应安排全工地性的流水作业。

全工地性的流水作业安排应以工程量大、工期长的单位工程为主导，组织若干条流水线，并以此带动其他工程。

5. 编制正式施工总进度计划

对初步施工总进度计划进行检查，主要检查的内容：总工期是否符合要求；资源使用是否均衡且其供应是否能得到保证。

四、单位工程施工进度计划的编制

在既定施工方案的基础上，根据规定的工期和各种资源供应条件，对单位工程中的各分部分项工程的施工顺序、起止时间及衔接关系进行合理安排的计划。

1. 单位工程施工进度计划的编制方法

（1）划分工作项目：工作项目是包括一定工作内容的施工过程，是施工进度计划的基本组成单元。划分工作项目应注意的事项：

1）凡是与工程对象施工直接有关的内容均应列入计划。

2）不属于直接施工的辅助性项目和服务性项目不必列入。

3）对于分项工程，在施工顺序上和时间安排上是相互穿插进行的，或者是由同一专业队完成的，为了简化进度计划内容，应尽量将这些项目合并，以突出重点。

（2）确定施工顺序

为了按照施工的技术规律和合理的组织关系，解决各工作项目之间在时间上的先后和搭接问题，以达到保证质量、安全施工、充分利用空间、争取时间、实现合理安排工期的目的。

施工顺序的制约因素主要包括：工艺关系，即当施工方案确定之后，工作项目之间的工艺关系也就确定；组织关系，由劳动力、施工机械、材料和构配件等组织安排需要形成。

（3）计算工程量，根据施工图和工程量计算规则，针对所划分的每一个工作项目进行。

（4）绘制施工进度计划图

绘制施工进度计划图，首先应选择施工进度计划表达形式，常用的表达形式有横道图和网络图两种。

（5）施工进度计划的检查与调整

检查与调整主要包括以下几点内容：

1）各工作项目的施工顺序、平行搭接和技术间歇是否合理。

2）总工期是否满足合同规定。

3）主要工种的工人是否满足连续、均衡施工的要求。

4）主要机具、材料等利用是否均衡和充分。

2. 项目监理机构对施工进度计划的审查

在工程项目开工前，项目监理机构应审查施工单位报审的施工总进度计划和阶段性施工进度计划，提出审查意见，并应由总监理工程师审核后报建设单位。

发现问题时，应以监理工程师通知单的方式及时向施工单位提出书面修改意见，并对施工单位调整后的进度计划重新进行审查，发现重大问题时应及时向建设单位报告。

3. 施工进度计划审查的基本内容

（1）施工进度计划应符合施工合同中工期的约定。

（2）施工进度计划中主要工程项目无遗漏，应满足分批投入试运、分批动用的需要；阶段性施工进度计划应满足总进度控制目标的要求。

（3）施工顺序的安排应符合施工工艺要求。

（4）施工人员、工程材料、施工机械等资源供应计划应满足施工进度计划的需要。

（5）施工进度计划应符合建设单位提供的资金、施工图纸、施工场地、物资等施工条件。

第四节 工期延长的精细化监理

由于承包单位以外的原因造成施工期的延长，称之为工程延期。经过监理工程师批准的延期，所延长的时间属于合同工期的一部分，即工程竣工的时间等于标书中规定的时间加上监理工程师批准的工期延期时间。可能导致工程延期的原因有工程量增加，未按时间向承包商提供图样、恶劣的气候条件、建设单位的干扰和阻碍等。判断工程延期的总原则就是除承包商自身以外的任何原因造成的工程延长或中断，工程中出现的工程延长是否为工程延期对承包商和建设单位都很重要。因此监理工程师应按照有关的合同条件，正确地区分工程延误与工程延期，合理地确定工程延期的时间。

在建设工程施工过程中，其工期的延长分为工程延误和工程延期两种，虽然它们都是使工程拖期，但由于性质不同，因而建设单位与承包单位所承担的责任也就不同，如果属于工程延误，则由此造成的一期损失由承包单位承担，同时，建设单位还有权对承包单位进行误期违约罚款，而如果属于工程延期，则承包单位不仅有权要求延长工期，还有权向建设单位提出赔偿费用的要求，以弥补由此造成的额外损失，因此，监理工程师是否将施工过程中工期延长批准为工程延期，对建设单位和承包单位都十分重要。

一、工程延误处理的精细化监理

由于承包单位自身原因造成工期延误，而承包单位未按照监理工程师的指令改变延期状态时，通常采用如下手段处理：

（1）拒绝签署付款凭证是监理工程师对承包单位自身原因造成工程延期的制约手段。

（2）误期损失赔偿是监理工程师对承包单位未按照合同工期完成所作出的处罚。

（3）取消承包资格是监理工程师对承包单位的严重违约情况作出的严厉制裁。需要注意的是，取消承包资格是对承包单位违约的严厉制裁，因为建设单位一旦取消了承包单位的承包资格，承包单位不但要被驱逐出施工现场，而且还要承担由此造成的建设单位损失及费用，这种惩罚措施一般不轻易采用，而自做出这项决定前，建设单位必须事先通知承包单位，并要求其在规定期限内做好辩护准备。

无论是建设单位，还是施工单位，对于工程的建设都追求低造价、高质量和短工期。合理加快工程施工进度、缩短工程施工工期，是满足建设单位要求的必要条件，也是施工单位提高经济效益和社会效益的有效途径。合理缩短工程施工工期应从科学安排计划着手，通过有效的投入和加强管理来达到。

建设工程进度控制的目标是建设工期，建设工程进度控制是指对工程项目建设各阶段的工作内容、工作程序、持续时间和衔接关系根据总进度目标及资源优化配置的原则编制计划并付诸实施，然后在进度计划的实施过程中经常检查实际进度是否按照计划要求进行，对出现的偏差情况进行分析，采取补救措施或调整、修改原计划后再付诸实施。需要监理工程师注意的是：建设工程进度控制最终目的是确保建设项目按预定的时间动用或提前交付使用。

二、工程延期的精细化监理

根据我国现行法律，由于以下几种原因，承包单位有权提出延长工期的申请，监理工程师应按合同规定，批准工程延期时间。申报工程延期的具体条件包括：

（1）监理工程师发出工程变更指令而导致工程量增加。

（2）合同所涉及的任何可能造成工程延期的原因，如延期交图、工程暂停、对合格工程的剥离检查及不利的外界条件等。

（3）异常恶劣的气候条件。

（4）由建设单位造成的任何延误、干扰或障碍，如未及时提供施工场地、未及时付款等。

（5）除承包单位自身以外的其他任何原因。

一般来说，工程建设项目延期的审批程序，如图 6-1 所示，另外需要注意的是监理工程师在做出临时工程延期批准或最终工程延期批准之前，均应与建设单位和承包单位进行协商。

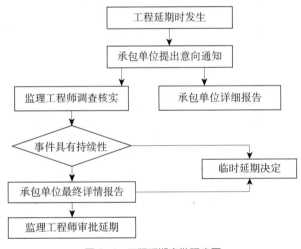

图 6-1 工程延期审批程序图

（6）发生工程延期事件，不仅影响工程的进度，而且会给建设单位带来损失，因此监理工程师在延期审批程序中应注意的事项包括：

1）当工程延期事件发生后，承包单位应在合同规定的有效期内以书面形式（工程延期意向）通知监理工程师。

2）承包单位应在合同规定的有效期内（或监理工程师可能同意的合理期限内）向监理工程师提交详细的申述报告（延期理由及依据）。

3）监理工程师收到该报告后应及时进行调查核实，准确地确定出工程延期时间。

4）当延期事件具有持续性，承包单位在合同规定的有效期内不能提交最终详细的申诉报告时，应先向监理工程师提交阶段性详情报告。

5）监理工程师应在调查核实阶段性报告的基础上，尽快作出延长工期的临时决定，临时决定的延期时间不宜太长，一般不超过最终批准的延期时间。

6）监理工程师应复查详情报告的全部内容，然后确定该延期事件所需延期时间。

7）如果遇到比较复杂的延期事件，先作出临时延期的决定，然后再作出最后决定的办法。

8）监理工程师在作出临时工程延期批准或最终工程延期批准之前，均应与建设单位和承包单位进行协商。

9）项目监理机构批准延期必须符合的前提条件主要有：

①施工单位在施工合同约定的期限内提出工程延期。

②因非施工单位原因造成施工进度滞后。

③施工进度滞后影响到施工合同约定的工期。

（7）项目监理机构审批工程延期时应满足以下条件：

1）监理工程师批准的工程延期必须符合合同条件。

2）延长的时间必须超过其相应的总时差而影响工期；由于关键线路可能会改变，监理工程师应以承包单位提交的、经监理工程师审核后的施工进度计划为依据来决定是否批准。

3）批准的工期延期必须符合实际情况；承包单位应对延期事件发生后的各类有关细节做详细记载，及时向监理工程师提交详细报告，监理工程师应对施工现场详细考察和分析，做好有关记录，为合理确定延期提供可靠依据。

第七章 建设工程安全文明施工精细化监理

第一节 安全文明施工精细化监理概要

一、安全文明施工的概念和意义

（一）安全文明施工的概念

安全文明施工是指施工企业在施工活动中，贯彻执行施工安全法律法规和标准规范，建立企业和项目安全生产责任制，制定安全管理制度和操作规程，监控危险性较大的分部分项工程，排查治理安全生产隐患，使人、机、物、环始终处于安全状态，形成过程控制、持续改进的安全管理机制。

（二）安全文明施工的意义

1. 确保安全施工减少人员伤亡

建设施工行业是危险性很高的行业，发生安全事故频繁，常常会伴随人员伤亡，对个人、企业、社会都会带来巨大损失。在实施过程中危险源很多，给施工参建各方造成了惨痛教训。安全重于泰山，因此做好安全防范工作，是预防安全事故发生的前提，从而确保每个人的人身安全。

2. 实施标准化施工程序保证工程质量

企业苛求自身的利益，刻意缩短施工周期，往往不按程序施工，在施工过程中偷工减料，为后期施工及建成后使用埋下了安全隐患。人人皆知工程质量是企业生存的根本，是企业在激烈市场竞争中胜出的保证，安全文明施工能提供良好的施工环境和施工秩序，规范施工程序和施工步骤，为保证施工质量奠定良好的基础。

3. 精心施工提高工作效率

安全文明施工为参与建设的每位人员提供了良好的工作环境，使得施工队伍消除了安全疑虑，为整个团队增加了凝聚力，提升了信心，集中精力做好自己的本职工作，一定程度上提高了工作效率。

4. 提升企业的经济效益

安全文明施工能减少安全事故发生，间接地增加了经济效益，规范了施工流程，从而提高了产品的合格率。同时工作效率的提高，都会使得企业的经济收益得到提升。

5. 培养监理服务技术人才

监理企业只有规范化、制度化、标准化地开展监理工作，才能培养和壮大高素质综合性监理服务人才。

二、安全文明施工监理的依据和原则

（一）安全文明施工监理依据

法律法规体系是安全文明施工监理的基础和保障，也是开展现场安全监理工作的依据。安全文明施工有关的法律法规主要包括立法机关通过的法律、政府和有关部门颁发的规章制度，以及与安全文明施工直接有关的标准规范或管理办法等。

法律法规体系的三个层次，即安全文明施工监理有关的国家法律体系；行业规范体系；地方政府有关的标准及文件体系。

（二）安全文明施工监理原则

（1）认真贯彻国家及地方的各项安全方针、政策，严格执行相关的法律、法规、规章制度和建设程序的要求。

（2）对安全技术方案进行详细审核，重点对安全技术措施进行审核，是否满足工程需要。

（3）充分利用先进的机械设备以满足劳动安全卫生要求，并扩大机械施工范围和提高机械化程度，减轻劳动强度、提高劳动生产率。

（4）监督落实安全技术保证措施、组织保证措施、制度保证措施、文明施工保证措施，将安全隐患消灭在萌芽状态，从而避免安全事故的发生。

（5）对施工现场运输道路及各种材料堆场、加工场、仓库、各种机械等临时设施的位置应提出合理化建议，从而保证施工现场安全距离和防火距离，满足消防和施工要求。

（6）对危险性较大的分部分项工程的施工安全，应进行重点监督检查，确保施工现场环境符合安全文明施工的要求。

三、安全文明施工精细化监理方法和措施

依据有关的法律、法规，监理企业对施工现场安全文明具有管控的责任。现阶段建设监理合同明确约定，监理单位的工作之一，主要是施工阶段现场安全文明施工管理。而安全文明施工更是建设行业管理部门检查的重要内容，直接关系到项目能否顺利进行。因此监理人员只有采取合理的方法和有效的措施，对安全监理工作抓细抓实、防微杜渐、做到精细化监理。

（一）安全文明施工精细化监理方法

监理单位根据建设单位（业主）的授权，采取审查、巡视、旁站、见证取样、抽检、验收、召开专题监理会议等监理方法，对施工现场安全生产情况进行检查，对发现的各类安全事故隐患，应书面通知承包方，并督促其立即整改；情况严重的，总监应及时下达工程暂停令，要求承包方停工整改，同时报告业主。安全事故隐患消除后，监理应检查整改结果，签署

复查或复工意见。

1. 审查审核施工方案及安全技术资料

依据《建设工程安全管理条例》第十四条，工程监理单位应当审查施工组织设计中的安全技术措施或专项施工方案是否符合工程建设强制性标准。

（1）监理单位在施工准备阶段，应审查涉及安全文明施工的各项方案。

（2）审查总承包单位编制的施工组织设计中的安全技术措施和危险性较大的分部分项工程安全专项施工方案是否符合工程建设强制性标准要求。

（3）审查施工、检测及试验等单位的资质是否符合要求，安全生产管理体系是否健全；检查承包商安全生产许可证是否合法有效。

（4）监理企业应重点审查审核的安全技术资料如下：

1）审查安全保证体系目标：死亡目标、伤亡目标、检查验收目标、资料管理目标、创优目标、环境保护目标。

2）审查安全保证体系安全教育及活动记录：项目机构安全教育培训；建筑工人业余学校管理台账；安全活动记录。

3）审查岗位责任制、管理制度及操作规程：安全生产岗位责任制；安全生产管理制度；安全技术操作规程。

4）审查安全保证体系安全措施：施工现场安全措施；供电及照明安全措施；生活区安全措施；事故发生应急救援安全措施；建立健全安全保证制度措施。

5）审查工程建设项目安保体系运行考核评价资料。

6）审查施工阶段过程安全技术资料：安全检查及隐患整改；检查整改记录。

7）审核安全管理资料：安全管理的基本资料；项目部安全生产组织机构及管理目标；应急救援预案及处理资料；劳动防护用品资料。

8）审核专项施工方案及安全技术交底：专项方案；安全技术交底。

9）审核施工阶段过程安全技术资料：安全检查及隐患整改；检查整改记录。

10）审核施工阶段过程安全技术资料：安全检查及隐患整改；检查整改记录。

2. 安全文明施工巡视检查

监理单位应配备满足工程需要并具备相应资质的专职安全监理人员，定期或不定期巡视检查施工单位施工现场安全隐患、施工措施及专项施工方案的落实情况。

（1）日常巡视

重点巡查施工现场的安全防护、用电、用气、材料堆放、防火防盗、"三宝（安全帽、安全网、安全带）；四口（楼梯口、电梯井口、预留洞口、通道口）"等措施的落实情况；巡视过程中，一旦发现安全隐患，监理人员可以通过口头指令、监理通知及工程暂停令等方式，有效制止违章作业，及时消除安全隐患。

（2）专项安全检查

项目监理机构应督促承包商每周对施工现场安全防护、临时用电、起重作业、消防设施及危险性较大的分部分项工程作业环境进行安全检查。每月组织一次相关责任单位参加的安全综合检查，检查工程建设强制性标准执行情况；检查施工单位现场安全生产保障体系的运行情况。重点检查以下内容：

1）检查安全生产管理人员到岗情况。

2）抽查特种作业人员及其他作业人员的上岗资质。

3）检查施工现场安全生产责任制、安全检查制度和事故报告制度的执行情况。

4）检查安全教育培训记录。

5）检查安全技术交底记录。

6）检查风险识别和风险控制落实。

（3）危险性较大的分部分项工程检查

项目监理机构应在开工前组织安全监理交底会议。通过监理例会、安全专题会议及安全检查月度会议，分析监控危险性较大的分部分项工程存在的问题，落实改进措施。

1）检查吊装作业

审查大型设备，如大型设备、管道等的吊装方案落实情况；检查吊装作业人员资质，检查并核对起重机械设备合格证书和检定证书等。

2）检查深基坑作业

审查深基坑开挖的顺序、降水方案、降尘防污染措施、边坡安全防护措施，是否满足安全措施及专家论证报告的要求。

3）检查高处作业

检查作业许可，审查作业人员特种作业资质，检查作业人员的安全防护设施配备及落实情况、检查安全标识、安全区域设置情况，排查施工现场各类安全隐患，重点防止高处坠落和物体打击。

4）检查易燃易爆场所施工作业

在钢结构安装焊接、油气堆放、管道连接等危险区域的动火施工过程中，对动火施工审批手续进行确认，审查动火碰头施工技术方案，检查现场动火指挥系统和应急机构的建立和运行情况，检查有害气体置换情况，检查安全区域、警示标识设置情况。

5）检查工艺管道（管线）安装

工艺管线、设备安装作业：审查工艺管线、设备安装工程方案和设备吊装方案，审查工艺管线设备碰头、容器组对、连接施工方案，核查安装承包商资质和特种作业人员资质。

6）检查大型构件设备运输作业

检查承运单位的运输方案和超限货物运输手续，检查承运单位安全警戒标识。

7）检查无损检测

核查放射源的存放、使用以及射线作业人员资质和防护情况；检查无损检测作业安全标识、警戒区域是否符合要求。

8）检查有限空间作业

检查作业许可、施工人员有限空间作业安全技术交底记录，检查有限空间含氧量和有害气体含量，检查通风换气、安全用电、照明、安全监护落实情况。

9）检查防腐作业

检查用于防腐作业的易燃、易爆、有毒材料的存储及防腐作业人员的防护用品使用情况。检查作业场所的通风换气情况。

10）检查试压作业

审查试压专项方案，检查试压设备及所包括的阀门、法兰盖、压力表是否符合试压条件，检查安全警戒区域和标识是否符合安全要求。

（4）检查爆破作业

检查承包商资质，审查施工专项方案和特种作业人员资质，检查爆破材料的存放、管理制度落实情况，检查安全警戒区域和标识是否符合安全要求。

施工机械及安全设施的安全监理，要定期或不定期地检查承包商对施工机械和安全设施运行的保养记录，对于大型设备的拆装，必须审查安拆单位的资质、特种作业人员的资质，审查专项拆装方案。

3. 监理旁站

监理单位派专人，对安全关键部位、关键工序施工进行旁站，如实记录旁站监理工作痕迹。安全监理人员应对高危作业的关键工序实施现场旁站监督检查，如吊装作业、塔吊安拆、架体的搭设等。监理人员的安全控制活动必须做好文字记录，记录应具体、详细、准确。

4. 见证取样

监理单位应向项目监理机构派驻见证取样人员，对涉及施工现场的安全文明施工相关材料、构配件进行现场见证取样，如：安全帽、安全网、架体扣件、杆件、临时设施所使用的板材等，并对样品检测结果进行全过程监督，确保施工安全措施所使用的材料设备合格。

5. 危险性较大的分部分项工程验收

项目监理机构应对危险性较大的分部分项工程组织各方责任主体进行验收，并形成验收记录。监理也可对分部、分项工程涉及安全隐患的相关部位进行预验收。

（1）当单位工程按设计文件施工完成，并在承包商自审、自查、自评合格后，项目监理机构应组织对已完单位工程的预验收；对存在的安全隐患或问题，发出监理通知单，要求承包商限期整改。

（2）审查施工单位的试运行安全应急预案是否满足安全技术措施要求。

（3）检查施工单位安全竣工资料，检查工程项目的安全功能性检测是否符合设计、法律法规和现行标准规范要求。

（4）项目监理机构应对相关的安全技术资料、验收记录、监理规划、监理实施细则、监理月报、监理会议纪要及相关书面通知等按相关规定归档保存。

（二）安全文明施工监理措施

1. 组织措施

（1）项目监理部制定安全管理职责，落实安全责任制，总监负全责，各专业监理工程师各负其责，并在监理机构中安排专职安全监理人员负责本工程安全管理，负责施工现场的日常安全管理工作。制定安全、文明施工管理中的奖罚机制，对成绩优异的监理人员实行奖励，对责任心不强的监理人员进行处罚，直至调离工作岗位。

（2）坚持"安全第一、预防为主、综合治理"的安全生产方针，项目监理机构应督促施工企业明确各级管理层，各部门的施工作业班组和施工人员的责任，是保障项目安全施工的重要手段。

（3）项目监理机构要督促和协助施工企业从制度和组织上加强安全生产和科学管理，建立和完善有关安全生产制度和安全管理体系。

（4）检查施工单位安全保证体系，安全生产保证体系的程序文件、施工安全、文明施工各项制度、经济承包责任制，要有明确安全指标和包括奖惩在内的安全保证措施、支持性文件、内部安全生产保证体系审核记录。

2. 技术措施

（1）检查时间

项目监理机构每周对施工现场安全作业环境进行至少组织一次全面的安全文明施工检查，并监督施工企业安全技术部门组织有关部门每月对项目进行至少两次安全文明施工综合检查。

（2）检查内容

施工现场安全文明施工的执行情况，如质量安全、技术管理、材料堆放、机械管理、场容场貌等方面的检查。

1）检查施工组织设计中安全技术措施是否与现场施工一致。

2）在施工过程中检查监督安全技术措施落实情况。

3）检查起重机械设备、施工机具和电器设备等设置是否符合操作技术规范要求。

4）检查基坑支护、模板、脚手架、起重机械设备和整体提升脚手架拆装等专项方案是否符合规范要求。

5）检查事故应急救援预案的制定情况；监理人员应督查和参与安全应急演练。

6）冬期、雨期等季节性施工方案及安全技术措施的制定和落实。

7）施工总平面图是否符合设计要求，办公、宿舍、食堂等临时设施是否满足施工消防要求。施工现场临时场地、道路、排污、排水、防火措施是否符合有关安全技术标准规范要求。

（3）检查方法

除定期对现场文明施工进行检查之外，还应不定期地进行抽查，每次抽查应针对上次检查出现的问题做重点复查，确认是否已做了相应的整改。

3. 经济措施

（1）经济措施是指利用经济手段控制施工各方安全行为。监理单位要配合建设单位及政府安全管理部门的安全指示，并对安全文明施工进行检查，对施工单位主要是采取支付、奖励、处罚、赔偿等措施进行安全监控。

（2）经济措施与合同措施应结合使用，且不得违背合同约定及要求。为了营造和谐的施工现场监理现状，达到预期的监控目标，建议以各种管理手段为主，经济处罚为辅。

（3）施工现场监理安全生产纪律要求

1）进入施工现场，必须遵守安全生产规章制度。

2）进入施工区内，必须戴安全帽，高处作业必须佩戴安全绳。

3）不准酒后上岗作业。

4）高空作业严禁穿皮鞋和带钉易滑鞋。

5）非有关操作人员不准进入危险区内。

6）未经施工负责人批准，不准任意拆除架体设施及安全装置。

7）不准从高空向下抛掷任何物资材料。

凡违背上述纪律，按规定给予处罚。项目监理机构对现场人员的不安全行为可采取教育、通报、罚款等手段，杜绝事故的发生。

4. 合同措施

项目监理机构依据合同条款中的约定，制定详细、可操作性的安全管理制度。按照合同中对于安全文明施工的要求及违约责任条款，对施工行为进行在过程控制，从而达到安全文明施工的既定目标。

5. 其他措施

项目监理机构对安全文明施工的监控除以上措施外，还应督促施工企业充分认识自身因素对环境的影响，努力营造和谐氛围，追求施工环境的不断改善，为企业施工环境管理做出典范。

（1）八牌两图制度

1）安全生产牌；

2）消防保卫牌；

3）十项安全技术措施牌；

4）安全生产六大纪律牌；

5）工地文明施工牌；

6）"三宝、四口"防护规定牌；

7）工地环境卫生制度牌；

8）安全警示牌；

9）施工平面布置图和消防设施平面布置图。

（2）施工计划及总平面图

施工单位编制施工计划，合理安排施工程序，并建立工程工期考核记录，以确保总工期目标的实现。按照现场总平面布置要求，切实做好总平面管理工作，定期检查执行情况，并按有关现场安全文明施工考核办法进行监督考核。如现场材料、机具、设备、构件、周转材料按平面布置定点整齐堆放，道路畅通无阻，供排水系统畅通无积水，施工场地平整干净。

（3）安全管理制度

项目监理机构应建立安全管理制度，执行岗位责任制，执行各项安全检查制度。特殊工种人员应持证上岗，进场前进行专业技术培训，经考试合格后方可使用。严格执行现场安全生产有关管理制度，建立奖罚措施，并定期检查考核。

（4）现场材料管理制度

严格按照现场平面布置图要求堆放原材料、半成品、成品及料具。现场仓库内外整洁干净，防潮、防腐、防火物品应及时入库保管。各杆件、构件必须分类按规格编号堆放，做到妥善保管、使用方便。及时回收拼装余料，做到工完场清，余料统一堆放，以保证现场整洁。现场各类材料要做到账物相符，并有材质证明，证明应相符。

（5）现场机械管理制度

进入现场的机械设备应按施工平面布置图要求进行设置，严格执行《建筑机械使用安全技术规程》JGJ 33—2012。认真做好机械设备保养及维修工作，并认真做好记录。设置专职机械管理人员，负责现场机械管理工作。

（6）场容和场貌管理

加强现场场容管理，现场做到整洁、干净、节约、安全、施工秩序良好，现场道路必须保持畅通无阻，保证物质材料顺利进退场，场地应整洁，无施工垃圾，场地及道路定期洒水，降低灰尘对环境的污染。现场设置生活及施工垃圾场，垃圾分类堆放，经处理后方可运至环卫部门指定的垃圾堆放点。

（三）安全事故监理处理过程

1. 安全事故的概念

安全事故是指生产经营单位在生产经营活动中突然发生的，伤害人身安全和健康，或者损坏设备设施，造成经济损失，并导致原生产经营活动暂时中止或永远终止的意外事件。工程监理企业在安全事故发生后应及时汇报、组织人员抢救、现场恢复、协助事故原因调查等。

2. 安全事故处理程序

发生安全事故后应立即下发工程暂停令→指挥人员抢救→组织保护好事故现场→以书面形式上报公司及上级建设行政主管部门→协助责任单位做好事故善后处理→迎接和配合事故调查组工作→组织排查事故现场相关联的隐患排查和整改→迎接和配合事故专家组复核施工现场→签署复工指令。

3. 安全事故分类及等级划分

（1）依据《生产安全事故报告和调查处理条例》安全事故等级可分为四级。

1）特别重大事故，是指造成30人以上死亡，或者100人以下重伤，或者1亿元以上的直接损失。

2）重大事故，是指造成10人以上、30人以下死亡，或者50人以上、100人以下重伤，或者5000万元以上死亡、1亿元以下的直接经济损失。

3）较大事故，是指造成3人以上死亡、10人以下死亡，或者10人以上、50人以下重伤，或者1000万元以上、5000万元以下的直接经济损失。

4）一般事故，是指造成3人以下死亡、10人以下重伤，或者1000万元以下的直接经济损失。

（2）建筑行业易发安全事故的"五大伤害"：

高处坠落、触电事故、物体打击、机械伤害、坍塌事故五种，为建筑业最常发生的事故，占事故总和的85%以上。

4. 安全事故原因分析

从人的不安全行为、物的不安全状态、管理上的缺陷上分析，安全事故发生的原因主要包括直接原因和间接原因两种。

（1）事故发生的直接原因

1）人的不安全行为

①麻痹侥幸心理，工作蛮干，在"不可能意识"的行为中，发生的安全事故。

②不正确佩戴或使用安全防护用品。

③机器在运转时进行检修、调整、清扫等作业。

④在有可能发生坠落物、吊装物的地方下冒险通过、停留。

⑤在作业和危险场所随意走、攀、坐、靠的不规范行为。

⑥操作和作业，违反安全规章制度和安全操作规程，未制定相应的安全防护措施，如动用明火、进入有限空间、上锁挂牌、化学品使用等。

⑦违规擅自进入消防重地，如浸出、制氢、氢化等。

⑧违规使用非专用工具、设备或用手代替工具作业。

⑨精神疲惫、酒后上班、睡岗、擅自离岗、做与本职工作无关的事，以及工作时注意力不集中，思想麻痹。

⑩管理者思想上安全意识淡薄，安全法律责任观念不强；在行动上不学习、不贯彻落实公司各种安全规章制度，尤其是安全检查、安全教育制度，这是最大的不安全行为。

2）物的不安全状态

①机械、电气设备带"病"作业。

②机械、电气等设备在设计上不科学，形成安全隐患。

③防护、保险、警示等装置缺乏或有缺陷。

④物体的固有性质和建造设计使其存在不安全状态。

⑤设备安装不规范、维修保养不标准、使用超期、老化等。

3）管理上的缺陷

①安全生产管理体系不健全，管理制度不完善，岗位责任制不明确，安全教育不及时。

②管理流程存在疏漏、不规范、走形式，管理方案有漏洞，操作违章不能及时整改。

③安全评估没有分段跟进。

④安全记录与验收不完整。

⑤法律意识淡薄。

（2）发生安全事故的间接原因

1）技术和设计上有缺陷。

2）教育培训不够，未经培训，缺乏或不懂安全操作技术知识。

3）劳动组织不合理，安全管理存在漏洞。

4）对现场工作缺乏检查或指导错误。

5）没有安全操作规程或不健全。

6）没有或不认真实施事故防范措施；对事故隐患整改不力。

5. 安全事故报告和内容

安全事故发生后，项目监理机构应同时以书面形式上报公司和上级行政主管部门。

（1）上报监理公司报告的内容

1）事故发生的单位。

2）事故发生的时间、地点及事故现场情况。

3）事故已经造成的或者可能造成的伤亡人数和初步估计的直接经济损失。

4）简述事故发生的基本过程。

5）后附上报上级行政主管部门的报告。

（2）上报上级行政主管部门报告的内容

1）事故发生的单位概况。

2）事故发生的时间、地点以及事故现场情况。

3）事故的简要经过。

4）事故已经造成或者可能造成的伤亡人数（包括下落不明的人数）和初步估计的直接经济损失。

5）已经采取的措施。

6）其他应当报告的情况。

6. 安全事故资料管理

项目监理机构应安排专人对安全事故发生处理过程中所产生的资料及时收集、整理、单独归档保存。事故处理结束后应将归档资料移交公司资料管理部长期保存。

第二节　安全施工精细化监理

监理机构和监理人员依据法律、法规、工程建设强制性标准、委托监理合同，履行建设工程安全生产管理法定的监理职责。监理人员的安全监理职责是落实安全生产责任制，做好建设工程安全生产监理工作，对所监理的建设工程中的安全技术资料及专项方案进行审查审批，在巡视检查过程中发现问题及时处理、整改，其目的是防治和避免安全事故的发生。

一、安全施工精细化监理的目标和内容

项目监理机构依据《建设工程安全生产管理条例》和《建设工程监理规范》制定和归纳总结安全监理工作目标和内容，其目的是更好地履行建设工程安全监理工作。

（一）安全施工精细化监理的目标

1. 制定的目的

制定安全施工监理目标的目的是减少和杜绝施工现场安全危害及事故，避免项目建设过程中由于事故所造成的人身伤害、财产损失、环境污染以及其他损失。

2. 安全施工精细化监理的目标内容

（1）死亡目标

项目监理机构在建设工程开工前督促施工单位制定施工现场安全人员死亡目标控制

在"0"界范围，杜绝工地死亡事故发生。

（2）伤害目标

项目监理机构严格按照国家建设工程安全管理的法律、法规和规章制度，督促施工单位确保一般性安全人员伤害和机械伤害事故，伤害率控制在《建设工程安全生产管理条例》规定的范围之内。杜绝重伤事故发生。

（3）创建标准化示范工地目标

项目监理机构应督促施工单位制定创建"标准化示范工地"目标，即确保地方"标准化示范工地"；争创国家级"标准化示范工地"目标。

（4）环境保护目标

项目监理机构依据《中华人民共和国环境保护法》对建设工程的规定。督促施工单位制定环境治理目标，即施工现场裸露土方覆盖100%、降尘措施到位率100%、绿化占有率达到规定的相关比例、建筑垃圾清理、堆放及外运达100%。

（5）审查监督检查验收达标率目标

项目监理机构对施工单位上报的安全技术文件审查备案率达100%、重要设备安全检查签证率达100%、重大关键部位、关键工序监理安全旁站到位率达100%、监督施工企业全员安全教育达100%、特殊作业人员持证率达100%、施工工地围挡率达100%、项目监理机构安全监理人员到位率达100%。

（6）资料管理目标

1）安全监理资料收集、整理、归档保存率达100%。

2）项目监理机构将有关安全监理技术文件验收记录、监理规划、安全监理实施细则、监理月报、监理报告（月报、专报、急报、年报）、监理会议纪要等相关安全书面监理通知等资料收集、整理、归档保存率达100%。

（二）安全施工精细化监理内容

1.编制安全监理规划及监理实施细则

项目监理机构在工程开工前，依据法律、法规、工程建设强制性标准、建设工程委托监理合同约定，编制合法合规、内容完整详细、具有针对性和可操作性的监理规划及安全监理实施细则。在编制时将安全监理工作内容、方法和措施纳入其中。

依据中华人民共和国住房和城乡建设部2018年颁发的《危险性较大的分部分项工程安全管理规定》37号令和31号文，结合工程规模、结构形式、技术特点等，编制具有针对性的危险性较大的分部分项工程专项安全监理实施细则。

2.组建安全监理机构

总监理工程师根据工程规模、结构形式、技术特点、安全监理工作需要，组建项目监理安全保证体系和安全监理机构，安排具有相应资格的专职监理人员负责安全监理工作。

3. 开展安全风险分析、识别、评价、控制

总监理工程师负责组织项目安全监理机构的成员，依据工程设计文件及经批准的施工组织设计，对建设工程所含的分部分项工程安全风险进行系统分析、逐一识别、科学评价、制定有效的控制方法和措施，形成详细、完整、直观的风险控制台账。

4. 审查安全生产责任制及管理制度

安全生产责任制主要是指工程项目管理部各级管理人员对安全生产工作应负责任的一种制度，以项目经理为第一责任人的各级管理人员安全生产责任制，应经责任人员签字确认，是各类安全生产管理制度的核心。

安全生产管理制度是为了保障安全生产而制定的条文及制度。建立的目的是加强安全生产意识，贯彻"安全第一、预防为主、综合治理"的安全方针，落实各项管理措施，控制安全风险，将安全危险降到最低，从而依据安全风险制定各类管理制度。

项目监理机构审查施工单位现场安全生产管理制度的建立和实施。并应重点审查安全生产管理责任制度、安全生产许可制度、技术措施计划管理制度、安全施工技术交底及验收制度、安全生产检查制度、特种作业人员持证上岗制度、安全生产教育培训制度、施工机械设备管理制度、专项施工方案专家论证制度、消防安全管理制度、应急救援预案管理制度、生产安全事故报告和调查处理制度、安全生产费用管理制度、工伤和意外伤害保险制度等。

5. 审核施工单位安全专项技术方案

项目监理机构应在工程项目或分部分项工程施工前审核施工单位上报的专项施工技术方案。主要审核编制程序是否符合相关规定；安全技术措施是否符合工程建设强制性标准。

专业监理工程师审核专项施工方案，总监理工程师审核后符合要求的，并签署意见后报建设单位。对超过一定规模的危险性较大的分部分项工程专项方案，应督促施工单位组织专家论证。专项施工方案需要调整时，施工单位应按程序重新提交项目监理机构审核。专项方案经论证后需做重大修改时，修改后应重新组织专家论证。

6. 检查监督安全专项方案的落实

项目监理机构应从以下四个方面检查监督专项方案的实施：

（1）审——对承包单位的管理体系、专项方案符合性和程序性审查。

（2）查——查实施情况，查隐患情况，查整改情况。

（3）停——对重大隐患及严重违章施工、违章操作现象进行临时停工或全面停工。

（4）报——承包单位拒不整改、不停工，及时以书面形式向建设行政主管部门报告，采用月报、专报、急报形式。

7. 监督落实安全防护、文明施工和环境保护措施

项目监理机构应检查施工单位安全防护、文明施工和环境保护措施落实，对已落实的安全措施应及时签认相关费用，同时检查施工现场安全警示标志及标语是否符合相关标准和要求。

8. 收集整理归档保存安全监理资料

（1）安全监理资料是指监理单位在工程监理过程中所建立和形成的资料，充分体现监理单位对建设工程安全生产过程的真实记录，更能突出精细化安全监理监督管理水平。

（2）安全监理资料是施工现场安全监理的基础工作之一，也是检查考核落实监理安全责任的资料依据。同时它为安全监理工作提供分析、研究的依据性资料，从而能够掌握安全动态，以便对每个阶段制定行之有效的安全监控措施，达到安全目标管理。

（3）项目监理机构依据《危险性较大的分部分项工程安全管理规定》37 号令和 31 号文中对监理安全资料编写、收集、整理、归档保存的要求，应单独建立健全危险性较大的分部分项工程安全监理资料管理制度，并纳入监理项目资料档案管理。

二、安保体系建立和运行管理的精细化监理

（一）安保体系建立和运行管理依据

《中华人民共和国建筑法》、《中华人民共和国安全生产法》、《建设工程安全生产管理条例》、《关于落实建设工程安全生产监理责任的若干意见》、《建设工程监理规范》GB 50319—2013、《危险性较大的分部分项工程安全管理规定》37 号令和 31 号文等。

（二）监理安保体系建立

（1）监理单位依据有关的法律、法规和工程建设强制性标准对建设工程实施监理，并对建设工程安全生产承担监理责任。为了更好地履行安全监理工作，应组建健全监理安全保证体系。

（2）项目监理机构的总监理工程师受公司安全部门领导，对项目监理机构安全负责，负责项目安全监理机构的筹建、运行、检查、监督、考核等。履行完善安全责任书的签订，从而防止和避免施工现场安全事故的发生。

（3）项目监理机构安全保证管理体系组建流程图如图 7-1 所示。

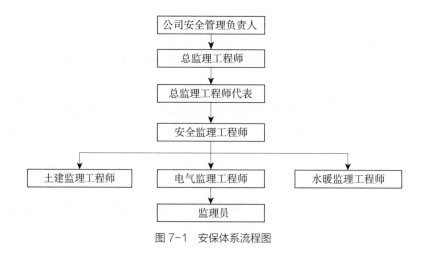

图 7-1　安保体系流程图

（三）监理机构安保体系人员的安全职责

1.总监理工程师职责

（1）总监理工程师对所承担监理项目的安全监理全面负责，并根据工程特点，确定项目安全监理机构的建立和岗位职责的分工，并对其安全监理工作进行检查、监督、考核。

（2）审查分包单位的安全协议，并提出审查意见。

（3）负责组织编写、审批危险性较大的分部分项工程安全监理实施细则，实施细则应明确安全监理工作内容、程序、方法、措施和控制要点。

（4）组织审查、审批施工单位上报的施工组织设计中的安全技术措施和危险性较大的分部分项工程安全专项技术方案。

（5）检查监督安全监理工作，根据工程项目进展情况可进行人员调配，对不称职人员应调换其工作。

（6）主持安全监理专题会议，签发安全监理相关文件和指令。

（7）主持或参与工程安全事故的调查。

（8）在施工准备阶段，组织审查核验施工单位提交的有关技术文件及资料，并在相关技术文件报审表上签署意见，审查未通过，其安全技术措施及施工方案不得实施。

（9）负责对施工现场安全生产情况进行巡视检查，对发现的各类安全隐患应填写总监理工程师巡视检查记录，要求安全专业监理工程师督促整改；情况严重的应及时下达工程暂停令。

（10）核查施工单位提交的小型机械设备、大型机械设备、脚手架、模板等安全设施技术交底记录和验收记录，并督促安全监理工程师签收备案。

（11）工程竣工后，负责将相关安全生产技术文件验收记录、监理规划、安全监理实施细则、危险性较大的分部分项工程专项安全实施细则、监理月报、安全监理会议纪要及相关书面通知，按规定立卷归档保存。

（12）督促施工单位进行安全自查工作，并对施工单位自查情况进行抽查，参加建设单位组织的安全生产专项检查。

（13）参与和组织危险性较大的分部分项工程的验收。

2.总监理工程师代表职责

（1）总监理工程师代表根据授权对所承担监理项目的安全监理全面负责，并根据工程特点，确定项目安全监理机构的建立和岗位职责的分工，并对其安全监理工作进行检查、监督、考核。

（2）审查分包单位的安全协议，并提出审查意见。

（3）负责组织编写危险性较大的分部分项工程安全监理实施细则，实施细则应明确安全监理工作内容、程序、方法、措施和控制要点。

（4）初步审查施工单位上报的施工组织设计中的安全技术措施和危险性较大的分部分项工程安全专项技术方案，并提出初步审查意见后报总监审核。

（5）检查监督安全监理工作，根据工程项目进展情况，建议总监对不称职人员调换工作。

（6）主持安全监理专题会议，签发总监授权范围内的安全监理相关文件和指令。

（7）在施工准备阶段，组织审查核验施工单位提交的有关技术文件及资料，并在相关技术文件报审表上签署意见，审查未通过，其安全技术措施及施工方案不得实施。

（8）负责对施工现场安全生产情况进行巡视检查，对发现的各类安全隐患应填写总监理工程师巡视检查记录，要求安全专业监理工程师督促整改；情况严重的应及时汇报总监下达工程暂停令。

（9）核查施工单位提交的小型机械设备、大型机械设备、脚手架、模板等安全设施技术交底记录和验收记录，并督促安全（专业）监理工程师签收备案。

（10）工程竣工后，负责将相关安全生产技术文件验收记录、监理规划、安全监理实施细则、危险性较大的分部分项工程专项安全实施细则、监理月报、安全监理会议纪要及相关书面通知，按规定立卷归档保存。

（11）督促施工单位进行安全自查工作，并对施工单位自查情况进行抽查，参加建设单位组织的安全生产专项检查。

（12）参与危险性较大分部分项工程的验收。

3. 安全监理工程师职责

（1）在总（总代）监理工程师领导下，开展安全监理工作。

（2）协助总（总代）监理工程师编制安全监理规划及负责编制安全监理实施细则。

（3）协助建设单位与施工承包单位签订工程项目安全协议书。

（4）审查分包单位资质、特种作业人员资格和上报的施工组织设计或专项施工方案中的安全技术措施、高危作业安全施工及应急预案方案等。

（5）督促施工承包单位建立、健全施工现场安全生产保证体系。

（6）督促施工承包单位做好逐级安全技术交底工作。

（7）监督施工承包单位按照工程建设强制性标准和专项安全施工方案组织施工，及时遏制违规施工作业。

（8）负责施工现场安全巡视检查工作，应对高危作业实施旁站。

（9）参与施工现场的安全生产检查，复核施工承包单位施工机械、设施的验收，并签署意见。

（10）填写安全监理日记和相关记录。

（11）负责本项目的安全监理资料的收集、汇总及整理，参与编写和送达监理月报、监理专报、监理急报。

（12）参加安全工作会议，审查承包单位安全技术方案，签认安全保障措施。

（13）定期巡视检查施工过程中危险性较大的分部分项工程作业情况。

（14）检查施工单位安全生产规章制度和专职安全生产管理人员的配置情况，督促施工单位检查各专业分包单位安全生产规章制度的建立情况。

（15）协助总监（总监代表）考核项目监理机构监理人员的状况。

4. 专业监理工程师

（1）在总（总代）监理工程师统一领导下，开展安全监理工作。

（2）协助安全监理工程师编制安全监理规划及负责编制安全监理实施细则。

（3）协助安全监理工程师对建设单位与施工承包单位签订工程项目安全协议书。

（4）协助安全监理工程师审查分包单位资质、特种作业人员资格和上报的施工组织设计或专项施工方案中的安全技术措施、高危作业安全施工及应急预案方案等。

（5）督促施工承包单位建立、健全施工现场安全生产保证体系。

（6）检查施工承包单位安全技术交底工作。

（7）检查施工承包单位工程建设强制性标准和专项安全施工方案的落实。

（8）负责施工现场安全巡视检查工作，协助安全监理工程师应对高危作业进行旁站。

（9）参与施工现场的安全生产检查，复核施工承包单位施工机械、设施的验收，并将验收结果汇报安全监理工程师。

（10）协助安全监理工程师对本项目的安全监理资料的收集、汇总及整理，参与编写监理月报、监理专报、监理急报。

（11）参加安全工作主题会议。

（12）定期或不定期巡视检查施工过程中危险性较大的分部分项工程作业情况。

（13）协助安全监理工程师检查施工单位安全生产规章制度和专职安全生产管理人员的配置情况。

5. 监理员的职责

（1）在监理工程师的领导下开展现场安全监理工作。

（2）在巡视检查中发现安全隐患及时汇报或制止。

（3）随时检查作业人员安全防护用品和施工作业环境，督促施工作业人员落实安全措施，及时发现问题，消除隐患，纠正违章。

（4）对特殊作业活动和重要工序进行旁站，并做好旁站记录。

（5）在岗期间应服从总监理工程师和专业监理工程师的领导，必须认真全面执行公司制定的管理办法和管理制度。

（四）施工单位安保体系的运行管理审查

1. 安全保证体系目标审查见表 7-1。

安全保证体系目标审查表　　　　　　　　　　表 7-1

审查项目	审查内容	审查依据	审查人
安全施工精细化监理目标内容	死亡目标	《安全生产法》《建设工程安全生产管理条例》	安全监理工程师/总监理工程师
	伤亡目标	《建设工程安全生产管理条例》	
	检查验收目标	《建设工程监理规范》GB/T 50319—2013、《建设工程安全生产管理条例》、《建筑施工安全检查标准》JGJ 59—2011	
	资料管理目标	《建设工程监理规范》GB/T 50319—2013、《建筑施工安全检查标准》JGJ 59—2011	
	创杯目标	建协安〔2017〕4号文、建协安〔2017〕5号文	
	环境保护目标	《建筑施工安全检查标准》JGJ 59—2011、《中华人民共和国大气污染防治法》	

2. 安全保证体系安全教育及活动记录审查见表 7-2。

安全保证体系安全教育及活动记录审查表　　　　　　　表 7-2

审查项目	审查内容	审查依据	审查人
项目部安全教育培训	安全培训计划表、作业人员花名册、施工机具操作人员花名册、职工安全培训情况登记表、日常安全教育制度	《建设工程安全生产管理条例》、《建筑施工安全检查标准》JGJ 59—2011、《建设工程监理规范》GB/T 50319—2013	安全监理工程师
建筑工人业余学校管理台账	基本情况、师资人员配备表、学员名单、达标自评表、教学计划、课时安排计划表、开展活动记录		
安全活动记录	项目部（班组）安全活动记录、企业负责人施工现场带班检查记录、项目负责人施工现场带班记录		

3. 岗位责任制、管理制度及操作规程审查见表 7-3。

岗位责任制、管理制度及操作规程审查表　　　　　　　表 7-3

审查项目	审查内容	审查依据	审查人
安全生产岗位责任制	项目经理、技术人员、施工员、安全员、材料员、质检员、预算员、资料员、机械员、班组长、门卫人员、炊事员、卫生员	《建设工程安全生产管理条例》、《建筑施工安全检查标准》JGJ 59—2011、《建设工程监理规范》GB/T 50319—2013	安全监理工程师/总监理工程师
安全生产管理制度	资金保障制度、项目负责人现场带班制度、专项方案编审制度、技术交底制度、教育培训制度、检查制度、班组安全活动制度、责任制考核制度、危险源辨识和管理制度、应急救援制度、机械设备安全管理制度、临建设施安全管理制度、职业健康与劳动保护制度、劳动防护用品（具）管理制度、特种作业人员管理制度、安全生产事故报告制度、分包单位安全管理制度、文明施工管理制度、卫生管理制度、食堂卫生管理制度、环境保护管理制度、消防防火制度、治安保卫制度、建筑工人业余学校管理制度、施工车辆管理制度、安全隐患排查制度、施工用电管理制度、绿色施工管理制度		

续表

审查项目	审查内容	审查依据	审查人
安全技术操作规程	作业人员安全生产基本规定、普通工、架子工、砌筑工、抹灰工、木工、钢筋工、混凝土工、防水工、电工、通风工、电焊工、气焊工起重安装工、起重司机、起重信号指挥、桩机操作工、中小型机械、操作工、保温工、管工、钳工、油漆工、厂（场）内机动车司机、装卸工	《建设工程安全生产管理条例》《建筑施工安全检查标准》JGJ 59—2011、《建设工程监理规范》GB/T 50319—2013	安全监理工程师/总监理工程师

4. 安全保证体系安全措施审查见表7-4。

安全保证体系安全措施审查表　　　　表 7-4

审查项目	审查内容	审查依据	审查人
安全措施	施工现场安全措施	《建筑施工安全检查标准》JGJ 59—2011	安全监理工程师/总监理工程师
	供电及照明安全措施		
	生活区安全措施		
	事故发生应急救援安全措施		
	建立健全安全保证制度措施		

5. 审查安保体系运行的考核评价

审查工程建设项目安保体系考核评价情况：如安全生产责任制和管理制度考核要点健全情况；安全目标计划完成情况；安全技术交底实施情况；重大危险源识别和辨识纠偏与检查整改情况；安全教育培训计划完成落实情况等。

三、建设工程安全危险源识别和清单的建立

（一）安全危险源识别

1. 识别的目的

为了防止施工现场安全事故的发生，针对高处作业、施工环境、施工季节等特点，从人、机、料、环、法等因素综合分析识别可能造成人员伤害、财产损失的危险源。其目的是安全监理工作及时、准确、发现和遏制安全事故的发生。

2. 识别的方法

项目监理机构按要求设置现场安全检查表，将一系列安全隐患项目列出检查表进行分析以确定系统，活动场所的状态是否符合安全要求，通过巡视检查发现系统中存在的安全隐患，提出改进和防护措施。检查项目可以包括场地、周边环境、设施设备、操作管理等方面。

3. 危险源评价

项目监理机构在每项生产活动前，对系统存在的危险类别、出现条件、事故处理等进行系统分析、准确归纳，尽可能评价出潜在的危险源。

4. 危险源控制

项目监理机构对危险源控制应从三个方面进行控制，即技术控制、人的行为控制和项目管理控制。

（1）技术控制

项目监理机构对项目实施过程中可能出现的危险源，要求施工单位编制详细的专项技术方案，通过审查、审批安全技术措施是否齐全、可行、具有针对性和操作性，相关图纸、资料、人员及施工机械设备配置满足施工现场需要。

（2）人的行为控制

项目监理机构通过巡视检查、平行检查、旁站等方式，监督现场作业人员的施工行为，即控制人为失误、减少人不正确的行为对危险源的触发，引发安全隐患，主要检查管理人员的操作和指挥失误、错误使用安全防护用品和防护装置，从而监督施工单位加强安全教育培训、技术交底和巡视检查等。

（3）项目管理控制

项目监理机构应监督项目部建立健全危险源规章制度，明确责任定期检查，加强落实；强化危险源的日常管理；督促安全危险源信息反馈，及时整改落实；制定危险源管理的日常考核评价和奖励机制。

（二）安全危险源清单建立

1. 建立的目的

危险源清单建立的目的是监理人员在安全监理工作中，更加直观、准确、全面和有针对性地对施工现场安全事故隐患部位进行检查、监督、整改。防止一些潜在的安全隐患不能够及时准确发现，造成安全事故的发生。

2. 建立的方法

危险源清单建立的方法是项目监理机构依据设计图纸、工程特点、结构类型将各类危险或潜在的危险源逐一找出，并统计汇总形成清单统计表，应明确危险源的名称、内容、控制措施和具体监督人，应在项目监理机构内部公示。监理人员依据公示清单统计表列举的危险源，并对各个危险源实施检查、监督、控制及落实。

四、安全精细化监理各阶段控制要点和内容

（一）施工各阶段控制要点

施工各阶段安全精细化监理控制要点做到五到位、四全、四查、三控制、五勤，见表7-5。

精细化监理控制要点 表 7-5

序号	控制要点	控制内容
1	五到位	教育到位、月安全生产会到位、机构人员到位、现场检查到位、整改反馈到位
2	四全	全员、全面、全过程、全天候
3	四查	查思想、查措施、查纪律、查制度
4	三控制	强制控制危险点、强制控制危害点、强制控制事故多发点
5	五勤	手勤、脑勤、眼勤、脚勤、嘴勤

（二）施工各阶段控制内容

1. 施工准备阶段控制的内容

项目监理机构在施工准备阶段主要审核施工单位项目安全管理的资料，满足要求后，应由总监理工程师签署开工指令。

（1）审核安全管理资料见表 7-6。

安全管理资料审核表 表 7-6

审核项目	审核内容	审核依据	审核人
基本资料内容	工程概况表、参建各方主体责任有关人员、特种作业人员名册、施工现场和临近区域内有关资料的交接记录表、分包单位登记表、分包单位资格审查表、重大危险源公示牌备案清单、重大危险源动态管理台账、总包与分包单位安全协议及相关附件资料	《建设工程安全生产管理条例》、《建筑施工安全检查标准》JGJ 59—2011、《建设工程监理规范》GB/T 50319—2013	安全监理工程师／总监理工程师
项目部安全生产组织机构及管理目标	公司委派专职安全员证明材料、项目安全生产文明施工管理网络图（略）、安全生产目标责任书、安全质量标准化责任目标分解图、安全管理目标责任落实考核办法		
应急救援预案和事故调查处理资料	事故应急预案编写要求、应急救援组织人员名册、应急救援设施设备仪器登记表、事故应急救援演练记录表、事故登记表、项目发生安全生产事故统计表、工程建设重大质量安全事故快报表		
审查劳动防护用品资料	安全防护用品购置登记表、安全防护用品验收单、安全防护用品生产许可证、合格证、安全认证标志及抽查检验报告、个人劳动防护用品发放登记表		

（2）审核专项施工方案和安全技术交底。

专项技术方案应由施工单位技术部门组织编写审核。对危险性较大的分部分项工程安全技术方案，经施工单位技术负责人审批后上报项目监理机构审核审批，由施工单位组织专家论证，专项施工方案及安全技术交底审查表见表 7-7。

（3）审查岗位责任制和管理制度

项目监理机构应严格审核施工管理人员岗位责任制的建立和安全生产管理制度的制定，见表 7-3。

专项施工方案及安全技术交底审查表　　　　　　　　表 7-7

审核项目	审核内容	审核依据	审核人
专项施工方案	专项施工方案的编审要求、专项施工方案的编审内容、专项施工方案的编审、超过一定规模的危险性较大的分部分项工程专项施工方案专家论证签到表、危大工程专项施工方案专家论证报告、专项施工方案	《危险性较大的分部分项工程安全管理规定》37号令和31号文、《建筑施工安全检查标准》JGJ 59—2011及相关的法律、法规和强制性标准条文	安全监理工程师/总监理工程师
安全技术交底	安全技术交底的编写要求、开工前安全技术交底表、分部（分项）工程安全技术交底表、班组安全技术交底表		

2. 实施阶段控制的内容

项目监理机构依据相关的法律、法规及标准、监理规划和实施细则，对工程项目全过程、全方位实施动态监督、检查和管理。

（1）审查过程安全技术资料见表 7-8。

安全技术资料审核表　　　　　　　　表 7-8

审查项目	审查内容	审查依据	审查人
安全检查及隐患整改	建设主管部门安全检查奖惩记录汇总表、项目工程施工现场首次检查表、建设工程安全防护及文明施工措施验收评价表、相关部门检查记录及项目部隐患整改记录、企业隐患排查记录表、项目部隐患排查记录表、安全员动态管理（日）检查表	《建设工程安全生产管理条例》、《建筑施工安全检查标准》JGJ 59—2011、《建设工程监理规范》GB/T 50319—2013	安全监理工程师/总监理工程师
监理检查整改记录	监理工程师通知单、旁站监理记录表	《建设工程监理规范》GB/T 50319—2013	监理企业安全负责人/总监理工程师

（2）检查施工现场安全生产

1）检查施工现场安全检查制度建立健全情况，安全检查是否形成文字记录，对查出的安全事故隐患做到"三定"：即定人、定时间、定措施落实整改和验收。

2）各类安全生产专项检查及验收记录，如现场的接地电阻、漏电电流动作测试，用电维修，电工交接班记录，机械设备进场验收记录，用电检查，防护设施检查，脚手架等，均按有关规定及技术标准做好详细的验收记录。

3）现场是否制定了安全生产培训教育制度，应有完整的安全生产培训教育记录。

4）是否建立施工班组班前安全活动制度，应认真做好班前安全活动，并记录齐全。

5）特种作业人员是否持证上岗。

6）是否建立施工现场伤亡事故年报表。

7）现场安全标志布置平面图：现场绘制的安全标志布置总平面图应清晰，标明各安全标志所在的位置和部位，并随着工程的动态变化而不断修正，做到图标和现场实际相符。

（3）建设工程安全验收见表7-9。

建设工程安全验收　　　　　　表 7-9

验收项目	验收内容	验收依据	验收人
安全验收记录汇总表	验收的项目；实施和验收日期；实施和验收单位；验收负责人；验收结果	《建筑施工安全检查标准》JGJ 59—2011	总监理工程师
临建设施	施工现场围挡验收表；现场临建活动板房安全验收表	《建筑施工安全检查标准》JGJ 59—2011；《建设工程监理规范》GB/T 50319—2013；相对应的各类标准、规范	监理工程师
分部分项工程	土方开挖、基坑支护、降水、监测安全验收表；模板工程及支撑体系安全验收表；脚手架及附属设施安全验收表		
防护设施	临边、洞口安全防护设施验收表；安全防护棚搭设验收表；攀登作业设施验收表		
建筑机械设备	建筑施工起重机械管理；建筑施工厂（场）内机动车辆及桩工管理；建筑施工中、小型施工机具管理		设备监理工程师
施工临时用电	临时用电管理要求；临时用电设备登记表；电器成套产品质量证明文件；临时用电验收表；临时用电设备调试表；临时用电电工安装、巡检、维修、拆除工作记录		电气监理工程师

3. 竣工验收阶段控制的内容

（1）竣工验收阶段是各参建单位对安全隐患比较麻痹、忽视，同时对施工现场的安全隐患巡视、检查及验收不够重视，因此易产生安全事故。

（2）项目监理机构应重点对以下安全隐患进行重点巡视、检查验收：

1）安全用具及用品

督促检查小型用电设备、安全帽、安全带、安全网是否措施到位。

2）四口临边防护

督促检查施工通道口、预留洞口、电梯口、楼梯口等安全隐患部位的防护措施。

3）起重机械

塔式起重机、施工电梯、吊篮及附着式升降脚手架等的报拆手续、拆除方案、措施是否到位。

4）施工用电

施工现场临时用电、周围电线电缆外电保护、接地接零保护系统、配电线路、配电箱与开关箱、配电室与配电装置、现场照明、用电档案应重点巡视检查。

五、危险性较大的分部分项工程安全精细化监理

为贯彻实施《危险性较大的分部分项工程安全管理规定》（建办质〔2018〕37 号令和31 号文），进一步加强和规范房屋建筑工程中危险性较大的分部分项工程（以下简称"危大工程"）安全管理。提升监理在建设工程中安全监理服务水平，明确监理安全管理的内容、方法、措施，从而防止和避免重大安全事故发生。

（一）危险性较大的分部分项工程的范围见表7-10。

危险性较大的分部分项工程划分的范围　　　　　　　　　　表7-10

项目	危险性较大的分部分项工程范围	超过一定规模的危险性较大分部分项工程范围
深基坑工程	（1）开挖深度超过3m（含3m）的基坑（槽）的土方开挖、支护、降水工程。 （2）开挖深度虽未超过3m，但地质条件、周围环境和地下管线复杂，或影响毗邻建、构筑物安全的基坑（槽）的土方开挖、支护、降水工程	开挖深度超过5m（含5m）的基坑（槽）的土方开挖、支护、降水工程
模板工程及支撑体系	（1）各类工具式模板工程：包括滑模、爬模、飞模、隧道模等工程。 （2）混凝土模板支撑工程：搭设高度5m及以上，或搭设跨度10m及以上，或施工总荷载（荷载效应基本组合的设计值，以下简称设计值）10kN/m²及以上，或集中线荷载（设计值）15kN/m及以上，或高度大于支撑水平投影宽度且相对独立无联系构件的混凝土模板支撑工程。 （3）承重支撑体系：用于钢结构安装等满堂支撑体系	（1）各类工具式模板工程：包括滑膜、飞模、爬模、隧道模等。 （2）沉重支撑体系：用于钢结构安装等满堂支撑体系，承受单点荷载7kN及以上。 （3）混凝土模板支撑工程：搭设高度8m以上，或搭设跨度18m及以上，或施工总荷载15kN/m²及以上，或集中线荷载20kN/m²及以上
起重吊装及起重机械安装拆卸工程	（1）采用非常规起重设备、方法，且单件起吊重量在10kN及以上的起重吊装工程。 （2）采用起重机械进行安装的工程。 （3）起重机械安装和拆卸工程	（1）采用非常规起重设备、方法，且单件起吊重量在100kN及以上的起重吊装工程。 （2）起重量300kN及以上，或搭设总高度200m及以上，或搭设基础标高在200m及以上的起重机械安装和拆卸工程
脚手架工程	（1）搭设高度24m及以上的落地式钢管脚手架工程（包括采光井、电梯井脚手架）。 （2）附着式升降脚手架工程。 （3）悬挑式脚手架工程。 （4）高处作业吊篮。 （5）卸料平台、操作平台工程。 （6）异型脚手架工程	（1）搭设高度50m及以上的落地式钢管脚手架工程。 （2）提升高度在150m及以上的附着式升降脚手架工程或附着式升降操作平台工程。 （3）分段架体搭设高度20m及以上的悬挑式脚手架工程
拆除工程	可能影响行人、交通、电力设施、通信设施或其他建、构筑物安全的拆除工程	（1）码头、桥梁、高架、烟囱、水塔或拆除中容易引起有毒有害气（液）体或粉尘扩散、易燃易爆事故发生的特殊建、构筑物的拆除工程。 （2）文物保护建筑、优秀历史建筑或历史文化风貌区影响范围内的拆除工程
暗挖工程	采用矿山法、盾构法、顶管法施工的隧道、洞室工程	采用矿山法、盾构法、顶管法施工的隧道、洞室工程
其他	（1）建筑幕墙安装工程。 （2）钢结构、网架和索膜结构安装工程。 （3）人工挖孔桩工程。 （4）水下作业工程。 （5）装配式建筑混凝土预制构件安装工程。 （6）采用新技术、新工艺、新材料、新设备可能影响工程施工安全，尚无国家、行业及地方技术标准的分部分项工程	跨度36m及以上的钢结构安装工程，或跨度60m及以上的网架和索膜结构安装工程。开挖深度16m及以上的人工挖孔桩工程、水下作业工程。重量1000kN及以上的大型结构整体顶升、平移、转体的施工工艺。采用新技术、新工艺、新材料、新设备可能影响工程施工安全，尚无国家、行业及地方技术标准的分部分项工程

（二）危险性较大的分部分项工程监理内容

1. 危险性较大的分部分项工程专项施工方案的审核

（1）专项施工方案监理审核的内容

1）编制程序是否符合有关规定。

2）专项方案内容是否完整、具有操作性、具有针对性。

3）专项方案编制、审核、审批是否符合有关规定。实行施工总承包的，专项方案应当由施工总承包单位组织编写，由总包单位技术负责人审核签字、加盖单位公章。危险性较大的分部分项工程实行分包的，专项方案可以由相关专业分包单位组织编写，总包单位技术负责人和分包单位技术负责人共同审核签字加盖单位公章，并报监理机构审核签字后实施。

4）专项施工方案安全技术措施是否符合现行国家强制性标准。

（2）专项施工方案审核审批程序

1）对超过一定规模的危险性较大的分部分项工程，监理单位应监督施工单位组织专家对专项方案进行论证，专家论证前专项方案应报项目监理机构审核，并经总监理工程师审批后召开专家论证会。

2）专家论证会召开前，施工单位应邀请总监理工程师参加。

3）专家组对专项施工方案论证结论"通过"并提出修改意见，施工单位按照专家提出的修改意见进行补充及完善，完善后报总监理工程师审批后实施。专项方案"未通过"，施工单位应重新修改完善，并再次组织专家论证通过后，报总监理工程师审批后实施。

（3）专项施工方案审核要点

1）工程概况描述是否准确、齐全、完整。编制依据是否齐全、完整，是否符合现行国家规范及标准。

2）施工方法及安全技术措施是否合理，可具有操作性。

3）施工方案构造设计计算书是否完整，计算方法是否正确，参数取值是否准确，是否附详图。

4）交底、验收内容是否齐全。

5）应急处理措施是否满足实际需要。

（4）专项施工方案审核应注意的事项

1）项目监理机构对施工单位报审的专项施工方案应进行程序性审核，应关注编制、审核、审批管理人员是否满足规范要求，技术负责人审核并签署结论性同意意见。

2）项目监理机构对施工单位报审的专项施工方案应进行针对性审核，主要是针对本工程的工程特点、周边环境、施工计划、机械设备、安保体系、应急处理措施等进行审核。满足要求后项目监理机构方可签署审核意见，并下发施工单位。

3）项目监理机构对专项施工方案审核后结论签署内容必须完整，语言描述要准确，结论签署意见一般包括以下内容：

①经程序性审核，符合编制程序。

②经符合性审核，符合现行国家标准规范。

③经针对性审核，具有针对性、可操作性。

④经审核，同意按本专项方案组织实施。

2. 危险性较大的分部分项工程安全监理实施细则编制

（1）危险性较大的分部分项工程监理实施细则是项目监理机构开展危险性较大的分部分项工程监理工作的操作性文件。项目监理机构应根据《危险性较大的分部分项工程安全管理规定》的有关规定，结合危险性较大的分部分项工程专项施工方案编制危险性较大的分部分项工程监理实施细则，明确监理工作要点、工作流程、工作方法及措施。

（2）危险性较大的分部分项工程监理实施细则编制内容

1）工程概况：危险性较大的分部分项工程概况、监理监控平面布置图及监理监控要点。

2）编制依据：安全生产有关的法律、法规、标准条文；住房和城乡建设部下发的有关文件；国家及省市有关质量、安全管理的法律、法规及规程。

3）编制目的：为了加强对危险性较大的分部分项工程安全管理，明确安全专项施工方案编制内容，规范专家论证程序，确保安全专项方案的实施，积极防范和遏制建筑施工安全事故的发生。

4）编制范围：针对工程特点、周边环境和施工工艺，可能导致作业人员群死群伤或重大不良社会影响的分部分项工程。

5）建立危险性较大的分部分项工程监理管理制度：

①危险性较大的分部分项工程监理实行总监理工程师负责制，全权负责危险性较大的分部分项工程的监督管理工作。

②针对危险性较大的分部分项工程专项安全施工方案应建立严格的编制、审核、方案论证、审批制度。

③危险性较大的分部分项工程需要进行检测监控的，应建立健全检测管理程序及制度。

④施工单位应建立健全安全技术交底及验收制度。

⑤项目监理机构应针对专项施工方案的实施情况应建立健全监理验收和旁站制度。

⑥监理单位和施工单位项目负责人对危险性较大的分部分项工程建立健全定期巡视检查制度。

⑦监理工作控制要点及目标值：前期阶段、施工阶段及目标值。

（3）危险性较大的分部分项工程监理监控流程如图7-2所示。

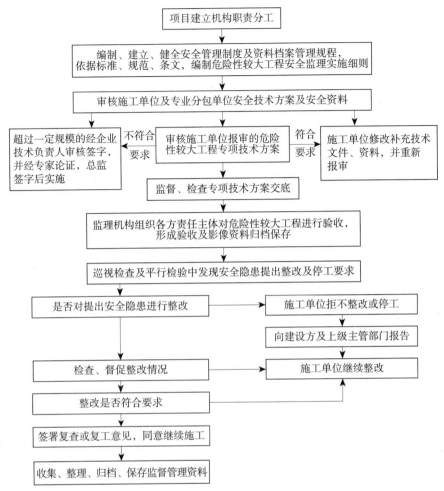

图 7-2 危险性较大的分部分项工程监理监控流程图

3. 危险性较大的分部分项工程验收

依据《危险性较大的分部分项工程安全管理规定》37 号令中要求,施工单位完成危险性较大的分部分项工程后,监理单位项目负责人应组织施工单、建设单位项目负责人及项目相关人员进行验收。经各方共同验收合格后,各方负责人签署意见"同意进入下道工序",如各方验收不合格,各方负责人填写不合格意见限期整改,整改合格后再次组织报验,经验收合格后,各方负责人签署意见,进入下道工序施工。验收表见表 7-11。

(三) 危险性较大的分部分项安全监理监控要点

1. 基坑工程监理监控要点

(1) 基坑工程监控依据

《建筑基坑工程监测技术标准》GB 50497—2019;《建筑施工安全检查标准》JGJ 59—2011;《建筑基坑支护技术规程》JGJ 120—2012;《建筑施工土石方工程安全技术规范》

危险性较大的分部分项工程验收表 表7-11

重大安全隐患、关键部位（工序）概况				
项目名称				
特征描述				
专家论证				
相关作业条件				

劳务班组自检				
验收内容	劳务单位名称	验收意见	验收时间	验收人签字

总包单位项目部验收				
验收内容	验收部门	验收意见	验收时间	验收人签字

专业监理工程师验收				
验收内容	验收人	验收意见	验收时间	验收人签字

三方责任主体（负责人）验收				
	验收单位	验收意见	验收时间	验收人签字
验收内容	建设方			
	监理方			
	施工方			

JGJ 180—2009;《建设工程施工现场消防安全技术规范》GB 50720—2011;《危险性较大的分部分项工程安全管理规定》37号令和31号文等。

（2）基坑专项施工方案审查要点

1）专项施工方案编制、审核、审批程序应满足要求，签字规范齐全。

2）专项施工方案内容应完整齐全、具有针对性、可操作性，并符合工程设计技术要求，并出具基坑施工有效设计图纸、荷载计算书和计算参数取值表。

3）基坑深度超过规范规定时，施工单位应组织专家对方案进行论证。论证程序满足要求、论证结论准确、论证意见重点突出合理。

4）基坑支护方法及措施应符合《建筑基坑支护技术规程》JGJ 120—2012规定。安全技术措施满足强制性标准要求。

5）方案中对原材料选择与使用满足规范标准要求。

6）土方开挖的工作流程。

7）有基坑周边准确、详细的环境描述。

8）资源配置计划应满足工程需要。

9）基坑监测的方法和措施详细介绍。

10）支撑拆除和土方回填的计划、施工流程、安全措施及应急救援措施。

（3）危险性较大的分部分项工程专家论证报告见表7-12。

危险性较大的分部分项工程专家论证报告　　　　　　表 7-12

工程名称			
总承包单位		项目负责人	
分包单位		项目负责人	
危险性较大的分部分项工程名称			
专家一览表			
姓名	工作单位		专家编号
专家论证意见	通过 □　修改后通过 □　不通过 □		
专家建议：			
专家签名：		组长： 专家：	

（4）基坑支护监控要点

1）审查总承包单位上报的专业分包单位前期相关资料如：企业资质、安全生产许可证、管理及特种人员上岗证件、机械设备、材料计划、工期计划、分包合同、专项方案及图纸等。

2）监督施工单位做好技术交底、报验及验收工作。

3）项目监理机构应做好巡视检查、验收，需要旁站的关键部位关键工序应做好旁站工作和文字记录。

4）基坑支护施工完成后应组织参建各方验收，形成验收影像资料，并归档保存。

5）需要监测应做好支护结构水平位移检测工作，定期将检测结果上报项目监理机构。

（5）自然放坡、土钉墙支护监控要点

1）监理机构应根据地勘报告对方案内的土质描述，确定自然放坡的角度，坡度不应大于1∶0.2，基坑支护结构设计符合地勘报告的参数要求。

2）监督施工单位严格按照专项方案进行技术交底、施工，并按要求设置排水沟、集水井等降排水措施。

3）土方开挖前监理机构应落实周边建筑物、地下管线、道路的安全、临时电线采取架空措施到位情况，并监督做好基坑变形监测。

4）随时巡查开挖土层与勘察资料的吻合情况，发现明显不符或开挖面上方的支护未达到设计要求时，严禁向下超挖，应停止开挖。

5）巡视检查发现开挖的实际土层与勘察报告描述的土层不符，或出现异常情况时，

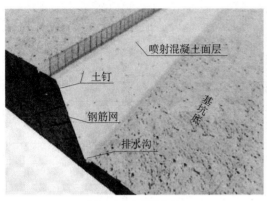
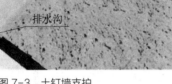

图 7-3　土钉墙支护　　　　　　　　图 7-4　桩锚支护

应要求施工方停止开挖。待安全隐患排除后，再组织开挖。

6）进场机械设备监理应进行验收，杜绝老旧设备进场。

7）土钉墙支护如图 7-3 所示。

（6）桩锚支护监控要点

1）监理机构审核审批专项施工方案。按照方案交底、施工，并按要求采取有效的降排水措施，做好变形监测。

2）支护桩和混凝土灌注桩施工应有完整有效的设计图纸。

3）在成孔过程中遇到地下不明障碍物时，监理监督施工单位查明其性质，确保安全的情况下再组织施工。

4）混凝土灌注桩应采取间隔成桩的施工顺序。监理人员应监督、检查、验收支护桩及顶部冠梁宽度（不应小于桩径）、高度（不应小于桩径的 0.6 倍）、混凝土配合比、强度、施工顺序，并形成验收资料，存档保存。

5）支护桩施工时，监理人员应巡视检查锚杆锚固段设置的位置、锚杆机的稳定性、泵的压力等。

6）对进场的机械设备应检查验收，杜绝陈旧设备进入现场施工。

7）桩锚支护如图 7-4 所示。

（7）地下连续墙支护监控要点

1）监理机构审核审批专项施工方案。地下连续墙支护应有完整、有效的设计图纸。

2）严格按照专项方案和设计图纸进行交底、施工，并实施监理报验制。

3）监理人员应巡视检查基坑降水、基坑变形监测和降水措施专人检查记录。邻近建筑物、地下管线、地下构筑物对地基变形敏感时，监理应检查落实控制槽壁变形的有效措施。

4）地下连续墙的导墙强度达到设计强度后方可拆模。导墙养护期间，严禁重型机械或运输车辆在附近行走、停置或作业。

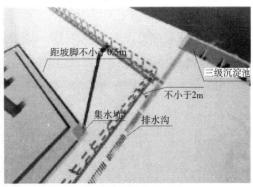

图 7-5　地下连续墙构造　　　　　　　　　图 7-6　基坑降排水

5）钢筋笼吊装前，监理应检查验收钢筋笼的质量是否合格、吊装措施是否到位。质量合格、措施到位的前提下进行吊装作业。

6）监理做好资料的收集、整理、验收、归档、保存。验收资料必须与实体同步。

7）地下连续墙构造如图 7-5 所示。

（8）基坑降排水监控要点

1）按照专项施工方案，基坑的上、下部和四周必须设置排水系统，不得积水。

2）监理应根据项目所在地周边水系及当地年降水量情况，检查施工单位沿基坑周边地面设排水沟及沉淀池。检查降水井是否依据周边环境在基坑外缘布置，安全防护措施是否到位。

3）检查基坑上部排水沟、基坑边缘的安全距离（大于 2m）、排水沟底与侧壁防渗处理。

4）基坑放坡开挖时，监理人员对坡顶、坡面、坡角的降排水措施检查验收，应满足方案要求。

5）基坑降排水如图 7-6 所示。

2. 土方开挖监理监控要点

（1）土方开挖监控依据

《中华人民共和国大气污染防治法》;《建筑工地施工扬尘专项治理工作方案》(建办督函〔2017〕169 号);《建筑施工安全检查标准》JGJ 59—2011;《建筑施工土石方工程安全技术规范》JGJ 180—2009 等。

（2）土方开挖监控要点

1）土方开挖前监理检查专项施工方案、各方主体责任制、安全管理制度、扬尘治理和机械设备碰撞措施。

2）监理检查核实基坑支护结构设计强度，满足要求后，方可开挖下层土方，分层分段开挖，严禁提前开挖和超挖。

3）检查机械设备在软土场地作业时应采取铺设渣土、砂石硬化措施。

4）监理应严格落实出入土方运输车辆和施工现场裸露土覆盖、冲洗、降尘措施。

5）监理巡视检查土方开挖过程中监测、基坑支护体系与周边环境的监测数据，有异常现象立即采取安全措施，严禁冒险施工。

6）检查土方开挖深度范围内的地下水位，确保地下水位在每层开挖面以下50cm，严禁有水挖土作业。

7）土方开挖、分层开挖、洗车设备、基坑周边排水沟及围挡分别如图7-7~图7-10所示。

图7-7　土方开挖

图7-8　土方分层开挖图

图7-9　洗车设备

图7-10　基坑周边排水沟及围挡

（3）基坑安全通道监控要点

1）监理检查基坑安全消防疏散通道的数量、规格、型式，应满足规范标准要求，采取人车分流。

2）人行安全疏散通道分固定式和移动式两种，固定式采用钢管搭设；移动式采用全钢标准节定制。

3）基坑上下安全疏散通道一般不应少于2处。

4）车行通道侧面应放坡，防止坍塌，并在车道边设置安全警示标志。

（4）坑边荷载监控要点

1）监理检查基坑四周堆置土、料具等荷载不得超过基坑支护设计值，周边堆载符合《建筑深基坑工程施工安全技术规范》JGJ 311—2013规范要求。

2）巡视检查施工机械设备距基坑边沿的安全距离应大于等于 2m。基坑周边 1.2m 范围内不得堆载，3m 以内限制堆载。

3）严禁材料运输设备总荷载大于基坑支护设计荷载值，通过基坑边沿，严禁重型车辆通过。

4）基坑围挡、上人疏散通道如图 7-11、图 7-12 所示。

图 7-11　基坑围挡

图 7-12　基坑上人疏散通道

（5）基坑防护监控要点

1）监理检查验收基坑临边防护的规格、材质、型式，采用钢管搭设或格栅式工具化栏杆，应设在排水沟的内侧。

2）检查落实安全警示标识、夜间施工照明灯及安全警示灯。防护栏杆外侧应悬挂安全警示标识，基坑四周应设置足够的照明措施，并设置警示灯。

3）基坑内应设置施工人员上下的专用梯道。

4）降水井口应设置防护盖板或围栏。

5）基坑临边防护构造如图 7-13、图 7-14 所示。

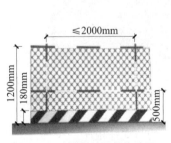
图 7-13　基坑临边防护构造图

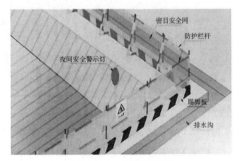
图 7-14　基坑防护图

3.脚手架工程监理监控要点

（1）脚手架工程监控依据

《建筑施工安全检查标准》JGJ 59—2011；《建筑施工扣件式钢管脚手架安全技术规范》JGJ 130—2011；《建筑施工承插型盘扣式钢管支架安全技术规程》JGJ 231—2010；《危险性

较大的分部分项工程安全管理规定》37号令和31号文等。

（2）扣件式钢管脚手架专项施工方案审核要点

1）专项施工方案编制、审核、审批程序应满足要求，签字规范齐全。

2）专项施工方案内容应完整齐全、具有针对性、可操作性，并符合工程设计技术要求。

3）架体搭设高度超过规范规定时，施工单位应组织专家对方案进行论证。论证程序满足要求、论证结论准确、论证意见重点突出合理。

4）搭设方法、步骤符合《建筑施工扣件式钢管脚手架安全技术规范》JGJ 130—2011规定。安全技术措施满足强制性标准要求。

5）方案中对原材料选择与使用满足规范标准要求。

6）结构计算书中节点详图齐全、取值准确无漏项、计算过程正确。

（3）立杆基础监控要点

1）立杆基础要求坚实、平整。

2）立杆底部沿外脚手架长度方向应通长设置垫板，垫板材质可采用木脚手板或者槽钢等。

3）脚手架基础采取有组织排水、四周设置排水。

4）落地式脚手架底部构造设置如图7-15所示。

图7-15　落地式脚手架底部构造设置

（4）立杆、纵、横向扫地杆及水平杆监控要点

1）立杆下部150mm处应设置纵、横向扫地杆，均与立杆相连。

2）脚手架立杆基础不在同一高度时，必须将高处的纵向扫地杆向低处延长两跨与立杆固定，高低差不应大于1000mm，靠边坡上的立杆轴线到边坡的距离不应大于500mm。

3）单、双排脚手架底层步距不应大于2000mm。

4）单、双排与满堂脚手架立杆接长除顶层顶步外，其余各层各步接头应采用对接扣件连接。

5）脚手架立杆的对接、搭接构造必须满足有关技术规范要求。

6）脚手架立杆顶端栏杆宜高出女儿墙上端 1000mm，宜高出檐口上端 1500mm。

7）纵向水平杆接长应采用对接扣件连接或搭接方式，其构造应符合有关技术规范要求。

8）纵向水平杆应设置在立杆内侧，单根杆长度不应小于 3 跨。

9）横向水平杆构造应满足有关技术规范要求，主节点必须设置一根横向水平杆，用直角扣件连接，且严禁拆除。

10）横向扫地杆构造如图 7-16 所示。

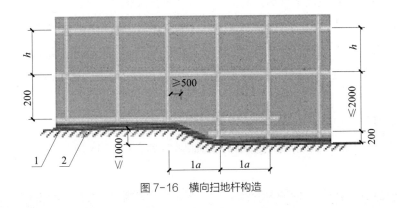

图 7-16　横向扫地杆构造

（5）连墙件监控要点

1）连墙件与架体连接应符合相关标准规范要求。

2）连墙件应从第一步纵向水平杆处开始设置，在"一字形""开口形"两端必须加强设置连墙件。

3）24m 以下脚手架应采用刚性或柔性连接，24m 以上必须采用刚性连接，严禁柔性连接。

4）连墙件布置注意事项见表 7-13。

5）连墙件必须随脚手架同步搭设、同步拆除，严禁后搭或先拆。

6）单、双排脚手架应配合施工进度搭设，一次搭设高度不应超过相邻连墙件以上两步。

脚手架连墙件布置表　　　　　　　　　　　　　　　　　　　　　　表 7-13

脚手架高度	连墙件形式	间距	备注
24m 以下	刚性或柔性	3 步 2 跨	若为柔性连墙件，拉顶必须配合良好
24m 以下	刚性	2 步 3 跨	应靠近节点、采用水平或者外地内高的方式连接

（6）杆件间距与剪刀撑监控要点

1）立杆、纵向水平杆、横向水平杆间距应符合设计及规范要求。

2）剪刀撑或横向斜撑随架体的搭设高度不断增高及时加设，并且要连续设置到顶、不留间隙，斜杆底部要落在垫板上。

3）每根剪刀撑应跨越 5~7 根立杆，与地面夹角 7 根夹角为 45°、6 根夹角为 50°、5 根夹角为 60°，杆件接长采用搭接方式。24m 以下的外架，在架体外侧两端、转角及中间间隔不超过 15m 的立面上设置剪刀撑；24m 以上的外架，在架体外侧搭设连续剪刀撑。

（7）脚手板、防护栏杆及层间防护监控要点

1）作业层脚手板应满铺并固定牢固，严禁出现探头板。

2）架体外侧应满挂全封闭密目式安全网（安全网应有合格检验复试报告）。

3）作业层防护栏杆应符合规范要求，设置高度不小于 180mm 的挡脚板。

4）作业层脚手板下应采用安全平网兜底，作业层以下每隔 1000mm 设安全平网全封闭措施。

5）作业层与建筑物之间应进行封闭。

6）安全平网防护、作业层与建筑物封闭如图 7-17、图 7-18 所示。

图 7-17 安全平网防护图

图 7-18 作业层与建筑物封闭

（8）脚手架斜道与外架防护棚监控要点

1）斜道钢管应横平竖直分布均匀，楼梯步距应保持一致。

2）斜道坡度与地面夹角应保持在 30°~45°，斜道应满铺脚手板。

3）斜道宽度、坡度应满足规范要求。

4）防护棚搭设坠落半径见表 7-14。

防护棚搭设坠落半径取值参数表 表7-14

建筑物高（H）	2~5m	5~15m	15~30m	> 30m
坠落半径（R）	3m	4m	5m	6m

5）脚手架斜道、斜道构造如图7-19、图7-20所示。

（9）悬挑式脚手架监控要点

1）悬挑式脚手架应编制专项施工方案，履行审核、审批手续，应按专项方案搭设，一次性搭设高度不应超过20m。分段架体搭设高度在20m及以上方案应组织专家论证。

2）悬挑架荷载应均匀，并不应大于规范规定值，工字钢截面高度不应小于160mm；钢梁锚固端长度不应小于悬挑长度的1.25倍；悬挑外端的钢丝绳或钢拉杆不参与悬挑梁受力计算，建筑结构拉结吊环直径不应小于20mm，拉环直径不应小于16mm。

3）钢梁锚固处的混凝土强度应满足要求，建筑结构楼板厚度不应小于120mm，如厚度小于120mm时应采取加强措施。

图7-19 脚手架斜道

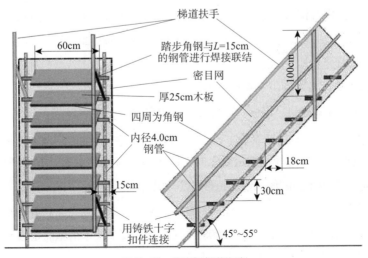

图7-20 脚手架斜道构造

4）当型钢悬挑梁与建筑结构采用螺栓钢压板连接固定时，钢压板尺寸不应小于100mm×100mm（长×宽）；当采用螺栓角钢压板连接时，角钢的规格不应小于63mm×63mm×6mm。

5）悬挑架的外立面剪刀撑应自下而上连续设置。

6）悬挑架搭设前项目监理机构应进行技术交底；搭设完备后应按规定组织各方责任主体进行验收，并形成验收量化资料归档保存。

（10）承插型盘扣式钢管脚手架监控要点

1）承插型盘扣式钢管脚手架应编制专项方案，履行审核、审批手续，专项方案应组织专家论证。

2）承插型盘扣式钢管脚手架搭拆应符合《建筑施工承插型盘扣式钢管支架安全技术规程》JGJ 231—2010要求。

3）承插型盘扣式脚手架立杆应采用Q345级钢锻铸，单根立杆的承载力应大于20t。

4）承插型盘扣式钢管脚手架立杆采用套管承插连接，水平杆和斜杆采用端口接头卡入连接盘，用楔形插销连接。

（11）脚手架交底验收要点

1）交底验收的方法、内容、措施具有针对性、完整性。

2）监督施工单位在架体搭设前应进行技术交底，并形成文字记录。

3）架体分段搭设、分段使用前应进行验收，并经各方责任人签字确认形成文档资料归档保存。应采用《建筑施工安全检查标准》JGJ 59—2011表B3扣件式钢管脚手架检查评分表，监理进行验收。

4.模板支架体系监理监控要点

（1）模板支撑体系监控依据

《建筑施工扣件式钢管脚手架安全技术规范》JGJ 130—2011；《建筑施工模板安全技术规范》JGJ 162—2008；《建筑施工安全检查标准》JGJ 59—2011；《危险性较大的分部分项工程安全管理规定》31号文等。

（2）模板支架体系专项方案审核的要点

1）专项施工方案编制、审核、审批程序应满足要求，签字规范齐全。

2）专项施工方案内容应完整齐全、具有针对性、可操作性，并符合工程结构设计特点。

3）模板支撑体系超过规范规定要求时，施工单位应组织专家对方案进行论证。论证程序符合要求、论证结论准确、论证意见重点突出合理。

4）搭设方法符合《建筑施工扣件式钢管脚手架安全技术规范》JGJ 130—2011和《建筑施工模板安全技术规范》JGJ 162—2008规范要求。安全技术措施满足强制性标准要求。

5）方案中对原材料选择与使用满足规范标准。

6）结构计算书中节点详图齐全、取值准确无漏项、计算过程正确。

7）模板支架体系搭设基础描述和处理应详细，并满足整体支撑体系承重荷载要求。

（3）钢管扣件式支架体系监控要点

1）支架体系应按规定编制专项技术方案、设计计算、履行审核审批手续，超规模的模板支架方案应组织专家论证。

2）各类工具式模板工程、混凝土模板支撑工程、承重支撑体系应属于危险性较大的分部分项工程，监理应按照重大危险源管理程序进行监控。

3）模板支架基础应坚实平整，排水措施和承载力应符合专项方案要求，支架底部按规范要求设置垫板，支架设在楼面结构上时，应对楼面结构承载力进行验算，依据验算结果针对性地对楼面结构下方采取加固措施。

4）立杆、扫地杆、拉杆、可调支托及剪刀撑设置必须满足规范规定及架体的稳定性要求。

5）模板支架施工设备和材料应具有足够的承载能力、刚度和稳定性，材质并应取得有效的检测试验报告。

6）模板支架安装与拆除应满足施工安全要求。

7）模板支架搭设前项目监理机构应进行技术交底，搭设完备后应按规定组织各方责任主体进行验收，并形成验收量化资料归档保存。

8）底模及支架拆除时混凝土强度等级要求见表7-15。

底模及支架拆除时混凝土强度等级要求表　　　　　　表 7-15

构件类型	构件跨度（m）	达到设计的混凝土立方体抗压强度标准值的百分率（%）
板	≤ 2	≥ 50
	> 2, ≤ 8	≥ 75
	> 8	≥ 100
	≤ 8	≥ 75
梁、拱、壳	> 8	≥ 100
悬臂结构	—	≥ 100

（4）钢管扣件式满堂脚手架模板支架体系监控要点

1）支架体系应编制专项施工方案，进行荷载计算，按规定履行审核审批手续，一次性搭设高度不应超过8m。

2）支架体系搭设高度大于等于6m时，施工单位应组织专家对专项方案进行论证。

3）支架体系基础应坚实、平整，立杆底部应垫底座、垫板；按规范要求应设置纵、横向扫地杆；架体四周与中间应设置竖向剪刀撑或专用斜杆；支架体系高宽比应符合规范要求。

4）支架体系立杆间距、水平杆步距不得超过设计和规范要求，杆件节点应紧固；立杆杆件接长应对接，严禁采用搭接；脚手板应满铺牢固稳定。

5）支架体系搭设前项目监理机构应进行技术交底；搭设完备后应按规定组织各方责任主体进行验收，并形成验收量化资料归档保存。

6）支架体系搭设高度超过 8m 时，若地基达不到承载要求，无法防止立杆下沉，则应先施工地面下工程，达到强度后方可搭设支架体系。

7）支架体系基础、扫地杆设置、支撑体系竖向剪刀撑、支架体系水平兜网防护、支架体系杆件搭设分别如图 7-21~ 图 7-24 所示。

（5）后浇带支架体系监控要点

1）支架体系专项方案中应对后浇带支撑体系应详细说明，后浇支架体系搭设前应进行技术交底，施工过程中严格按技术交底搭设、验收。

2）两侧木枋顺着后浇带方向设置。

3）竖向剪刀撑在后浇带两侧连续到顶设置，层高在 5m 以下应在扫地杆处设置一道水平剪刀撑，5m 以上层高水平剪刀撑不应大于 4.8m。

4）后浇带架体过人通道需单独加固处理。

5）后浇带支架体系如图 7-25 所示。

图 7-21 支架体系基础、扫地杆设置

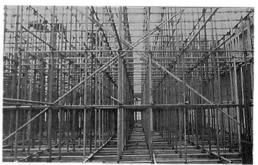
图 7-22 支撑体系竖向剪刀撑

图 7-23 支架体系水平兜网防护

图 7-24 支架杆件搭设

5. 临时用电监理监控要点

（1）临时用电监控依据

《建筑工程施工现场供用电安全规范》GB 50194—2014；《施工现场临时用电安全技术规范》JGJ 46—2005；《建筑工程安全检查标准》JGJ 59—2011 等。

（2）临时用电基本规定监控要点

1）施工现场临时用电设备在 5 台及以上或设备总容量在 50kW 以上者，应编制临时用电施工专项方案，履行审核、审批手续，并按审批后的专项方案监督落实。

2）电工操作人员必须持证上岗，安装、维修或拆除临时用电工程必须由专业电工完成，施工现场临时用电必须建立安全技术档案。电工等级应同工程的难易程度和技术复杂性相适。

3）施工现场用电必须采取 TN-S 系统，符合"三级配点两级保护"，达到"一机一闸一漏一箱"的要求。配点系统应设置总配电箱、分配电箱、开关箱，实行三级配电；总配电箱和开关箱中应装设漏电保护器，实行两级保护。

4）总配电箱以下可设若干个分配电箱，分配电箱以下可设若干个开关箱。分配电箱与开关箱的距离不得超过 30m。

5）监理机构随时抽查施工单位临时用电巡检记录，检查记录应明确巡查的频次、内容、项目等是否满足临时用电需要，巡查记录应归档保存。

6）三级配电如图 7-26 所示。

（3）外电防护监控要点

1）不得在外电架空线路正下方进行施工活动、搭设作业棚、建造临时设施、堆放构件及材料等。

2）当架空线路在塔吊等起重机械的作业半径范围内时，应在明显位置设置警示标志。

3）防护设施与外电线路安全距离及搭设方式应符合规范要求。

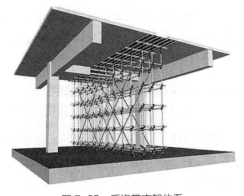

图 7-25　后浇带支架体系

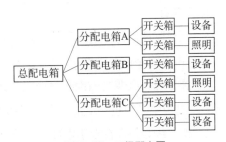

图 7-26　三级配电图

4）在建工程（含脚手架）的外侧边缘与外电架空线路的边线之间必须保持安全操作距离，见表7-16。

建筑外侧（含脚手架）与外电架空线路安全操作距离参数表 表7-16

外电线路电压等级（kV）	1以下	1~10	35~110	154~220	330~500
最小安全操作距离（m）	4.0	6.0	8.0	10	15

5）施工现场的机动车道与外电架空线路交叉时，架空线的最低点与路面的最小垂直距离应符合表7-17的规定。

施工现场机动车道路面与外电架空线的最小垂直距离参数表 表7-17

外电线路电压等级（kV）	1以下	1~10	35
最小安全操作距离（m）	6.0	7.0	7.0以上

6）防护措施与外电架空线路之间的最小安全距离应符合表7-18的规定。

防护措施与外电架空线路之间最小安全距离参数表 表7-18

外电线路电压等级（kV）	10以下	35	110	220	330
最小安全操作距离（m）	1.7	2.0	2.5	4.0	5.0

（4）接地接零及防雷保护系统监控要点

1）施工现场专用的电源中性点直接接地的低压配电系统采用TN-S接零保护系统。

2）施工现场与外电线路共用同一供电系统时，电气设备的接地接零保护与原系统保持一致。

3）工作接地电阻不得大于4Ω，重复接地电阻不得大于10Ω。

4）施工现场起重机械、物料提升机、人货两用电梯、脚手架应按规范要求采取防雷接地措施，做防雷接地机械上的电气设备，保护零线必须同时做重复接地。防雷接地电阻不得大于30Ω。

5）项目监理机构定期或不定期随时进行抽查，并形成文字记录归档保存。

（5）配电线路监控要点

1）施工现场电缆线铺设必须埋地或架空，埋地深度不应小于0.7m，电缆路径应设方位标志。电缆中必须包含全部工作芯线和用作保护零线或保护线的芯线。

2）架空线必须设在专用电杆上，严禁加设在树木、脚手架上。

3）建筑物室内明设主干线距地面高度应大于 2.5m。

4）监理机构对配电线路应做隐蔽验收，并形成隐蔽验收资料。

5）高压电缆架空敷设如图 7-27 所示。

（6）楼层配电监控要点

1）楼层分配电中，电缆垂直敷设利用工程中的竖井、垂直孔洞宜靠近用电负荷中心位置。

图 7-27 电缆架空敷设

2）每层分配电箱、电源、电缆应从下一层分配电箱中总隔离开关上端头引出。

3）楼层电缆严禁穿越脚手架引入。

4）项目监理机构应要求施工单位绘制楼层配电示意图。

5）楼内电缆水平敷设如图 7-28、图 7-29 所示。

（7）临时配电箱与开关箱监控要点

1）用电设备必须应有各自的专用开关箱，箱体应设门、锁并采取防雨、防坠落安全保护措施。

2）箱体的安装位置、高度、箱体结构、箱内电器、零线端子板连接设置必须符合规范要求。

3）漏电保护器参数要匹配。

4）照明用电与动力电不应混用；照明灯具金属外壳应接保护零线；照明线路和安全电压线路的加设应满足规范要求。

5）项目监理机构要求施工单位对临时用电设备要履行报验手续。

6）二级配电箱、配电箱内安装如图 7-30、图 7-31 所示。

（8）施工照明监控要点

1）照明用电与动力用电应分开，特殊场所如手持照明灯应使用 36V 以下电源供电。

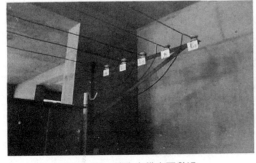

图 7-28 楼内电缆水平敷设

图 7-29 楼内电线水平敷设

图 7-30 二级配电箱图

图 7-31 配电箱内安装

2）灯具应采用保护措施，如采用金属外壳保护时，应做保护零线。

3）施工现场按规范要求配备应急照明。

6. 起重机械监理监控要点

（1）起重机械监控依据

《起重机械安全规程 第1部分：总则》GB 6067.1—2010；《塔式起重机安全规程》GB 5144—2006；《建筑施工塔式起重机安装、使用、拆卸安全技术规程》JGJ 196—2010；《建筑施工起重吊装工程安全技术规范》JGJ 276—2012；《建筑施工升降机安装、使用、拆除安全技术规程》JGJ 215—2010；《建筑施工升降设备设施检验标准》JGJ 305—2013；《起重机 - 钢丝绳 保养、维护、检验和报废》GB/T 5972—2016；《起重机 - 手势信号》GB/T 5082—2019；《施工现场机械设备检查技术规程》JGJ 160—2016；《高处作业吊篮》GB/T 19155—2017；《建筑工程安全检查标准》JGJ 59—2011；《危险性较大的分部分项工程安全管理规定》31 号文等。

（2）塔式起重机械监控要点

1）塔式起重机使用和管理必须符合相关标准规范的要求。

2）塔式起重机施工单位进场安装前应向项目监理机构上报委托单位的资质证书、委托合同、安拆方案、安拆人员特种作业资格证书。

3）提供起重设备生产厂家生产（制造）许可证、产品合格证书和使用说明书。

4）塔式起重机基础施工应编制专项施工方案，并做好各工序的验收，基础混凝土强度达到 75% 以上后方可安装。塔式起重机附着建筑物，其锚固点的受力强度应满足起重机的设计参数要求。

5）塔式起重机安拆、顶升加节、附着等关键工序时，安全监理工程师、设备监理工程师应对全过程进行旁站，并做好旁站记录。

6）安装完毕后需经第三方检测机构进行检测，并出具检测合格试验报告后，由监理机构组织建设单位、施工单位、安装单位、租赁单位联合进行验收，验收合格后报上级行政安监机构办理使用登记备案。

7）群塔作业应编制防碰撞安全专项方案，按要求应履行审核、审批，并对司机指挥人员进行专项安全技术交底。

8）塔式起重机使用过程中督促施工单位应做好交底、验收、检查、维修及保养。

9）项目监理机构应定期或不定期地对施工单位巡视检查记录进行检查。

10）塔式起重机基础应有排水措施，不易积水。

（3）施工升降机监控要点

1）施工升降机按照使用说明书要求设置附着装置，附着点应设在结构框架主梁或剪力墙上，严禁设在砖墙、空心板墙、阳台或建筑物的其他附属物上；附着架与水平面的夹角不应超过 ±8°；最后一道附墙上自由高度不应大于 7.5m，上限位与极限限位之间的距离应满足使用说明书的要求。

2）施工升降机的基础施工、验收应符合使用说明书及规范要求，特殊基础应编制专项方案，四周设排水措施。

3）施工升降机额定载重量和额定载员数应制作标牌置于吊笼显目位置。严禁在超过额定载重量或额定载员数的情况下使用升降机。

4）检查施工升降机安装接地保护和避雷接地装置，接地电阻不超过 4Ω。

5）定期或不定期检查施工升降机的安全装置，如：防坠落安全器、防松绳装置、急停开关、吊笼和对重缓器的使用年限和运行状态是否符合要求。防坠落每隔三个月应进行一次坠落实验，使用满一年，必须进行检测，满五年换新。

6）施工升降机使用过程中督促施工单位做好交底、验收、检查、维修保养。

7）监督施工单位督促厂家应安装人脸识别系统，避免非专属司机随意启动电梯。

8）安装完成后应监督施工单位要求厂家检测，并出具合格检测报告。由监理机构组织建设、施工、厂家联合进行验收，验收合格后报上级行政安监机构办理使用登记表。

9）施工电梯楼层出入平台搭设应满足《建筑施工扣件式钢管脚手架安全技术规范》JGJ 130—2011 规范要求。

（4）物料提升机监控要点

1）井架物料提升机的安装、使用、拆除应符合技术规范规定。

2）用于物料提升机的材料、钢丝绳及配套零部件产品应有出厂合格证。物料提升机的制造商应具有特种设备制造许可证资格。

3）物料提升机安装高度不应超过 30m，当安装高度超过 30m 时，物料提升机应具有起重量限制、防坠保护、停层及限位功能外，还应具有其他功能。

4）操作人员必须取得特种作业操作证，严禁使用提升机载人。

5）提升机地面进料口应设置围栏，围栏高度不应小于 1.8m，围栏立面可采用网板结构。

6）物料提升机操作室应采用定型化、装配式，应具有防雨功能。顶部强度符合规范要求。

7）安装完成后应由监理机构组织建设、施工联合进行验收，验收合格后报上级行政安监机构办理使用登记备案。

（5）高处作业吊篮监控要点

1）施工吊篮应编制专项施工方案并对吊篮支架支撑处结构承载力进行验算，应履行审核、审批手续。

2）必须使用厂家生产的定型产品，设备要有制造许可证、产品合格证和产品使用说明书（安全锁有效标定日期不超过 1 年）。

3）安装前，必须对有关技术和操作人员进行安全技术交底，要求内容齐全、有针对性，交底双方签字。安装完毕后经使用单位、安装单位、总包单位验收合格后，并委托具有资质的检测单位对吊篮全数检测，并出具合格检测报告，安装完成检测合格后，应由监理机构组织建设、施工、租赁单位进行验收，并形成验收记录归档保存，悬挂验收合格牌。

4）吊篮前梁外伸长度、吊篮组装长度应符合产品说明书的规定；需单独设置安全绳，绳径符合产品说明书要求。当吊篮在受风力影响的户外区域使用并且作业高度大于40m时，应安装约束系统或有限制使用。

5）每班作业前，应对配重进行重点检查。

6）每台吊篮限定 2 人进行操作，严禁超过 2 人。

7）下班后不得将吊篮停留在半空中，应将吊篮放至地面。

8）监理机构应在使用期间定期或不定期抽查吊篮的运行、检查、维修及保养记录。

9）吊篮正式使用前监理机构应监督施工单位对吊篮做空载试验。

10）操作升降人员应培训合格，严格按照操作规程进行操作。

11）取非常规安装方式安装或不能按照产品使用说明书要求正常安装使用的高处作业吊篮，为超过一定规模的危险性较大的分部分项工程，应执行危大工程管理要求。

12）悬挂机构要有足够的强度和稳定性，不得有明显的变形，焊缝不得有开焊、破损现象，加强钢丝绳要收紧。

13）悬挂机构前梁外伸悬挑长度不得大于说明书规定的最大极限尺寸；前后支架间距不得小于说明书规定的最小极限尺寸；配重块数量和重量不得小于说明书规定的数量和重量，且与后支架之间的连接必须稳定可靠，固定加锁，防止被搬走或移动。

14）悬挂机构前支架严禁架设在女儿墙上、女儿墙外或建筑物挑檐边缘，在没有经过设计计算的基础上也不应落在雨棚、空调板等非承重机构上。

（6）起重吊装监控要点

1）起重吊装工程应编制专项方案，履行审核审批手续。对超规模的起重吊装专项方案应组织专家论证。

2）起重机械设备进场起重吊装前，项目监理机构应对报验手续进行审核，审核的资料包括：设备出厂合格证、行驶证、机动车年检检验报告、特种人员操作证、特种人员身份证复印件。

3）移动式起重机行走作业地面承载应能符合要求，不符合要求时应严禁起吊，应采取加固措施。

4）起吊作业前应按规定组织安全技术交底，并形成文字记录存档保存。

5）起重吊装与架空线路安全距离要符合规范规定要求。

6）流动式起重机吊装作业如图 7-32 所示。

7. 高处作业监理监控要点

（1）高处作业监控依据

《头部防护 安全帽》GB 2811—2019；《安全带》GB 6095—2009；《安全网》GB 5725—2009；《安全色》GB 2893—2008；《胶面防砸保护靴》HG/T 3081—2020；《足部防护 电绝缘鞋》GB 12011—2009；《足部防护 安全鞋》GB 21148—2020；《建筑施工安全检查标准》JGJ 59—2011 等。

（2）高处作业监控要点

1）安全防护用品安全帽、安全带、安全网、安全绳应有产品检验合格证，购入施工现场的安全保护用品项目监理机构应按批次抽样送检，经检验合格后方可同意使用。

2）进入施工现场人员应佩戴安全帽，未佩戴安全帽人员严禁进入施工现场。

3）高处作业人员应按规定正确系挂安全带，高挂低用。

4）密目式安全网严禁作为平网使用。

5）抱箍式双道安全绳应使用于钢结构钢柱与钢柱之间的临边防护。

6）安全带正确系挂如图 7-33 所示。

8. 洞口及临边防护监控要点

（1）根据洞口尺寸大小，使用相当长度的木枋卡固在洞口，然后使用大于洞口200mm 的木质盖板固定在木枋上，刷红白警示漆。

图 7-32　流动式起重机吊装作业

图 7-33　安全带正确系挂

（2）根据洞口尺寸大小，洞口四周搭设距洞口不小于200mm的工具式防护栏杆，下口设置踢脚线。栏杆表面刷红白相间警示油漆。

（3）对于窗口、竖向洞口高度低于1m的临边，可采用横杆进行防护。第一道横杆距地不应大于1.2m。钢管表面刷红白油漆警示，并挂安全警示标志牌。

（4）楼层临边防护可采用钢管搭设、定型式或工具式防护栏杆。

（5）电梯口可采用装配上翻式定型防护，并在上部悬挂警示标识牌。

（6）楼梯临边防护宜采用定型化、工具式防护。立杆间距不应大于2m，底部应设置不低于180mm高的挡脚板。栏杆及挡脚板刷红白相间油漆。

（7）有关洞口和临边防护措施分别如图7-34~图7-39所示。

图7-34 洞口防护

图7-35 洞口防护构造

图7-36 窗洞口防护

图7-37 楼层临边防护

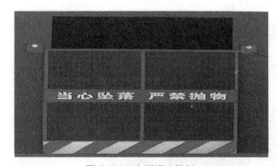

图7-38 电梯洞口防护

图7-39 楼梯临边防护

第三节 文明施工精细化监理

为了项目监理机构更好地实现施工现场规范化、标准化、制度化管理，从而提高施工现场的文明程度。监理人员根据现行国家标准、规范开展现场监理工作，其目的是不断提高监理人员服务水平和创建标准化示范工地。

一、文明施工精细化监理的工作流程和内容

（一）文明施工精细化监理的工作流程

项目监理机构的建立→责任制、管理制度及规章制度的制定→文明施工目标的审核→技术方案及相关资料的审核、审批→目标责任制的落实→目标的考核与评价→文明施工"标准化示范工地"的评选。

（二）文明施工精细化监理的工作内容

1. 文明施工监理实施细则编制审核

项目监理机构及监理人员应根据现行国家标准、规范，详细编制审核文明施工监理实施细则，将文明施工监理工作内容、方法和措施纳入其中。

2. 审查相关技术文件和资料

监理机构审查施工单位提交的有关文明施工技术文件及相关资料，专业监理工程师审查后报总监理工程师审核并签署意见后组织实施。

3. 检查安全围挡与封闭管理

审查核实监督施工现场围挡、门卫及道闸封闭管理、视频监控系统等管理措施的落实。

4. 检查施工道路及场地围合

审查施工临时道路、场地围合、施工场地、运输车辆通行的安全设施、安全通道、扬尘治理措施的制定落实。

5. 检查材料堆放

材料堆放的总体原则、钢材堆放、木材堆放、粉状材料、管材、脚手架及支撑架、瓷砖、易燃易爆物品等。

6. 检查集中加工区

钢筋加工区、木工加工区、预拌砂浆区等。

7. 检查工完场清

检查验收分部、分项工程施工完成后应保证工完场清。

8. 审查验收临时水电

项目监理机构审查施工单位在开工前，根据施工场地周边环境、设计图纸策划编制的

临时用水与用电实施方案。

9. 审查现场的临时设施

监理机构依据住房和城乡建设部《房屋市政工程安全生产标准化指导图册》审查现场临时设施策划和实施情况。如：办公区、生活区、食堂、卫生间、停车场、生活垃圾分类收集、现场茶水亭、集中样板展示区等。

10. 审查安全标示标牌

项目监理机构依据《安全标志及其使用导则》GB 2894—2008 规定对安全标示、标牌审查。如：八牌二图、安全警示牌、路线指示牌、班前讲解台、外架验收牌、现场安全禁令标志。

11. 审查环境保护

监理机构依据《中华人民共和国大气污染防治法》和《建筑工地施工扬尘专项治理工作方案》（建办督函〔2017〕169 号），审查环境保护管理制度和措施。如：建筑垃圾堆放、雨污水排放、现场绿化等。

二、文明施工精细化监理的工作职责和控制要点

（一）文明施工监理人员职责

1. 总监理工程师职责

（1）对所承担的监理项目的文明施工监理工作全面负责，并根据工程项目特点，明确监理人员的文明施工监理职责，并对其文明施工监理工作进行检查监督。

（2）负责组织编写文明施工监理实施细则。

（3）负责监理人员的调动、管理和考核评价。

（4）负责组织工地会议和专题会议。

（5）负责审核文明施工专项方案和相关资料，并在报审表上签署审核意见。

（6）负责巡视检查施工现场文明施工情况，对发现的各类问题及时填写巡视检查记录，并通知监理工程师和施工单位，督促整改落实。拒不整改的，应及时以书面形式上报建设单位或上级行政主管部门。

（7）在工程竣工阶段负责继续督促施工单位保持和完善场容场貌、工地卫生、文明建设等。

（8）负责监督施工单位自查、整改落实工作，有权对自查情况抽查，同时负责组织参建各方责任主体检查和验收。

2. 监理工程师职责

（1）在总监理工程师领导下，开展文明施工监理工作，参加工地会议，审查承包单位文明施工专项方案，编制文明施工监理月报，指导开展文明施工相关活动，经常深入施工

现场定期或不定期地巡视检查，编制文明施工监理实施细则。

（2）审查和督促各施工承包单位建立、健全的文明施工保证体系。

（3）检查施工承包单位文明施工交底落实和标准规范的执行情况。

（4）负责施工现场文明施工巡视检查工作。

（5）参与施工现场的文明施工检查，复核施工承包单位场容场貌、工地卫生、文明建设验收手续，并签署验收意见。

（6）做好文明施工监理日记和相关记录填写、收集、保存。

（二）文明施工精细化监理监控要点

1. 现场围挡与封闭管理监控要点

（1）施工现场围挡严格按照经审核批准的施工总平面图布局、样式应连续密封。

（2）一般路段的工地周围设置高于 2.0m 的围挡；在市区主要路段的工地周围设置高于 2.5m 的围挡；围挡必须沿工地四周连续设置，使用砌块砌筑围挡时应按要求设置加强垛，并确保围挡无破损，使用金属定型材料的围挡要确保支撑牢固，挡板保持不变形、无破损、无锈蚀。

（3）工地大门设置门卫室，要求具备良好的视野，室内应张贴门卫岗位职责；出入口设置门禁系统、道闸、视频监控系统，其他部位禁止人员出入；门卫人员对进出入车辆、人员进行管理，不得随意出入。

（4）施工现场安装视频监控系统并设置专用的视频监控室，并安排专人进行操作监控；施工现场的主要作业面、料场、大门、仓库、围墙或塔吊等部位均应安装监控点，应做到无监控盲区。

（5）门卫及门禁系统、门楼式工地大门如图 7-40、图 7-41 所示。

2. 施工道路与场地围合监控要点

（1）施工道路采用混凝土硬化或混凝土预制块 / 钢板铺设。坡度、排水沟设置应满足要求，施工道路应形成环路，宽度应符合要求，场地和道路要平坦、通畅，设置相应的安

图 7-40 门卫室、门禁系统

图 7-41 门楼式工地大门

全防护设施和安全标志，道路上不得堆放建筑材料或其他杂物。

（2）施工区域与生活区采用高围挡隔离。标段围合、模板材料堆场围合、道路围合等围合区域清晰，围合横平竖直，使用的材料应保证围挡稳固、整齐、美观。

（3）主要施工道路加设活动铁围栏或活动铁板分隔施工范围与施工道路，铁围栏钢管应涂有防锈油漆。未能设置活动围栏，可设宽约20mm黄线明确车辆与行人分流。

（4）道路醒目位置设置限速牌（5km/h）、减速带两条，路口设置反光镜，路口道路范围设置禁止临时停车标示。

（5）楼栋出入口须设置双层硬质安全通道，宽度不应小于3.5m；安全通道较宽时，顶部应加斜杆支撑；通道大门张贴、悬挂安全标语、警示牌、楼栋管理铭牌、导视牌等。

（6）施工现场围挡、工具式基坑围护、临时道路及办公区域分别如图7-42~图7-45所示。

图7-42 施工现场围挡

图7-43 工具式基坑围护

图7-44 临时道路

图7-45 办公区域围挡图

3. 材料堆放监控要点

（1）建筑材料、构件、料具等应按总平面布局进行堆放，材料堆码要整齐，摆放有序，设置标识、标牌，并设置防雨措施。

（2）钢筋堆放分块分批平稳堆于有承托的地面上，减少与地面接触和受潮；应配置帆布等防雨措施。

（3）木材堆放必须用木枋承托，避免受潮或倾斜，应有防火、防雨措施。

（4）粉状材料要分期分批存放在干爽的室内仓库。仓库要有足够木枋承托，再用夹板铺面，堆放高度＜2m。结构胶及油漆等一般外面包有保护胶纸，存放时应保留保护胶纸原板。

（5）管材存放应分类存放，堆放高度＜2m，两边沿着管材底部头、中、尾处放置混凝土楔，防止管材倾泻。

（6）脚手架及其他支承架存放要分类平堆，并用方木垫好，高度＜2m。扣件、对拉杆采用砖砌池或装箱堆放。有防火、防锈蚀、防雨措施。

（7）瓷砖必须分类分批分型号并保留原有的保护胶纸存放在室内仓库，堆放高度按产品说明书要求，仓库要有充足照明并保持干爽。

（8）易燃易爆物品分类设专库存放。库房位置应远离火源，不得置于高压线下，库内照明应选用防爆灯具，库外摆放灭火筒，并张贴危险品使用许可证。

（9）施工现场材料堆放区如图7-46、图7-47所示。

图7-46　钢筋堆放区　　　　　　　　　　图7-47　管材存储

4. 安全标示和标牌监控要点

（1）施工现场按照《建筑施工安全检查标准》JGJ 59—2011的要求设置八牌两图：工程概况牌、管理人员名单及监督电话牌、安全生产牌、文明施工牌、消防保卫牌、环境保护牌、重大危险源公示牌、入场须知牌；施工现场总平面布置图、施工现场安全设施布置图。

（2）材质应采用不锈钢加工焊接，标识牌应采用铝塑板、PVC板或镀锌板制作，面层采用户外贴或喷绘。

（3）施工现场应设置宣传栏、读报栏、黑板报等。

（4）施工现场大型机械设备均应挂牌作业。

（5）卸料平台实行验收挂牌制度，验收牌应挂于平台上方外架内侧，未经监理验收合格的平台，严禁使用。

（6）施工现场栋号标识牌应悬挂于楼体外侧醒目位置；楼层标识牌应悬挂于楼梯平台处、施工电梯安全门外侧或脚手架外立面处；塔吊标识牌应悬挂于塔吊升节操作平台处。

（7）施工现场应设置八牌两图、分区导向牌、安全标志牌和安全教育平台分别如图7-48~图7-51所示。

图 7-48　八牌两图　　　　　　　　　　　　　图 7-49　安全警示标志

图 7-50　分区导向牌图　　　　　　　　　　图 7-51　安全警示教育台图

5. 集中加工区监控要点

（1）钢筋加工区防护棚应双层防护，加工机械不得露出棚外，设备安全防护齐全、封闭围合、标识清晰、摆放有序。

（2）木工加工区防护棚应双层防护，加工机械不得露出棚外，设备安全防护齐全、封闭围合、标识清晰、摆放有序。

（3）预拌砂浆区应封闭管理、计量有效、场地整洁、水管无跑冒滴漏。

（4）施工现场加工区如图 7-52、图 7-53 所示。

图 7-52　钢筋加工棚　　　　　　　　　　　图 7-53　木工加工棚

6. 工完场清监控要点

（1）材料集中堆放，建筑垃圾日清日毕。

（2）地面无长流施工用水，无积水；脚手架无材料、垃圾残渣。

（3）地面无落地灰。

（4）现场无大小便痕迹。

（5）模板拆除后及钢筋绑扎效果如图7-54、图7-55所示。

图7-54　模板拆除后　　　　　　　　　　　图7-55　钢筋绑扎效果图

7. 治污减霾监控要点

（1）冲洗设备符合要求，运行正常；车辆出入必须清洗干净；安装雾炮机、PM2.5检测仪、治污减霾监控设施；塔吊安装完成后安装喷淋装置及监控摄像头。基坑边及施工道路两侧安装喷淋系统降扬尘。

（2）施工道路须配备专人保洁，施工无扬尘；施工场地内的，余土必须采用密目网覆盖；对不能及时外运的渣土、垃圾必须集中堆放并覆盖密目网。

（3）施工现场扬尘治理分别如图7-56~图7-59所示。

8. 临时用水监控要点

（1）楼栋设置临时给水主干管，主干标识明晰，与消防用水分开设置，分区给水，不跑冒滴漏。

图7-56　运载车冲洗　　　　　　　　　　　图7-57　施工现场雾炮机

图 7-58 基坑临边降尘喷淋系统

图 7-59 外架喷淋系统降尘措施

（2）地面排水，施工场地设置有组织排水。

9. 现场临时设施监控要点

（1）办公区和生活区与施工区分区设置、分隔清晰，可采用砌砖、栏杆、装配式围墙等，高度不低于 1.5m。

（2）临时用房不宜位于建筑物的坠落半径和塔吊等机械作业半径之内，因场地限制无法避免时设置双层防护棚。在建工程室内不得住人。

（3）按作业人员的数量设置足够的淋浴设施，在寒冷季节应供应热水。

（4）食堂应办理卫生许可证，炊事人员和茶水工等需持有效的健康证；炊事人员应定期体检，上岗应穿戴洁净的工作服、工作帽和口罩，并应保持个人卫生；食堂应配备必要的排风设施和冷藏设施；食堂的燃气罐应单独设置存放间，存放间应通风良好并严禁存放其他物品。

（5）每 2 万 m^2 设置一处临时厕所，厕所标识清晰，并有专人每日清扫保洁。

（6）施工现场有条件的，可设置停车场、电动及自行车车棚，应满足安全防护要求、美观。

（7）有关生活区文明施工设施分别如图 7-60~图 7-65 所示。

图 7-60 生活区临建图

图 7-61 卫生间图

图 7-62　施工现场食堂

图 7-63　施工现场车辆停放区

图 7-64　吸烟区及茶水区

图 7-65　安全体验区

10. 环境保护监控要点

（1）废料堆放按种类进行分类存放，标示牌齐全，定期清理。

（2）土方、工程渣土和垃圾应当集中堆放，应当设置高度不低于 0.5m 的堆放池，堆放高度不得超出围挡高度，并采取苫盖、固化措施，如图 7-66 所示。

图 7-66　建筑垃圾堆放池

三、文明施工精细化监理的方法和措施

（一）文明施工精细化监理工作方法

1. 巡视和督查及检查

监理机构通过各阶段对现场的巡视、监督、检查，对施工现场文明施工问题及时口头提出整改或通过微信群发放整改通知，发书面监理工程通知单，责令施工单位及时整改，对存在问题严重的要求施工单位暂时停工整改，对施工单位拒不整改的，及时向业主和有关行政主管部门报告。

2. 对技术资料的审核检查及措施的落实

施工现场定期或不定期巡视检查施工单位对文明施工专项方案的执行落实情况。检查施工单位在分部、分项工程施工时文明施工工作措施的落实情况。

3. 口头通知或书面通知

发现施工单位在施工中违反文明施工有关规定进行施工等隐患时，及时口头或微信群通知整改，不及时整改，下发书面通知要求施工单位限期按规定进行整改。对施工现场文明施工动态情况定期进行分析汇总。

（二）文明施工精细化监理工作措施

1. 组织措施

（1）项目监理部根据在建项目情况召开文明施工管理专题会，落实工作职责，内部加强文明施工的学习，进一步加强监理人员的文明施工意识。

（2）召开施工、监理各方参加安全专题协调会，以标准化示范工地为目标，制定文明施工管理奖罚机制。

（3）通过巡查、旁站等形式，对现场发现的文明施工不符合地方标准要求，及时口头或书面通知承包方整改，情节严重的应下达停工令，并及时向业主报告。

2. 技术措施

（1）文明施工措施作为施工方案审核的必要条件，不符合要求的不予签认。

（2）要求承包方针对工程特点，制定标准化示范工地专项方案，经监理机构审定后执行，并报业主备案。

（3）督促施工方落实文明施工教育，召开文明施工教育例会，例会纪要交监理、业主备案。

3. 合同措施

项目监理机构协助建设单位审核签署安全文明施工协议，作为主合同的附件，应明确文明施工的标准及目标。

4. 经济措施

项目监理机构应制定详细具有操作性的经济处罚措施，经济处罚是一种形式，而不是目的，其目的是通过处罚从而保证各项目标的实现。

四、农民工实名制管理精细化监理的意义和内容

（一）农民工实名制管理的依据

《国务院办公厅关于全面治理拖欠农民工工资问题的意见》（国办发〔2016〕1号文）；

《国务院办公厅关于促进建筑业持续健康发展的意见》（国办发〔2017〕19号文）；《保障农民工工资支付条例》；住房和城乡建设部、人力资源和社会保障部制定《建筑工人实名制管理办法》。

（二）农民工实名制管理的目的

为了强化建筑劳务用工管理，保障劳务人员合法权益，进一步动态监管工程建设项目施工现场劳务用工情况，提高监理企业监理人员管理水平，防范建筑劳务人员工资纠纷，构建有利于形成建筑工人队伍的长效机制。同时为了响应六部委开展全国农民工工资专项检查的要求，目的是促进建筑工程质量安全管理水平的提高和建筑业良性健康发展。

（三）农民工实名制管理的意义

（1）强化监理企业监理人员的管理水平，进一步延伸和拓展监理服务范围，提高监理服务水平。

（2）能够最大程度地保证农民工的利益，重视保障农民工权益和改善农民工的就业环境。

（3）加强和促使建筑市场良性发展，保证和提高建筑工程质量安全管理水平。

（四）农民工实名制管理的内容

（1）督促施工单位建立健全农民工实名制管理体系、管理制度、管理职责、考核考勤管理办法。

（2）监督施工单位成立落实农民工业余学校、培训教学设备的配备，农民工培训实施方案等事项。

（3）监督落实施工单位项目部农民工实名制管理六个台账的建立情况。六个台账分别是：劳务人员诚信管理台账、劳务人员持证上岗信息表、劳务人员基本信息表、劳务人员技能培训统计表、劳务人员投诉管理台账、项目经理部分承包方公司证件管理台账。

（4）监督检查施工单位项目监理部对劳务档案资料的归档、整理、补充落实情况。

（5）检查施工单位项目部对劳务管理分项考核评分情况。

（6）监督检查施工单位项目部对《农民工实名制管理》和《农民工工资发放管理》落实情况。

（7）监督落实农民工《劳务合同》签订解除和农民工保证金缴纳建档情况。

（8）农民工实名制门禁系统安装与运行情况。

（五）农民工实名制管理的方式

检查施工现场是否安装生物识别方式、人脸识别考勤与门禁联动系统，实现智能化封闭式工地管理。

五、创建标准化示范工地精细化监理的工作程序

创建标准化示范工地的工作程序如下：

协助建设方签订合同→监督施工单位编制策划方案→审核审批方案技术资料→进行

技术交底→监督、落实、实施→向建设行政主管部门报审策划方案→审核报审过程影像资料→上级行政主管部门组织专家评审→公示→下发文件。

第四节　职业健康精细化监理

一、建设工程职业健康管理体系的内涵和内容

（一）职业健康管理体系的内涵

职业健康管理体系是近几年风靡全球的管理体系标准的认证制度（简写"OHSMS"）。职业健康安全管理体系是 20 世纪 80 年代后期在国际上兴起的现代安全生产管理模式，它与 ISO 9000 和 ISO 14000 等标准体系一并被称为"后工业化时代的管理方法"。

随着企业规模扩大和生产集约化程度的提高，现代企业必须采用现代化的管理模式，使包括安全生产管理在内的所有生产经营活动科学化、规范化、制度化及法制化。监理单位进入施工现场，应该监督施工单位职业健康安全体系是否建立及执行。

（二）职业健康安全监理的依据

《中华人民共和国安全生产法》（国家主席令第 70 号）;《中华人民共和国职业病防治法》（修正版 2011 年 12 月 31 日）;《建设工程安全生产管理条例》（中华人民共和国国务院令第 393 号）;《建筑施工安全检查标准》JGJ 59—2011;《建筑工程绿色施工评价标准》GB/T 50640—2010;《职业健康安全管理体系要求及使用指南》GB/T 45001—2020 等。

（三）职业健康安全管理体系的建立

监理单位依据有关的法律、法规和工程建设强制性标准对建设工程实施监理，并对建设工程安全生产承担监理责任。为了更好地履行安全监理工作，在常态化监理工作的基础上，应组建职业健康安全管理体系。

为了保证项目监理机构人员的职业健康和对施工企业职业健康的监督管理，应组建以总监理工程师为核心的职业健康管理体系。公司安全部门领导负责项目职业健康安全管理体系的筹建、运行、检查、监督、考核等，从而防止和避免施工现场监理人员的人身安全和安全事故的发生。

（四）职业健康管理体系的内容

1. 领导决策

组织建立职业健康安全管理体系需要领导者的决策，特别是最高管理者的决策。只有在最高管理者认识到建立职业健康安全管理体系必要性的基础上，组织才有可能在其决策下开展这方面的工作。另外，职业健康安全管理体系的建立，需要资源的投入，这就需要最高管理者对改善组织的职业健康安全行为做出承诺，从而使得职业健康安全管理体系的

实施与运行得到充足的资源。

2. 成立管理机构

当组织的最高管理者决定建立职业健康安全管理体系后，首先要从组织上给予落实和保证，通常需要成立一个职业健康管理部门。

管理部门的主要职责是负责建立职业健康安全管理体系；职业健康安全管理体系运行，根据管理机构的规模、管理水平及人员素质，从而培养专业技术人才。

3. 培训专业技术人员

管理机构在开展工作之前应根据监理行业的作业环境、监理工作状态、项目监理机构职业健康安全管理体系标准及相关知识进行专业技术人员的培训。同时对管理体系运行过程也要进行相应的考核评估，其目的就是贯穿、落实职业健康安全管理体系。

4. 初始状态评审

项目监理机构进行初始状态评审、考核，是职业健康安全管理体系运行状态是否良好的基础。

（1）组建评审小组

成立评审组，其成员一部分为公司内部专业技术人员和管理人员，另一部为外请咨询人员。

（2）评审组的工作内容

1）评审组应对项目监理机构职业健康运行过程安全信息、状态进行资料收集、调查与分析。

2）识别和获取现有的适用于组织的职业健康安全法律、法规和其他规定，进行环境危险源辨识和风险评价。

3）制定评审项目监理机构职业健康安全方针，制定职业健康安全目标和职业健康安全管理实施细则，确定体系的优先项，编制体系文件。

5. 评审小组体系的策划

体系策划主要是依据初始状态评审的结论，制定项目监理机构职业健康安全方针，职业健康安全目标、指标和相应的职业健康安全管理实施细则，确定组织机构和职责，筹划各种运行程序等。

6. 制定职业健康管理体系制度

（1）制定制度的目的

编制体系管理制度是组织实施职业健康安全管理体系的前提，建立与保持职业健康安全管理体系并保证其有效运行的重要基础，也是组织达到既定的职业健康安全目标，评价与改进，实现持续改进和风险控制必不可少的依据和见证。体系制度还需要在体系运行过程中定期、不定期地评审和修改，以保证它的完善和持续有效。

（2）管理制度内容

项目监理机构应制定职业健康相关的管理制度：职业健康卫生管理制度、职业健康宣传教育培训制度、职业健康安全防护用品管理制度、监理人员职业健康监护档案管理制度、监理人员职业病危害告知制度、监理人员职业危害责任制度、职业健康申报制度等。

7. 编制职业健康实施细则

项目监理机构项目开工前应编制职业健康监理实施细则，实施细则中应明确职业健康的目标、内容、监理人员危险源辨识、采取的方法和措施。其目的就是保护监理人员的身心健康。

（五）职业健康管理体系试运行管理

体系试运行与正式运行无本质区别，都是按所建立的职业健康安全管理体系手册、管理制度、程序文件及作业规程等要求，整体协调运行。其目的是要在实践中检验体系的充分性、适用性和有效性。组织应加强运作力度，并努力发挥体系本身具有的各项功能，及时发现问题，找出问题的根源，纠正不符合的地方并对体系给予修订，以尽快度过磨合期。

1. 内部审核

职业健康安全管理体系的内部审核是体系运行必不可少的环节。体系经过一段时间的实施，从而达到职业健康安全管理体系标准要求的条件，应开展内部审核。职业健康安全管理者代表应亲自组织内审。内审员应经过专业知识的培训。如果需要，组织可聘请外部专家参与或主持审核。内审员在文件预审时，应重点关注和判断体系文件的完整性、符合性及一致性；在现场审核时，应重点关注体系功能的适用性和有效性，检查是否按体系文件要求实施。

2. 管理评审

管理评审是职业健康安全管理体系整体运行的重要组成部分。管理者代表应收集各方面的信息供最高管理者评审。最高管理者应对试运行阶段的体系整体状态做出全面的评判，对体系的适宜性、充分性和有效性做出评价。依据管理评审的结论，可以对是否需要调整、修改体系做出决定，也可以做出是否实施第三方认证的决定。

（六）职业健康安全管理体系的作用

（1）有利于加强企业管理工作；

（2）提高企业职业健康安全管理水平；

（3）对企业产生直接和间接的经济效益；

（4）将在社会上树立企业良好的品质和形象；

（5）保证企业可持续性发展；

（6）保证职工的身心健康，明显提高劳动效率。

二、职业健康管理监理工作程序和要求

（一）职业病危害的预防及现场管理

（1）职业病防治工作坚持"预防为主、防治结合"的方针，实行分类管理，综合治理。

（2）员工依法参加工伤社会保险，确保职业病劳动者依法享受工伤社会保险待遇，工伤保险的缴纳由企业负责。

（3）定期组织有关职业病防治的宣传教育，普及职业病防治的知识，增强职业病防治观念，提高劳动者自我健康保护意识。宣传教育由监理企业安全部门负责组织实施。

（4）企业员工应当学习和掌握相关的职业卫生知识，遵守职业病防治法律、法规、规章和操作规程，正确使用、维护职业病防治设备和个人使用的职业病防护用品，发现职业病危害事故隐患应当及时报告。

（5）公司提供符合防治职业病要求的职业病防护设施和个人使用的职业病防护用品，要经常性地维护、检修，定期检测其性能和效果。确保职业健康处于正常状态，不得擅自拆除或者停用。

（6）每年对工作场所进行职业病危害因素检测，检测结果资料纳入企业职业健康卫生档案，并归档保存。

（7）不安排孕期、哺乳期的女职工从事对本人和胎儿、婴儿有危害的作业。可能产生职业病危害的建设项目在可行性论证阶段应当向卫生部门提出职业病危害预评价报告，对职业病危害因素和工作场所及职工健康的影响做出评价，确定危害类别和职业病防护措施。

（8）公司生产流程、生产布局必须合理，应确保使用有毒物品作业场所与生活区分开，作业场所不得住人。有害作业与无害作业分开，高毒作业场所与其他作业场所隔离，使从业人员尽可能减少接触职业危害因素。

（9）在尽可能发生急性职业损伤的有毒有害作业场所按规定设置警示标志、报警设施、冲洗设施、防护急救器具专柜，设置应急撤离通道和必要的泄险区。确定责任人和检查周期。定期检查、维护并记录，确保其处于正常状态。

（10）项目监理机构应根据监理人员作业场所存在的职业危害，制定切实可行的职业危害防治计划和实施细则。防治计划或实施细则应明确责任人、责任部门、目标、方法、资金、时间表等，对防治计划和实施细则的落实情况要定期检查，确保职业危害的防治与控制效果。

（11）监理企业发现职业病人或疑似职业病人时，应当及时向所在地卫生部门报告。确诊的还应当向所在地劳动保障人事部门报告。

（二）职业健康监理检查

1. 职业健康监理检查的要求

项目监理机构负责检查总包单位从事接触职业病危害因素的作业人员上岗前、在岗期间及离岗职业健康情况。不得安排未进行职业性健康检查的人员从事接触职业病危害作业，

不得安排有职业禁忌症者从事禁忌的工作。

2. 项目监理机构检查问题的处理

（1）施工企业对职业健康检查中查出的职业病禁忌症以及疑似职业病者，未安排其调离原有害作业岗位、治疗、诊断等，并进行观察。

（2）发现存在法定职业病目录所列的职业危险因素，未及时、准确地向当地安监管理部门申报、接受其监督，未根据职防机构提出的处理措施及意见调整。

（3）检查施工企业全员职业健康监护档案落实情况。如发现未按照国家规定的保存期限妥善保存，生产作业过程中遭受或者可能遭受急性职业病危害的员工未及时组织救治或医学观察等。

（4）检查全员群体检测有机体反应的，并与接触有毒有害因素有关时，施工企业是否采取了相应的防治措施。

（5）检查施工企业职业健康检查结果及处理程序是否符合相关要求。应如实记入员工健康监护档案，并由企业自体检结束之日起一个月内，反馈给体检者本人。

3. 职业健康教育与培训

（1）公司安全部门每年至少应组织一次全体员工职业健康安全培训，其培训内容必须培训职业病防治的法规、预防措施等知识。

（2）生产岗位管理和作业人员必须掌握并能正确使用、维护职业卫生防护设施和个体职业卫生防护用品，掌握生产现场中毒自救互救基本知识和基本技能，开展相应的演练活动。

（3）危险化学品使用与贮存岗位、生产性粉尘、噪声等从事职业病危害作业岗位员工必须接受上岗前职业卫生和职业病防治法规教育、岗位劳动保护知识教育及防护用具使用方法的培训，经考试合格后方可上岗操作。

三、职业健康管理监理工作内容和措施

项目监理机构为了更好地开展职业健康监理工作，首先应策划编制监理实施细则，细则中应详细明确职业健康监理工作的内容、方法、措施。其目的建设项目监理对职业健康的全面监督、落实。

（一）职业健康监理工作内容

1. 编制职业健康监理实施细则

（1）编制目的

为了预防、控制和消除职业病危害，保护职工健康及其相关权益，促进企业稳定发展，并通过监理方的行为控制和影响相关方，使其采取有效措施，预防和减少施工对环境和职业健康安全带来的负面影响，使环境保护、职业健康安全方面工作做得更好。

（2）适应范围

适应于项目监理机构在环境保护职业健康安全、必要的劳护用品、考核评价等方面的控制管理工作。

2. 确定环境及职业健康管理目标

（1）环境目标

1）施工环境目标：噪声排放达标；粉末排放达标；控制有毒有害气体的排放；施工生活污水排放达标；施工渣土清运符合要求；现场夜间照明无光污染；减少油品，化学危险品泄漏，遗洒；不发生火灾，爆炸事故；固体废弃物逐步实现减量化，资源化，无害化；最大限度地节约施工材料。

2）办公环境目标：节约用纸；易耗品分类处理；最大限度地节约水电能源。

（2）职业健康安全目标

1）杜绝员工死亡事故。

2）重伤事故为零。

3）轻伤事故频率低于3%。

4）杜绝交通、设备、火灾等重大事故、减少一般责任事故。

5）职业病发病率为零。

3. 建立职业健康项目监理体系

职业健康安全应坚持"预防为主、防治结合"方针，实行分类管理、综合治理，依法为员工创造符合国家职业卫生标准和卫生要求的工作环境和条件，保障员工获得相应的职业卫生保护。为了有效地开展职业健康安全管理工作，监理部应成立职业健康安全管理体系运行小组。

4. 制定岗位职责

（1）项目监理机构职责

1）组织检查各施工现场的环境、职业健康安全生产责任制，贯彻执行各项环境、职业健康安全防范措施及各种管理制度。

2）进行教育培训，使小组成员掌握环境、职业健康安全管理相应的素质水平，提高员工环境、职业健康安全素质。

3）编制监理环境、职业健康安全细则、确定现场的环境、职业健康安全监督管理重点，有针对性地进行检查、验收和监控。

（2）监理人员的职责

1）总监理工程师职责：审批承包商环境、职业健康安全管理实施方案；督促环境、职业健康安全防范措施及各种管理制度的落实；负责组织环境、职业健康安全事故或问题的调查、处理及总结，出具处理报告；按公司相关规定组织项目监理人员按时进行体检和职业病检查。

2）总监理工程师代表职责：协助总监理工程师审核承包商环境、职业健康安全管理方案，监督落实环境、职业健康安全防范措施及各种管理制度；督导监理人员加强日常环境、职业健康安全的管理工作；及时向总监理工程师汇报现场的管理情况和管理效果；在总监理工程的领导下开展工作。

3）监理工程师职责：受总监（总代）的指挥和管理，督促承包商按要求对环境、职业健康安全督查；检查承包商环境、职业健康安全防范措施及各种管理制度的落实情况；结合日常检查，对环境、职业健康安全防范措施费用的投入情况及相应的劳动保护用品和安全设施配置情况进行检查；监督检查承包商环境、职业健康安全防范措施费用的投入情况及相应的劳动保护用品和安全设施配置情况；了解承包商人员的技术、体质、思想情况，监督承包商做好班前环境、职业健康安全防范的交底工作；及时向总监（总代）反馈现场信息。

（二）职业健康监理工作措施

1. 劳动保护措施

（1）接触粉尘、有毒有害气体等有害、危险施工环境的作业职工，按有关规定发放个人劳动保护用品，并监督检查使用情况，以确保正常使用。

（2）加强机械保养，减少施工机械不正常运转造成的噪声。

（3）对于噪声超标的机械设备，采用消声器降低噪声。洞内运输机械行驶过程中，只许按低音喇叭，严禁长时间鸣笛。

（4）对经常接触有噪声的职工，加强个人防护，佩戴耳塞消除影响。

（5）按照劳动法的要求，做好本工程的劳动保护装备工作，根据每个工种的人数以及劳动性质，由物资部门负责采购，配备充足而且必要的劳动保护用品。同时加强行政管理，落实劳动保护措施。

（6）劳动保护装备要符合以下要求：

1）采购劳动保护用品时，必须审核产品的生产许可证、产品合格证和安全鉴定证，确保产品的质量和使用安全；对于未列入国家生产许可证管理范围的劳动防护用品，按劳动防护用品许可证制度进行质量管理。

2）施工人员必须分工按规定配齐劳动保护用品，并佩戴上岗。进入施工现场的其他人员必须佩戴安全帽，闲杂人员不得出入施工现场。

2. 医疗卫生保护措施

（1）医疗保证措施

1）联系医院，全面负责医疗卫生和传染病、地方病防治的监测监督工作，落实防治措施，做好职工的健康教育工作。对项目内出现的疫情信息，及时向上一级医疗卫生机构报告。对内规范管理、对外加强协调联系，营造一个良好的内外卫生防疫工作环境。

2）夏季发放防暑药品，防止中暑。冬季发放防寒防冻药品，防止冻伤；春秋两季是传染病、病毒性疾病高发季节，医务人员将加强对职工的健康检查，做好预防接种工作，搞好环境卫生、切断蚊蝇等传播生物孳生源，有效控制疾病的流行。

3）在紧急救援预案中建立突发疫情应急处理方案；按照《中华人民共和国传染病防治法》和《中华人民共和国国内交通检疫条例》的有关规定，以及《国家鼠疫控制应急预案》，在工地发生突发性高危疾病、人身意外伤亡事故时，启动应急预案，确保病人或伤员及时到医院就医。

（2）卫生保证措施

建设工程施工现场卫生管理主要包括环境卫生、食堂卫生、食品的储存与保管卫生、个人卫生和厉行节约、反对浪费五大部分。

1）环境卫生保证措施

①工地配备一定数量的环境卫生清扫人员，每天对工地的环境卫生进行打扫，尤其是职工宿舍周围的环境卫生。每天做到场地清洁，房屋四周排水畅通，无污水死水、无病毒滋生的腐质物堆，生活垃圾统一装入垃圾箱并及时运往指定的垃圾场。

②积极开展爱卫活动，消除蚊蝇孳生源，开展灭鼠防鼠活动，同时抓好消毒、杀虫工作。

③保持施工场地的整洁，每天下班后，施工人员应及时对施工场地进行整理，保证做到材料分类成堆，机械设备停放有序。

2）食堂卫生保证措施

①设立食堂卫生监督机制，由项目部综合部组织对食堂卫生进行不定期抽查，全体员工进行监督，确保食堂卫生。

②对食堂工作人员实行委外职业培训，学习食品卫生有关的规范和法规；食堂工作人员统一着装，保持自身的清洁、卫生。

③加强饮食管理，保证职工的营养素供给。严格按照《食品卫生法》要求搞好职工食堂饮食工作。对食品制作人员进行定期的健康检查，保证食品制作，饭菜做熟、营养合理。

④加强食品的采购和储存管理，保证食品安全、卫生；采购人员必须具备较丰富的食品卫生知识和较强的责任心，掌握食品优劣的标准。注意质量的好坏，特别是水产品和肉类，一定要新鲜，对腐败变质的食物一律不能购买，采购动物制品时，必须有动物检疫部门的检验合格证。

3）食品的储存与保管卫生管理措施

为保证食品的安全、卫生，项目部内部将由职业健康领导小组不定期进行食品安全卫生检查，凡是不符合卫生要求的食品一律废弃，并对有关责任人进行批评，对工作不负责任，由于食品卫生造成严重后果的，将按有关规定从重处理。

4）个人卫生保证措施

项目部将积极为职工搞好个人卫生创造条件，如修建洗澡堂、发放劳保用品等。加强个人卫生的宣传，搞好形象教育，使每个职工能够从我做起，在为单位树立形象的同时，也做好自身的卫生保健工作，使自己有一个良好的精神状态和健壮的体魄投入工作之中。

5）厉行节约、反对浪费

倡导"厉行节约，反对浪费"的社会风尚，是每一个公民应有的职责。因此项目监理机构应在监理规范规定的工作范围内，应加强施工现场食堂粮食浪费管理。

（3）职业病防治措施

1）严格执行《中华人民共和国传染病防治法》《中华人民共和国公众卫生法》及所在地政府有关职业病管理与疾病防治的规章制度。

2）各单位配备应有的设施，负责职工的疾病预防及事故中受伤职工的抢救。

3）邀请卫生防疫部门定期对工地及生活区进行防疫检查和处理，按时接种有关疫苗及消灭鼠害、蚊蝇和其他虫害，以防对职工造成任何危害。

4）强化施工和管理人员卫生意识，杜绝疾病的产生，对已患传染病者及时隔离治疗。

5）有针对性地进行职业病的检查，发现病情时，及时进行病情分析，寻找发病根源，加强和改进施工方法及工艺，消除发病根源，防止病情的蔓延。对特殊工种进行岗前培训，持证上岗，按规定采取防范措施，按规定进行施工操作。及时发放个人劳动保护用品，并监督检查正确使用。

6）加强健身运动，增强体质，提高员工的抗病能力，积极开展各种文娱活动，丰富员工的业余生活，有效地消除员工的疲劳和工作压力，使员工在良好的心态下工作，有效防止职业病的发生。

7）做好对员工卫生防病的宣传教育工作，针对季节性流行病、传染病等，要利用板报等形式向职工介绍防病、治病的知识和方法。

8）保护工作环境，有效消除或控制环境毒源，做好自我防护工作，预防职业中毒事故。施工现场的各种机械排出的废气废物、材料装卸和搬运过程中产生的扬尘，被人体吸收后，对身体产生很大的危害，因此施工人员一定要配戴口罩进行自我防护，机械操作手要做好机械的维护工作，最大限度地减少机械的噪声和废气的排放量，材料装卸和搬运时应轻拿轻放，减少扬尘对环境的污染，从而有效地预防职业中毒事故。

9）加强施工运输道路和防尘工作。搅拌站和预制场内的行车道路，均采用混凝土硬化处理，对粉尘较多的进场施工便道，采取填筑砂砾等材料铺设路面，以减少由于行车造成灰尘增多的情况，指派专人对施工运输道路进行维护，并用洒水车经常洒水，保持道路湿润，最大限度地减少道路粉尘飞扬。

10）保持作业场地、运输车辆以及其他各种施工设备的清洁。作业场地经常进行整理和清扫；运输车辆在运输飞扬性物资时，用彩篷布覆盖的维护措施，停运时注意冲洗，保持车辆干净卫生，施工区内的搅拌、运输设备、模板、输送泵等机械设备按"谁管理，谁负责保养"的原则，经常进行清洁，使机械在空闲时不产生扬尘。

11）爱护环境，保护当地植被，防止水土流失。对工地外围的草皮、树木不得进行破坏，必要时对在施工环境中产生扬尘的地方进行绿化，以控制扬尘的产生。

12）对施工场地固定的经常运转设备进行合理布置，分散安置，以分散振动和噪声源，有效避免各种振动和噪声产生共振，降低其危害程度。

13）振动和噪声较大的大型机械布置，尽可能在离居民区及职工生活区较远的地方，并尽可能避免夜间施工，深夜必须停工，以免影响当地居民及员工的正常休息。

14）在各种施工机械和经常运转设备中安装消声器来降低振动和噪声。

15）对产生较大振动和噪声的常运转固定设备（如发电机、空压机等）采用搭设隔离音棚或修建隔声墙等措施来降低振动和噪声的危害。

16）处于振动和噪声区的施工人员，合理佩戴手套、耳塞、耳罩等防护用品来减轻危害。

四、职业健康危害因素及辨识

职业健康危害因素是指生产工作过程及其环境中产生和存在的，对职业人群的健康、安全和作业能力可能造成不良损害的总称，包括生产环境因素和不良生产生活方式因素。监理企业在施工现场，应对环境中职业危害因素进行辨识。

（一）职业健康危害因素

1. 化学因素

在生产中接触到的原料、中间产品、成品和生产过程中的废气、废水、废渣等可对健康产生危害的活性因素。凡少量摄入对人体有害的物质，称为毒物。毒物以粉尘、烟尘、雾、蒸汽或气体的形态散布于空气中。

（1）有毒物质：如铅、汞、苯、氯、一氧化碳、有机磷农药等。

（2）生产性粉尘：如矽尘、石棉尘、煤尘、水泥尘、有机粉尘等。

2. 物理因素

（1）异常气象条件：如高温、低温、高湿等。

（2）异常气压：如高气压、低气压等。

（3）噪声、振动、超声波、次声等。

（4）非电离辐射：如可见光、紫外线、红外线、射频辐射、微波、激光等。

（5）电离辐射：如 X 射线、γ 射线等。

3. 生物因素

生产原料和作业环境中存在的致病微生物或寄生虫，如炭疽杆菌、真菌孢子、布氏杆菌、森林脑炎病毒及蔗渣上的霉菌等；医务工作者接触的传染性病源，如 SARS 病毒。

4. 不良生产生活方式产生的因素

不良生产生活方式主要指劳动组织和劳动制度不合理、劳动强度过大、过度精神或心理紧张、劳动时个别器官或系统过度紧张、长时间不良体位、劳动工具不合理等。

（1）劳动组织和制度不完善，作业制度不合理。

（2）精神（心理）性职业紧张。

（3）工作节奏的变动，换班及夜班工作。

（4）吸烟及过量饮酒。

（5）缺乏体育锻炼。

（6）个人缺乏健康和预防观念。

（7）违反安全操作规范和忽视自我保健。

（8）劳动强度过大或生产定额不当，安排的作业与劳动者生理状况不相适应。

（9）个别器官或系统过度紧张，如视力紧张等。

（10）长时间处于不良体位或使用不合理的工具等。

（二）职业健康危害因素辨识目的及方法

1. 辨识的目的

建立辨识的目的是防止和减少施工现场安全事故的发生，保护劳动者的健康与安全，保障人民的身体健康与安全，保障人民的财产不受损失。对监理企业来说，主要是保证监理人员施工现场人身安全。

2. 辨识的方法

项目监理机构通过文件查阅、职业卫生调查、类比调查、经验与工程分析、工作场所职业健康因素监测及健康监护等方法，确认监理人员的生活及工作活动场所的状态是否符合安全要求，从而保证监理人员的身体健康和人身安全。

五、职业健康监理监控的方法

项目监理机构职业健康监控的主要方法是审核、审查项目监理机构和施工单位体系的建立是否完整；制度制定是否科学；责任制的划分是否明确；制定的方法和措施是否可行，并具有操作性。

项目监理机构依据建设工程项目职业健康监理细则的要求，具体工作的方法：六字方针：说、做、记、查、改、验，见表 7-19。

职业健康监理工作方法

表 7-19

六字方针	具体做法	备 注
说	阐述组织的方针	
做	按照方针的要求去具体实施	
记	将实施的具体情况记录在案	
查	检查实施的情况和对实施情况所做的记录	
改	对实施过程中出现的问题及时整改	
验	对整改的情况及时进行追踪、验证	

第八章 建设工程合同精细化监理

第一节 建设工程合同概要

　　建设工程是一个系统的复杂的体系，需要多方协作，也必须用合同约束各方行为。随着建设工程多元化发展，承发包模式不同，国际化融合发展，整个建设工程的合同主体多元化，合同关系也更加系统化、专业化、条理化。监理单位应根据工作实际在整个合同体系中所处的地位，做好建设工程合同精细化监理工作。

一、建设工程合同的概念

　　根据《中华人民共和国民法典》合同编第十八章的相关规定，建设工程合同是承包人进行工程建设，发包人支付价款的合同。建设工程合同包括工程勘察、设计、施工合同。

　　《建设工程勘察合同（示范文本）》（GF—2016—0203）是指根据建设工程的要求，查明、分析、评价建设场地的地质地理环境特征和岩土工程条件，编制建设工程勘察文件的协议。这是指建设单位与勘察人就完成建设工程地理、地质状况的调查研究工作而达成的协议。勘察工作是一项专业性很强的工作，所以一般应当由专门的地质工程单位完成。勘察合同就是反映并调整建设单位与受托地质工程单位之间关系的依据。

　　《建设工程设计合同示范文本（房屋建筑工程）》（GF—2015—0209）是房屋建筑工程根据建设工程的要求，对建设工程所需的技术、经济、资源、环境等条件进行综合分析、论证，编制建设工程设计文件的协议。

　　《建设工程监理合同（示范文本）》（GF—2012—0202）的全称为建设工程委托监理合同，也简称为监理合同，是服务合同。这是指工程建设单位聘请监理单位代其对工程项目进行管理，明确双方权利、义务的协议。建设单位称为委托人，监理单位称为受托人。

　　《建设工程施工合同（示范文本）》（GF—2017—0201）是指发包方（建设单位）和承包方（施工单位）就完成具体商定的工程项目的建筑施工、设备安装调试、工程保修等工作内容，明确相互权利、义务的协议。依照施工合同，施工单位应完成建设单位交给的施工任务，建设单位应按照规定提供必要条件并支付工程价款。建设工程施工合同是施工单位进行工程建设施工，建设单位支付价款的合同，是建设工程的主要合同，同时也是工程建设质量控制、进度控制、造价控制的主要依据。施工合同的当事人是发包方和承包方，双方是平等的民事主体。

设备材料采购合同是指建设单位或施工单位与设备和材料供应单位签订的符合合同规定的设备材料采购合同。

建设工程中主要的合同主体信息交流如图8-1所示。

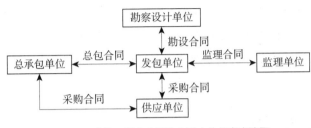

图8-1　建设工程中主要的合同主体信息交流图

二、合同订立的原则

合同订立原则贯穿于整个合同订立过程中，缔约主体均应严格遵守的原则，指缔约当事人在订立合同的过程中应当遵守五个原则，即当事人地位平等原则、自愿原则、公平原则、诚实信用原则和善良风俗原则。建设工程施工合同纠纷处理按不动产专属管辖确定受理法院，由建设工程所在地人民法院管辖，从而排除了协议管辖，但仲裁的管辖权有效。

三、项目监理机构管理工程合同的任务

建设工程各类合同履行周期长、补充变更条款多、系统性强、适用法律严格，这就要求监理单位作为工程项目中的主体服务人，熟知合同管理的条款，执行以下合同管理任务：

（1）协助建设单位拟定工程项目的各类合同条款，并积极参与合同事项的商谈。

（2）拟订工程项目合同体系及管理制度，如：拟定、谈判、参与审核、保管等工作流程。

（3）工程实施过程中合同执行情况分析，跟踪管控。

（4）协助建设单位处理工程项目出现的争议索赔、纠纷等。

第二节　建设工程施工合同履行的精细化监理

随着我国建设工程的迅速发展，工程监理单位对建设工程参建方的合同履行进行管

理已进入精细化监理的必然阶段。本节通过监理单位对施工合同文本收集、留存、管控等进行工程精细化监理。对施工合同在建设工程整体实施过程进行精细化管理，应细心研究合同条款，分析建设单位和施工单位的义务、责任、权利，结合监理单位在工程中的作用，精细化管理合同条款漏洞、空白和不足，剖析合同结构和内容，分析隐含的风险，发现和建议修订合同内容含糊不清、模棱两可的条款，解决合同间或条款间的矛盾或不一致问题，促进双方权利和义务达到平衡，掌握合同变更、签证和索赔事项，处理违约等。并采取措施和手段，防止"黑白阴阳"合同，保证合同履行顺利，减少纠纷。以方便服务和满足实践的需要。

一、施工合同文本的收集

目前建设工程现实情况为监理单位处理施工合同管理关系的内容较少，主要是依据合同条款进行施工阶段管控，在违约处理纠纷时提供证据。建设工程施工合同内容复杂，点多面广，作为监理单位对建设工程施工合同进行精细化管理，应根据工作需要在施工单位与建设单位签署合同后，积极收集施工合同文本，便于后续项目实施过程中依据合同进行工程监理。

（一）收集手段

1. 合法合规收集

依据各类法律法规要求建设单位提供施工合同，以便于监理单位顺利开展工作。

2. 调查沟通收集

运用观察、询问等方法直接从建设单位、施工单位等了解情况，收集合同的活动。

3. 发文件收集

指项目监理机构或监理单位通过来往信函、文件索取说明情况索要合同。

4. 给予收集

某些建设单位在施工合同签订后已委托监理，会直接主动将施工合同副本、复印件或电子版给予监理单位。

（二）合同留存

完成施工合同收集后，按以下要求进行留存归档：

（1）原始合同的正本或副本应完整、准确，客观真实留存。

（2）按工程进展动态收集补充协议，洽商谈判文件等。

（3）对合同进行准确编码分类，建立齐全的台账，力求简单明了、便于查找使用。

（4）监理单位合同管理部门及工程管理部门都应留存，对应工程的监理机构也必须留存。施工合同文本的收集留存内容见表8-1。

合同文件构成表　　　　　　　　　　　　　　　　　表 8-1

序号	合同文件名称	备注
1	合同协议书	双方签订盖章生效
2	中标通知书	公开、邀请招标、争性谈判等形成
3	投标函及其附录	投标方面涉及的文件
4	专用合同条款及其附件	双方协商确定
5	通用合同条款	标准合同格式
6	技术标准和要求	依据工程实际确定
7	图纸	具有相关资质人员设计图审核
8	已标价工程量清单或预算书	建设单位、施工单位共同认可
9	其他合同文件	补充、协商等文件

二、施工合同条款的分析

（一）监理单位分析施工合同的措施

监理单位必须建立专门的合同条款分析团队，强化合同管理的分析工作，并通过分析理解透彻合同的形式、内容，明确施工合同分析后对监理工作的促进和利用效果。通过以下措施进行分析：

1. 强化施工合同的重视度

监理单位服务于建设单位的工作，在施工合同中的条款明确较多，应成立以总经理、总监理工程师为领导的机构，克服以往仅依靠合同管理部门收集，收而不管、管而不细的问题；加强风险防范意识。

2. 提高合同管理分析人员专业素质

吸收合同管理的专业人员，树立管工程以管合同为前提，并可以聘请法务人员指导监理单位人员从法律层面多学习研究施工合同，在示范文本的框架下，细化专用条款，加强对自我有利的条款且不违法违规。

3. 对施工合同进行动态分析

根据工程实施的不同阶段，加强相关重点条款分析，及时分析已签署的补充条款协议，缺陷补丁性内容，避免施工合同中出现对监理工作的权利和义务的加大放大。

4. 合理索赔并用法律武器保护自我

提高索赔成功率从而增加监理服务费，增多监理单位收益，如在施工合同中存在违约或索赔时，监理单位可以依据相应条款和因果关系相关性对建设单位进行监理单位联合施工单位共同索赔。必要时依据施工合同对监理单位有利的内容，提起仲裁和诉讼。

（二）监理单位管理合同协议书的内容

必须保证签订施工合同双方的当事人主体的合法性，一般为注册公司的全称，随着建设工程的发展，也有自然人为工程的建设单位。如无资质、超越资质、借用冒用资质则合同无效，必须招标而直接中标签订的合同无效。

1. 工程概况

重点注意工作范围和内容，应将其细化明确，可写到分部、子分部工程。合同承包范围之外的专业工程由建设单位另行发包或由建设单位指定分包，同时约定施工单位向专业工程分包人提供的服务内容及费用。明确约定施工界限，包括垂直施工界限、横向施工界限以及各施工单位之间的界限。

2. 合同工期

明确开工日期、实际开工日期、计划竣工日期、实际竣工日期、工期延误、工期顺延、工期索赔、总工期。工期总日历天数与计划开竣工日期计算的工期天数不一致的，以工期总日历天数（包括法定节假日）为准，真正实践的施工时间不包括重大节假日，施工单位须注意节假日时间的长短，以免工期过短。建设单位要求施工工期小于定额工期时，在招标明示增加费用，压缩的天数超过30%的，视为任意压缩合理工期。合同内可约定超工期比例扣保证金、违约金及抵工程款、总价款的违约金等。

3. 工程质量标准

合同应约定质量标准为合格及各级奖项等。

4. 签约的合同价格

签约的合同价格是最核心、重要的内容，招标投标工程签约价即投标价、中标价。安全文明施工费包括安全文明施工费、暂估价、暂列金额等。建设单位和施工单位有工程内容风险、工程量风险、单价风险。

5. 项目经理

中标通知书载明或合法变更人员有资格证等硬性条件，有管理知识、技能、素质等软实力。

6. 合同文件的组成

合同订立及履行过程中形成的与合同有关的文件均构成合同文件组成部分，见表8-1。各项合同文件包括合同当事人就该项合同文件所作出的补充和修改，属于同一类内容的文件，应以最新签署的为准。合同文件的逻辑优先顺序同样见表8-1。

7. 建设单位和施工单位的承诺

协商或谈判相互责任矛盾等，明确签约时间、地点、生效、份数。另行签订补偿协议也为合同组成部分。

8. 合同签订双发当事人盖公章，法定代表人或其委托代理人签章，开户行、账号必须为注册施工单位。

（三）通用条款与监理单位相关的内容

完成施工合同的收集留存后，需要监理单位对施工合同中涉及与监理单位有关的合同内容和条款作出剖析，以保证监理工作顺利开展。在建设工程施工合同履行过程中，监理单位和施工单位存在监理关系，在此简要介绍施工合同中与监理单位的有关内容。

1. 监理单位的定义及工作

（1）定义和地位

受建设单位委托按照法律规定进行工程监督管理的法人或其他组织。工程项目的总监理工程师：是指由监理单位任命并派驻施工现场进行工程监理的总负责人。

（2）工作的内容

工程实行监理的，建设单位和施工单位应在专用合同条款中明确监理单位的监理内容及监理权限等事项。监理单位应当根据建设单位授权及法律规定，代表建设单位对工程施工相关事项进行检查、查验、审核、验收，并签发相关指示，但监理单位无权修改合同，且无权减轻或免除合同约定的施工单位的任何责任与义务。

（3）监理的权利

由监理单位派驻施工现场的监理人员行使。如更换总监理工程师的，必须由监理单位提前7d以红头文件形式通知施工单位。更换其他监理单位员，监理单位提前48h书面通知施工单位。对工程施工控制发出的指令和指示，须送达工程项目经理或项目经理授权接收的人员。因监理单位未能按合同约定发出指示、指示延误或发出了错误指示而导致施工单位费用增加和（或）工期延误的，明确为建设单位承担相应责任。

2. 合同价款

（1）合同价款组成：承包范围内全部工作的金额，包括履行过程中发生的价格变化，安全文明施工费、暂估价及暂列金额等。

（2）必须明确暂估价的支付情况：在工程量清单、预算书中提供的用于支付必然发生但暂时不能确定价格的材料、工程设备的单价、专业工程以及服务工作的金额。

（3）必须明确暂列金额使用方式：建设单位在工程量清单或预算书中暂定并包括在合同价格中的一笔款项，用于工程合同签订时尚未确定或者不可预见的所需材料、工程设备、服务的采购，施工中可能发生的工程变更、合同约定调整因素出现时的合同价格调整以及发生的索赔、现场签证确认等的费用。

施工单位的合同价款科学合理能确保双方经济利益关系的确立和稳固，继而使施工工程得以顺利开展。约而不定的造价不能作为合同价款，监理单位应按施工合同价款费率法准确计算监理报酬。

3. 图纸方面的内容

（1）工程施工图设计内容：所有专业形成的设计图纸，建设单位通过监理单位按照期限、数量和内容向施工单位免费提供图纸。

（2）图纸会审、设计交底职责：监理单位必须参加由建设单位组织工程参建单位进行图纸会审和设计交底，其中可以包括工程接收、产权、物业使用等单位。

（3）图纸自审：监理单位应组织各专业监理工程师认真复核图纸，做好设计图纸自审并形成文字记录，报于参建各方。图纸存在的问题和矛盾，设计单位给予书面回复或出具变更图纸。通过监理单位形成记录后下发。

（4）开工通知：经建设单位同意后，监理单位发出的开工通知应在计划开工日期7d前向施工单位发出，工期自开工通知中载明的开工日期起算，开工日期的准确性、严谨性能避免工期索赔。开工日期前14d必须由建设单位向施工单位提供图纸。

（5）图纸的错误：监理单位处理图纸错误时起到桥梁和纽带作用。施工单位收到图纸并发现图纸存在差错、遗漏或缺陷的，必须通知监理单位。监理单位接到该通知后，应附具相关意见并立即报送建设单位，建设单位应在收到监理单位报送的通知后，在合理时间内作出决定。图纸的修改和补充文件必须由监理单位在施工前，将修改后的图纸或补充图纸提交给施工单位，施工单位应按修改或补充后的图纸组织施工。

4. 监理单位审核文件要求

（1）技术文件：施工单位提交由其编制的与工程施工有关的文件，监理单位督促在合理的期限、足够的数量、合格的形式提交监理单位，再由监理单位报送建设单位，施工单位不能越过监理单位直接报送。监理单位专业监理工程师、总监理工程师审查必须在7d内完成，如有异议的，书面通知要求施工单位修改后重新报送。

（2）工程量清单：内容严格准确和完整。工程量清单中监理单位、施工单位如发现有如下情形（表8-2），建设单位应予以修正合同条款，并相应调整合同价格。

工程量清单错误的修正事项 表8-2

序号	工程量清单修正事项	备注
1	工程量清单存在缺项、漏项的	参照相似、发布的定额计价、正规询价
2	工程量清单偏差超出专用合同条款约定的工程量偏差范围的	协商据实结算
3	未按照国家现行计量规范强制性规定计量的	按强制性规定计量

注：工程量清单有错误，建设单位应予以修正，并按实际情况和计价原则调整合同价格。

（3）人员：监理单位应审查项目经理及人员：项目经理的姓名、职称、注册执业证书编号、联系方式及授权范围等事项。项目经理应缴纳社会保险的有效证明。督促项目经理常驻施工现场，且每月在施工现场时间不得少于相应天数。不得同时担任其他项目的项目经理。投标文件明确已中标项目经理禁止更换，因辞职、不可抗力原因（如疾病），更换前应提前14d书面通知建设单位和监理单位，并征得建设单位书面同意。通过变更单上报继任项目经理的注册执业资格、管理经验等资料，并上报建设行政主管部门（如项目所在地质监站、住建局）同意备案，由继任项目经理继续履行约定的职责。施工单位应在接到开工通知后 7d 内，向监理单位提交施工单位项目管理机构及施工现场人员安排的报告，其内容应包括合同管理、施工、技术、材料、质量、安全、财务等主要施工管理人员名单及其岗位、注册执业资格等，以及各工种技术工人的安排情况，并同时提交主要施工管理人员与施工单位之间的劳动关系证明和缴纳社会保险的有效证明。

施工单位应及时向监理单位提交施工现场人员变动情况的报告。施工单位更换主要施工管理人员时，应提前 7d 书面通知监理单位，并征得建设单位书面同意。通知中应当载明继任人员的注册执业资格、管理经验等资料。施工单位的主要施工管理人员离开施工现场每月累计不超过 5d 的，应报监理单位同意。离开施工现场每月累计超过 5d 的，应通知监理单位，并征得建设单位书面同意。

（4）分包单位：监理单位应审核分包的施工管理人员表，并对分包人的施工人员进行实名制管理。分包合同签订后 7d 内向建设单位和监理单位提交分包合同副本。

（5）联合体：工程总包为联合体，其牵头人负责与建设单位和监理单位联系，并接受指示，负责组织联合体各成员全面履行合同。

（6）特种作业：监理单位可以随时检查特殊工种作业人员均应持有相应的资格证明。

（7）廉洁性：施工单位不得与监理单位或建设单位聘请的第三方串通损害建设单位利益。为保证监理单位工作的独立性、廉洁性，未经建设单位书面同意，施工单位不得为监理单位提供通信设备、交通工具、检测工具及其他物资，不得私下向监理人员支付金钱及礼品。

三、施工合同履行的管理

施工准备阶段监理合同应已签署，以利于工程整体和全过程监理。建设工程委托监理合同是由监理单位与建设单位依据法律法规签订，监理方受建设单位方委托对建设工程进行管理。

（一）合同质量方面的管理

1. 施工组织设计及方案

监理单位在施工合同签订后 14d 内，但至迟不得晚于开工通知载明的开工日期前 7d，审核审批施工组织设计，由监理单位再报送建设单位。一般建设单位和监理单位应在收到施工组织设计后 7d 内确认或提出修改意见。对建设单位和监理单位提出的合理意见和要求，施工单位应自费修改完善。根据工程实际情况已修改施工组织设计的，施工单位应向建设单位和监理单位提交修改后的施工组织设计再审。

2. 质量保证体系及措施制度

监理单位检查复核施工单位提交工程质量保证体系及措施文件，要求施工单位建立完善的质量检查制度，并提交相应的工程质量文件。

3. 人员质量教育培训考核

监督施工单位对施工人员进行质量教育和技术培训，要求定期考核施工人员的劳动技能，严格执行施工规范和操作规程。

4. 材料实验及设备复查

监理单位授权的工程师、见证人会同施工单位材料员、试验员等应对材料、工程设备以及工程的所有部位及其施工工艺进行全过程的质量检查和检验，取样试验、工程复核测量和设备性能检测，提供试验样品、提交试验报告和测量成果以及其他工作并作详细记录，编制工程质量报表，监理单位严格审查。

（二）合同安全文明组织的管理

1. 措施方案及制度

监理单位督促施工单位按照有关规定编制安全技术措施或者专项施工方案，建立安全生产责任制度、治安保卫制度及安全生产教育培训制度，并按安全生产法律规定及合同约定履行安全职责，如实编制工程安全生产的有关记录，接受建设单位、监理单位及政府安全监督部门的检查与监督。

监理单位审核、审批施工单位编制的危险性较大分部分项专项工程施工方案，要求施工单位组织专家论证超过一定规模的危险性较大的分部分项工程。

2. 交底及岗位培训

开工前做好安全技术交底工作，施工过程中做好各项安全防护措施。施工单位为实施合同而雇用的特殊工种的人员应受过专门的培训并已取得政府有关管理机构颁发的上岗证书。监理单位不得强令施工单位进行违章作业、冒险施工。遇到突发的地质变动、事先未知的地下施工障碍等影响施工安全的紧急情况，监理单位有权暂停相应部位施工。

3. 治安保卫和文明

监理单位配合当地公安部门，要求施工单位在现场建立治安管理机构或联防组织，统一管理施工场地的治安保卫事项，履行合同工程的治安保卫职责。杜绝发生暴乱、爆炸等恐怖事件，以及群殴、械斗等群体性突发治安事件。如发生上述事件，监理单位有权报告当地政府。施工单位对安全文明施工费应专款专用，施工单位应在财务账目中单独列项备查，不得挪作他用。监理单位监督施工单位在工程实施过程中保持文明的施工现场，移交前清除施工现场的全部工程设备、多余材料、垃圾和各种临时工程，并保持施工现场清洁整齐。可签订安全文明责任书明确责任。

（三）合同进度方面的管理

监理单位审核施工单位进度计划，进度编制应当符合国家法律规定和一般工程实践惯例，施工进度计划经建设单位批准后实施，监理单位按照施工进度计划检查工程进度情况，存在偏差时及时纠偏。

1. 开工通知

经建设单位同意后监理单位发出开工通知。监理单位应在计划开工日期 7d 前向施工单位发出开工通知。一般因建设单位原因造成监理单位未能在计划开工日期之日起 90d 内发出开工通知的，施工单位有权提出价格调整要求或解除合同。

2. 进度调整

施工进度计划达不到合同要求或与实际进度不一致，施工单位应向监理单位提交修订的施工进度计划，并附有关措施和资料，由监理单位报送建设单位。建设单位和监理单位应在收到修订的施工进度计划后 7d 内完成审核和批准或提出修改意见，确认施工单位提交的施工进度计划。

（四）监理单位对开工准备的管理

监理单位对建设工程施工合同履行过程中工程实体建设精细化管理，是工程形成的主要管理阶段，也是目前国内工程合同履行监理单位主要的工作阶段，更是合同履行的重点、难点控制过程。监理单位从合同条款组织协调管控工程，是监理工程实体形成的过程和措施。

1. 复核基准点

监理单位、施工单位应复核建设单位应提供的测量基准点、基准线和水准点的准确性。如资料存在错误或疏漏的，施工单位应及时通知监理单位。监理单位应及时报告建设单位，并会同建设单位和施工单位予以核实。建设单位应就如何处理和是否继续施工作出决定，并通知监理单位和施工单位。

2. 查验材料设备

施工单位采购的材料和工程设备产品质量合格，施工单位应在材料和工程设备到货前 24h 通知监理单位检验。施工单位进行永久设备、材料的制造和生产的，应符合相关质量标准，向监理单位提交材料的样本以及有关资料，应在使用该材料或工程设备之前获得监理单位同意。监理单位发现施工单位使用不符合设计或有关标准要求的材料和工程设备时，要求施工单位进行修复、拆除或重新采购，由此增加的费用和（或）延误的工期，由施工单位承担。

3. 审核试验人员及设备

监理单位审核施工单位提交试验人员的名单及其岗位、资格等证明资料，试验人员必须能够熟练进行相应的检测试验，施工单位对试验人员的试验程序和试验结果的正确性负责。试验属于监理单位抽检性质的，可由监理单位取样，也可由施工单位的试验人员在监理单位的监督下取样。施工单位配置的试验设备要符合试验规程的要求并经过具有资质的检测单位检测，且在正式使用该试验设备前，需要经过监理单位与施工单位共同校定。

（五）监理单位对工艺工序的管理

1. 一般工艺工序的管理

监理单位对工程的所有部位及其施工工艺、材料和工程设备进行检查和检验。施工单位应为监理单位的检查和检验提供方便，包括监理单位到施工现场，或制造、加工地点，或合同约定的其他地方进行察看和查阅施工原始记录。监理单位的检查和检验不应影响施工正常进行。监理单位的检查和检验影响施工正常进行的，且经检查检验不合格的，影响正常施工的费用由施工单位承担，工期不予顺延。合格的，增加的费用和（或）延误的工期由建设单位承担。

2. 隐蔽工程的检查

监理单位应按时到场并对隐蔽工程及其施工工艺、材料和工程设备进行检查。经监理单位检查确认质量符合隐蔽要求，并在验收记录上签字后，施工单位才能进行覆盖。经监理单位检查质量不合格的，施工单位应在监理单位指示的时间内完成修复，并由监理单位重新检查，由此增加的费用和（或）延误的工期由施工单位承担。

监理单位不能按时进行检查的，应在检查前 24h 向施工单位提交书面延期要求，但延期不能超过 48h，由此导致工期延误的应予以顺延。监理单位未按时进行检查，未提出延期要求的，视为隐蔽工程检查合格。

（六）监理单位对不合格工程的处理

1. 建设单位的原因

因建设单位原因造成工程质量不合格的，增加的费用和延误的工期由建设单位承担。监理单位给予确认和证明。

2. 施工单位的原因

因施工单位原因造成工程质量不合格的，建设单位有权随时要求施工单位采取补救措施，直至达到合同要求的质量标准，由此增加的费用和延误的工期由施工单位承担。通过采取质量补救处理措施合格后予以验收，无法满足要求的拒绝接收全部或部分工程。

（七）监理单位对施工单位擅自隐蔽部位的处理

建设单位或监理单位对施工单位覆盖工程隐蔽部位质量有疑问的，可要求施工单位对已覆盖的部位进行钻孔探测或揭开重新检查。

1. 复查合格工程的费用和工期处理

经检查证明工程质量符合合同要求的，由建设单位承担由此增加的费用和延误的工期，并支付施工单位合理利润。经检查证明工程质量不符合合同要求，费用和延误的工期由施工单位承担。

2. 私自隐蔽的合格与否的处理

施工单位未通知监理单位到场检查，私自将工程隐蔽部位隐蔽的，监理单位有权指示施工单位钻孔探测或揭开检查，无论工程隐蔽部位质量是否合格，增加的费用和延误的工期均由施工单位承担。

3. 突发情况处理

如施工过程影响安全生产，遇突发的地质变动、事先未知的地下施工障碍等影响施工安全的紧急情况，报监理单位和建设单位采取应急措施覆盖隐蔽。

4. 质量争议的处理

监理单位对建设单位和施工单位质量争议的处理，沟通双方协商确定工程质量检测机构鉴定，产生的费用及因此造成的损失，由责任方承担。

（八）监理单位对工程暂停及复工的处理

建设工程暂停及复工令应由监理单位总监理工程师签发，由建设单位原因引起的，监理单位经建设单位同意及时下达暂停指示。紧急情况下施工单位先暂停施工，监理单位应在24h内发出指示，逾期视为同意暂停施工，不同意的说明理由。施工单位原因引起的暂停施工费用和工期自行承担。监理单位认为有必要暂停施工的，征得建设单位同意可以指示暂停。具体情形如下：

（1）建设单位要求暂停施工且工程需要暂停施工。

（2）施工单位未经批准擅自施工或拒绝监理单位管理。

（3）施工单位违反工程建设强制性标准。

（4）施工单位未按审查通过的设计文件施工。

（5）施工时存在重大安全和质量事故隐患或已发生安全质量事故的。

施工单位暂停施工并采取有效措施消除影响及隐患，监理、建设和施工单位确定损失，具备复工条件，可以申请复工。监理单位应审查施工单位报送复工报审及支撑材料，采取的措施等符合要求后，总监理工程师签署意见，签发工程复工令。

（九）监理单位对变更事项的处理

1. 工程变更的定义

工程实施过程中，监理单位根据工程需要，下达指令对招标文件中的原设计或经监理单位批准的施工方案正实施的关于材料、工艺、功能、功效、尺寸、技术指标、工程数量及施工方法等任一方面的改变。

2. 工程变更的提出

（1）建设单位提出的变更

建设单位提出设计变更，由于工程开始时考虑不周，对项目的要求并不明确，或者在工程实施过程中市场发生了变化，改变项目的总体风格、变更设计标准、增减投资规模、扩减项目内容、改变初步的技术经济指标和质量要求等，并出现项目用地范围内地上原有建筑物、构筑物影响、地下管线障碍等，还有项目的公用设施配套情况发生变化，导致建设单位不得不提出变更。

（2）监理单位提出的变更建议

监理单位提出变更建议的，需要向建设单位以书面形式提出变更计划，说明计划变更工程范围和变更的内容、理由，以及实施该变更对合同价格和工期的影响。建设单位同意变更的，由监理单位向施工单位发出变更指示。建设单位不同意的，监理单位无权擅自发出变更指示。

（3）施工单位提出的变更

施工时遇到与原设计不同的地质具体情况，必须进行处理。如工程地下障碍遇到原设计未考虑到的构筑物、管道、线缆等，在设计图纸标高处无法安装等，必须改变项目基础、管道走向或标高。变更联系单应提出新的位置、变更的原因、做法、规格和数量。另因自身原因或市场资源导致成本增加，所得利益受损，如淘汰材料或施工条件不成熟，应改用先进材料代替，需改变某些工程项目的设备、工序工艺等。

3. 合同履行过程中发生变更情形（表8-3）

合同履行过程中发生变更的情形 表8-3

序号	名称	备注
1	增加或减少合同中任何工作，或追加额外的工作	相应条款约定变更
2	取消合同中任何工作，但转由他人实施的工作除外	相应条款约定变更
3	改变合同中任何工作的质量标准或其他特性	相应条款约定变更
4	改变工程的基线、标高、位置和尺寸	相应条款约定变更
5	改变工程的时间安排或实施顺序	相应条款约定变更

4. 工程变更发生的后果

发生工程变更，就会出现造价成本的变化，工程的标准成本与实际成本都会产生变动。针对变更后对于工程实际成本与标准成本的影响必须做好管理和控制。保证工程资金的充分利用和计划性，争取消除决算超预算、预算超概算及概算超估算造价的现象，使工程取得最大的经济效益。

5. 监理单位处理工程变更的原则

（1）如确需变更要根据变更逐级上报经过审批后方能变更。

（2）工程变更必须符合建设标准及工程规范，有序控制工程造价，保证工程质量与进度的同时还要兼顾各方利益确保变更有效。

（3）不能保证安全、质量的原设计，或有遗漏、错误，并与现场不符无法施工的内容，非变更不可的，应遵循设计变更程序，监理单位严格控制设计变更和预算外费用，并科学分析技术经济合理性，把好造价关。

（4）监理单位及时收集资料、确定费用、签字确认。对超出合同预算的设计变更、工地洽商，由施工单位做出预算，监理工程师审核其费用的增减并报建设单位审批，认真审定施工单位编制的工程结算，杜绝高估冒算和套用不合格定额标准的现象。

（5）工程变更要提前发现并协商管控，最好在开工前图纸会审时发现，最大限度减少变更的发生。

（6）监理单位对变更专人详细记录，附说明变更产生的原因、背景，发生时间节点，工程部位的人、材、机消耗等。监理单位确认发生拆除的材料、设备或成品、半成品，并防止造成的浪费，也避免索赔事件的发生。

6. 监理单位确认变更权

工程实施过程中因设计欠合理、地质条件的变化、不可预见因素等的影响引起工程变更。当发生此类变更时，监理单位均应依照合同相应条款和程序予以变更。工程变更应注意资料的收集、费用的确定、签认程序等方面的工作。

（十）监理单位审核工程计量

监理单位的各专业监理工程师计量，审核施工单位完成的工程量。造价工程师审核工程进度款，由总监理工程师签发工程进度款签证，报建设单位认可，在施工过程中，每月进行造价计划值与实际值比较，认真绘制资金时间计划与实际使用图，针对实际值与计划值存在的偏差，分析原因、制定相应措施，并向建设单位提交造价控制报表。

1. 工程计量的上报审批

（1）施工单位按合同、工程量清单及实际工程量在每月 25 日向监理单位报送上月 20日至当月 19 日已完成的工程量报告，附进度付款申请单、已完成工程量报表和有关资料。

（2）监理单位应在收到后 7d 内完成对工程量报表的审核并报送建设单位，以确定当月实际完成的工程量。对工程量有异议可要求施工单位共同复核或抽样复测。施工单位未按监理单位要求参加复核或抽样复测的，监理单位复核或修正的工程量视为施工单位实际完成的工程量。

（3）监理单位在 7d 内审核发现遗漏清单项，有权要求施工单位修正和提供补充资料，并提交修正后的进度付款申请单。监理单位应在收到申请单后 7d 内完成审查并报送建设单位，建设单位应在收到监理单位报送的进度付款申请单及相关资料后 7d 内，向施工单位签发无异议部分的临时进度款支付证书。以实际完成的工程量，据此计算工程价款。

2. 合同中不可抗力的处理

遇到不可抗力事件，使其履行合同义务受到阻碍时，提供必要的证明通知合同另一方当事人和监理单位。不可抗力持续发生的，合同一方当事人应及时向合同另一方当事人和监理单位提交中间报告，说明不可抗力和履行合同受阻的情况，并于不可抗力事件结束后 28d 内提交最终报告及有关资料。

3. 工程延期的处理

总监理工程师应审查施工单位申请延期依据的有效性、所延误的工作是否在关键线路上。证明延期原因、事实证据、严重程度、量化标准。总监理工程师做出临时、最终工程延期的批准前，应与建设单位和施工单位沟通、进行工期协商。

（十一）监理单位处理竣工验收及备案

1. 竣工验收的意义

竣工验收是建设工程过程的最后一个环节，既是建设工程施工合同中权利义务关系的终结，也是对建筑产品质量是否合格的最终评定，对于工程价款的结算、建设工期的认定、建设工程保修期的起算、建设工程风险责任的转移、工程质量责任的承担以及建设工程价款优先受偿权期限的起算。

2. 监理单位审查竣工申请

监理单位审批施工单位竣工验收申请在14d内完成审查。争议焦点如何判定建设工程是否竣工验收合格以及竣工日期、如何认定建设工程的竣工验收结论的法律效力、如何确定建设单位拖延建设工程竣工验收的法律后果和应承担的法律责任等。

3. 竣工验收备案

依据法律、法规验收备案应由规划、质监消防、环保等部门出具的认可文件或者准许使用文件。施工单位签署的工程质量保修书。建设单位应当自建设工程竣工验收合格之日起15日内，将建设工程竣工验收报告提交当地建设行政主管部门备案，从而结束建设工程竣工验收的程序。

4. 竣工验收不合格的处理

监理单位应按照验收意见发出指示，要求施工单位对不合格工程返工、修复或采取其他补救措施。应重新提交竣工验收申请报告，重新进行验收。政府行政主管部门对建设单位组织并出具的竣工验收结论具有否决权。

（十二）监理单位处理提前交付单位工程的验收

检验批、分项工程、分部工程是单位工程验收的前提，监理单位对于建设单位或施工单位提出提前交付的单位工程的验收处理：竣工前使用单位工程的，或提前交付已经竣工的单位工程且经建设单位同意的，可进行单位工程验收，验收的程序按照竣工验收的约定进行。验收合格后，由监理单位向施工单位出具经建设单位签认的单位工程接收证书。

（十三）监理单位核查竣工日期

1. 竣工日期

工程经竣工验收合格的，以施工单位提交竣工验收申请报告之日为实际竣工日期，并在工程接收证书中载明。工程未经竣工验收，建设单位擅自使用的，以转移占有工程之日为实际竣工日期。

2. 结算处理

监理单位应在收到竣工结算申请单后 14d 内完成核查并报送建设单位。监理单位或建设单位对竣工结算申请单有异议的，有权要求施工单位进行修正和提供补充资料，施工单位应提交修正后的竣工结算申请单。

3. 缺陷维修处理

因施工原因，监理单位督促施工单位在缺陷责任期内处理负责维修，并承担鉴定及维修费用，如实记录费用详细构成。如施工单位不维修也不承担费用，建设单位可按合同约定从保证金或银行保函中扣除，费用超出保证金额的，建设单位可按合同约定向施工单位进行索赔。

4. 施工单位的索赔

项目监理机构应依据施工合同及时提醒建设单位履行合同约定的义务，以避免发生因建设单位未履行合同义务造成的施工单位的索赔，并督促施工单位严格履行合同约定的义务，避免发生反索赔的情况。

（十四）监理单位参与工程试车

试车内容应与施工单位承包范围相一致，试车费用由施工单位承担。工程试车应按如下程序进行：具备单机无负荷试车条件，施工单位组织试车，试车前48h书面通知监理单位。合格的监理单位在试车记录上签字。监理单位在试车合格后不在试车记录上签字，24h后视为认可试车记录。因施工单位原因导致试车达不到验收要求，施工单位按监理单位要求重新安装和试车，并承担重新安装和试车的费用，工期不予顺延。

（十五）监理单位审核竣工结算

工程竣工验收合格后28d内施工单位向监理单位提交竣工结算申请单，提交完整的结算资料，竣工结算申请单的资料清单和份数等要求由合同当事人在专用合同条款中约定。竣工结算申请单应包括以下内容：

（1）竣工结算合同价格。

（2）建设单位已支付施工单位的款项。

（3）应扣留的质量保证金。已缴纳履约保证金的或提供其他工程质量担保方式的除外。

（4）建设单位应支付施工单位的合同价款。

竣工结算审核：监理单位应在收到竣工结算申请单后14d内完成核查并报送建设单位。监理单位向施工单位签发经建设单位签认的竣工付款证书。

（十六）监理单位在保修期的工作

目前监理委托合同条款日趋严苛，工程在保修期内监理仍有责任和义务完成缺陷修复的监理工作。保修期内，监理单位监督因施工单位原因造成工程的缺陷、损坏，施工单位应负责修复，承担修复费用及因工程缺陷、损坏造成人身伤害和财产损失。

（十七）监理单位处理合同索赔的原则

1. 合同索赔的原因分析

合同履行中监理单位应认真做好计算、审核索赔金额和工期的工作。分析发生索赔的原因和责任主体，并有索赔发生前提条件才能进行合理合法处理索赔，还应防止反索赔的发生。索赔发生前提条件见表 8-4。索赔原因见表 8-5。

索赔发生前提条件表　　　　表 8-4

序号	索赔发生前提条件	备注
1	构成施工项目索赔条件的事件发生	事件发生记录详细
2	造成施工单位工程项目成本额外支出，或直接经济损失	事件与合同对照比较
3	造成费用增加或工期损失	合同约定原因不属于施工单位的行为责任或风险责任
4	施工单位提交索赔意向通知和索赔报告	按合同规定的程序和时间

索赔原因表　　　　表 8-5

序号	索赔原因	备注
1	合同对方违约	不履行或未正确履行合同义务与责任
2	合同错误	条文不全、错误、矛盾，设计图纸，技术规范错误
3	合同变化	协议书、条款等
4	工程环境变化	法律、物价和自然条件
5	不可抗力因素	恶劣天气、地震、洪水、战争

2. 监理单位处理索赔的时限

监理单位审核施工单位在索赔事件发生后 28d 内递交索赔意向通知书，并说明发生索赔事件的事由。发出索赔意向通知书后 28d 内，向监理单位正式递交索赔报告。事件影响结束后 28d 内，向监理单位递交最终索赔报告，报告附追加付款金额和（或）延长的工期，记录和证明材料。

3. 监理单位为减少合同索赔的工作

（1）协助建设单位审查建设单位与各方签订的合同条款有无含混字句及分工不明、责任界线不清的条款，违约条款内容是否明确，为做好索赔预控创造条件。

（2）加强主动监理，要求有关各方严格按合同办事，以达到控制质量、控制进度、控制造价的目的。

（3）在工程实施过程中，严格控制工程设计变更，尽量减少不必要的工程洽商。特别要控制有可能发生经济索赔的工程洽商。

（4）对于有可能发生经济索赔的变更或洽商，事先要报告建设单位，在征得建设单位同意的前提下，再签认有关变更或洽商。

（5）单位工程（或分部工程）完成以后，在合理时限内审核，并进行工程决（结）算。

4.监理单位处理索赔的原则

（1）监理单位以预防为主，洞察索赔起因，提前以文件沟通协调，以协商解决避免索赔发生。

（2）在处理各类索赔问题时，严格以施工合同文件中的规定和程序为依据。

（3）监理单位以事实为依据，以合同条款为准绳，保持公平公正、科学合理、实事求是并恪守职业道德，审批上报、合理索赔，驳回不合理、恶意索赔。

（4）及时合理划清索赔界线，处理好索赔争议，避免时过境迁，过时不认账。

（十八）监理单位对施工单位提出索赔的处理

1.监理单位对施工单位索赔处理的程序

（1）应在收到索赔报告后14d内完成审查并报送建设单位。监理单位对索赔报告存在异议的，有权要求施工单位提交全部原始记录副本。

（2）建设单位应在监理单位收到索赔报告或有关索赔的进一步证明材料后的28d内，由监理单位向施工单位出具经建设单位签认的索赔处理结果。

2.监理单位协助建设单位防止索赔的注意事项

（1）防止招标文件的错误、漏项或与实际不符，造成中标施工后突破原标价或合同报价造成的经济损失。

（2）未按合同交付施工场地。未办理土地征用、青苗树木补偿、房屋拆迁、清除地面、架空和地下障碍等工作。导致施工场地不具备或不完全具备施工条件。

（3）施工所需水、电、电信线路未接至约定地点，或无法保证施工期间的需要。

（4）未开通施工场地与城乡公共道路的通道或施工场地内的主要交通干道、没有满足施工运输的需要、没有保证施工期间的畅通。未向施工单位提供施工场地的工程地质和地下管网线路资料，或者提供的数据不符合真实准确的要求。妥善协调处理好施工现场周围地下管线和邻接建筑物、构筑物的保护而影响施工顺利进行。应由建设单位提供的建筑材料、机械设备。

（5）建设单位未及时办理施工所需各种证件、批文和临时用地、占道及铁路专用线的申报批准手续而影响施工。未及时将水准点与坐标控制点以书面形式交给施工单位。

（6）建设单位未及时组织有关单位和施工单位进行图纸会审，未及时与施工单位进行设计交谈。拖延承担合同规定的责任，如拖延图纸的批准、拖延隐蔽工程的验收、拖延对施工单位所提问题进行答复等，造成施工延误。

（7）未按合同规定的时间和数量支付工程款，赶工损失，提前占用部分永久工程。

（8）因建设单位中途变更建设计划，如工程停建、缓建造成施工力量大运迁、构件物质积压倒运、人员机械窝工、合同工期延长、工程维护保管和现场值勤警卫工作增加、临建设施和用料摊销量加大等造成的经济损失。供料无质量证明，委托施工单位代为检验，或按建设单位要求对已有合格证明的材料构件、已检查合格的隐蔽工程进行复验所发生的费用。所供材料亏方、亏吨、亏量或设计模数不符合定点厂家定型产品的几何尺寸，导致施工超耗而增加的量差损失。供应的材料、设备未按合约规定地点堆放的倒运费用或建设单位供货到现场、由施工单位代为卸车堆放所发生的人工和机械台班费。

（9）建设单位管理人员未通知施工单位，对施工造成影响。

（10）建设单位代表发出的指令、通知有误，未按合同规定及时向施工单位提供指令、批准、图纸或未履行其他义务。

（11）建设单位代表对施工单位的施工组织进行不合理干预。对工程苛刻检查、对同一部位的反复检查、使用与合同规定不符的检查标准进行检查、过分频繁的检查、故意不及时检查。

3. 减少设计单位导致的索赔

（1）因设计漏项或变更而造成人力、物资和资金的损失和停工待图、工期延误、返修加固、构件物资积压、改换代用以及连带发生的其他损失。

（2）因设计提供的工程地质勘探报告与实际不符而影响施工所造成的损失。

（3）按图施工后发现设计错误或缺陷，经建设单位同意采取补救措施进行技术处理所增加的额外费用。

（4）设计驻工地代表在现场临时决定，但无正式书面手续的某些材料代用，局部修改或其他有关工程的随机处理事宜所增加的额外费用。

（5）新型、特种材料和新型特种结构的试制、试验所增加的费用。施工说明等表达不严明，对设备、材料的名称、规格型号表示不清楚或工程量错误等诸多方面的遗漏和缺陷。

4. 减少合同文件的缺陷导致的索赔

合同条款规定用语含糊、不够准确。条款存在着漏洞，对实际可能发生的情况未做预料和规定，缺少某些必不可少的条款。合同条款之间存在矛盾。双方的某些条款中隐含着较大风险，对单方面要求过于苛刻，约束不平衡，甚至发现某些条文是一种圈套。

5. 其他不足导致的索赔

（1）加速施工引起劳动力资源、周转材料、机械设备的增加以及各工种交叉干扰增大工作量等额外增加的费用。

（2）因场地狭窄以致场内运输运距增加所发生的超运距费用。在特殊环境中或恶劣条件下施工发生的降效损失和增加的安全防护、劳动保险等费用。

（3）在执行经甲方批准的施工组织设计和进度计划时，因实际情况发生变化而引起施工方法的变化所增加的费用。

（4）建设单位指定的分包商出现工程质量不合格、工程进度延误等违约情况。

（5）多施工单位在同一施工现场交叉干扰引起工效降低所发生的额外支出。

6.政策性索赔

（1）国家调整关于建设银行贷款利率的规定。停止使用某种设备、材料的通知。推广某些设备、施工技术的规定。某种设备、建筑材料限制进口、提高关税的规定。

（2）每季度由工程造价管理部门发布的建筑工程材料预算价格的变化。

（3）在一种外资或中外合资工程项目中货币贬值也有可能导致索赔。

7.不可抗力的索赔

（1）因自然灾害引起的损失。因社会动乱、暴乱引起的损失。

（2）因物价大幅度上涨，造成材料价格、工人工资大幅度上涨而增加的费用。

（3）因施工中发现文物、古董、古建筑基础和结构、化石、钱币等有考古、地质研究价值的物品所发生的保护等费用。

（4）异常恶劣气候条件造成已完工程损坏或质量达不到合格标准时的处置费、重新施工费。

（十九）监理单位对建设单位提出的索赔处理

根据合同约定，建设单位认为有权得到赔付金额和（或）延长缺陷责任期的，监理单位应向施工单位发出通知并附有详细的证明。

建设单位应在知道或应当知道索赔事件发生后28d内通过监理单位向施工单位提出索赔意向通知书，建设单位未在前述28d内发出索赔意向通知书的，丧失要求赔付金额和（或）延长缺陷责任期的权利。建设单位应在发出索赔意向通知书后28d内，通过监理单位向施工单位正式递交索赔报告。

四、分包合同履行的管理

（一）分包合同的概述

建设工程分包是承包人将其承包范围内的部分工程交由第三方完成的内容。从合同内容上分为专业工程分包和劳务分包两大类。分包合同要求应具有相应资质且必须在资质等级许可范围内进行合法分包。监理单位监督承包人按已标价工程量清单或预算书中给定暂估价的专业工程，确定分包人。

（二）监理单位对分包合同的管理

因为分包合同是总承包单位对分包单位直接的合同管理关系，总承包单位和分包单位就分包工程对建设单位承担连带责任。实际中监理机构对分包单位管控大部分通过总承包进行管理，而监理单位直接管控的交集较少，但应要求承包人加强对分包人和分包工程项目的管理，加强对分包人履行合同的监督。项目监理机构通过以下内容管控分包单位：

（1）要求承包人在分包合同签订后 7d 内向发包人和监理人提交分包合同副本。

（2）监理机构要求总承包单位申报分包单位的相应资质、专业管理人员资格、特种作业操作资格证书、所分包的工程技术方案、开工申请、工程质量检验、工程变更和合同支付等，并审核签署意见。分包单位不能直接越过总承包单位而联系监理单位、建设单位。

（3）分包单位所实施的工程必须通过承包人检验合格后，由承包人再向项目监理机构提交验收申请。

（4）监理机构重点查看分包工程的约定安全责任、工期质量、工程造价。

（5）总承包是否给予分包工程预付款、分包工程进度拨款和竣工清算。

（6）监理工程师对总承包管理分包工程的管理人员的分工职责、权限。

（7）了解分包材料供应及质量控制措施。

五、采购合同履行的管理

（一）采购合同的概述

采购合同是供方和分供方通过招标投标或谈判等方式，以标的物（材料、设备等）为媒介，以供需关系为法律文件形成的经济合同。建设工程中涉及发包人供应材料与工程设备的采购合同，但大多数为承包人采购材料与工程设备合同。工程实施过程中发包人、承包人签订大量的采购合同，它的供需主体多、合同数量多、造价总额大，对工程综合质量影响巨大，对工程整体进度制约严重。所以监理单位对采购合同必须进行精细化监理。

（二）监理单位对发包人采购合同的管理

监理单位应向发包人索取其自行采购标的物合同（俗称甲供合同）。发包人供应材料与工程设备进场应提前 30d 通过承包人向监理单位以书面形式通知。发包人在材料和工程设备到货前 24h 以书面形式通知承包人、监理单位，监理单位要求承包人对材料和工程设备进行清点、检验和接收。监理单位通过以下方面对发包人采购合同进行管控。

（1）通过发包人提供的采购合同核对被采购单位的资质、管理人员、生产能力、质量标准、类似业绩等。

（2）重要材料、工程设备是否满足质量标准和使用功能，细化至品种、规格、型号、数量、单价、质量等级和送达地点等。

（3）监理单位要求发包人详细填写《发包人供应材料设备一览表》，要求供应方向承包人递交产品合格证明及出厂证明，对其质量负责，并上报监理单位审批。

（4）监理单位督促承包人清点并保管发包人供应的材料和工程设备，协调发包人支付费用。

（5）监理单位见证人员和质量管理人员督促承包人对发包人供应的材料和工程设备进行检验，发包人承担费用且不合格的不得使用。

（6）监理单位核查发包人提供的材料和工程设备的规格、数量或质量不符合合同约定及相关质量要求的，应要求更换合格成品或清理退场。因发包人原因导致交货日期延误或交货地点变更，应公正地按发包人违约处理。

（三）监理单位对承包人采购合同的管理

（1）监理单位检查承包人按设计、规范、标准要求采购的材料、工程设备外观，核查产品合格证明及出厂证明。发包人不得指定承包人采购的生产厂家或供应商。

（2）监理单位在材料和工程设备到货24h前得知承包人采购永久设备、材料的制造生产商，要求提交材料的样本、品控资料、质量标准，使用该材料或工程设备之前必须获得监理单位同意。

（3）承包人提供的采购合同，监理单位核对供货商的资质、管理人员、生产能力、质量标准、类似业绩、用于制造的材料证明文件等。关键材料、设备构配件应满足质量要求和使用功能。

（4）监理单位发现材料、工程设备不符合设计、标准要求时，应要求运出施工现场，重新采购符合要求的材料、工程设备。工期延误、费用增加、造成损失的自行承担。

（5）监理单位要求承包人正常保管保养材料设备，自担保管费用。按质量标准检验或试验，领取报告。合格方可使用，不合格的不得使用，要求更换、修复、拆除或清退出场重新采购。

（6）监理单位发现承包人使用不合格的材料和工程设备，必须通过口头、会议、处罚等指示立即改正，禁止在工程中继续使用。如拒不整改上报发包人进行处罚。

第三节　建设工程监理合同履行的精细化监理

一、监理合同的精细化管理概要

（一）建设工程监理合同的概述

建设工程监理合同和相关法律法规明确了监理单位受建设单位的委托，给予了合法的地位，行使监理法定职责，提供服务活动。监理工程师依据合同对参建单位和项目情况，进行精细化管理，并按监理合同协调各方利益，完成建设工程目标任务。监理合同精细化管理需要有组织机构，划分主管部门、主办部门和协办部门，形成一整套成体系的严谨科学精细化管理过程。完善合法、规范、实用、系统的合同管理制度，运用精细化理论统一管理，个体和团队协作，保证合同全面履行到位。

（二）建设工程监理合同的作用

（1）监理合同强调利于加强双方合作，有契约精神执行时权责分明，尽量避免合同纠纷。履约时有利于检查跟踪合同，并结合实际制定解决合同争议的补充协议和对策。

（2）监理合同是信息化监理的重要组成部分，自始至终约束监理行为，依合同的内容各司其职，自担责任。建设、施工、监理都必须遵循强烈的合同履约意识。监理合同是监理单位履行义务的重中之重，是出现问题解决争端的法定依据。

（3）监理单位人员职责和权限在监理合同中已界定，独立性要求监理工程师实施监理工作时必须督促双方全面履行合同，公正公平解决违约，为争议提供证据。

（4）建设单位是委托方，监理单位是受委托方。地位平等友好合作，为完成约定的监理业务，责权利明确。监理单位用经济、技术知识手段对施工合同管控。

（三）建设工程监理合同的特点

（1）监理合同是委托合同，不是工程类合同。

（2）监理合同是工程主合同的从合同，没有工程类合同，监理合同无法独立存在，对任何工程无法监督管理。

（3）监理合同形成的结果标的是服务不是成果文件。如做了哪些工作，采取了哪些手段，达到了哪些最终结果。故合同执行时建设单位难以对监理单位服务进行量化、分析和考核。

二、监理合同订立的精细化管理

（一）合同订立的准备

建设工程监理合同的精细化监理必须要求监理单位在监理合同订立前进行工程市场价格收集、内外环境调查，沟通建设单位协商、谈判，熟知对方要求及履约遵从事项，整理分析与合同有关的内容，签订前进行合同条款尤其价款和成本核算的评审研判，把合同履约风险在事前控制。在合同履行过程中必须进行动态管理，根据履约实际情况，适时协商调整合同条款，签订补充协议等，化解履约风险和减少自我损失。及时由监理单位合同管理部门进行合同台账登记，以备于查找和合同交底。签订合同准备工作中应明确签订流程，如图8-2所示。

（二）合同的起草

监理单位通过合同管理部门依据招标文件、《建设工程监理合同（示范文本）》负责起草监理合同、组织会签。合同应做到内容合法、条款齐全、文字清楚、表述规范、权利义务和违约责任明确、期限和数字准确。经过多年多次完善建设工程监理合同，监理单位签

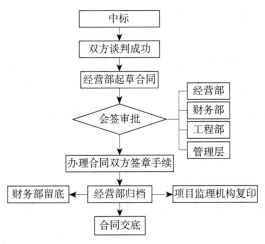

图 8-2　监理合同签订流程图

订监理合同的实践表明，规范签订监理合同，做好合同全过程管理，并最大限度地避免风险，是进行监理合同精细化管理的前提。严格监理合同签署的细节管理，有的项目在图纸不明的情况下就签订监理合同，一定要在后期实施过程中签订补充协议加以明确，尤其是以固定费的形式的监理。

（三）合同内容的组成

监理合同范围应明确整体工程包括几个单位工程，应列出单位工程表，每一个单位工程的面积、层数、结构、装修、各种机电安装的系列情况，是否包括室外工程，室外工程有什么内容，并详细说明工程的部位及专业范围，在合同中一定写清楚。建设工程监理合同内容组成见表 8-6。

建设工程监理合同内容组成表　　　　　　　　　　　表 8-6

序号	建设工程监理合同内容	备注
1	工程名称、规模、概算造价额	中标通知书一致
2	委托人、监理单位	名称及地址，经办人联系电话
3	委托人、监理单位	法定代表人或其委托代理人签字、合同专用章
4	合同签订日期，履约期限	
5	签约酬金	工程内容
6	监理费的支付	支付方式
7	附加工作报酬支付方式	合同约定以外
8	履约方式、地点、费用的承担	合同约定
9	违约责任	委托人、监理单位权利和义务
10	争议解决的方法	
11	合同的份数及附件	一式八份、预留四份

（四）合同约定的内容

1. 工程概况

（1）工程名称填写必须与招标文件、中标通知书一致。

（2）工程规模必须填写详细。房建工程要写明建筑面积，层数（地上、地下分别注明），结构形式，特殊建设内容（跨度、钢结构等）。市政项目要写明长度、体积、跨度等内容。

（3）总造价。总造价必须填写清楚，无法确定时，应当填写暂定价。

2. 监理工期

监理工期必须明确，一般按合同备案要求填写。

3. 监理报酬、支付时间、支付比例

监理报酬、支付时间及支付比例是监理合同的核心，一般按建设单位划分，常采用以下形式：

（1）政府造价项目一般采用每月按形象进度 × 费率 ×（70%~80%）支付监理报酬，竣工验收后支付到 95%，两年保修期结束后按工程结算价支付剩余监理费。

（2）开发商项目按形象进度分段支付监理报酬，一般按基础、主体完成一半、主体完工、外装完、内装完等支付一定比例监理报酬。规定的节点时间越细，越能多收回监理费。

（3）附加工作报酬条款。本条除特殊原因外，必须保留，一般按下列方法计算：报酬 = 附加工作日数 × 监理合同报酬 / 监理服务日。

（五）合同的会签审核

审核合同在形式上结构合理、层次清晰，内容上名副其实、通俗易懂、条款完备，在风险防控上进可攻、退可守、鉴往知来。审核主体包括：业务、律师、法务、财务、税务、相关业务领域的专家等，参与审核的专业人员越多、分工越细致，往往会产生更加优质完备的合同。监理合同审核程序如下：

（1）由监理单位合同管理部门填写《合同会签单》（附合同摘要、合同文本），经与合同有关系的部门传阅审核，针对存在的疑问，由合同管理部门与委托人沟通协调后，报总经理、董事长、法人审批。

（2）监理单位的各部门合同审核的重点

1）工程管理部门负责审核工程合同的各项技术条款及附加条款。熟知合作背景、明确监理价格及其支付进度及方式、合作期限、核心权利义务分配等。

2）财务部门审核委托人公司名称、监理费支付方式、发票形式等与财务核算和纳税有关的条款，并关注费用的合理性、付款及其支付进度的合理性等，审核合同纳税的合作内容是否与税票类型、名目匹配，费用是否是含税价等。

3）公司法务对合同的法律合规性审核，评估内容包括整个监理合同内容的合法性、基本要素的完备性、核心权利义务条款的完整性、核心争议点的解决方式以及重大风险（包括法律风险、政策风险、不可抗力风险等）条款等，而其中的法律风险又主要包括不能履行的风险、解除的风险、违约的风险等。

（六）合同签订和生效

1. 合同签字盖章

合同按照规定审核、审批完成后，由合同管理部门按照审批意见，经与委托人洽谈协商、确认无误后，按照印章使用管理规定办理签字盖章手续，加盖合同专用章。

2. 合同备案及存档

合同签订后，合同管理部门联系甲方办理合同备案。合同备案完成后，合同正本原件由相关部门存档，副本原件按相关制度交相关部门保管存档。

3. 合同生效执行

工程部门应及时对合同履行情况进行监督检查，并定期对合同执行情况进行分析，做到心中有数。针对延期的工程项目，及时向合同管理部门反馈信息，及时起草延期补充协议。

（七）合同的交底

建设工程监理合同签订生效后，应由监理单位的合同签订人员和熟知合同履行的合同管理部门、工程经营部门等对项目监理机构进行合同交底。让项目监理机构人员熟悉合同意图、合同要点、合同期限和合同履行的重要节点和过程，通常可以分二级层次进行，即监理单位向项目监理机构负责人交底，项目监理机构负责人向项目监理机构各专业人员交底，并由交底人和接收交底人签字确认。

1. 监理合同交底内容

一般包括合同签订的背景、合同的工作范围、合同的目标、合同执行的要点及特殊情况处理。重点交底内容包括：工程项目特点、建设单位基本情况、监理工作内容、附加工作及额外工作、监理费支付、赔偿责任等。

2. 监理合同交底注意事项

履行合同的计划，监理机构执行的要点，监理的权利、义务与责任，约而不定或存在歧义的条款，要求交底人应予以明确，合同签订或变更后的补充协议应及时、在交底时便于使用，熟知合同价款的支付及调整的条件、方式和程序，了解合同双方争议问题的处理方式、程序和要求，注意合同风险的内容及防范措施、合同双方的违约责任。监理合同项目交底记录见表8-7。

监理合同项目交底记录

表 8-7

编号：

合同编号		交底部门	
项目名称			
工程规模		工程造价	
项目总监		监理期限	
监理费率		监理酬金	
监理范围			
支付方式	本工程监理费按月实际完成的建安工程量的 70% 支付，工程竣工验收合格后付至监理费总额的 95%，剩余监理费待结算结束后一次性付清		
合同补充条款及交底附件	合同补充条款： 交底附件：①合同条款复印件。②重点条款。③违约事项		
交底人（签字）		接收交底人（签字）		接收日期	

三、监理合同履行的精细化管理

（一）项目监理机构的组建

项目监理机构是指监理单位派驻工程负责履行本合同的组织机构。总监理工程师是指由监理单位的法定代表人书面授权，全面负责履行本合同、主持项目监理机构工作的注册监理工程师。监理单位应组建满足工作需要的项目监理机构，配备必要的检测设备。项目监理机构的主要人员应具有相应的资格条件。

监理单位可根据工程进展和工作需要调整项目监理机构人员。更换总监理工程师时，应提前 7d 向委托人书面报告，经委托人同意后方可更换。更换项目监理机构其他人员，应以相当资格与能力的人员替换，并通知委托人。

（二）监理工作履约的内容

（1）收到工程设计文件后编制监理规划，并在第一次工地会议 7d 前报委托人。根据有关规定和监理工作需要，编制监理实施细则。参加由委托人主持的第一次工地会议。主持监理例会并根据工程需要主持或参加专题会议。审查施工单位提交的施工组织设计，重点审查其中的质量安全技术措施、专项施工方案与工程建设强制性标准的符合性。

（2）检查施工单位工程质量、安全生产管理制度及组织机构和人员资格。

（3）检查施工单位专职安全生产管理人员的配备情况。

（4）审查施工单位提交的施工进度计划，核查施工单位对施工进度计划的调整。

（5）检查施工单位的试验室。

（6）审核施工分包人资质条件。

（7）查验施工单位的施工测量放线成果。

（8）审查工程开工条件，对条件具备的签发开工令。

（9）审查施工单位报送的工程材料、构配件、设备质量证明文件的有效性和符合性，并按规定对用于工程的材料采取平行检验或见证取样方式进行抽检。

（10）审核施工单位提交的工程款支付申请，签发或出具工程款支付证书，并报委托人审核、批准。

（11）在巡视、旁站和检验过程中，发现工程质量、施工安全存在事故隐患的，要求施工单位整改并报委托人。

（12）经委托人同意，签发工程暂停令和复工令。

（13）审查施工单位提交的采用新材料、新工艺、新技术、新设备的论证材料及相关验收标准。

（14）验收隐蔽工程、分部分项工程。

（15）审查施工单位提交的工程变更申请，协调处理施工进度调整、费用索赔、合同争议等事项。

（16）审查施工单位提交的竣工验收申请，编写工程质量评估报告。

（17）参加工程竣工验收，签署竣工验收意见。

（18）审查施工单位提交的竣工结算申请并报委托人。

（19）编制、整理工程监理归档文件并报委托人。

（三）监理单位履行的职责

监理单位应遵循职业道德准则和行为规范，严格按照法律法规、工程建设有关标准及本合同履行职责。

在监理与相关服务范围内，委托人和施工单位提出的意见和要求，监理单位应及时提出处置意见。当委托人与施工单位之间发生合同争议时，监理单位应协助委托人、施工单位协商解决。

当委托人与施工单位之间的合同争议提交仲裁机构仲裁或人民法院审理时，监理单位应提供必要的证明资料。

监理单位发现施工单位的人员不能胜任本职工作的，有权要求施工单位予以调换。

（四）监理合同的动态管理

随着工程建设的全面展开，必须加强监理合同履行的动态管理和灵活调整。比如监理范围和监理工作内容增加或减少，积极进行统计分析。合同双方的权利、责任和义务、违约条款情况出现，合同履行存在的风险和规避措施落实。

在合同履行过程中发生合同修改或补充协议条款等，必须做好监理合同的动态管理，全面履行监理合同条款，既要为委托人提供优良的合同约定服务，同时能及时收取监理单位应得到的报酬。

1. 监理单位人员的动态管理

项目监理机构人员发生变动时，监理单位及总监理工程师应及时和委托人沟通，说明人员变动情况和原因，以征得委托人的理解和信任，保证监理服务的延续性。

在监理合同履行过程中如果发现开始时间、完成时间出现变动或中间出现停工等，总监理工程师应及时和委托人进行沟通协商，调整监理服务时间，重新确定监理服务期限，办理监理补充协议，以维护监理单位的正当利益。

2. 监理范围和工作内容的动态管理

监理合同履行过程中如果委托人增加了工作范围和工作内容，提出了新的工作要求或者减少工作范围和工作内容，总监理工程师都应及时同委托人沟通，并依据原监理合同内容以及监理收费标准来调整监理服务期和监理费，并办理监理补充协议。

3. 监理费用的动态管理

总监理工程师在办理工程项目竣工验收手续前，应将监理工作完成情况和监理费支付情况向委托人报告。通过与委托人协商，就未完监理工作和支付监理费事宜，和委托人办理相关手续。

（五）依据合同提交的报告

监理单位应按专用条件约定的种类、时间和份数向委托人提交监理与相关服务的报告。

1. 文件资料

在本合同履行期内，监理单位应在现场保留工作所用的图纸、报告及记录监理工作的相关文件。工程竣工后，应当按照档案管理规定将监理有关文件归档。

2. 使用建设单位的财产

监理单位无偿使用由委托人派遣的人员和提供的房屋、资料、设备。在合同约定的监理与相关服务工作范围内，委托人对施工单位的任何意见或要求应通知监理单位，由监理单位向施工单位发出相应指令。委托人需承担的监理单位费用见表8-8。

委托人需承担的监理单位费用表　　　　　　　　　　　表8-8

序号	费用内容	备注说明
1	外出考察费用	委托人同意，外出考察费用由委托人审核后支付
2	检测费用	委托人要求进行的材料设备检测费用，由委托人支付，时间另行约定
3	咨询费用	委托人同意、工程需要、由监理单位组织的咨询论证会、聘请专家等发生的费用由委托人支付，时间另行约定
4	奖励	监理单位提出的合理化建议，使委托人获得经济效益的，可约定奖励金额和方法。建议被采纳后，与最近一期的工作酬金同期支付

附加工作酬金按下列方法确定：

附加工作酬金 = 善后工作及恢复服务的准备工作时间（d）× 正常工作酬金 ÷ 协议书约定的监理与相关服务期限（d）

监理单位服务费支付申请见表 8-9、登记记录见表 8-10。

项目监理费支付申请表　　　　　表 8-9

工程名称：　　　　　　　　　　　　　　　　　　　　年　　月　　日

申请单位	×× 监理公司
合同总价	
本次申请监理费计算及金额	工程计量款：×× 元 监理费按工程款的 ××% 支付 本期完成监理费 ×× 元
申请支付金额	大写：　　　　　　小写：
开户银行	×× 银行
收款账户	
申请支付资金依据	1.《监理委托合同》 2. 施工单位完成工程量，上报完成工程计量款
监理单位负责人（签章）	
建设单位意见	
备注	

监理费支付登记表　　　　　表 8-10

工程名称：

序号	支付类别	申报金额	审批金额	建设单位实际支付金额	当期主要工作内容	工程实际进度	审查人	审批日期

四、监理合同的违约责任和风险

监理合同多数违约因监理服务费支付不足导致，其中"正常工作酬金"是指监理单位完成正常工作，委托人应给付监理单位并在协议书中载明的签约酬金金额。"附加工作酬金"是指监理单位完成附加工作，委托人应给付监理单位的金额。"不可抗力"是指委托人和监理单位在订立本合同时不可预见，在工程施工过程中不可避免发生并不能克服的自然灾害和社会性突发事件。

（一）监理单位的违约责任

监理单位未履行本合同义务的，应承担相应的责任。因监理单位违反本合同约定给委托人造成损失的，监理单位应当赔偿委托人损失。监理单位向委托人的索赔不成立时，监理单位应赔偿委托人由此发生的费用。

1. 监理单位违约的情形

（1）监理岗位人员不合格：建设单位要求工程监理人员岗位设置密集、重叠，配备充足人员，而监理单位基于成本和工程实际进展未充分满足建设单位要求，或监理人员素质达不到要求，或存在参建单位的投诉等。

（2）低价竞标承揽工程：建筑市场服务价格竞争白热化，为获得生存的机会，企业先拿到入场券，再考虑赚不赚钱。或者先低调进场，降低履行的概率，减少支出、甚至反索赔。

（3）监理企业参差不齐，人员职业素养低，风险意识差，存在公开妥协拿机会、私下策划防风险的情况。绝大多数中小型监理企业没有话语权，只能屈从管理。而监理人员构成，大部分从业者作风粗犷，风险意识差。

2. 监理单位赔偿金额按下列方法确定：

赔偿金＝直接经济损失 × 正常工作酬金 ÷ 工程概算造价额（或建筑安装工程费）

（二）建设单位的违约责任

委托人未履行本合同义务的，应承担相应的责任。以下属于委托人违约的情形：

（1）委托人违反本合同约定造成监理单位损失的，委托人应予以赔偿。

（2）委托人向监理单位的索赔不成立时，应赔偿监理单位由此引起的费用。

（3）委托人未能按期支付酬金超过28d，应按专用条件约定支付逾期付款利息。

（三）除外的责任

因非监理单位的原因，且监理单位无过错，发生工程质量事故、安全事故、工期延误等造成的损失，监理单位不承担赔偿责任。因不可抗力导致本合同全部或部分不能履行时，双方各自承担其因此而造成的损失、损害。

（四）申请支付监理费

监理单位应在合同约定的每次应付款时间的7d前，向委托人提交支付申请书。支付申请书应当说明当期应付款总额，并列出当期应支付的款项及其金额。支付的酬金包括正常工作酬金、附加工作酬金、合理化建议奖励金额及费用。

（五）有争议部分的付款

建设单位对监理单位提交的支付申请书有异议时，应当在收到监理单位提交的支付申请书后7d内，以书面形式向监理单位发出异议通知。无异议部分的款项应按期支付，有异议部分的款项按第7条约定办理。

（六）监理单位规避违约风险

监理单位履约中出现纠纷，尽量不采用法律手段（采用发函、保存证据、签订补充协议、谈判等诉前措施）保护自身利益。直至矛盾越积越多，无法调和，最终不得不选择两败俱伤的诉讼方式。从以下方面注意防范违约风险：

1. 提高自身服务水平

打铁还需自身硬，监理人提高自身水平就要管理好监理工程师。避免出现工作不尽职，甚至多次缺勤的情况。存在分歧及时与建设单位协调，并将协调结果作为证据保存，有不足、偏离合同约定的变通管控措施。

2. 对合同服务对象尽职情况调查

对多次违约或多次涉及诉讼的建设单位，在分析研判了其涉及的具体纠纷情况后，慎重选择是否合作。

3. 重视合同条款完善

对易出现的重点违约条款进行适当沟通、调整完善，如导致服务期延长的责任承担方，应当明确约定因施工方或任何第三方的责任造成工期延长导致的费用增加必须支付监理费，及出现多方混合责任时，服务期延长的责任划分。

4. 成本核算不严谨

既要不得低于合理预估成本而能中标，又要在费用支出后取得合理利润，要求监理企业必须严谨核算服务成本，考虑因素周全，涉及额外费用计算难度大、索赔目的较难实现，费用无法增加。

5. 签订补充协议减少损失

有签订补充合同的机会，就敢于在平等层面与建设单位协商签订补充合同的细节，重点是监理服务期超期的补偿以及额外工作的附加费用补偿，但避免签订阴阳合同等，以合法形式掩盖非法目的而无效。某些无效监理合同，仍能要求支付费用，但不能根据合同内容要求违约金。

6. 采用法律手段挽回损失

提前用信函交涉、现场谈判、第三方周旋洽商等方式，整合多方资源运用法律手段，挽回损失、降低解决纠纷的成本。查阅监理日志明确开工、停工、竣工时间，用施工单位作为第三方及直接实施人、证明人，用主管部门文件、执法记录等完善证据链。慎用起诉之后再撤诉的手段，最大程度地保护自身利益。

（七）委托人的违约责任

（1）委托人逾期付款利息按下列方法确定

逾期付款利息＝当期应付款总额 × 银行同期贷款利率 × 拖延支付天数

（2）非监理单位原因导致监理单位履行合同期限延长、内容增加时，监理单位应当将此情况与可能产生的影响及时通知委托人。增加的监理工作时间、工作内容应视为附加工作。因非监理单位原因造成工程概算造价额或建筑安装工程费增加时，正常工作酬金应作相应调整。

（3）因非监理单位的原因导致工程施工全部或部分暂停，可安排停止工作，并将开支减至最小。除监理单位遭受的损失应由委托人予以补偿。

（4）暂停部分监理与相关服务时间超过 182d，监理单位可发出解除合同的通知。

第九章 建设工程信息精细化监理

第一节 建设工程信息管理概述

一、建设工程信息的概述

建设工程信息是工程建设全寿命阶段形成的真实系统的资料、数据和知识，并是能通过口头、书面和电子等通信方式相互传递、交流、共享、利用的社会内容。

信息管理贯穿于整个工程项目的全过程生命周期，存在于建设工程项目各个阶段和环节，包括参建各方主体的各个方面的信息资料。但出现工程信息"有人问、没人管"的尴尬局面，过去的信息管理是只管自家门前雪，并且信息管理受制于人员不足、费用欠缺，形成的信息有遗漏、断章取义的现象。所以监理单位顺应时代必须进行信息精细化监理。

二、信息精细化监理的工作内容

监理单位完成信息精细化监理必须克服耗资多、浪费大，甚至达不到效果的风险。但应持久进行信息管理的系统工程，加强科学、规范的管理，发挥效益。信息精细化监理应制定统一的纲领性规划，科学管理精细监理建设工程中形成的信息资料、数据。完成以下工作内容：

（1）监理单位将工程信息精细化管理工作稳定化，专人专责分类明确，统一管理，形成稳定的资料信息流。

（2）监理人员按工程信息的逻辑性归纳排布总结，分工程项目，单位工程分层面、分子类等统筹。

（3）对工程信息分体系融合兼容处理，应用编码高效集约交换。

（4）监理单位对工程信息掌握的灵活性加强，扩展收容全部有价值信息，为我所用，为项目所用，为社会所用。

（5）监理人员对建设工程信息加强整体综合实用性总结，适用环境下多角度、多标准、多方法运用信息、资料和技术。

建设工程信息精细化监理的主要工作是：建立项目信息管理系统，收集信息、加工整理和储存，信息检索和传递，实现监理工作本身的自动化、标准化、系统化的管理，并推动整个项目监理机构的效率，使工程总体目标得以顺利实现。

建设工程参建各方相关信息目录见表9-1。

信息目录表　　　　　　　　　　表 9-1

信息类型	时间	供应信息者	信息接受者					
			上级	建设单位	承包单位	监理单位	勘察设计单位	有关工作单位
上级工作指示	不定时	行政主管部门		●	●	●	●	●
会议纪要	定时	建设、承包、监理单位		●	●	●	●	●
监理月报	定时	监理单位		●				
备忘录	定时	监理单位		●	●		●	●
质量验收	不定时	承包单位		●		●		
工程量申报	定时	承包单位		●		●		
工程款申报	定时	承包单位		●				
监理通知	不定时	监理单位			●			

三、信息精细化监理的工作目标

监理单位在责任、权利范围内想要管控好建设工程，必须对工程涉及的信息在收集、整理、反馈、存储等方面做好管理。准确地向各项目的各级管理人员、各个参与项目建设的单位及其他有关部门提供他们所需要的信息，及时掌握准确、完整的信息，建立信息管理系统，协调项目建设单位、施工单位、勘察设计单位、监理单位之间，以及和材料设备供应商、检测单位、质监部门等多个单位之间的信息流通，汇集来自工程各方面的信息，全面、系统处理后，供各方处理造价、进度、质量等事务时使用，有效进行信息的精细化监理，使信息融合成一个或多个完整的闭合系统，优化、循环、促进信息资源的利用，服务建设工程参建和工程以外的单位和个人，工程建设产业升级提高社会劳动效率和社会运行效率。

建设工程参建各方信息交流如图 9-1 所示。

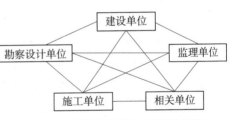

图 9-1　建设工程参建各方信息交流图

第二节　参建方信息精细化监理

一、监理单位与建设单位的信息管理

（一）监理单位与建设单位信息管理的方法

在建设工程实施阶段，监理单位想要做好信息的精细化监理工作，必须从以下方面和建设单位进行沟通。

（1）及时发出与建设单位沟通的信息函件，做到信息互通。

（2）工程建设中出现影响项目目标的问题，及时通过信息传递，报告建设单位。

（3）超出合同约定的各种变更，均应得到建设单位的批准指令。

（4）定期向建设单位书面报告目标的执行情况。

（5）在施工过程中，可能影响项目目标的重大监理指令（如停工指令、复工指令、重大质量问题整改通知等），在非紧急情况下，事先尽可能与建设单位协商。

（二）监理单位与建设单位信息管理的内容

各参建单位和建设单位签订的合同、中标通知书、洽商文件信函等都是信息精细化监理的重要组成内容，监理单位必须准确全面收集归档建设单位的文件和指令文件信息资料，见表9-2。

建设工程实施阶段建设单位需要办理形成信息文件表　　　　表9-2

序号	信息文件	备注
1	工程项目计划批文	发改委文件
2	规划用地许可证	用地界限、用途
3	建设工程规划许可证	审批有效
4	岩土工程勘察报告	具备资质和人员
5	《施工图设计文件审查报告》《施工图设计文件审查合格书》	审查报告已出具
6	消防设计审核意见书	消防审核备案
7	工程项目报建表	报建已完成
8	中标通知书	总承包单位
9	建设工程施工合同	合同已签署生效
10	建设工程施工许可证	已办理
11	《建设工程质量监督申报表》《承担建设工程质量监督通知书》	已办理
12	《建设工程安全生产监督申报书》《承担建设工程安全生产监督通知书》	已办理
13	规划部门放线单	测控放线已完成
14	施工图纸	合法有效已图审
15	其他有关部门的批准手续	全部审批
16	建设单位法人对项目负责人的委托授权书	
17	建设单位项目负责人质量终身承诺书	

（三）监理单位对信息进行精细化监理的手段

（1）总监理工程师在开工前应向建设单位发"工作联系单"，要求建设单位提供上述资料，并在收发文本及监理存档的那份"工作联系单"上签收。

（2）建设单位不能及时提供上述资料但现场已开始施工，总监理工程师要及时向施工单位下发"监理通知单"和"工程暂停令"要求停止施工，并按有关规定及时向建设行政主管部门报送《监理月、专、急报》后附"工作联系单"和"工程暂停令"，并报送监理单位工程管理部门，以留存信息资料。

二、监理单位与勘察设计单位的信息管理

监理单位与勘察设计单位没有直接合同关系，主要通过建设工程协作形成一些交流信息文件，也需进行精细化管理。其中包括图纸会审交底、沟通联系单、会议纪要等，还有勘察设计成果，比如勘察报告、设计图纸变更文件等，并且一般需要通过建设单位来协调勘察设计单位的进行联系。监理单位可以建议建设单位要求设计单位派设计代表进驻施工现场，及时与施工单位、监理单位协调技术问题。设计交底和图纸会审重点从以下方面管理：

1. 设计交底与图纸会审的目的

勘察设计单位应将设计意图、技术交底与图纸会审给参与各方进行参会信息传达，以达到以下的目的和作用：为了使参与工程建设的各方了解工程设计的主导思想、建筑构思和要求、采用的设计规范、对主要建筑材料、构配件和设备的要求、所采用的新技术、新工艺、新材料、新设备的要求以及施工中应特别注意的事项，掌握工程关键部分的技术要求，保证工程质量，设计单位必须依据国家设计技术管理的有关规定，对提交的施工图纸，进行系统的设计技术交底。同时，也为了减少图纸中的差错、遗漏、矛盾，将图纸中的质量隐患与问题消灭在施工之前，使设计施工图纸更符合施工现场的具体要求，避免返工浪费，在施工图设计技术交底的同时，项目监理机构、设计单位、建设单位、施工单位及其他有关单位需对设计图纸在自审的基础上进行会审。设计交底与图纸会审是保证工程质量的重要环节，也是保证工程顺利施工的主要步骤。监理和各有关单位应当充分重视。

2. 设计交底与图纸会审原则

监理单位应沟通设计单位遵循设计交底与图纸会审遵循以下原则：设计单位应提交完整的施工图纸，各专业相互关联的图纸必须提供齐全、完整，对施工单位急需的重要分部分项专业图纸也可提前交底与会审，但在所有成套图纸到齐后需再统一交底与会审。在设计交底与图纸会审之前，建设单位、项目监理机构、施工单位和其他有关单位必须事先指定主管该项目的有关技术人员看图自审，各专业图纸之间必须核对。

3. 设计交底与图纸会审的组织及程序

设计交底与图纸会审工作的程序：首先由设计单位介绍设计意图、结构设计特点、工艺布置与工艺要求、施工中注意事项等。各有关单位对图纸中存在的问题进行提问。设计单位对各方提出的问题进行答疑。各单位针对问题进行研究与协调，制订解决办法。

4. 设计交底与图纸会审的主要内容

勘察设计单位介绍单位资质情况，是否无证设计或越级设计，施工图纸是否经过设

计单位各级人员签署，是否通过施工图审查机构审查，施工图审查报告中提出的问题是否进行了整改。地质勘探资料是否齐全。设计图纸与说明是否齐全，有无分期供图的时间表。设计地震烈度是否符合当地要求。

5. 多个设计单位的成果管理

共同设计的图纸相互间有无矛盾。专业图纸之间、平立剖面图之间有无矛盾。标注有无遗漏。总平面与施工图的几何尺寸、平面位置、标高等是否一致。建筑结构与各专业图纸本身是否有差错及矛盾。结构图与建筑图的平面尺寸及标高是否一致。建筑图与结构图的表示方法是否清楚。是否符合制图标准。预埋件是否表示清楚。有无钢筋明细表。钢筋的构造要求在图中是否表示清楚。施工图中所列的各种标准图册，施工单位是否具备。材料来源有无保证，能否代换。图中所要求的条件能否满足。新材料、新技术的应用有无问题。

6. 施工阶段的信息管理

建设工程在施工阶段为监理单位和勘察设计单位主要的信息交流阶段，比如在主体结构验收、专项工程验收和竣工验收等环节应邀请设计代表参加。若发生工程质量问题事故，应认真听取设计单位的处理意见。监理单位应当好施工单位和设计单位之间的桥梁，在解决施工单位的技术问题时尽量注意信息传递的程序和及时性。

建设工程设计服务的信息管理：及时参加地基验槽，对现场问题提出的意见、建议及要求，签署资料，遇到地质复杂或薄弱地带需补充勘探，出具成果报告，指导设计及施工监理安全顺利完成工程。

三、监理单位与施工单位的信息管理

（一）前期报审审批的信息资料管理

监理单位和施工单位的信息在整个工程建设过程中是最多、最频繁的。施工单位前期需要给监理单位报审的信息资料见表9-3。

施工单位前期报审审批的信息资料表　　　　　　　　表9-3

序号	信息资料内容	备注
1	设计交底、图纸会审自审记录、会议纪要	会签齐全，盖公章
2	施工组织总设计报审	编制、审核、审批正确
3	专项施工方案审批，危险性较大的须专家论证	已审批、论证
4	施工单位资质及人员资格审查	有效期内合格
5	开/复工报审	时效性
6	分包单位资格审核	有效期、经营范围
7	试验室资格报审	有效期、经营范围

续表

序号	信息资料内容	备注
8	主要施工机械设备、计量设备报审	审验合格
9	起重机械进场、安拆报审	时效性
10	材料、构配件、设备、安全设施检验及报验	合格
11	施工控制测量成果复核	合格
12	工程质量检验	合格
13	工程质量事故处理	齐全
14	设计变更和签证记录	签章、图审齐全
15	工程款支付的签认	时效性
16	工程索赔的签认	时效性
17	工程进度的管理信息	时效性
18	工程竣工验收的制度	齐全

对施工组织设计和各类方案审核签署意见后进行台账登记，形成的审批工作台账见表 9-4。

施工组织设计（专项方案）审批监理工作台账　　　　表 9-4

工程名称：　　　　　　　　　　　　　施工单位：

序号	文件名称	接收文件日期	监理审批意见	审批完返回时间	接收人	备注

（二）施工过程的信息管理

监理单位应在施工阶段认真完成信息管理工作，涉及参建各方和监理开展工作所需的基本表分类如下：A 表为监理单位用表，见表 9-5，B 表为施工单位用表，见表 9-6，C 表为各方通用表，见表 9-7（工作联系单是各方通用表格。工作联系单按发文单位不同，分别编号分类存放）。此三类也是监理规范给予的往来信息交流的表格，专人负责进行信息归档。第一类依据建设工程参建主体建设单位、施工单位、勘察设计单位、行政主管单位等进行分类。第二类依据监理单位主要工作如质量、造价、进度、安全、合同信息进行分类。第三类依据时间长久性分类归档。

监理单位用表 A 类　　　　　　　　　　表 9-5

序号	表格编号	表格名称	备注
1	表 A.0.1	总监理工程师任命书	法人签章
2	表 A.0.2	工程开工令	总监理工程师签发

序号	表格编号	表格名称	备注
3	表 A.0.3	监理通知单	监理工程师签发
4	表 A.0.4	监理报告	明确事项
5	表 A.0.5	工程暂停令	建设单位同意，总监理工程师签发
6	表 A.0.6	旁站记录	监理工程师填写
7	表 A.0.7	工程复工令	总监理工程师签发
8	表 A.0.8	工程款支付证书	监理工程师审核，总监理工程师签署

施工单位用表 B 类 　　　　　　　表 9-6

序号	表格编号	表格名称	备注
1	表 B.0.1	施工组织设计或（专项）施工方案报审表	危险性较大的需专家论证
2	表 B.0.2	工程开工报审表	开工日期
3	表 B.0.3	工程复工报审表	复工日期
4	表 B.0.4	分包单位资格报审表	合格
5	表 B.0.5	施工控制测量成果报验表	合格
6	表 B.0.6	工程材料、构配件或设备报审表	合格
7	表 B.0.7	＿＿＿＿报审、报验表	合格
8	表 B.0.8	分部工程报验表	合格
9	表 B.0.9	监理通知回复	已整改并回复
10	表 B.0.10	单位工程竣工验收报审表	合格
11	表 B.0.11	工程款支付报审表	与实际相符
12	表 B.0.12	施工进度计划报审表	与实际相符
13	表 B.0.13	费用索赔报审表	与实际相符
14	表 B.0.14	工程临时或最终延期报审表	与实际相符

各方通用表 C 类 　　　　　　　表 9-7

序号	表格编号	表格名称	备注
1	表 C.0.1	工作联系单	明确事项
2	表 C.0.2	工程变更单	变更内容齐全
3	表 C.0.3	索赔意向通知书	明确事项

（三）工程保修期的信息管理

监理单位对在保修期信息管理应由信息合同管理员负责，包括工程实施进入保修期后的阶段完成全过程的信息收集、整理。包括上述表格内形成的信息资料分类归档。重点是总监理工程师组织定期工地例会或监理工作会议，安排专人负责整理会议记录并形成会议纪要，经总监理工程师签认后分发。会议纪要必须经与会各方代表会签。专业监理工程师定期或不定期检查施工单位的原材料、构配件设备的质量状况并做好记录。专业监理工程师督促检查承建单位及时整理施工技术资料。随时向总监理工程师报告工作，并准确及时提供有关资料。留存保修期内的各方协商文件，纠纷处理凭证，索赔证据等。

四、监理单位的信息管理

（一）监理单位内部的信息管理内容

1. 监理单位内部信息精细化管理内容

（1）必须满足工程使用要求的监理中标通知书及建设工程监理合同。

（2）建设单位授权委托书。

（3）必须满足合理资质期限和工程使用要求的监理单位资质证书、营业执照。

（4）总监理工程师任命书。

（5）法定代表人授权书和工程质量终身责任承诺书。

（6）总监理工程师、总监理工程师代表授权书。

（7）专业监理师授权书。

（8）项目监理机构人员名单。

（9）项目监理机构人员监理注册证、执业资格证、上岗证、职称证复印件、劳动合同、社保证明。

（10）监理规划及监理规划审批表。

（11）监理实施细则。

（12）监理工作内容、程序、事项。

（13）监理工作交底。

（14）项目监理机构人员廉洁自律公约，必须签字齐全真实，满足工程使用要求。

（15）项目监理机构人员岗位责任书。

（16）其他有关的资料。

监理机构的信息管理是监理单位在监理合同履行过程中主要的信息资料管理细胞。短期保存内业信息见表9-8。长期保存内业信息见表9-9。现场安全检查及文明施工控制检查内容见表9-10。

短期保存内业信息表　　　　　　　　　　　　　表9-8

序号	信息内容	信息标准
1	中标通知书	公开、邀请招标，已备案
2	委托监理合同	双方签字盖章已备案

续表

序号	信息内容	信息标准
3	监理企业资质及人员证件	资质人员范围、有效期合格
4	项目监理会议制度	明确会议要素
5	见证取样及送检制度	明确检测范围标准
6	检验批平行检验记录制度	明确检测范围标准
7	旁站监理实施方案	明确旁站范围标准
8	监理机构、监理单位员及其岗位职责的通知	签章齐全
9	监理机构及监理工作程序的通知	签章齐全
10	建设监理授权书	签章齐全
11	委派监理工程师的通知	签章齐全
12	总监理工程师任命书	签章齐全
13	总监理工程师代表授权书	签章齐全
14	安全、专业监理工程师任命书	签章齐全
15	材料见证取样及送检人员授权委托书	签章齐全
16	关于启用项目监理机构印鉴的通知	签章齐全
17	更换监理工程师通知	签章齐全
18	建设工程责任书	签章齐全
19	项目监理质量、安全责任书	签章齐全
20	项目监理机构人员劳动合同及社保	签章齐全
21	项目监理机构安全组织体系	齐全
22	项目监理机构质量组织体系	齐全
23	见证取样计划备案表	签章齐全
24	质量通病控制方案	编制质量通病控制方案 质量控制方案落实记录，不能造成连续发生质量通病
25	监理规划及报审表	监理规划及时编制、编审程序符合相关要求监理规划的主要内容齐全，并与现场实际情况一致；引用的规范、标准及时更新
26	监理实施细则及报审表	总监理工程师应对各专业监理实施细则认真审查；监理细则及时编制、编审程序符合相关要求 结合工程专业特点做到详细具体编制，主要内容齐全，并与现场实际情况一致
27	见证取样计划	见证取样计划及时编制，内容不全面、有针对性

长期保存内业信息表 表9-9

序号	信息内容	信息标准
1	监理日志	各专业监理工程师必须记录监理日志（水、电工程师） 监理日志及时记录 填写内容规范、齐全、有可追溯性 总监理工程师、总监理工程师代表审核

续表

序号	信息内容	信息标准
2	旁站监理记录	旁站记录及时记录。填写内容规范、齐全，专业监理工程师审查
3	监理例会会议纪要	会议纪要及时编制下发。内容真实、审核签字完善。在发文簿登记
4	监理月报	监理月报及时编制上报（每月 25 日—30 日上报建设单位）。编制内容内缺水电施工情况。内容齐全真实，审核签字完善。未在发文簿登记
5	监理工程师通知单及回复单	下发的监理工程师通知单按期回复。已下发的通知单内容规范、措辞严谨。限期整改问题及时落实到位，采取相应措施跟踪落实
6	总监理工程师巡视检查记录	总监理工程师巡视检查记录（每周不少于 1 次）及时记录、内容齐全真实
7	专业监理巡视检查记录	专监巡视检查记录（每周不少于 3 次）及时记录。填写内容简单流于形式且与监理日志、通知单、旁站记录等资料闭合
8	监理部学习计划及记录表	编制项目监理机构学习计划、每月组织监理单位人员学习（不少于 4 次），有项目学习记录表。监理单位员有学习记录本，记录内容真实
9	项目影像资料 PPT 制作	影像资料 PPT 未按要求建立、留存与工程进展同步。内容真实齐全
10	监理周检记录	总监理工程师、总监理工程师代表认真组织周检，周检记录内容真实
11	施工组织设计、专项施工方案监理审查记录	施工组织设计、专项施工方案监理审查记录；施工单位编制和审批程序、时间、编审人员资格、签章符合要求；监理实行二级审核、审查程序，相关人员审核、审核意见及签章符合要求；施工组织设计及各专项施工方案齐全，内容具针对性、可行性，总平面布置图、安全技术措施；需组织专家论证的方案，组织专家论证，论证程序、时间符合要求
12	报审表监理审查签字	报审表监理审核签署意见规范
13	重大危险源安全监控台账	及时记录重大危险源监控记录表，内容齐全真实
14	现场留置试块监理检查记录	现场留置试块监理检查记录及时记录；填写内容齐全、真实；标养室、标养柜温度、湿度达标；现场留置试块的组数、存放方式符合规定，监理采取有效控制措施
15	隐蔽工程验收记录会签表	隐蔽工程验收记录会签表；填写内容齐全、真实
16	重大安全隐患、关键节点（部位）验收确认表	重大安全隐患、关键节点（部位）验收确认表；填写内容齐全、真实
17	机械设备监理验收记录、安全许可验收手续	机械设备监理验收记录、安全许可验收手续；填写内容齐全、真实
18	施工资料签字、归档	施工资料与实体同步、签字及时。资料收集、归档及时
19	项目监理机构台账	项目监理机构台账及时建立、建立齐全、及时登记
20	进场材料报审及见证取样送检	按要求及时审查、送检
21	主要工程设备、构配件报审	按要求及时审查

续表

序号	信息内容	信息标准
22	施工测量放线报审	按要求及时审查
23	隐蔽、分部分项工程报验记录	按要求及时审查
24	监理质量、安全、临时用电销项表	执行质量、安全、临时用电销项表 负责人当天对监理单位员销项表检查
25	施工资料	根据现场施工进展情况，资料及时审查签字、实体资料滞后，已签署资料有严重失误。 根据现场施工进展情况，工序资料及时审查签字，在项目监理机构存档。 特种作业人员及其他主要施工机械操作人员证书及时报审或报审齐全、有效，采取动态管理

现场安全检查及文明施工控制检查表　　　　　　表 9-10

序号	检查内容	检查标准
1	塔吊	及时审查安装告知、备案 及时审查塔吊司机、信号工、司索工人证相符 按要求填写检查塔式起重机
2	施工电梯	按要求检查施工电梯检测报告、防坠器、联动机构、限位齐全 按要求检查操作人员人证相符、限重、限载
3	高处作业吊篮	按要求检查施工作业吊篮检测报告、防坠器、联动机构、限位、安全绳齐全有效 按要求填写检查高处作业吊篮
4	脚手架	按要求及时审查施工单位报送的脚手架搭设方案 当架体搭设超过规范允许高度时，组织专家对专项施工方案进行论证 专项施工方案按规定进行审核、审批
5	临边洞口防护	作业面边沿设置连续的临边防护设施 临边洞口防护设施的构造、强度符合规范要求 临边洞口防护设施定型化、工具式，杆件的规格及连接固定方式符合规范要求
6	文明施工管理	现场按 6 个 100% 要求监督落实 现场材料堆放符合要求 对现场生活区、宿舍、食堂纳入监理监管范围 施工现场消防通道、消防水源、灭火器材的设置符合规范要求 现场扬尘控制、裸土覆盖达标及时上报行政主管部门

2. 监理单位与项目监理机构的信息管理

项目监理机构的是公司对外形象的展示，也是沟通好建设、施工、设计等参建单位和监理单位的桥梁、载体、媒介，有承上启下的过渡传导作用，更是公司经营生命的毛细血管，领导掌握工地情况的触手、赢得利润的抓手，规避各类风险的基础屏障。所以项目监理机构必须和公司的信息进行精细化管理，做到上下统一、内外一致、和谐有序、团结积极、周密严格。应从以下几个方面进行公司和项目监理机构的信息管理：

（1）项目监理机构人员：公司按合同和工程实际进行项目监理机构人员组建派驻，留取人员名单、联系方式等关键信息。对人员的责任书和实际工作情况由项目监理机构反馈进行详细掌握，做到人员信息全面互通，并依据监理单位的信息管理进行项目监理机构人员全覆盖进行考核。

（2）公司到项目监理机构自上而下的信息：通过会议和电子手段将决策层、管理层的信息和管控手段进行及时传达，比如：规章制度、工作制度、考核处罚、奖励等。项目监理机构作为操作层认真领会相关信息并严格执行，通过考核闭环反馈，调整管理手段再循环进步。

（3）项目监理机构到公司自下而上的信息：关键重要信息通过中间总监理工程师、总监理工程师代表从基层流向公司决策管理层，根据建设工程实际情况，对质量、造价、进度、安全及成本计算等进行反馈，引起领导重视，掌控公司全部项目动态，并沟通协调采取管理手段达到参建方满意。监理单位与项目监理机构的信息管理如图 9-2 所示。

3. 项目监理机构的信息管理

项目监理机构内部的信息管理在监理单位工作中占有重要地位，目前大多数为纸质文件信息，计算机网络作为辅助手段，对有关工程信息进行管理。包括大量的技术资料、函件、行政档案、财务支付

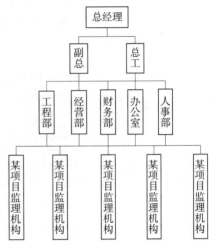

图 9-2 监理单位与项目监理机构的信息管理图

档案、各方来往函件、书面发出的会议纪要、会议纪要、报告批复、监理月报等进行收集、整理、分析、处理、决策及跟踪检查。项目监理机构信息管理细节事项如下：

（1）明确责任分工：项目监理机构应有专人负责本工程实施阶段全过程的信息收集、整理。

（2）全过程动态管理：总监理工程师组织定期工地例会或监理工作会议，安排专人负责整理会议记录并形成会议纪要，经总监理工程师签认后分发。会议纪要必须经与会各方代表会签。

（3）各专业工程的监理工程师定期或不定期检查承包单位的原材料、构配件设备的质量状况并做好记录。

（4）各专业监理工程师督促检查承包单位及时整理施工技术资料。

（5）信息管理专业人员随时向总监理工程师报告工作，并准确及时提供有关资料。

项目监理机构信息精细化监理的程序如图 9-3 所示。项目监理机构收、发文件管理工作程序如图 9-4 所示。

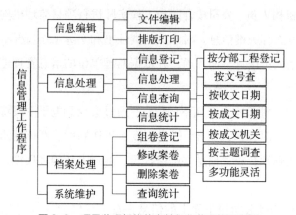

图 9-3　项目监理机构信息精细化监理的程序图

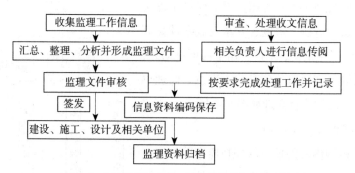

图 9-4　项目监理机构收、发文件管理工作程序图

（二）监理单位外部的信息管理

1. 工程管理有关的信息收集处理

信息资料的收集是建设工程信息精细化监理的基础和前提，全过程监理需要动态收集建设工程各方的信息如决策、设计、招标投标、施工等诸多方面和阶段的信息，但现阶段国内监理单位多数是在建设工程施工阶段进行监理。主要收集内容如下：

（1）建设工程需遵循的相关国家和地方建设工程法律法规和规范、规程，质量检验、控制的技术法规、质量验收标准，施工方和监理单位合同等。

（2）关于质量、进度、造价、安全等管控的文件，监理单位在事前、事中、事后管控措施的记录文件，检测试验的数据试验报告等收集、整理、归档、传递、闭合。工程各方来往文件、信函，联系单、通知单，验收记录及各个工序间交接报检验收制度和签证验收记录。工程质量事故引发、处理、销项记录信息。

（3）涉及变更、签证、索赔等方面的信息：依据、证据、各方处理意见，结果和效果。

（4）建设行政主管部门检查处理工程的验收记录、执法记录等，建设工程的接收和产权部门、房地产、物业管理部门、财政、审计的相关要求信息。

（5）建成后形成的监理文件、施工资料、竣工图、竣工验收、保修期、回访等信息。

（6）如有专利的新材料、新设备、新技术、新工艺等和监理单位有关的管控处理意见的信息。

信息处理演示如图9-5所示。

2. 工程管理有关的信息沟通及反馈

监理单位与工程管理有关的信息收集处理完成后必须有专人进行筛选、剔除、分类整理，处理传递和反馈闭合，归档存储，方便各方调阅。所有信息应为工程建设部门、人员所服务。信息有可追溯性和闭合性，使得建设工程信息为工程有关人员使用。这样才能体现出建设工程信息精细化监理的重要作用，保证信息在反馈后能到达相关参建人员处，配合工程建设的整体工作安排建立生产作业系统协调，保证生产信息准确传递与反馈，及时落实、完成建设工程生产任务。发挥出信息的最大效率和效益，为建设工程顺利进行起到执行力和持久助力作用。

信息在参建工程的各单位之间的传递，会形成信息流，沟通交流和反馈闭合。包括报表、图表、文字记录、各种文件、会议等，不断地将监理信息细化分类，为监理工作开展工作提供依据和基础。

项目监理机构信息沟通反馈流程如图9-6所示。

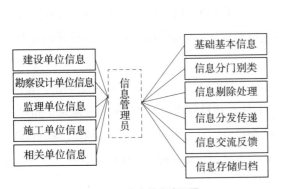

图9-5 信息处理演示图

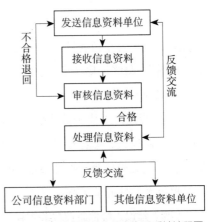

图9-6 项目监理机构信息沟通反馈流程图

五、监理单位对工程信息资料的归档管理

（一）建设工程信息资料归档作用和要求

依据《建设工程监理规范》GB/T 50319—2013和《建设工程资料管理规程》等规定，建设工程的重要活动、记载实施过程和现状、具有保存价值的各种信息载体的文件有承前启后的作用，直接关系到信息归档后能科学管理、安全保管和有效利用。信息归档资料应

明确整理环节、整理方法、归档时限和质量。必须明确职责、分工清晰、落实到人，并按参建单位分类、专业工程分类、前期和实施过程分类、方案和工序分类等，在规定时间集中整理和归档组件、装订、编号等整理，达到质量及目录数量要求，完成移交手续。

（二）监理单位信息资料管理职责

（1）监理单位应依据监理合同的约定，监督、检查勘察、设计、施工、检测等单位提交工程资料的即时性、真实性、完整性和准确性，并按职责权限在相应的工程资料上签署意见。

（2）单位工程完工后，总监理工程师应组织各专业监理工程师对工程质量进行竣工预验收。

（3）工程竣工验收前，由项目总监理工程师组织组织对监理资料进行整理、汇总及立卷，监理单位技术负责人审核后，向建设单位移交。

（三）建设工程信息资料的归档方式

1. 集中式归档

工程涉及的参建单位少，信息形成数量简单，监理单位能够完成所有信息资料的整理，并充分发挥监理单位熟悉资料内容、形成过程娴熟的长处，有利于提高整理质量和工作效率。

2. 分散式归档

工程形成的信息资料参建单位众多，内容纷繁复杂且分散。它用于规模较大、建设周期长的工程。各单位各部门业务分工明确，分别各自承担自我的信息资料整理，俗称"各扫门前雪"。最终汇集在建设单位，它既方便查阅利用，又可有效减轻年终集中整理的压力。

3. 混合式归档

即归档装订工作少数集中在项目监理机构、监理单位，多数分散在参建单位。它同样适用于规模大、周期长、工程复杂的工程。具体是项目监理部信息资料在驻地集中归档，监理单位汇集单位级和外部参建单位，比如勘察设计、建设、施工、产权接收、政府行政主管单位及其他专业工程信息资料，再由工程管理部门分散处理，集中移交。

（四）建设工程信息资料的组卷

1. 信息资料组卷的质量

（1）工程信息资料归档的纸质文件应为原件，个别无法获取的应为扫描件、复印件加盖公章。

（2）信息资料的内容必须符合国家法律法规和有关标准规范要求。

（3）信息资料的记载内容必须真实、准确，应与工程实际相符合。

（4）工程信息资料应字迹清楚，图样清晰、图标整洁，签字盖章手续齐全。

（5）信息资料的卷内目录、案卷内封面应采用白色书写纸制作，统一采用 A4 幅面。

2. 信息资料的组卷原则和方法

（1）工程信息资料应按不同形成内容、整理单位或建设程序分别进行立卷。

（2）建设工程信息资料也可按建设程序，如决策准备、实施运营、竣工保修阶段进行组卷。

（3）监理单位的信息资料应按单位工程、分部工程或专业、工程阶段等组卷。

（4）施工单位的信息资料由总承包单位汇总各专业分包单位内容，按单位工程、分部（分项）工程进行组卷。

（5）信息资料完成的案卷不宜过厚，文字材料的厚度不宜超过 20mm。

3. 卷内信息资料的排序

卷内信息资料文件应按国家结合地方标准建筑资料管理规程类别和顺序排列。

4. 案卷编目内容

（1）所形成的案卷应统一封面，填写清楚卷内目录，不编写页码。

（2）案卷封面的内容包括档案号、案卷题名、编制单位、起止日期、密级、保密期限、案卷总卷数、本案卷在该单位工程案卷总卷数中的排序。

（3）案卷整体的起止日期为填写案卷内全部文件形成的起止日期。

（4）信息资料案卷的保管期限分为永久、长期、短期三种，见表 9-11。

信息资料案卷的保管期限　　　　　　　　　　表 9-11

序号	文件资料名称		保存单位和保管期限		
			建设单位	监理单位	城建档案管
1	项目监理机构及负责人名单		长期	长期	√
2	建设工程监理合同		长期	长期	√
3	监理规划	长期	长期	短期	√
		长期	长期	短期	√
		长期	长期	短期	—
4	监理月报中的有关质量问题		长期	长期	√
5	监理会议纪要中的有关质量问题		长期	长期	√
6	进度控制	长期	长期	长期	√
		长期	长期	长期	√
7	质量控制	长期	长期	长期	√
		长期	长期	长期	√
8	造价控制	①预付款报审预支付	短期	—	—
		②月付款报审预支付	短期	—	—
		③设计变更、洽商费用报审与签认	短期	—	—
		④工程竣工决算审核意见书	长期	—	√

续表

序号	文件资料名称		保存单位和保管期限		
			建设单位	监理单位	城建档案管
9	分包资质	①分包单位资质材料	长期	—	—
		②供货单位资质材料	长期	—	—
		③试验等单位资质材料	长期	—	—
10	监理通知	①有关进度控制的监理通知	长期	长期	—
		②有关质量控制的监理通知	长期	长期	—
		③有关造价控制的监理通知	长期	长期	—
11	合同及其他事项管理	①工程延期报告及审批	永久	长期	√
		②费用索赔报告及审批	长期	长期	—
		③合同争议、违约报告及处理意见	永久	长期	√
		④合同变更材料	长期	长期	√
12	监理工作总结	①专题总结	长期	短期	—
		②月报总结	长期	短期	—
		③工程竣工总结	长期	长期	√
		④质量评价意见报告	长期	长期	√

（5）监理单位基础信息资料档案盒编号，见表9-12。

监理单位基础信息资料档案盒编号 表9-12

序号	名称	编号	序号	名称	编号
1	监理中标通知书	0101	6	总监理工程师代表任命书	0106
2	委托监理合同	0102	7	见证员委托授权书	0107
3	本公司营业执照、资质证书复印件	0103	8	安全监理人员委托授权书	0108
4	成立项目监理机构决定文件	0104	9	项目监理机构成员登记表及资格复印件	0109
5	总监理工程师任命书	0105	10	项目监理机构成员变更文件	0110

（6）监理单位各类台账类信息资料档案盒编号，见表9-13。

监理单位各类台账类信息资料档案盒编号 表9-13

序号	名称	编号	序号	名称	编号
1	（钢筋）原材料进场验收台账	0401	7	检验批验收台账	0407
2	（水泥）原材料进场验收台账	0402	8	隐蔽工程验收台账	0408
3	（其他）原材料进场验收台账	0403	9	设计变更、洽谈台账	0409
4	钢筋焊接取样、送样检测台账	0404	10	施工机具、安全防护用品进场验收台账	0410
5	混凝土试块见证取样、送样检测台账	0405	11	文件收、发登记表	0411
6	砂浆试块见证取样、送样检测台账	0406			

5. 案卷的装订

（1）案卷全部采用卷盒装，卷盒的外表尺寸应为 310mm×220mm，厚度可为 20、30、40、50mm。

（2）装订应采用线绳三孔左侧装订法，要整齐、牢固、美观且便于保管和查找利用。

（五）建设工程信息资料的移交

建设工程信息精细化监理最末端的工作是信息资料的归档移交，保存齐全、归档完整就能方便后期调阅和有据可查。监理单位进行信息精细化管理必须有专人负责信息全面整理和归档，不仅注重了纸质信息资料、各类照片、电子文件等档案的收集整理，还从源头上确保建设工程信息监理工作档案资源的齐全完整，为资料档案的全面化、规范化管理提供保证。建设工程信息资料移交单见表 9-14。项目监理机构监理资料移交会签表见表 9-15。

建设工程信息资料移交单 表 9-14

致：_____建设（施工）单位 我方现将_____工程资料移交贵单位，请予以审查、接收。 附件： 1.工程资料清单。 2.工程资料整理归档文件。 项目监理机构（章）_____ 监理工程师_____ 日 期：_____			
建设单位	签收人： 年 月 日	项目监理机构	移交人： 年 月 日
施工单位	签收人： 年 月 日		
备注：			

项目监理机构监理资料移交会签表 表 9-15

移交资料情况	工程项目名称		负责人	
	移交资料内容（资料清单）			
移交会签意见	项目监理机构意见 负责人签名： 日期：			
	工程管理部意见 签名： 日期：			
移交记录	移交人： 日 期：		接收人： 日 期：	
备注				

第三节　建设工程信息技术的应用

信息化已成建设工程行业的热点。而企业信息化和项目信息化发展进程的加快，云计算、大数据、物联网、移动互联网、人工智能等互联网＋技术的集成应用，使得信息技术在行业中发挥的作用越来越大。信息化发展趋势，应进一步向广度、深度和集成度发展，并融合基础技术和理念进行突破并且引起连锁反应，带动建设工程行业信息化的突飞猛进。

工程建设行业信息化发展趋势主要包括：企业管理系统集成化，智慧工地系统实用化以及 BIM 应用落地化，工程建设行业信息化发展趋势，将有助于行业把握发展方向，不断提升行业竞争力。

一、软件信息平台的应用

随着科技发展，通信手段也发生了巨大变革。微信在移动互联网浪潮中应运而生，成为了目前最为成功的社交通信应用。它构建起新型社交关系链，用文字、语音对讲、视频等沟通方式提高了人际沟通的效率，增加了沟通的趣味。同时微信构建企业内部的社交网络，让同事间的沟通更加及时便利，在提高办公效率的同时也让团队关系更加融洽。

通过监理单位开展微信监管工作通过三级微信管理方式，不限地域与时间，及时掌握各项工作的具体进展情况，第一时间协调解决监理工作中遇到的实际问题，不仅提升了项目管控效果，同时也让全员的监理团队技术水平不断提高。能提升公司整体管理水平，提升项目监理机构工作效率，提升个人工作能力，同时能增强监理单位市场竞争力，深化微信管理工作层次，全面推广微信群应用实施。

（一）考勤群组的应用

1. 微信群名称

《××监理单位总监理工程师/总监理工程师代表考勤群》，群主：副总经理，群组成员：群内成员为监理单位项目所有总监理工程师/总监理工程师代表，群里不得进其他人员。直接责任人：总监理工程师/总监理工程师代表。

2. 运行管理

每日早上正常上班作息时间，项目监理机构负责人必须向总监理工程师/总监理工程师代表考勤群发来项目部班前会参会小视频，包括项目监理机构人员到岗情况报告说明。每日早上正常上班作息时间，项目监理机构负责人必须向总监理工程师/总监理工程师代表考勤群拍照发来当日项目部早上的《考勤表》。每日早上正常上班作息时间，项目监理机构负责人必须向总监理工程师/总监理工程师代表考勤群拍照发来前一日《监理日志》。每日下午正常上班作息时间，项目监理机构主要负责人必须向总监理工程师/总监理工程师代表考勤群拍照发来下午《考勤表》。如有《监理通知单》《监理工作联系单》等重大事件的监理文件必须及时发至总监理工程师/总监理工程师代表群。主项目部水暖、电气的专业监理工程师，如因工作需要到其他项目监理机构检查验收、巡视工作，项目监理机构主要负责人必须把人员到达现场的视频及时发至总监理工程师/总监理工程师代表考勤群，并加以情况说明。每周项目部组织学习时，必须及时发送学习视频至总监理工程师/总监理工程师代表考勤群。监管多个项目的总监理工程师，外出开会或者去监管的项目，到达项目后应在群内发各现场视频。每日可随时向主管工程副总汇报当日现场未解决、需要协商的问题。

（二）汇报群组的应用

1. 微信群名称

《××监理单位总监理工程师/总监理工程师代表汇报群》，群主：副总经理，群组成员：群内成员为监理单位的项目所有总监理工程师/总监理工程师代表，群里不得拉入其他人员。直接责任人：总监理工程师/总监理工程师代表。

2. 运行管理

项目监理机构负责人依据工程实际情况，必须向总监理工程师/总监理工程师代表汇报群拍照加文字说明发送工程实体管理和主管部门检查情况。每日不限定时间，项目监理机构负责人发送各级领导检查、重要工序控制措施、关键工序节点完成情况等。如有《监理通知单》《监理工作联系单》《监理暂停令》等重大事件的监理文件必须及时发至总监理工程师/总监理工程师代表汇报群。有建设行政主管部门的执法检查记录、处罚决定书等也应立即发送到汇报群，便于公司了解并及时协调杜绝处罚。可以汇报当日现场未解决、需要协商的问题。每周项目监理机构组织学习时，必须及时发送学习视频至总监理工程师/总监理工程师代表汇报群。

（三）监理单位群组的应用

1. 管理层微信群的应用

（1）微信群名称

《××监理单位单位级管理执行群》。群组成员：副总一级和所有机关部室成员。

（2）运行管理

监理单位各科室及管理人员外出办公，必须在总经理执行群汇报办理事项。如遇办公赶不回来，应在群内汇报情况。一次不汇报，扣款处罚。公司领导群内发出工作指令，机关办公室相关人员必须快速高效的完成任务，并保持有效性沟通。各主管副总，群内及时汇报工作中的重要事件。

2. 项目监理机构微信群的应用

（1）微信群名称

以单个项目部为基础单元建群，群名称为《××项目群》。群主：总监理工程师／总监理工程师代表为直接责任人，作为群主负责。群组成员：项目监理机构的监理人员，可邀请建设方管理人员及施工方管理人员加入。

（2）运行管理

总监理工程师／总监理工程师代表进场后即时组建××工程监理信息群。项目监理机构人员积极与总包方、主要分包方项目经理、质量、安全负责人在群内加强工作沟通互动。每日群内项目监理单位员以视频或图片形式发布现场巡视检查验收过程中发现的需改进的问题，并及时发出指令要求整改。如发现突出问题由专业监理工程师下发《监理通知单》责令整改。夜间安排监理员旁站，从晚8点开始，每2个小时发一次现场旁站视频。公司工程部入群监管，了解微信群运行情况，针对夜间旁站，每日记录，月底汇总，与考勤表进行核对。

3. 公司全体员工微信群的应用

（1）微信群名称

《××监理单位全体员工微信群》，群主：副总经理，群组成员：监理单位的所有员工，群里不得拉入其他人员。直接责任人：群主。

（2）运行管理

公司全体员工依据工程实际情况，拍照加文字说明表达工程建设过程中的事项。每日不限时，公司全体员工发送各级领导检查、需要技术资料、重要通知、关键工序控制措施、关键工序节点完成情况等。需要公司全体员工知道了解贯彻的重大事件的监理文件及时发布，便于公司全员相互了解、共同学习交流、共同进步。

4. 监理单位QQ群组的应用

（1）××监理单位QQ群组名称

《监理单位全体员工工作群》，群主：副总经理，群组成员：群内成员为监理单位所有员工，群里不得拉入其他人员。直接责任人：群主。

（2）运行管理

监理单位全体员工依据建设工程实际情况，拍照加文字说明上传工程建设过程中的事项。每日不限时，QQ公司群组具备全员工作群的特点外，更重要的是能在群文件里上传建设工程所需要的国家、地方法规规范、图集、论文文章等技术资料，而且保存较久，过期删除、可持续更新，方便全体员工下载使用。群通知则能让公司全体员工知道、了解、贯彻的重大事件的监理文件及时发布，便于公司全员相互了解、共同学习交流、共同进步。

（四）钉钉办公平台的应用

"钉钉"是移动智能办公平台集成系统，实现了工作集群的集约、高效、便捷的智慧化管理。它具备公平公正、平等自由精神的新工作方式，对监理工作起到安全性、保密性和隐私性保护，而监理工作数据能极速同步、动态防护、全球快速接入，并能运维托管和安全保密。

1. 钉钉集成协调性

钉钉软件是应用了移动的最本质的原生移动特性，可以协同监理单位每个部门、项目、人员进行通信沟通，实现企业人员数字化。监理单位总结使用符合监理的管理模式，通过与 APP 软件功能搭配互换使用，事半功倍。

2. 钉钉考勤制度运用

监理单位运用钉钉进行考勤、出勤打卡，使得人员工作地点、内容十分公开、透明，并且能内部互相监督。人员在工作场所或工地现场打卡方便快捷，内外勤签到定位准确，每天日报清晰明了，防止监理人员有事不在岗位，在岗位上不干事，人地不相符的现象。有事外出请假审批实现人员离岗、岗不离人，工作不断档。

3. 钉钉办公平台协作性

办公平台实现监理业务移动在线式上报审批，提高机关行政效能，减少公司、项目监理部文件传阅时限，存于钉盘的文件，随时随查阅，减少纸张浪费。电话视频会议平台能解决项目分散广，人员往返交通碰头的问题，会议内容永不再错过。文档功能实现多人实时协作编辑分发，监理项目从合同签订、工程进度、竣工备案、监理费用结算"一张表"见全部，真正实现资源共享。通过钉钉平台的电脑或手机端进行工作群组、公司、项目的视频会议、实时连线布置工作，达到"不见面开好会"，尤其在地域、时间限制及疫情的影响下，减少碰头集思广益，停产不停工，不见面依旧监理工程。

4. 监理人员用钉钉管控工程

开通工程管理平台可以实时检查工地监理动态，跟踪工程进度，随时解决质量、安全、进度、造价等问题。查看管理人员和劳务人脸识别匹配与否，企业、设备证照识别差异，材料商品鉴定合格与否。通过虚拟盖章逐级审批上传的附件、图片，通过网络视频、水印照片，及时抽查、验收、见证等全程留痕。在签到统计后对人员绩效"量化考核"管控、约束、奖惩人员。

（五）信息平台的考核

微信群、QQ 工作群、钉钉软件的项目监理机构负责人不按各相关信息群的运行要求实施，不按时发送信息，人员上、加班、夜间旁站弄虚作假者，汇报内容描述含糊不清，外出无法寻觅踪迹，不按要求组建项目监理机构群，发工作无关信息扰乱信息群正常运行的现象，视情节严重程度，造成的不良行为记录或公司受到罚款处罚的情况，按每项/每

天 / 每次,进行现金处罚并通报项目负责人,对项目监理机构负责人和全体监理单位人员处罚相应金钱数额,在当月绩效工资中扣罚。监理单位的工程管理部门每天早晚抽查核对考勤人数、时间、地点及汇报事项、加班内容,加强巡视检查,发现弄虚作假者,根据相关规定将加大处罚、降薪或辞退。

二、建设工程管理软件的应用

(一)建设工程管理软件应用的概述

建设工程软件是顺应时代的产物,是大数据时代的代表。它不同于传统的电脑软件,它是以工程项目为核心的多方协作管理平台,也是工程项目管理协同平台。是专为工程人设计、解决工程项目协同管理难题、全程跟踪工程生命周期的信息化平台。使用建设工程软件系统对项目,能够有效提高项目管理的效率,对项目管理人员而言,提前适应信息化的节奏,也是对自己专业技能的一种有效提升。更多的是推动整个项目管理、监理工作科学有序的发展。

建设工程软件的信息化连通了建设单位、勘察、设计、监理、施工总分包等参建方,实现了以工程全过程管理为核心的项目协同管理工作,可实现对项目实施阶段的全过程系统性的管控,实时动态掌控工程质量安全进度等情况,过程中同步形成各类管理资料,最终自动生成完整电子竣工资料,并按项目所属地城建档案馆要求实现自动归档。

(二)建设工程管理软件应用的模式

软件信息提供"PC+ 无线"多终端用户操作模式,实现 PC 和无线端应用数据同步、管理同步,拥有:云服务、云安全、免维护、随时取证采集、步步留痕记录、资料与管理工作同步形成等应用特点。

它有服务于在线工程管理的特色应用,平台在手机无线端(APP)提供:质量检查、安全检查、实测实量、形象进度、平行检验、场地 / 工作面移交、旁站监理、日记日志、晴雨表、工作日程等特色功能,方便用户管理团队高效全面地管控工程项目,节约管理成本,提升管理水平和绩效。

建设工程软件的推行使用要求监理单位各个部门团结协作,各科室分工细化。制定管理办法和考核机制,确保其有效运行服务监理工作。

(三)工程管理软件对监理单位的作用

专人按周次、月度统计各项目处完成情况,包括质量、安全巡检、旁站监理、形象进度、日志等内容。企业负责人通过集群管理查看项目分布,查看企业经营数据。掌握人员动态、项目集中度、劳动负荷情况,可以全面减员增效。安全质量管理部门通过集群管理,查看各项目的质量、安全总数量以及闭合数量。

（四）项目监理机构应用工程管理软件的概述

1. 建设工程软件项目的建立

（1）在项目监理合同签订后，由软件授权的最高权限管理员，在项目监理机构组建完成后，在电脑任意浏览器键入软件主页界面，按工程软件操作步骤完成网上实体项目建立。

（2）人员每天通过手机 APP 如实记录施工质量、安全巡检、旁站监理、形象进度、日志等异常情况。

（3）人员将项目上所有的纸质文件扫描上传到建设工程软件系统里面进行电子化存档管理。

（4）安排人员将每次的支付申请以及实际付款金额，通过支付申请的功能做好，方便企业管理层看到各项目的实际收款进度。

2. 建设工程软件电脑端的应用

目前建设工程软件正常推进使用中已包括建设工程的参建方，但近阶段主要是监理单位推动使用。申请账户，在由专人设置好项目管理负责人后，每个人有专用账号，登录就可以通过账号进入电脑端项目管理平台，拉入分配人员工作。同时监理单位人员也可以通过手机端的工程软件进行工作，在工作现场使用，手机整理工程信息，上传、存档。

3. 建设工程软件手机端的应用

建设工程软件在公司授权人员手机号为账号后，通过手机端的建设工程软件 APP 登录每个人专用账号，进入手机端的项目管理平台，全面完整地查看监理单位员所在的项目情况，积极通过终端收集建设工程监理单位日常的工作，并上传至总监理工程师或项目负责人进行审批汇总，并传至公司级的建设工程软件总平台。

进入账户后，查看自己所在项目，有各方分配的工程协作代办事项、重要的通知公告信息等，要求手机端使用人员及时查看并落实整改。内部其余板块为监理单位的日常工作内容，如旁站巡视、安全质量进度管控、监理日记日志的记录等。

目前使用比较广泛的建设工程软件如：宜众工程软件、智慧工程软件、智慧工地软件、筑筑 – 工程项目管理软件等。

（五）建设工程管理软件的考核

建设工程软件先期进行试运行和全面推行两个阶段。由各项目监理机构负责人、各项目部总监理工程师、总监理工程师代表必须高度重视智慧工程的推行落地工作，召开专题、协调、督促、交底等会议落实，横向到边，纵向到底。监理单位员应有专人对各项目使用情况予以考核，量化指标评比考核，奖励与处罚结合进行。

（六）PPT 软件在建设工程的应用

1. 监理单位 PPT 软件应用的作用

制作 PPT 影像资料是建设工程开展精细化监理工作的需要和体现，同时能够促进监理工作有计划地开展，宣传企业文化、体现工程建设的真实情况，作为工程建设原始信息的储存，进行监理工作经验的总结，制定并明确统一的工序作业标准，确定与借鉴工序样板技术要点及质量标准，进一步提升监理工作服务水平。

2. 监理单位应用 PPT 软件的内容

（1）展示出企业历史、底蕴、文化、经营理念。

（2）对工程建设全过程监理单位的工作内容、起到的作用进行汇报、体现服务价值。

（3）结合建设工程实施指导专项工序作业、体现各单位工程难点、亮点。

（4）加强企业市场竞争力，快速形象地展示宣传企业业绩、监理核心服务能力。

（5）作为建设工程实施过程中最原始、最典型的信息进行储备与查询。

3. 监理单位 PPT 影像信息的实施过程

（1）由项目负责人组织各专业监理工程师编制《PPT 影像资料实施细则》，监理单位技术负责人审批。

（2）各专业监理工程师收集筛选基础影像信息，由项目负责人指定专人负责编辑、制作。

（3）人员制作的 PPT 影像信息应确保内容真实、完整，贴合工程实际。

（4）信息化应促进和体现监理工作的专业化、可视化、现代化，比如"PPT 影像信息专项工序施工作业指导"应图文并茂、结合视频影像展示。

（5）终端使用手机、数码相机拍摄图片、录制视频角度合理，电脑编辑制作，使用 U 盘、硬盘或上传网络储存空间储存，防止丢失。

（6）完成 PPT 影像信息制作后，可安排人员在项目监理部、监理单位试讲演示，重要的 PPT 影像信息可以对外宣讲。

（7）工程竣工后 PPT 影像信息应备份交监理单位长期保存并使用。

（8）如监理单位人员需提升高档次、好效果，可以委托专业影像信息制作公司后期完善，以小电影、Flash 等形式配音、配乐展示。

三、互联网 + 监理的应用

"互联网 + 监理"就是建设工程行业所形成的工程信息、工程实体等，通过互联网集成、融合、创新、发展，助力、提升监理工作，使得监理单位人员在整个工程建设中更加优秀完美地完成监理任务。它改造原有建设工程中监理工作的实施模式，通过大数据传输，自动和手动进行终端信息采集，远程管控工程建设要素数据，加快生产资源的优化配置。

一个建设工程可以建成一个数据信息库，并通过互联网将所有人员连通，监理单位员通过把传统手机移动端和互联网数据交换相结合，在施工现场就可以做到规范、图纸和实体工序结合的事前交底，做到样板从虚拟转化为实体体验。事中管控应与实体进展和监理管控手段结合，巡视、旁站、验收，数据和实测实量结合，反馈及时，整改及时，审批及时，且可以网络办公，信息数据无纸化。有利于深刻、理性、健全地促进工程协作管理，改善了工程管理的手段和方式，增加了人员多方位视角，进行各参建人员互动，人员和工程硬件反馈管控，提高了效率、减少失误，对工程管理也做出贡献。

（一）BIM 技术 + 监理的应用

BIM 技术作为当前建筑业的变革风暴，对工程建设的各个参与方都会带来巨大而深远的影响，同时也会带来新的机遇和挑战，促使监理单位对工程信息精细化管理时必须学习掌握 BIM 的相关知识和技能，为更好服务工程建设做足准备。BIM 技术"虚拟施工，有效协同"的特点会极大地提高监理协调工作的效率，监理单位员可以将工程信息反馈到 BIM 模型中，从而指导工程监理、施工的进行，减少施工中质量问题出现的可能。

1. BIM 技术的涵义

BIM 技术运用是通过建设工程所有信息收集归类，再整理后构建集成的信息流，建立某个项目模型，BIM 技术对于监理单位而言能体现出五大优越性：可出图性、协调性、可视化、模拟性、优化性。

2. BIM 技术对监理工作的作用

新时代的监理单位必将学习掌握 BIM 技术，为工程信息精细化监理拓宽渠道，为高效服务提供有力支撑。BIM 技术应用是工程项目全部的信息的明确具体化的体现，建设工程虚拟表达物的可视化信息集成模型，可以做到参建方共享信息资源，处理各自关心、关注的问题。

BIM 技术和建设工程监理单位的工作如何巧妙有机的结合，在建设工程准备阶段、实施阶段、缺陷责任期等不同服务阶段完成相对应监理单位的 BIM 模型技术，建立后从中提取监理单位核心工作、监理行为活动的信息，有用有效地而且能顺利圆满地解决问题，更好地提升优质化高效满意的监理服务。

3. 监理人员运用 BIM 技术的要点

监理单位专业技术人员牵头组建 BIM 技术学习研究小组并具体负责落实学习培训场地和设备，计划通过专题讲座，定期学习，现场观摩等方式，使团队成员初步了解 BIM 基本知识和基本技能，成熟后组织全员学习使用。具体掌握技术如下：

（1）BIM 技术学习研究小组组长或副组长定期举办专业知识培训班，着眼于增强针对性和实效性，进一步提高监理单位人员队伍整体专业化素质。

（2）结合工程实际，及时派人参加各类专题讲座式培训或现场观摩。

（3）与知名监理企业在其相关项目，选择专业内容安排团队成员进行学习培训。

（4）专人负责购买或通过公司网站、微信群等发送相关内容的教材、手册等至小组组长或副组长，作为学习小组的学习内容。

（5）BIM学习研究小组的组长和副组长负责组织本团队成员，有计划地进行相关知识学习，成员必须要有学习记录，达到提高小组整体水平的目的。

（6）为了提高骨干成员及其他成员参加学习培训授课活动的积极性，对参加BIM学习培训授课活动的骨干成员和在BIM方面有深造提升的人员给予相应奖励。

（二）5G技术+监理的应用

1. 5G技术简介

5G就是第五代移动通信技术，它的超强性能是高数据速率、减少延迟、节省能源、降低成本、提高系统容量和大规模设备连接。5G网络正朝着网络多元化、宽带化、综合化、智能化的方向发展。

信息化高速发展的时代已经到来，而监理单位在建设工程中所形成的信息量日益增多，甚至固态化的纸质文档和监理过程中的移动数据流量的暴涨，在顺应信息化发展的同时也必须要将海量移动数据融入5G的高速通道，监理单位需使用5G技术，服务建设单位和工程建设，扩展业务渠道，使得建设工程各方有新的服务体验，使高层次的应用日新月异。

2. 5G技术+监理运用

5G移动互联网技术的发展迅猛，给建设工程信息化融合发展带来了机遇和挑战。随着建设工程全过程实施，参建方的信息流越来越多的设备接入移动网络中，监理单位作为建设工程的主体对象，服务建设单位，在工程整个寿命时期形成的信息具有时效性、长期性，数据传输方面需要减少纸质文件，让数据多跑路，跑高速路，让人少跑路，文件少周转，节约时间成本，达到信息高效运转和使用的效果。监理业务不再是传统的施工过程的监理，已发展为全过程咨询服务行业，工程业务多元化，服务对象个性化、多样化，全寿命工程形成的信息应瞬时瞬达，信息需进行智能优化，准确识别对象，送达客户。国家已提升网络容量，监理单位可以利用高效网络管理各个工程关键时间和事件节点，简化互操作，增强实时化体验，系统协同化，提升工程管理的智能化水平。

5G移动技术可以达到"万物互联""所见即所得"，它是事物与事物之间的最终联系，可以在智能电器服务生活、智能城市和谐运转、智能工程互联管控等方面提供服务。它将推动监理工作在工程建设过程中实现数字化、智能化。及时有效的信息流让人、材、机、料、法、环、管协同运转，各方通过获得的即时信息，采集实时数据，高效传输，合适甄别分发，方便决策者、管理者即时发出指令，进行纠偏改正，避免各类失误，达到建设工程全面无死角管控，增加投资和使用效益。

四、数字建筑的前瞻性应用

传统建筑业发展已向具有前瞻性的数字建筑逐步发展，数字建筑是利用BIM、三维GIS、云计算、大数据、物联网、移动APP、数据智能整合、全综合等手段结合先进的精益求精的建筑项目管理理论方法进行新、奇、准、特的数字融合技术，对建筑工程全方位、全要素、全人员管控，达到数据的集成、整合、挖掘，高效提升建筑工程统筹和使用的效率质量，构建建筑项目智能新体系的集成系统，能形成以数字技术驱动的行业升级战略。例如：广联达对数字建筑创新升级，"传统产业＋（三全·三化）＝新生产力"。对传统建筑产业，从全要素（空间）、全过程（时间）、全参与方（人）进行数字化、在线化、智能化融合形成数字时代的全新生产力，成就数字时代产业发展新范式。

　　数字建筑三大典型特征：数字化、在线化、智能化。通过全面感知、纵横认知、智能交互。起于数据如：HCPS（信息物理系统）、IOT（物联网）、ERP（企业管理）和算法逻辑无限扩展，数据联动归于以虚控实，虚实结合进行决策与执行的智能化革命。随人随物、随时随地、随部位随工序在连接、实时在线、数据驱动方面实现虚实有效融合。以"事"为驱动力，运用综合数据计算运营、维护、联动、闭合，改变"一定到底"，运用数据可感知、可适应、可预测的能力，相互依赖与优化随时纠偏调整，实现数据互联互通完成四维度管控，即人员数字化、物资数字化、安全数字化、进度数字化，从而提升建筑工程全要素的综合协同的智慧调控素质。

第十章　建设工程组织协调精细化监理

建设工程监理目标的实现，一方面取决于监理工程师扎实的专业知识和对建设工程监理程序的有效执行，另一方面还取决于监理工程师强有力的组织协调。通过组织协调，促使各方主体有机配合、协调一致，最终实现建设工程监理目标。本章主要从监理组织协调概要、项目监理机构内部组织协调及外部组织协调，分别介绍和阐述监理通过组织协调实现精细化监理。

第一节　监理组织协调概要

一、监理组织协调的内涵

现代管理学中组织协调的相关论述。按照现代管理学中组织论的观点，为了保持系统内部的整体平衡，使各要素之间协同一致、齐心协力，实现共同的预定目标，就必须加强各要素之间的沟通协调。

国外组织协调的相关论述很多，特别是关于项目参与者之间的配合与该项目绩效之间的关系，已经有人做过大量的分析研究，其中以美国的研究比较完善，该研究用"配合度"（DOI）表示项目参与者之间的配合程度，以成本、工期、合同变更、设计缺陷四个客观指标测算项目的绩效，其结论是"配合度"越大即相互配合得越多，项目的绩效越好。

建设工程是一项复杂的系统工程，其主要活动要素有建设单位、勘察设计单位、承包单位、监理单位、政府建设主管部门以及与工程有关的其他单位等，这些要素均有着自己的特性、职责及其目标，这些要素之间相互联系，也相互制约。为了使这些要素能够有机地组成有特定功能和共同活动目标的统一体，需要一个强有力的机构进行组织和协调，这个机构就是监理机构。换句话说就是通过监理组织协调把系统中原来分散的各要素、资源组合起来，协同一致，齐心协力，实现共同的预定目标。

总体而言，监理组织协调就是通过项目监理机构，联结、联合、调和所有的活动及资源，使各方配合得当，齐心协力，实现共同的预定目标。

二、监理组织协调的作用

在工程项目管理中，监理单位受业主委托对建设工程进行计划、组织、协调、控制，监理服务贯穿于工程项目建设的全过程，与项目其他要素均有直接接触，是最佳的协调人。

通过监理的组织协调，使项目参与各方彼此沟通，促进相互了解和理解，在项目总目标和各分目标之间寻求平衡，达到统一的思想与行动，使各项工作能够顺利进行。其作用主要体现在以下几方面：

1. 有利于纠正偏离和控制错位

在监理过程中工程各个环节经常会出现与合同和规范标准不符的现象，工程受地质、水文、人为因素等变化会导致工程设计变更或工期改变，监理单位要第一时间与建设单位沟通，做好偏离合同内容的纠正。监理通过组织协调及采取有效的控制措施，可提前化解矛盾，避免工程受到影响。

2. 有利于工程衔接和协调问题

任何一个工程项目，其中的人员来自于不同的单位，专业不同、性格不同，导致工程衔接出现一些矛盾和纠纷，监理工程师可通过组织协调，调节好各部门人员的关系，推进项目建设目标的实现。

3. 有利于承包商之间的配合

施工现场经常是多个承包单位一起进行施工，由于材料、机械、现场等问题，不同的施工队伍之间容易出现纠纷，监理工程师可通过组织协调及时疏导，做好不同施工队的调度和协调，使其齐心协力，严密配合。

三、组织协调应遵循的原则

1. 以合同为依据的原则

必须以合同为依据，充分认识到协调不是"和稀泥"，对产生不协调的双方，应分清责任予以解决，并使双方在新的基础上达到协调一致。

2. 公正公平原则

站在公正的立场上协调，以理服人。

3. 及时性原则

协调管理要在矛盾冲突未发生或发生的前期及时解决，能在事前协调就不在事中协调，能在事中协调就不在事后协调，避免矛盾冲突扩大化，避免业主利益受损失，避免工程受损失。例如合同问题最好在合同洽谈、签订阶段便协调解决好，尽可能不在执行中引起纠纷。

4. 协商原则

协调管理要充分协商，力求使工程建设各方通力合作，互利互谅，达成统一意见，实现多方共赢；同时，协调过程中要以说服为主，强制为辅，耐心细致地处理矛盾，避免使自身卷入矛盾或产生新的矛盾。

5. 廉洁自律的原则

协调工作成败的关键是做好廉洁自律及公道正派的工作作风。通常要做好协调工作，首先要确保自身素质过硬，要严于律己，做到行为上不吃、不拿、不卡、不要；其次工作上不故意刁难，处理问题有理、有据、有节、公正无私；最后按原则办事。只有这样，协调起来才会有说服力。

（1）签订廉洁承诺书

在监理机构人员进场前，监理企业与项目监理机构签订监理工作廉洁承诺书，内容见表 10-1。

监理工作廉洁承诺书　　　　　　　　　　　　　　　　　　表 10-1

工程名称			
监理单位			
承诺内容： 　　为规范 ×× 项目监理活动，防止发生各种谋取不正当利益的违法违纪行为，保护国家、集体和当事人的合法权益，经双方协商同意签订以下廉洁工作协议： 1. 坚决执行国家及行业有关法规法令，严格履行监理职责，忠于职守，严格把关，对自己签认的各种工程质量数据负责。 2. 不利用职权安排直系亲属及主要社会关系在自己管理项目内工作。 3. 不接受、索要施工单位的礼金、加班费、有价证券和贵重礼品，不在施工单位报销任何票据。 4. 不利用职权向承包人介绍施工设备、材料及供应商。不向承包人介绍工程分包人和参与工程分包。 5. 在工程工序交验过程当中不故意刁难承包人，严格按照合同文件及上级的要求报验，做到公正、合法。 6. 不参加承包人及相关单位邀请的影响公正执业的各种宴请和娱乐活动。 7. 不利用职权要求承包人提供合同以外服务。 8. 对工程量、变更等复核，公正、实事求是地进行处理，不损害业主的利益同时又能使承包人的利益不受到侵害。			
承诺人签字	总监理工程师		
	专业监理工程师		
	监理人		

（2）实行廉洁自律告知书

在项目开工前，以《监理人员廉洁自律告知书》的形式告知建设单位、施工总承包单位，内容见表 10-2，并定期对廉洁自律内容进行调查反馈，内容见表 10-3、表 10-4。

监理人员廉洁自律告知书　　　　　　　　　　　　　　　　表 10-2

工程名称			
施工单位		项目经理	
建设单位		现场代表	
监理单位		项目总监	

告知事项： 为做好 ×× 项目的监理工作，现将监理人员职业道德工作标准告知如下： 1. 不准接受施工单位和供应商的礼金、有价证券和礼品。 2. 不准以任何理由在施工单位或供应商报销由个人支付的各种费用。 3. 不准参加施工单位单独邀请的饭局及消费性健身与娱乐活动。 4. 不准以任何理由介绍工程材料和施工队伍。 为营造廉洁自律的工作环境，确保监理工作"公平""公正"的开展。望贵单位予以监督，如在监理工作过程中发现监理人员有吃、拿、卡、要的违规现象，欢迎贵单位进行举报，一经调查落实，定将处理结果反馈给贵单位。
举报电话：×××（副总经理）电话：×××
建设单位： 签收人：	施工总承包单位： 签收人：

监理人员廉洁自律情况调查表（建设单位）　　表 10-3

工程名称			
施工单位		项目经理	
建设单位		现场代表	
监理单位		项目总监	
调查事项： 监理人员有无向施工单位介绍施工队伍 □有 □未发现 监理人员有无向施工单位介绍建筑材料、构配件、设备等 □有 □未发现 监理人员有无与施工单位串通，弄虚作假，降低工程质量 □有 □未发现 监理人员有无将不合格的建设工程、建筑材料、建筑构配件和设备按照合格签字 □有 □未发现 监理人员有无接受施工单位宴请或贿赂 □有 □未发现 监理人员有无"吃拿卡要"现象 □有 □未发现			
相关情况说明或建议：			
建设单位现场代表（签字）：			
调查人：			

监理人员廉洁自律情况调查表（施工单位）　　表 10-4

工程名称			
施工单位		项目经理	
建设单位		现场代表	
监理单位		项目总监	
调查事项： 监理人员有无向施工单位介绍施工队伍 □有 □无 监理人员有无向施工单位介绍建筑材料、构配件、设备等 □有 □无 监理人员有无"吃拿卡要" □有 □无			
相关情况说明或建议：			
施工项目部负责人（签字）：			
调查人：			

四、监理组织协调的范围

从监理组织与外部组织联系上分，监理组织协调主要分为监理内部组织协调和外部组织协调，其主要范围如图 10-1 所示。

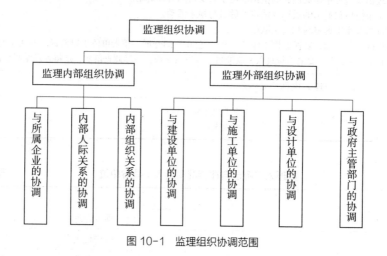

图 10-1　监理组织协调范围

五、监理组织协调常用的方法

组织协调是一种管理艺术和技巧，监理工程师尤其是总监理工程师需要掌握领导科学、心理学、行为科学方面的知识和技能，如激励、交际、表扬和批评的艺术、开会的艺术、谈话的艺术、谈判的技巧等。只有这样，监理工程师才能进行有效地协调。常用的协调方法有：

（一）会议协调法

会议协调法是建设工程监理中最常用的一种协调方法，主要包括第一次工地会议、监理例会及定期或不定期召开各种形式的专题会议；在充分讨论的基础上取得一致，使问题迅速得到解决；这种方式效率高、速度快。

1. 第一次工地会议

依据《建设工程监理规范》GB/T 50319—2013，第一次工地会议是由建设单位主持召开的，是建设单位、工程监理单位和施工单位对各自人员及分工、开工准备、监理例会的要求等情况进行沟通和协调的会议。

（1）第一次工地会议的主要内容

《建设工程监理规范》规定，第一次工地会议应包括以下内容，具体内容见表 10-5。

（2）召开第一次工地会议的要点

1）召开第一次工地会议的必备条件

①施工合同、监理合同已经签订。

第一次工地会议内容　　　　　　　　表 10-5

工程名称：

时间		地点	建设单位主持人			
序号	议题		落实情况			备注
			已完成	未完成	会议	
1	各方介绍人员，澄清组织机构					
2	宣布对总监授权					
3	建设单位介绍开工准备情况					
4	施工单位介绍施工准备情况					
5	检查承包商的动员情况					
6	监理规划介绍					
7	建立监理例会制度					
8	与第三方的关系					
9	各项问题的协商确定					
10	建立监理工作程序					
11	其他					

建设单位：　　　　　　　　　　　　　　　　　　日期：　　年　　月　　日
监理单位：　　　　　　　　　　　　　　　　　　日期：　　年　　月　　日
施工单位：　　　　　　　　　　　　　　　　　　日期：　　年　　月　　日

填表人：		填表日期	年　　月　　日

②承包人、项目监理机构的主要人员、机械设备、材料已经按合同约定进场。

③承包人组织编写的施工组织设计、专项施工方案、应急预案和危险性较大的分部分项工程安全施工专项施工方案等文件已经项目监理机构、发包人审核批准；项目监理机构组织编写的监理规划等文件已经总监理工程师、监理单位技术负责人签字批准，已报建设单位批准同意。

④工程施工平面控制网、高程控制网和临时水准点的测量工作已经完成，并经项目监理机构复核验收，控制桩的保护措施得当。

⑤工程图纸会审、设计交底工作已经完成。

2）监理工作重点

第一次工地会议，总监理工程师应介绍监理工作的目标、范围和内容、项目监理机构及人员职责分工、监理工作流程、方法和措施等。

3）会议主持人

《建设工程监理规范》第 5.2.9 条，工程项目开工前，监理人员应参加由建设单位主持召开的第一次工地会议。

4）会议纪要起草

《建设工程监理规范》第 5.2.11 条，第一次工地会议纪要应由项目监理机构负责起草，并经与会各方代表会签。

2. 工地例会

工地例会是由总监理工程师按一定程序召开并主持，是研究施工中出现的计划、进度、质量及工程款支付等问题的工地会议。一般每周召开一次。会议纪要应由项目监理机构负责起草，并经与会各方代表会签。

（1）工地例会主要内容

1）检查上次例会议定事项的落实情况，分析未完事项原因。

2）检查分析工程项目进度计划完成情况，提出下一阶段进度目标及其落实措施。

3）检查分析工程项目质量状况，针对存在的质量问题提出改进措施。

4）检查工程量核定及工程款支付情况。

5）解决需要协调的有关事项。

6）其他有关事宜。

（2）召开工地例会要点

1）例会的时间安排

①例会频率：应根据工程规模情况、工程进展情况确定，一般以一周为宜，如果工程规模较小或工种较单调，可以适当调整为每两周一次或每半个月一次。

②时间长短：可灵活控制，在切实解决问题的基础上，尽量不要拖延时间，避免讲空话。

③特别注意：会议应该准时开始，以维护监理例会的严肃性，必要时可以实行点名和奖惩制度。避免因为几个人迟到而耽误所有参会者的时间。

2）例会的地点

一般均将工程现场会议室作为工地例会的召开地点，但有时根据工程情况，为解决某一主要问题，可以选择施工现场甚至材料供应地等有关地点召开例会。

3）例会的参加人员

根据《建设工程监理规范》规定，参加工地例会的单位分别是：建设单位、承包单位、监理单位。具体可归纳为：

①承包单位：项目经理、技术负责人、质量员、安全员、施工员，必要时可以通知施工单位领导及各班组长、材料供应商等参加。

②监理单位：总监及现场监理工程师、监理员，必要时可请单位领导或其他相关人员参加。

③建设单位：建设单位驻地工程师及其他驻现场人员，必要时可请相关人员参加。同时，需要时，设计人员、建设方面的领导、专家等都可以作为邀请对象。

4）会前监理机构的准备工作

①查阅上次例会会议纪要，有哪些事项是议定了要在本次例会完成的，检查这些事项

的完成情况。

②检查施工形象进度的完成情况，给出施工进度滞后或提前的大致数据，摸清主要施工工种的实有人数，了解材料供应、机械状况是否满足施工进度需要，并做好记录。下一周期按计划应实现的进度目标和完成情况预测。

③近阶段的质量状况、监理提出的整改要求、建议的预控措施。熟悉本次例会上可能涉及的施工图、规范等有关内容。

④工程量的核定及工程款支付情况。

⑤工地的安全状况、发现的隐患、整改要求，对有关人或事的表扬或批评。

⑥要求承包单位本次例会上报的书面材料，如工程周报、旬报等。

⑦总监要充分与各专业监理工程师沟通，安排监理发言的内容。

5）会议纪要的整理要点

①注明该例会为第几次工地例会、例会召开的时间、地点、主持人，并附会议签到名单。

②用词准确、简略、严谨，书写清楚，避免歧义。

③分清问题的主次，条理分明。会议纪要整理完毕后，首先由总监审阅，之后送承包单位和建设单位及被邀请参加的其他单位代表审阅，在不改变会议的实质性内容的条件下，达成一致意见后，由总监签发会议纪要。

6）会议纪要内容的落实

会议结束后至下次例会开始前，监理人员应根据会议形成的意见，对会议纪要的有关内容进行逐条监督、落实。如果不去落实，那么开会将失去意义。

3. 专题会议

专题会议是为了解决监理工程中的工程专项问题而不定期召开的会议，由总监理工程师或其授权的专业监理工程师主持参加。同时形成专题会议纪要。

（二）交谈协调法

监理协调中另外一种常用的方式是交谈协调法。交谈是将信息、思想和感情在两个或两个以上主体与客体之间进行传递和交流的过程。在实践中，并不是所有问题都需要开会来解决，这时候就会用到"交谈"这一方法。交谈包括面对面的交谈和电话交谈两种形式。由于交谈方式更多地接近于解释和沟通，比较容易被接受，无论是外部协调，还是内部协调，这种方法使用频率是相当高的。如果有必要，交谈形成的意见需要进行事后书面确认。

建设工程是一项复杂的系统工程，通常涉及专业分包较多，增加监理管理难度。为使各要素有机统一，项目监理机构针对项目管理难点，事前对拟定专业分包单位采取约谈方式，统一认识，降低监理管理难度。具体约谈内容见表10-6。

监理约谈记录表 表 10-6

约谈单位			
约谈时间		约谈地点	
参与约谈人员			
约谈内容	监理控制目标		
	现场管理办法		
	相关合同条款		
	其 他		
约谈结果			
参与约谈人员签字			

（三）书面协调法

当会议或者交谈不方便或不需要时，或者需要精确地表达自己意见时，常用书面协调法。书面协调法具有合同效力。一般常用于以下几方面：

（1）不需双方直接交流的书面报告、报表、指令和通知等。

（2）需要以书面形式向各方提供详细信息和情况通报的报告、信函和备忘录等。

（3）事后对会议记录、交谈内容或口头指令的书面确认。

（四）访问协调法

访问协调法主要用于外部协调中，有走访和邀访两种形式。其目的主要是让与项目施工有关的各政府部门、公共事业机构、新闻媒介或会对施工有影响的第三方了解工程情况。避免因不了解工程、不清楚现场实际情况，而对工程产生不利影响。

（五）情况介绍法

情况介绍法通常与其他协调方法是紧密结合在一起的，形式主要是口头的，有时也伴有书面的。其目的主要是使别人首先了解项目情况。因此，监理工程师应重视任何场合下的每一次介绍，要使别人能够理解介绍的内容、问题和困难、想得到的协助等。

第二节　项目监理机构内部的组织协调

做好内部组织协调是协调的第一步也是重要的一步。通常涉及具体协调方面的事宜，许多监理人员都感到头疼，都在抱怨建筑市场的不规范和相关的合同方不配合和不支持，从来都不从自己单位、机构、个人身上找原因。实践表明，通过扎实的内部协调工作有利于加强监理机构的团结，提高工作效率，有利于互相学习取长补短，提高监理服务水平。

一、项目监理机构内部人际关系的协调

项目监理机构是由人组织的工作体系，工作效率很大程度上取决于人际关系的协调程度。监理项目实行总监负责制，为了实现项目建设目标，充分激励项目监理机构成员的工作积极性，为做好人际关系的协调工作，这就要求总监理工程师必须以身作则、做好人员管理、统一工作标准。

（一）总监自身要求

总监作为项目监理机构的负责人，必须要大公无私，以身作则，做好员工的思想工作，以增强团队的凝聚力。有些事情要因人而异，注意工作方法，以达到预期效果。

（二）人员管理

人员管理是项目监理机构内部人际关系协调的重点，其主要内容有：

1. 在人员安排上要量才录用

总监理工程师要根据每个人的专长进行安排，做到人尽其才。在人员搭配上统筹考虑，做到能力互补、性格互补，在人员搭配上做到少而精，杜绝忙闲不均的现象。

2. 在工作委任上要职责分明

总监理工程师对每个岗位都要订立明确的目标和岗位责任制，还应通过职能清理，使管理职能不重不漏，做到事事有人管，人人有专职。同时也要以权利一致的原则明确岗位职责和分配标准，使每一个人均能在组织内找到自己的位置，既无心理不平衡又无失落感。

3. 在成绩评价上要实事求是

评价一个人的效绩应实事求是，夸大和缩小都不利于团结，更不能将成绩归于某个人，以免无功自傲或有功受屈。

4. 在矛盾调解上要恰到好处

在矛盾调解上要适可而止，恰如其分。要掌握大局，注意方法。一般的矛盾都是工作矛盾，也是监理组织内部机制运行中问题的显现。

5. 其他

在做好协调工作的同时，要考虑项目监理机构中的深层问题，通过改革、调整使监理工作更趋完善。

（三）精细化协调做法

项目监理机构是监理企业形象代言人，是监理企业面向市场的标杆，项目监理机构的管理水平在一定层面上是企业管理水平的体现。为提高项目监理机构的运作效率，通过内部沟通协调，建立一套统一的"管理制度，监理流程，监控标准，监理方法"，在项目监理机构内部达成共识，其主要表现为：

1. 统一管理目标和提升管理理念

项目监理机构代表监理企业承担工程的监理任务，项目监理机构的管理理念决定监理在工程中的作用。项目监理机构组建后，要结合工程特点，项目负责人要定期组织召开沟通协调会、专项培训会等协调机制，树立统一的管理目标，提高监理人员的综合能力及职业素养，提升项目监理机构的管理水平。

2. 统一建立健全项目监理部管理制度和工作制度

监理工作的成功很大程度上靠的是一套完善的制度和模式。监理工作制度化是有效开展监理工作的保障。监理管理制度主要包括监理工作制度、安全管理制度、内部管理制度、会议制度、工作记录等。监理工作制度主要是规范监理人员的监理行为、工作流程，是监理工作的准绳；安全管理制度主要是针对施工作业范围内的施工安全及监理部运行过程中的安全管理工作，是监理工作顺利、平稳开展的有力保障；内部管理制度是监理部运行的基础；工作记录是监理工作的真实反映，是监理工作开展的技术支持，是监理工作总结的依据。

3. 统一监理工作流程和工作标准

《建设工程监理规范》中，对每一项监理工作都有宏观的控制性原则和要求。项目监理部要根据这些原则和要求，结合公司的相关制度、建设单位相关要求及工程项目的实际情况对监理每项工作进行深入分析，明确目标、内容、要求、实施步骤和参与人员等，制定工作程序和工作标准，形成监理工作的流程图和标准体系，使整个监理过程程序化和标准化，可以减少内部矛盾，杜绝内部验收混乱。重大安全隐患、关键部位、工序验收会签流程见表10-7。

重大安全隐患、关键部位、工序验收会签流程表　　　　　表10-7

重大安全隐患、关键部位（工序）概况				
工程名称				
特征描述				
专家论证情况				
相关作业条件				
劳务班组自检				
验收内容	劳务单位名称	验收意见	验收时间	验收人签字
总包项目部验收				
验收内容	验收部门	验收意见	验收时间	验收人签字
监理验收				
安全		安装		土建	
验收时间		验收时间		验收时间	

4. 统一业务培训模式和内容

为了统一监理机构工作人员的认识，提高监理人员的素质，提高监理服务的质量和成效，项目监理部要定期对监理人员进行培训，在责任意识、服务意识、监理专业知识、监理程序、监理技能、监理规范、验收规范、新技术应用等方面对监理人员进行专题培训。

二、项目监理机构内部组织关系的协调

项目监理机构内部组织关系的协调可从以下几个方面进行：

1. 明确职能划分

在职能划分的基础上设置组织机构，根据工程对象及委托监理合同所规定的工作内容，确定职能划分，并相应设置配套的组织机构。

2. 明确职责与权限

明确规定每个部门的目标、职责和权限，最好以规章制度的形式作出明文规定。

3. 事先部署各个部门在工作中的相互关系

在工程建设中许多工作是由多个部门共同完成的，其中有主办牵头和协作、配合之分，事先部署，才不至于出现误事、脱节贻误工作的现象。

4. 建立信息沟通制度

如采用工作例会、业务碰头会、发会议纪要、工作流程图或信息、传递卡等方式来沟通信息，这样可通过局部了解全局，服从并适应全局需要。

5. 及时消除工作中的矛盾和冲突

三、项目监理机构内部需求关系的协调

建设监理实施中有人员、资料、试验设备需求等，而资源是有限的，因此，内部需求平衡至关重要。需求关系的协调可从以下环节进行。

1. 监理设备和材料的协调

建设工程监理开始实施时，要做好监理规划和监理实施细则的编写工作，合理配置建设工程监理资源，要注意期限的及时性、规格的明确性、数量的准确性、质量的保证性，并结合项目情况，确定检测仪器 / 工具、制定办公设备配备计划表（表10-8），企业需提前做好监理设备、材料使用需求的协调。

检测仪器 / 工具、办公设备配备计划表　　　表 10-8

序号	名称	型号、规格	数量	计划进场时间	备注
1	全站仪				
2	水准仪				

续表

序号	名称	型号、规格	数量	计划进场时间	备注
3	激光垂准仪				
4	激光测距仪				
5	混凝土回弹仪				
6	工程检测仪				
7	接地电阻表				
8	兆欧表				
9	电脑				
10	打印机				
11	摄像机				
12	相机				
13	对讲机				
14	电子游标卡尺				
15	50m 钢尺				
16	靠尺				
17	焊接检验尺				
18	钢卷尺				
19	其他检测工具				
20	办公桌椅				

2. 对监理人员的平衡协调

要抓住调度环节，注意各专业监理工程师的配合。工程监理人员的安排必须考虑到工程进展情况，根据工程实际进展安排工程监理人员进场，同时依据《建设工程委托监理合同》，结合拟监项目开展计划等制定监理人员配备计划（表 10-9），与监理企业做好监理人员的平衡协调，以保证建设工程监理目标的实现。

监理人员配备计划表 表 10-9

拟任监理岗位	工程准备阶段（人）	桩基施工阶段（人）	基础施工阶段（人）	主体施工阶段（人）	装饰（精装）室外配套（人）	竣工预验收阶段（人）	竣工验收及保修（人）	备注
总监理工程师	1	1	1	1	1	1	- - - - - -	
土建监理工程	( )	( )	( )	( )	( )	( )		
水电监理工程师		( )	( )	( )	( )	( )	( )	
市政园林监理工程师				( )	( )	( )	- - - - - -	

续表

拟任监理岗位	工程准备阶段（人）	桩基施工阶段（人）	基础施工阶段（人）	主体施工阶段（人）	装饰（精装）室外配套（人）	竣工预验收阶段（人）	竣工验收及保修（人）	备注
水电监理员		（　）	（　）	（　）	（　）			
土建监理员		（　）	（　）	（　）	（　）			
造价工程师								
其他人员（资料、见证取样）	（　）	（　）	（　）	（　）	（　）	（　）	（　）	
合计人数	（　）	（　）	（　）	（　）	（　）	（　）	（　）	

驻场时间 ——　　　兼职时间 - - - -

第三节　项目监理机构外部的组织协调

一、与业主的协调

实践证明，监理目标的顺利实现和与业主协调的好坏有很大关系，其中与业主的关系协调是协调工作的关键。

（一）监理与业主的关系

监理方与业主的关系，是被委托和委托的合同关系。监理方受业主的委托，代表业主的利益，依据监理合同中的权利和义务，全权处理有关工程建设过程的一切事宜，但监理不是业主代表，对设计、工程进度与工程质量相抵触，工程投资费用等重大事项的处理，必须得到业主的认可。总之，监理工程师始终以维护业主的合法权益为工作宗旨，开展各项监理工作。

（二）与业主的协调要点

（1）监理工程师首先要站在业主的立场考虑问题，理解建设工程总目标，理解业主的意图，做好业主的顾问和参谋。

（2）要树立为业主服务的意识，热情服务，发挥自己的专业特长，主动提出合理化建议，使业主少走弯路。同时利用工作之便做好监理宣传工作，增进业主对监理工作的理解，特别是对建设工程管理各方职责及监理程序的理解；主动帮助业主处理建设工程中的事务性工作，以自己规范化、标准化、制度化的工作去影响和促进双方工作的协调一致。

（3）尊重业主，与业主一起投入建设工程全过程的控制、管理及协调工作。

（三）精细化协调做法

与业主的协调贯穿施工阶段监理整个过程，也是监理协调工作的重中之重，下面主要介绍以下几个精细化协调做法。

1. 监理工作联系单的应用

在监理过程中，项目监理机构必须时刻树立服务意识，事前以工作联系单的形式提出合理化建议。

2. 工作满意度调查

为了更好地服务于建设单位（业主），监理企业以监理工作评议表（表 10-10）的形式，定期就监理工作开展情况征询业主意见，不断完善和提高现场监理工作质量，最终使业主满意。

监理工作评议表（顾客满意度调查表）　　　　　　　　表 10-10

工程地点					项目名称		
建设单位					勘察单位		
设计单位					施工单位		
单位工程数量	结构类型		层数		建筑总面积		
开工日期	年 月 日				计划竣工日期	年 月 日	
监理工作评议内容（打√）							
遵守职业道德和劳动纪律			执行法规、规范、标准			履行监理合同和工作职责	
好	一般	差	好	一般	差	好	一般	差
监理业务水平和工作能力			协调服务和资料报送			监理工作目标和效果	
好	一般	差	好	一般	差	好	一般	差
评议办法	四项以上（含四项）评为"好"者，总评为"满意"；三项评为"一般"，其余评为"好"者，总评为"一般"；其中有一项评为"差"者，总评为"不满意"						
建设单位意见或要求						总评结果	
建设单位项目负责人：						年 月 日	
公司评议							

3. 及时报送监理月报

监理月报是项目监理机构定期编制并向建设单位和工程监理单位提交的重要文件，通过监理月报，建设单位可以及时了解项目施工情况、监理工作情况及下月监理工作的重点。

4. 监理工作总结

监理工作总结是指监理单位对履行委托监理合同情况及监理工作的综合性总结，由总监理工程师组织项目监理机构有关人员编写，经总监理工程师签字后报送监理单位，加盖公章后报送建设单位，为加强与行政主管部门的沟通，也可报送行政主管部门。其主要编制内容及要点见表10-11。

监理工作总结编制内容及要点　　　　　　　　　　　　　　表10-11

序号	编制内容	编制要点
1	工程概况	工程名称、等级、建设地址、规模、结构形式及主要涉及的参数；项目建设单位、设计单位、承包单位（重要的专业分包单位）、监督机构及相关检测单位；主要分项、分部工程验收情况；监理工作的难点和特点
2	项目监理机构	监理组织机构、监理人员和投入的监理设施（监理过程中如有变动应予以说明）
3	建设工程监理合同履行情况	合同目标控制情况（质量、造价、进度和其他控制目标及实际完成情况）；监理合同履行情况；监理合同纠纷的处理情况
4	监理工作成效	监理人员提出的合理化建议，被建设、设计、施工单位采纳的；项目监理机构在本项目监理工作中获得的表彰及奖励
5	监理工作中发现的问题及处理情况	监理过程中监理通知单、监理工作联系单和会议纪要等提出问题的简要统计（重点突出违反强制性条文问题的处理情况）；监理工作自身存在的问题，改进监理工作的建议
6	说明和建议	以后工程合理、有效使用的建议；本项目监理工作亮点，建议推广部分

5. 监理成果回访

保修阶段的监理服务工作常常被监理企业、项目监理机构所忽视，依据《建设工程监理规范》，保修阶段监理企业应定期回访，回访记录见表10-12。对建设单位或使用单位提出的工程质量缺陷，工程监理单位应安排监理人员进行检查和记录，并应要求施工单位予以修复，同时应监督实施，合格后应予以签认。工程监理单位应对工程质量缺陷原因进行调查，并应与建设单位、施工单位协商确定责任归属，对非施工单位原因造成的工程质量缺陷，应核实施工单位申报的修复工程费用，并应签认工程款支付证书，同时应报建设单位。

监理工作回访记录　　　　　　　　　　　　　　表10-12

建设单位		工程名称	
建筑规模		建筑类型	
开工日期		竣工日期	
监理单位		项目总监	
主要存在问题		年　月　日	
建设单位意见		年　月　日	
回访日期		年　月　日	
回访人员：（签名） 工程技术人员：（签名）			
监理处理结果			

二、与承包商的协调

监理工程师对质量、进度和造价控制等都是通过承包商的工作来实现的，与承包商的协调主要是解决管理程序、管理标准、责任落实等问题，所以做好与承包商的协调工作是监理工程师组织协调工作的重要内容。

（一）与承包商的关系

监理单位与承包商是监理与被监理的关系，承包商在施工时须接受监理单位的监督和检查，并为监理单位顺利开展工作提供方便，包括提供监理工作所需的原始记录、施工组织设计（方案）、进度计划等技术资料。凡需进行阶段验收、隐蔽工程验收的项目，在承包商自检合格的基础上，均需经监理单位验收。监理单位受建设单位委托，对工程项目实行施工全过程监理，要为施工的顺利创造条件，按时、按计划做好验收工作，做到既严格管理，又热情帮助，积极为他们排忧解难，以保证工程目标的全面实现。

（二）协调原则

既要严格要求，又要实事求是；既坚持原则，又通情达理；既严格把关，又热情服务；维护承包商的合法权益，帮助其解决工作中的疑难问题。

（三）与施工单位的协调要点

（1）与承包商项目经理关系的协调。

（2）造价控制问题的协调。

在施工阶段，此类问题主要表现为工程变更的协调，如：在基础施工中，由于部分地质条件复杂，设计布点勘探的特殊项等都会导致工程量的变更；因政策处理造成的线路基础移位，施工人员窝工的费用变更；建设单位要求增加的合同外的工程量；施工单位为施工方便或结合工程实际情况需要改变施工工艺、原材料等。

（3）质量控制和安全工作问题的协调。

在施工阶段，此类问题的协调工作量最大，通常表现为：工程建设中，由于施工人员、方法、材料、设备和作业的环境等影响，特别是工程建设不可预见的因素，会导致一些质量问题和安全隐患，使施工行为偏离合同和规范标准，现场施工条件的复杂性可能导致有些安全质量问题存在争议、责任区分边界模糊等。

（4）进度控制问题的协调。

在工程建设过程中，进度控制的关键是抓好各方的协调，通过已制订的项目实施总进度计划，围绕分解的各单位工程工期及关键节点，事前协调，保证总工期目标的实现；实施过程中及时地协调工作有利于动态控制和调整，使工程的实际进度不偏离总进度计划；对与计划已发生偏离的，要通过事后及时地协调工作，调整相应的施工计划、材料设备、资金供应计划等，确保总进度计划。

（5）对承包商违约行为的处理。

（6）合同争议的协调。

（7）对分包单位的管理。

（8）处理好人际关系。

（四）精细化协调做法

1. 利用程序组织协调

监理协调的关键是抓程序。首先要坚持按科学的监理程序办事，其次是抓总包和分包单位的自身管理程序，最后是按科学的施工建设程序组织各参与方协力工作。

（1）工程前期阶段，根据其工作内容进行协调，严格按照程序办事。包括协助甲方项目报批、设计委托、勘察委托、招标投标等工作均按其工作程序办理。前期工作总结中甲方应提供的条件，如场地条件，资金条件等也是工作的重点。

（2）施工程序是现场监理协调的依据，工程施工必须遵从合理的施工顺序。在具体的施工中，上一道工序与下一道工序都有密切的关联关系。监理在协调中，要及时发现并纠正反程序的工作顺序和操作程序。

（3）监理程序是使监理协调走向规范化的重要手段。在施工中，协调工作也应走向规范化。监理应坚持以下程序，组织协调工作。

1）验收、签证程序。

2）设计变更、修改程序。

3）材料差价审批手续。

4）材料代用审批程序。

5）现场签证程序。

6）工程索赔程序。

7）工程款支付程序等。

2. 利用责权体系的指令性组织协调

监理工程师对项目的监理权来源于业主的委托，并在监理合同和工程承包合同中明确规定。同时，监理工程师的职责又是根据建设监理法规而实施的。所以，建设单位给监理的委托书，包括监理工程师应有的职责和权力。监理工程师依据业主授予的权力进行工作，应具有：工程规模、设计标准和使用功能建议权，组织协调权；材料和施工质量的确认权和否决权；施工进度和工期的确认权与否决权；工程合同内工程款支付与工程结算的确认权与否决权等。另外工程监理的另一依据是合同，监理单位必须依据合同办事。还有，所有相关的规范、规程、验收标准是国家现行的强制性标准、监理的依据，也是监理协调的准则。

3. 充分利用合同开展组织协调

（1）在建设单位的工程施工招标文件中明确施工范围，即明确总承包商直接自行组织完成的工程内容，建设单位另行发包的工程内容范围；规定建设单位另行发包的工程内容承担者，除与建设单位签订相应的工程施工合同外，必须同时与本工程总承包商签订总分包管理合同，将建设单位另行发包的工程都纳入工程施工总承包管理范围，由总承包商对其施工质量、进度、安全文明施工等负责。

（2）将建设单位与工程总承包商签订的施工总合同的有关条款要求，分别纳入相对应的分包合同中。使分包合同对其工程质量、进度、安全文明施工等完成处于总承包方控制状态中，确保工程的质量和工期。

（3）各分包单位应按总承包商签订的合同要求，编制出分包工程分部、分项施工组织设计，报总承包商审批同意后才能进行施工。

（4）各分包单位应按总工期和总承包商的节点控制计划为依据，编制相应分包工程的施工进度计划，报总承包商审批同意后才能进行施工。

（5）总承包商应对各分包单位所施工的工程，在施工过程中进行质量监控。按照工程的要求实施有关质量检验的规定，并做好质量检验记录；对工序间的技术接口实行交接手续；做好不合格品处理的记录及纠正和预防措施工作；认真做好各分包工程的验收交付工作。

（6）总承包商对各分包单位的相应分包工程施工进度计划进行检查控制。总承包商每周定期与分包单位召开一次协调会，解决生产过程中发生的问题和存在的困难。按照总承包商周计划检查分包工作的完成情况及布置下周施工生产任务。

（7）各分包单位与总承包商业务交往过程中，以业务联系单、备忘录等书面形式进行联系，由总包方解决的事项应立即处理。

（8）各分包单位工程进度款的收取，应由总包单位审核签证同意。

（9）各分包单位应与总承包商签订相应分包工程安全协议书，遵守各种安全生产规程与规定，特种工种必须持证上岗，各分包单位应接受总承包商的安全监控，参与工地的安全检查工作，并落实整改事宜。

（10）现场标准管理工作。总承包商应根据各分包单位施工时所需要的场地面积、部位，合理安排，按总承包方指定的地点集中；统一由总承包方处理；各分包方应按总包方指令做好场容、场地管理工作，建筑材料设备划区域整齐堆放，保持工地文明、有序、整洁。

（11）各分包单位应按总承包商的工程施工总进度计划，开展平行或交叉施工，加强横向协调和联系工作合理解决施工中的先后顺序；工序间的技术接口实行交接手续；互相保护好对方的产品，实行谁损坏谁赔偿制度，杜绝边建设、边破坏现象。

三、与勘察设计单位的协调

（一）与勘察设计单位的关系

监理单位与勘察设计没有合同关系，但其与建设单位有合同关系，监理工程师应本着为业主负责的态度，应与勘察设计单位保持紧密的联系。监理单位在施工监理过程中应认真贯彻设计意图，严格监督承包单位按图施工，监理单位无权变更设计。凡发现图纸中有疑问或提出建议时，均需与设计单位进行商讨并由设计单位提出修改变更意见，设计单位如发现承包商施工过程中有不符合设计、施工规范的行为时，应及时向监理单位提出，并由监理单位及时组织有关人员进行处理。

（二）与勘察设计单位的协调要点

1. 尊重设计单位的意见

在设计单位向承包商介绍工程概况、设计意图、技术要求、施工难点时，注意标准过高、设计遗漏、图样差错等问题，并将其解决在施工之前；施工阶段，严格按图施工；结构工程验收、专业工程验收、竣工（预）验收等工作，邀请设计代表参加；若发生质量事故，认真听取设计单位的处理意见等。

2. 及时沟通

施工中发现设计问题，应及时向设计单位提出，以免造成大的直接损失；若监理单位掌握比原设计更先进的新技术、新工艺、新材料、新结构、新设备时，可主动向设计单位推荐。为使设计单位有修改设计的余地而不影响施工进度，应协调各方达成协议，约定一个期限，争取设计单位、承包单位的理解和配合。

3. 程序规范

监理工作联系单、工程变更单传递，要按规定的程序进行传递。

（三）精细化沟通协调做法

项目监理机构组织熟悉设计文件，参加建设单位组织的设计交底，组织图纸会审，处理设计变更等是与设计单位沟通协调的主要内容。其中，审图是监理做好控制的重要环节，是实施监理预控的重要环节，同时也是体现监理人员业务水平和取信于建设单位的重要手段。

施工准备阶段，项目监理机构组织各专业监理工程师，督促施工单位各专业技术负责人，分专业熟悉设计文件，针对存在的问题、疑问做好汇总记录，见表 10-13。审图完成后，将汇总记录提前提交设计单位，待设计准备完善后，参加设计交底，组织图纸会审，同时针对设计变更处理、参加分部工程验收等事宜与设计单位做好沟通协调。通常设计交底、图纸会审可以一起进行，也可以分开进行。

审图汇总记录　　　　　　　　　　　　　　表 10-13

工程名称			专业	
建设单位			监理单位	
施工单位			设计单位	
序号	图别、图号	审图问题		设计院答复
1				
2				

四、与政府及其他部门的协调

一个建设工程的开展还受政府部门及其他单位的影响，如政府部门、金融组织、社会团体、新闻媒体等，他们对建设工程起着一定的控制、监督、支持、帮助作用，这些关系若协调不好，建设工程实施也可能严重受阻。

（一）与政府及其他部门的关系

监理单位与政府建设工程质量监督部门之间，在工程质量控制工作方面是被监督与监督的关系。工程质量监督部门作为政府机构，对工程质量进行宏观控制，并对监理单位质量市场行为进行监督检查和指导。为了处理好监理单位与质量监督站的关系，最根本的一条就是根据国家政府有关部门颁布的关于建设工程监理的法规、规定和办法，按照监理合同约定的内容切实履行监理职责、义务，落实岗位人员职责，做好监理工作，以优良的服务接受考验，赢得尊重。

（二）与政府部门及其他单位的协调要点

（1）工程质量监督站是由政府授权的工程质量监督的实施机构。对委托监理的工程，质量监督站要核查勘察设计单位、施工单位和监理单位的资质，监督这些单位的质量行为和工程质量。监理单位在进行工程质量控制和质量问题处理时，要做好与工程质量监督站的交流和协调。

（2）对于重大质量事故，在承包商采取急救、补救措施的同时，应督促承包商立即向政府有关部门报告情况，接受检查和处理。

（3）建设工程合同应送公证机关公证，并报政府建设管理部门备案；征地拆迁、移民要争取政府部门支持和协作；现场消防设施的配置，宜请消防部门检查认可；要敦促承包商在施工中注意防止环境污染，坚决做到文明施工。

（4）协调与社会团体的关系。一些大中型建设工程建成后，不仅会给业主带来效益，还会给该地区的经济发展带来好处，同时给当地人民生活带来方便，因此必然会引起社会各界关注。业主和监理单位应把握机会，争取社会各界对建设工程的关心和支持。这是一种争取良好社会环境的协调。

（三）精细化协调做法

依据《建设工程安全生产管理条例》第十四条，"工程监理单位在实施监理过程中，发现存在安全事故隐患的，应当要求施工单位整改；情况严重的，应当要求施工单位暂时停止施工，并及时报告建设单位。施工单位拒不整改或者不停止施工的，工程监理单位应当及时向有关主管部门报告"。为了做好与主管部门的协调，项目监理机构应主动与当地行政主管部门联系，尊重和支持主管部门的监督权，主要采用监理报告的方式进行。按照监理报告的内容，可将监理报告分为监理月报、监理专报、监理急报三种形式。

1. 监理月报

监理月报是项目监理机构按月定期向属地建设行政主管部门报送当月现场施工质量安全状况及监理单位履行职责等情况，样表见表10-14。

监理月报
表10-14
（___年___月）
编号：

项目 概况	项目名称					
	项目地址					
	建设单位		项目负责人		联系电话	
	设计单位		项目负责人		联系电话	
	勘察单位		项目负责人		联系电话	
	监理单位		项目总监		联系电话	
	施工单位		项目经理		联系电话	
	本月施工单位项目部 管理人员变更情况					
本月施工形象简要 说明						
监理指令发出及落 实情况	本月签发的质量监理通知单__份；本月签发的安全监理通知单__份。 本月签发的工程暂停令__份；本月签发的监理工作联系单__份。 本月签发的质量监理通知单销项__份；本月签发的安全监理通知单销项__份；本月签发的工程暂停令销项__份。 本月报送监理专报__份、监理急报__份。					
本月工程质量监理 风险评估						
本月工程安全监理 风险评估						
项目总监理工程师:（签章）			项目监理机构:（盖章） 　　　　年　月　日			
监督人员签字			年　月　日			

2. 监理专报

监理专报是指针对参建各方违法违规行为，监理单位制止无效时，项目监理机构向属地建设行政主管部门提交的监理报告，样表见表10-15。

监理专报

表 10-15

编号：

项目名称					
项目地址					
项目类别	房屋建筑工程 / 市政基础设施工程				
建设单位		项目负责人		联系电话	
设计单位		项目负责人		联系电话	
勘察单位		项目负责人		联系电话	
监理单位		项目总监		联系电话	
施工单位		项目经理		联系电话	
报告事项概述	责任主体	违法违规事实 （仅限监理单位制止无效）		监理单位已采取的措施 （附相关文件）	
项目总监理工程师：（签章）		项目监理机构：（盖章） 年　月　日			
监督人员签字				年　月　日	

3. 监理急报

监理急报指项目监理机构发现施工现场存在质量安全问题、隐患，监理机构发出整改通知或工程暂停令，施工单位拒不整改或拒不停止施工，如不及时制止，隐患可能演变为事故时，项目监理机构向属地建设行政主管部门提交的监理报告，样表见表10-16。

监理急报

表 10-16

编号：

项目名称				
项目地址				
项目类别	房屋建筑工程 / 市政基础设施工程			
建设单位		项目负责人	联系电话	
设计单位		项目负责人	联系电话	
勘察单位		项目负责人	联系电话	
监理单位		项目总监	联系电话	
施工单位		项目经理	联系电话	
报告事项概述				
监理单位已采取的措施（附相关文件）				
项目总监理工程师：（签章）		项目监理机构：（盖章）　　　　　年　月　日		
监督人员签字		年　月　日		

五、组织协调常见问题分析

（一）监理自身问题的协调解决

在监理过程中，有些监理工程师，特别是"返聘"的退休的老工程师，常爱犯一些经验主义的错误，不认真审阅图纸、不了解设计意图和业主方建筑使用功能的意图，凭资格、经验监理，甚至有时会出现态度生硬、乱发号施令，或盲目地说一些不该说、模棱两可的话，使本来可以很简单化地解决的问题变得很复杂，甚至出现僵化的局面。为避免出现僵化局面，总监理工程师应做好以下协调事项：

（1）接到新的工程项目后，监理工程师首要任务就是吃透图纸，及时了解工程详细情况，要能够做到心中有数。只有这样，处理问题才能有理有据、准确、无误，说话才有分量。

（2）讲话一定要十分注意场合和分寸，不能一味地站在施工单位的立场上，为施工单位辩解，要强调客观，有意或无意地为施工单位开脱责任，给业主造成错觉，产生意见。

（3）监理人员与施工单位朝夕相处，接触最多，要让施工单位看到监理人员为人正直、高度负责的一面，避免出现叫板、较劲、态度刁蛮、动辄训人的现象。

（4）在与施工单位发生纠纷时，监理人员绝不能以义气待人或义气待事，而采取对工程放任不管、置之不理或暗中使绊的严重错误做法。

（二）施工过程中的常用协调问题的解决

业主与承包商对工程承包合同负有共同履约的责任，工作往来频繁。在来往中，对一些具体问题产生某些意见分歧是经常有的事，处理不好容易形成矛盾。常见问题如下：

（1）进场材料送检结果没回来，为赶工期施工单位就坚持要用，业主方工程代表也暗示从中担保、讲情。

（2）主体还没验收，施工单位经业主同意，就想提前抹灰。

（3）竣工验收不按程序进行，未经监理同意，业主就通知上级质检部门验收等。

在协调处理以上问题时，监理人员要开动脑筋、灵活处理，避免把问题搞得僵化，而不易处理。在这个层次的协调中，监理工程师应处于公正的第三方，本着充分协商的原则，耐心细致地协调处理各种矛盾。主要协调处理方法如下：

1）预防为主，这是解决类似问题的最好方法。在开工之前的工作总进度协调工作会上，监理工程师要明确提出要求，把监理工作程序告之业主和施工单位，充分取得他们的理解和支持。

2）即便遇到了棘手问题，处理也要冷静，不要急躁，把规范、标准和要求讲给业主听，让业主感到监理是真心实意为他们着想，为他们把关，减轻业主的逆反心理，从而取得业主的信任。

3）做一名业主满意的好参谋，定期或不定期与业主一起研究协商工程项目的进度、质量、投资控制和安全管理工作的有关事宜，既不影响工期，又能按程序进行的两全办法。当然，工程项目施工现场出现的问题可能是多种多样的，处理时既要坚持原则，又要注意灵活掌握。

（三）具体原则性问题的协调

（1）影响工程质量的原则性问题。工程施工必须按法律、法规及规范要求进行，对一切违反有关建筑法律、法规的问题必须改正。如：肢解工程、偷工减料、使用不合格的建筑材料、不按施工规范要求施工等。对此，无论施工单位如何强调客观因素，业主、熟人、朋友怎样暗中讲情，监理人员都不能妥协和放任之。

（2）存在重大安全隐患的原则性问题。《建设工程安全生产管理条例》的颁布，说明安全生产在工程施工中的重要地位，它已成为监理工作的重要组成部分。对此，监理工程师要高度重视安全生产，牢固树立安全生产的意识观念，要像抓质量一样去抓安全。不能可管可不管，而是必须管，管到位，这是法律法规赋予监理人员的神圣权力与职责。所以，对施工组织设计中安全技术措施不符合要求的，或发现施工现场存在安全事故隐患的，都必须限期整改，施工单位拒不整改的，一定要向上级主管部门报告。无论施工单位的态度怎么不好，监理工程师都必须坚持，这不仅只是为施工单位负责，为业主负责，更重要的是为国家和人民的利益负责。

（3）体系不健全的原则性问题。施工单位体系不健全或施工单位的管理人员较长时间不能全部到位，项目经理很着急却无能为力，是施工现场常见的问题之一。此项属于原则性问题，项目监理机构必须严格落实，不能解决的，总监可约谈承包商公司领导，限期将管理人员配备到位，否则给予停工、向政府部门举报的处理。

综上所述，精细化的组织协调，可以更有力地促使系统各方有机的配合，促进建设工程目标的实现。为做好组织协调工作，未来监理工程师尤其是总监理工程师，就需要掌握领导科学、心理学、行为科学等方面的知识和技能，将重视细节、重视实践、勇于创新、管理科学作为监理人员日常工作的主题。

参考文献

[1]   中华人民共和国住房和城乡建设部.建设工程监理规范：GB/T 50319—2013[S].北京：中国建筑工业出版社，2013.

[2]   中华人民共和国住房和城乡建设部.建设工程工程量清单计价规范：GB 50500—2013[S].北京：中国建筑工业出版社，2013.

[3]   中国建设监理协会.建设工程监理概论[M].北京：中国建筑工业出版社，2020.

[4]   李清立.工程建设监理[M].北京：北京交通大学出版社，2007.

[5]   王刚.监理工作精细化管理的实践与思考[J].山东工业技术，2017（8）：208.

[6]   住房和城乡建设部.2019年建设工程监理统计公报[R].2020.

[7]   梁舰，2019建筑业发展趋势与建筑企业转型升级路径展望[J].中国勘察设计，2019（4）：36-38.

[8]   高显义，柯华.建设工程合同管理[M].2版.上海：同济大学出版社，2018.

[9]   李明安.建设工程监理操作指南[M].2版.北京：中国建筑工业出版社，2017.